개정판

현대수학입문

힐베르트 문제를 중심으로

김명환 · 김홍종 · 김영훈 지음

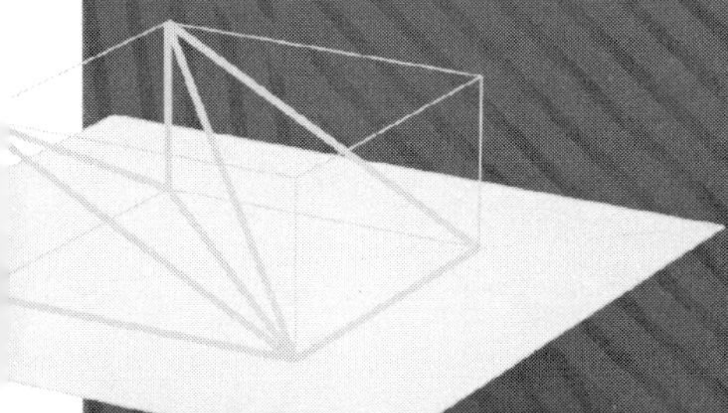

KM 경문사

개정판 머리글

아이작 아시모프(1920~1992)의 명작 과학소설 *파운데이션* 시리즈를 이끌어가는 중심인물은 수학자 해리 셀던이다. 인류가 지구를 벗어나 은하계 곳곳에서 번영하는 시기에 그는 수학적으로 미래를 예측하는 방법을 개발하였고 그 예측에 기반하여 다가올 혼란의 시기를 치밀하게 대비해 둔다. 미래를 예측하는 그의 수학적 모델은 초기값 설정이 필요했고 이를 위해 은하계를 찾아 헤매다 결국 충분히 크지만 지나치게 복잡하지 않은 모델로서 우주로 뻗어나가기 직전의 지구가 적합함을 알아내어 심리역사학을 완성한다.

현대수학은 놀랄 만큼 빠르게 성장하여 한 명의 수학자가 모든 분야를 연구하는 것은 이미 오래전 불가능해졌으며 미래의 수학은 더욱 빠른 속도로 성장할 것이 예상된다. 한편 수학의 영향력은 점차 확대되어 가고 있는데, 컴퓨터과학, 양자정보학, 금융투자, 인공지능에 이르기까지 더욱더 많은 사람들이 수학의 힘을 깨달아서 이제는 수학의 유용성에 대해서 대중에게 설명할 필요가 없어진 지 오래다. 이러한 눈부신 변화는 역설적으로 수학을 배우는 학생들을 곤란하게 만드는데, 대학에서 4년을 배우고도 수학 전체의 내용을 조망하는 것이 힘들고 박사과정까지 마쳐야 겨우 자신의 연구주제에 대해 전문성을 확보할 수 있을 뿐이다. 수학 전체에 대한 시야를 확보하고, 향후 수학이 어떻게 발전할지 가늠하는 것은 수십 년에 걸쳐 꾸준히 연구해온 수학자들에게도 어려운 일이 되었다. 물리학에 관심 있는 사람은 물리학개론, 화학은 화학개론, 생물학은 생물학개론을 읽으면 대학 신입생들도 아주 전문적인 내용은 말고라도 대체적인 흐름을 파악하는데 문제가 없고 각 학문의 현주소와 방향성을 확인할 수 있다. 수학을 제외한 이런 학문들에는 자연이 제공하는 뚜렷한 목표와 한계가 존재하며 새로운 이론은 기존의 이론을 대체하지만, 현실의 제약으로부터 자유롭고 무모순인한 계속 지식을 늘려가는 수학은 인류가 발견해낸 가장 방대하고 심오한 학문이 되어 수천 쪽의 분량으로도 그러한 시도 자체가 무의미하다.

그럼에도 불구하고 현대수학에 대해 조망하고 그 흐름을 이해하고 싶은 학생들은 어떻게 해야 할까? 다양한 접근법이 있을 수 있겠지만 한 가지 유효한 접근은 수학자 해리 셸던의 방법이다. 현대수학이 폭발적으로 팽창하기 직전, 너무 복잡하지 않으면서도 현대수학의 배아들이 한 곳에 모여있는 순간에 집중하는 것이다. 그 순간이 바로 1900 년 세계수학자대회이고 이때 제시된 Hilbert의 23 개의 문제들이 현대수학의 배아들이라 할 수 있다.

Hilbert는 28 세의 나이에 당대 수학의 최고봉으로 꼽히던 불변량 이론의 근본문제를 해결하여 일약 세계적인 스타로 떠올랐다.[1] 그후로도 정수론, 기하학, 수리물리학 등에 눈부신 업적을 이어갔고, 1900 년 열린 제 2 차 세계수학자대회에 초청받아, 20 세기를 이끌어갈 수학 문제 23 개를 발표하여 현대수학의 문을 활짝 열었다. Hilbert가 수학 전체를 조망하며 수학 전반에 기여할 수 있었던 마지막 수학자였다고 할 수 있으며 이후 수학은 급속히 팽창을 계속하여 앞서 얘기했듯이 어느 한 개인도 수학의 광대한 영토를 다 경험할 수는 없게 되었다. 그러므로 해리 셸던의 방법으로 수학에 대해 이해하고 미래를 예측하려 한다면 Hilbert를 기준으로 삼는 것이 가장 적합할 것이다. 따라서 Hilbert의 문제들을 소개하고 그 현주소를 확인하는 것은 20 년 전이나 지금이나 마찬가지로 유효하다.

2020년 가을 경문사에서 개정판을 낼 것을 제안하였고, 이에 따라 내용을 보완하고 모양을 가다듬었다. 초판에 빠져있던 13번부터 16번까지의 문제들에 대한 소개를 추가하였고[2] 이 책에서 다루지 않은 문제들은 번역하여 마지막에 넣었다. 달라진 고등학교 교과과정을 고려하여 복소평면과 행렬을 간략히 소개한 부록을 추가하였다.

계속해서 이 책을 통해 현대수학을 접한 이들이 “좋은 사회”를 이루는 데 많은 공헌을 하기를 바라는 마음 간절하다.

– 관악산, 2021 년 3 월

김 명 환, 김 홍 종, 김 영 훈

---

[1] 당대 불변량 이론의 대가인 Paul Gordan이 Hilbert의 증명을 읽고 “이것은 수학이 아니고 신학이다”라고 외쳤다고 전해질 만큼 혁명적인 접근이었고 Hilbert는 혁신의 아이콘이었다.

[2] 웹진 Horizon에 2020년 가을과 겨울에 실린 “불멸의 힐버트” 시리즈에 기초하였다.

초판 머리글

독일의 수학자인 David Hilbert(1862–1943)는 1900 년 8 월 프랑스의 파리에서 열릴 제2회 세계수학자대회[3]의 발표자로 선정되자 절친한 친구인 H. Minkowski(1864–1909)와 상의하였다.

> "Hermann! Poincaré 의 질문에 대한 답을 발표하는 것이 좋을까? 아니면 앞으로 다가올 새로운 세기를 위하여 중요한 문제들을 제시하는 것이 좋을까?"
>
> "당연히 새로운 세기를 맞이하는 문제를 다루어야지!"

Hilbert 는 이 대회에서 시간이 허용하는 대로 열 가지 문제[4]를 발표하고, 나중에 열세 문제를 추가하여 모두 스물세 문제를 담은 원고를 제출하였다.

서울대학교 수학과는[5] 학부제로 인한 교과목 통폐합 정책에 의하여 1997 년부터 "정수론", "집합론", "기하학 개론"을 없애고 자연과학계열 2학년을

---

[3]제1회 세계수학자대회(ICM, International Congress of Mathematicians)는 Zürich 에서 1897 년에 열렸다. 이 대회에서 프랑스의 H. Poincaré(1854–1912)가 훌륭한 업적으로 상을 받고, 수학과 물리학의 관계에 대하여 강연하였다. 국제수학자 대회는 두 번의 세계대전 때문에 개최되지 못한 몇 번을 제외하고 대체로 4 년에 한 번씩 열렸고, 1950 년 이후부터는 월드컵 축구대회가 열리는 해마다 정기적으로 열렸다. 한편 1924 년 토론토에서 열린 ICM 을 주관한 Canada 수학자 J. D. Fields 의 기금을 바탕으로 매 대회마다 뛰어난 수학적 업적을 남긴 40 세 이하의 두 사람에게 금메달을 수여하기로 정하여 1936 년에 처음으로 Ahlfors 와 Douglas 가 수상하였다. Fields 메달은 수학자들에게 가장 영예로운 상으로 여겨진다. 수학자들의 연구분야가 점점 넓어짐에 따라 1966 년부터 매 대회마다 수상자를 4 명까지 선정할 수 있도록 규정을 바꾸었다. 1981 년에 국제수학연맹(IMU, International Mathematical Union)에서는 국제수학자대회가 열릴 때마다 수리정보과학자(mathematical information scientist) 한명을 선정하여 수상하도록 결정하였다. 이 상을 위하여 그 이듬해 핀란드의 Helsinki 대학에서 그 대학의 총장이었고 IMU 의 회장이었던 Rolf Nevanlinna(1895-1980)를 기리는 기금을 내어 그 후로 이 상을 Nevanlinna 상으로 부른다.

[4]문제번호 1, 2, 6, 7, 8, 13, 16, 19, 21, 22

[5]수학과는 2000년에 "수리과학부"로 명칭을 바꾸었다.

위한 "현대수학입문"이라는 과목을 개설하였다. "현대수학입문"은 "Hilbert 문제"(HP)를 출발점으로 하여 서울대학교에서 1998~1999년에 강의한 내용 중 일부를 발췌한 것이다. 저자들은 수학을 표현하는 취향이 서로 같지 않지만, 학생들에게 수학의 다양성을 보여주고자 노력하였고, 이 책도 각 장마다 자유로운 필체로 쓰여졌다. 난이도도 다양하여 아주 쉬운 부분도 있고 대학 2년생들이 이해하기 어려운 부분들도 있다. 난해한 부분은 다 이해하기를 바라는 것은 아니고, 문맥상 짚고 넘어가기 위하여 있는 것이니 크게 부담을 느끼지 않아도 좋을 것이다.

사실 우리가 이 책에서 다루지 못한 Hilbert 문제들 중에 더욱 흥미 있고 좋은 수학이 많이 있으며, Hilbert 문제 밖에도 좋은 수학이 많지만, 시간의 부족과 저자들의 능력의 한계로 다 다루지 못하였다.

우리가 수학(數學)이라고 부르는 것은 영어로는 mathematics 또는 줄여서 math라고 한다. 이 단어는 라틴어의 mathematica에서 유래하였고, 그것은 그리스어의 mathemata에서 유래하였으며 그것은 다시 mathesis에서 유래하였다. mathesis는 '정신 수양' 또는 '배움'을 뜻한다. 플라톤은 math를 배우지 않은 이는 교육받은 이라고 볼 수 없다고 믿었다. 영어로 polymath라는 단어는 '박식한 사람'을 뜻한다. 한문에서 數라는 단어는 여러 가지 뜻이 있는데, 일반인들이 가장 많이 알고 있는 '셈 수'가 그 하나이지만, '배울 학(學)' 앞에 붙을 때에는 사물의 이치나 도리를 뜻하는 '이치 수'를 뜻한다. 사실 셈과 이치는 크게 다르지 않다.[6]

20세기에 들어와서 수학은 그 이전에 비하여 놀라울 정도로 발전하였지만, 일반 사람에게는 아직도 인식도가 낮은 편이다. 사람에 비유한다면 20세기 전반의 수학은 "성장기"에 해당된다고 볼 수 있고, 20세기 후반의 수학은 "성숙기"라고 말할 수 있다. 20세기초에는 집합(集合, set)이나 실수(實數, real number), 함수, 대수체계, 공간(空間, space)의 개념을 확립하여야 하였고, 여러 가지 용어와 방법론을 정립하여야 하였으며, 그 전 세대에는 없던 증명을 하여야 하였지만, 20세기 후반에 들어선 수학은 많은 개념을 이해하였고, 많은 증명과 새로운 방법들을 알고 있어 각종 know-how를 가진 초인처럼 되기 시

[6]그리스어로 로고스는 "말씀, 이성"을 뜻하기도 하고, "셈, 비례"를 뜻하기도 한다. 후자의 의미는 "로그함수"나 "로지스틱 방정식" 등에서 찾을 수 있다.

작하였다. 수학자들은 상대성 이론과 양자역학의 기초를 만들었고, 컴퓨터를 개발하였으며, 암호 이론, 게임 이론, 금융수학, 퍼지 이론, 프랙탈과 혼돈 이론, 생명 현상의 이해, 통신 혁명, 양자 계산 등 많은 업적을 남겼지만, 그들의 내부에서 이룩한 "순수한 업적"들도 이러한 응용들에 못지 않게 중요한 것들이 많이 있었다. 몇 가지만 예를 들어도 "범주 이론, 무한소 이론, 카타스트로피 이론, 일반함수 이론, 정수방정식 이론, 초월수 이론, 연속체 가설과 선택공리, 리 군론, 단순군론, Atiyah-Singer 의 지표이론, 호몰로지 이론, 특성류 이론, Fourier 급수 이론, 사차원 다양체 이론, 비선형 미분방정식론" 등 셀 수 없이 많이 있다. 이러한 발전을 토대로 21 세기 수학은 더욱 놀랍게 발전할 것이라는 것을 믿어 의심치 않는다.

본문에서 참고문헌들은 대괄호 [ ] 속에 표시하였다. 이 책에서 가장 많이 참고로 한 문헌들은 다음과 같다.

F. E. Browder (ed.), *Mathematical developments arising from HILBERT PROBLEMS*, Proceedings of Symposia in Pure Mathematics, Vol. 28, Part 1, 2, Amer. Math. Soc. 1976.

J. Casti, *Five Golden Rules, Great theories of 20th-Century Mathematics—and Why They Matter*, John Wiley & Sons, Inc., 1996. (한태식, 권기호, 김정헌 옮김 "20세기 수학의 다섯가지 황금률", 경문사, 1999)

S. Chern, *Remarks on Hilbert's 23rd problem*, Math. Intelligencer **18**, no.5 (1996), 7–8.

B. Cipra, *What's Happening in the Mathematical Sciences,* (I), (II), Amer. Math. Soc., 1993, 1994. (김재겸, 김한두 공역, *오늘날 수리과학에서는 어떤 일들이 일어나고 있는가* (I), (II), 教友社, 1996)

H. Croft, K. Falconer, R. Guy, *Unsolved Problems in Geometry,* Springer-Verlag, 1991.

K. Devlin, *Mathematics: The New Golden Age*, Penguin Group Ltd, 1988. (허민 옮김, *수학: 새로운 황금시대*, 경문사, 1995, 1999)

J. Dieudonne, *Mathematics—The Music of Reason*, Springer-Verlag, 1992.

H. Eves, *Great Moments in Mathematics*, Math. Assoc. Amer., 1983.

I. Grattan-Guinness, *A Sideways Look at Hilbert's Twenty-three Problems of 1900*, Notices of Amer. Math. Soc. **47**, no.7 (2000), 752–757.

P. Griffiths, *Mathematics at the Turn of the Millennium*, Amer. Math. Monthly **107** (2000), 1–14.

P. Halmos, *Has Progress in Mathematics Slowed Down?*, Amer. Math. Monthly **97** (1990), 561-588.

J.-M. Kantor, *Hilbert's Problems and Their Sequels*, Math. Intelligencer **18** (1996), 21–30.

V. Klee, S. Wagon, *Old and New UNSOLVED PROBLEMS in Plane Geometry and Number Theory*, Math. Assoc. Amer., 1991.

C. Reid, *Hilbert*, Springer, 1970. (이일해 옮김, *현대수학의 아버지, 힐베르트*, 사이언스북스, 2005.) cf. G.-C. Rota, *Misreading the History of Mathematics* (1974) in *Discrete Thoughts* by M. Kac, G.-C. Rota, J. Schwartz, Birkhäuser, 1992.

S. Smale, *Mathematical Problems for the Next Century*, Math. Intelligencer **20**, no.2 (1998), 7 -15.

H. Weyl, *A half-century of Mathematics*, Amer. Math. Monthly **58** (1951), 523–553.

비록 이 책에서 다룬 수학이 현대수학의 미세한 부분이기는 하지만, 이를 접한 이들이 "좋은 사회"를 이루는 데 많은 공헌을 하기를 바라는 마음 간절하다.

– 관악산, 2000 년 4 월

차 례

HP1,2. 연속체 가설과 산술공리의 무모순성

Kurt Gödel (1906–1978)

Paul J. Cohen (1934–2007)

제 1 절 큰 집합과 작은 집합

두 집합 A, B의 "크기"(즉 "원소개수")를 비교하려면, A의 원소개수를 구한 다음, B의 원소개수를 구하여 두 수를 비교하면 된다. 예를 들어

$$\begin{aligned} A &= \{\text{버거킹, 맥도날드, 피자헛, 켄터키 프라이드 치킨}\} \\ B &= \{\text{쌀, 보리, 조, 콩, 기장}\} \end{aligned}$$

이면 A와 B의 원소개수는 $|A| = 4$, $|B| = 5$이므로 B의 원소개수가 A의 원소개수보다 크다는 것을 안다.[1]

그러나 원시시대는 말할 것도 없고 아직도 지구에는 "하나, 둘" 정도는 셀 수 있지만 "셋"을 넘는 수를 세는 방법을 가지지 못한 오지의 마을이 있다. 그럼에도 불구하고 이 마을 주민들은 자기가 기르는 닭의 수가 오늘 아침에도 어제 저녁과 같은지, 작은지, 아니면 큰지를 안다. 그들은 가지고 있는 "돌 뭉치"와 닭들이 일대일 대응하는가를 살펴보면 된다:[2]

닭하나 돌하나, 닭둘 돌둘, 닭셋 돌셋, ...

이러한 방법은 실제로 고대사회에서 물물교환을 할 때에 사용하였다.

독일 수학자 Cantor는 "두 Fourier 급수가 언제 같은 함수를 표현하는가?" 라는 문제를 연구하는 과정에서 집합론을 창시하고 그 이전의 학자들이 금기시하였던 무한을 다루기 시작하였다.[3]

---

[1] 집합 B는 **오곡**(五穀)이라고 부른다. 원소가 $x, y, z, \ldots$ 인 집합을 보통 $\{x, y, z, \ldots\}$로 나타내는데, 집합 기호 안에 들어 있는 쉼표(,)는 그 집합의 원소는 아니다. 집합에서 원소를 표시할 때에 쉼표를 사용하지 않는 학자도 있다 [Kelley]. 원소를 나열하여 집합을 표현할 때에는 원소를 실재로 나열하는 것은 아니고 원소의 "이름"을 나열한다. 집합의 원소들에는 순서가 정해져 있지 않으므로, "첫번째 원소"같은 것은 일반적으로 의미가 없다.

[2] . . . 별하나에 추억과, 별하나에 사랑과, 별하나에 쓸쓸함과, 별하나에 동경과, 별하나에 시와, 별하나에 어머니, 어머니 . . . — 윤동주(1917–1945)의 "별헤는 밤"에서

[3] Cantor는 "실수의 부분집합 A에 대하여

$$x \in \mathbb{R} - A \qquad \Rightarrow \qquad f(x) := a_0 + \sum_{n=1}^{\infty} (a_n \cos nx + b_n \sin nx) = 0$$

이면 $x \in A$일 때에도 $f(x) = 0$인가?"라는 질문에, A가 유한 집합이거나 또는 $A = \{\frac{1}{n} \mid n = 1, 2, 3, \ldots\}$, $A = \{\frac{1}{m} + \frac{1}{n} \mid m, n = 1, 2, 3, \ldots\}$, $A = \{\frac{1}{l} + \frac{1}{m} + \frac{1}{n} \mid l, m, n = 1, 2, 3, \ldots\}$, . . . 등일 때 긍정적인 답을 하였다.

Georg Cantor (1845–1918)

그는 두 **집합**(集合, Menge, ensemble, set)의 크기를 구별하는 방법으로 "일대일 대응"을 이용하였다.[4]

이러한 "원시적인 방법"은 무한집합을 다룰 때에는 그 진가를 발휘한다. 두 집합 A, B 사이에 **일대일 대응**(一對一 對應, one-to-one correspondence)이 존재하면 이 두 집합은 "같은 크기를 가진다"고 말하고

$$A \sim B \qquad \text{또는} \qquad |A| = |B|$$

로 쓴다.[5]

---

[4]갈릴레오도 자연수들과 제곱수들 사이의 일대일 대응을 설명하였지만 무한은 이해하기 어렵다고 생각하였다 [*Two New Sciences*, 1638].

[5]"일대일 대응이 존재한다"는 말은 "일대일이고 전사인 함수가 존재한다"는 것과 같은 말이다. **일대일 함수**를 **단사함수**라고도 부른다.

여기에서 주의할 점은 "집합 A, B 각각에 대하여 $|A|, |B|$ 라는 수를 대응시킨 다음에 $|A| = |B|$ 라는 결론을 얻는 것"이 아니라 $|A|, |B|$ 라는 각각의 개념이 없어도 $|A| = |B|$ 라는 개념이 존재한다는 뜻이다. 다시 말하면, 비록 우리가 각 집합의 크기를 모르더라도 두 집합의 대소를 구별할 수 있다는 뜻이다.

1.0.1 연습문제

집합 A, B, C 에서 다음을 밝히라.

(i) (반사율) $A \sim A$

(ii) (대칭률) $A \sim B \quad \Rightarrow \quad B \sim A$

(iii) (추이율) $A \sim B \sim C \quad \Rightarrow \quad A \sim C$

굳이 집합 A 의 원소개수 $|A|$ 를 정의하고자 한다면, A 가 유한집합인 경우는 큰 문제가 없다. 이때 원소개수 $|A|$ 는 자연수이거나 영이다.[6] 하지만 A 가 유한집합이 아닌 집합, 즉 **무한집합**이면 $|A|$ 는 단순한 "무한대"(∞)가 아니고 **초한수**(超限數, transfinite number)이다. 앞으로 초한수에는 여러 가지가 있음을 볼 것이다.

무한집합의 대표적인 보기로 자연수 전체 집합을 들 수 있다:

$$\mathbb{N} := \{1,\ 2,\ 3,\ \ldots\}.$$

[6]자연수(自然數, natural number)는 "한 개, 두 개, 세 개, 네 개, ..."처럼 "개수를 세는 수"(기수, 基數, cardinal number, fundamental number)로 사용하기도 하고, "첫째, 둘째, 셋째, 넷째..."처럼 "순서를 세는 수"(서수, 序數, ordinal number)로 사용하기도 한다. 한글 공부를 열심히 하던 어느 독일 아줌마가 한글을 익히는 데 가장 힘든 것 중의 하나가 "10시 10분"을 "열시 십분"이라고 읽는 것들이라고 하던 말이 생각난다. 한반도의 어느 지방 사람들은 "서른 세 살"이라는 나이를 말할 때 주로 "삼십 세 살"이라고 말한다. 표준말에도 "오백쉰 다섯"이라고 말한다. 기수와 서수를 섞어서 사용하면 혼란스럽다. **홀수**를 **기수**(奇數, odd number)라고도 부르기도 하니 조심하기 바란다. 그리고 오늘날 학자들은 주로 0을 자연수로 취급한다.

자연수 전체 집합은 1을 뺀 자연수 전체 집합 $\mathbb{N}_2 := \{2, 3, 4, \dots\}$ 와 일대일 대응한다:

$$\mathbb{N} \to \mathbb{N}_2, \qquad n \mapsto n+1.$$

따라서 $\mathbb{N}$ 과 $\mathbb{N}_2$ 는 "원소의 개수", 즉 **기수**가 같다.[7]

1.0.2 연습문제

집합 A 의 원소 중에서 집합 B 의 원소가 아닌 것들 모두로 이루어진 **차집합**을

$$A - B$$

로 나타내기로 하자.

(i) 실수체 $\mathbb{R}$ 와 $\mathbb{R} - \{1\}$ 사이의 일대일 대응을 찾아라.

(ii) $\mathbb{R}$ 와 $\mathbb{R} - \{1, 2\}$ 사이의 일대일 대응을 찾아라.

(iii) $\mathbb{R}$ 와 $\mathbb{R} - \mathbb{N}$ 사이의 일대일 대응을 찾아라.

[7] "Hotel Hilbert"에는 방이 무한히 많이 있다. 이 호텔에 손님이 가득 차 있을 때 "1호실 손님은 2호실로 옮겨 주시고, 2호실 손님은 3호실로 옮겨 주시고, 3호실 손님은 4호실로, ..., n 호실 손님은 $(n+1)$호실로 옮겨 주십시오!"라고 방송하면, 빈 방이 하나 생기고 새로운 손님을 맞을 수 있다. 손님이 가득한 호텔에 등 번호를 각각 1, 2, 3, ...으로 새긴 무한히 많은 운동 선수들이 한꺼번에 와도 "죄송하지만 n 호실 손님은 $2n$ 호실로 옮겨 주십시오."라고 부탁하면 홀수 방이 비게 되어 운동 선수들이 모두 방을 하나씩 배정받을 수 있다. (이 선수들의 가슴에는 "등 번호"의 두 배인 번호가 적혀 있었다.) Hotel Hilbert를 이용한 손님들이 방을 옮겨야하는 불편함을 호소하는 민원이 많아지자, 새로운 지배인이 운영하게 되었는데, 그는 근무 첫날에는 손님들을 홀수 방에만 배정하였고, 그 다음 날에는 4의 배수인 방을 빼고 손님들을 배정하였고, 그 다음 날에는 8의 배수인 방을 제외하고 손님들을 배정하면서, 항상 빈 방을 준비하였다. Hotel Hilbert에는 항상 빈 방이 있다.

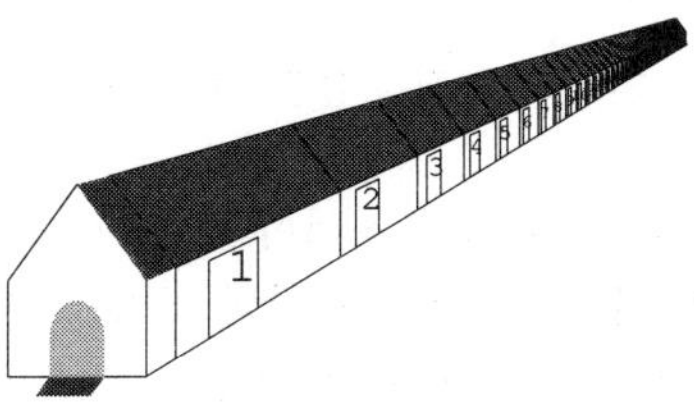

Hotel Hilbert

모든 무한집합에는 자연수 전체 집합 $\mathbb{N}$과 일대일 대응을 이루는 부분집합이 있다. 그러므로 무한집합의 진부분집합(眞部分集合, proper subset) 중에는 무한집합 자신과 일대일 대응하는 것이 있다.[8]

이와 같은 무한집합의 성질은 유한집합이 가지지 않는 성질이므로 이것을 무한집합의 정의로 삼을 수 있다. 즉, **무한집합**이란 "진부분집합 중에 자신과 크기가 같은 것이 있는 집합"을 말한다.[9]

Cantor는 다음과 같은 생각을 하였다.

> **연속체 가설** (CH, Continuum Hypothesis):
> 실수 집합 중에서 무한집합인 것은 자연수 전체 집합과 크기가 같거나 또는 실수 전체 집합과 크기가 같다.

연속체(continuum)란 실수 전체 집합, 즉 실수체를 뜻한다. 앞으로

자연수 전체 집합의 크기보다 실수 전체 집합의 크기가 더 크다

는 것을 밝히고, Cantor가 왜 위와 같은 가설을 하게 되었는지를 살펴보기로 한다.[10] 그러므로 연속체 가설이란

실수체의 부분집합 중에서 자연수 전체 집합보다 그 크기가 크고
실수체보다 크기가 작은 것은 존재하지 않는다

는 주장이다. 이 가설의 진위를 밝히라는 문제가 바로 HP1, 즉 1900년 프랑스의 파리에서 열린 제2회 세계수학자대회(ICM)에서 Hilbert가 20세기 수학자들이 해결하여야 할 첫번째 과제로 뽑은 것이다.

---

[8] 무한집합에서 아무 원소나 하나를 뺀 부분집합, 또는 아무 원소나 둘을 뺀 부분집합, 또는 아무 원소나 셋을 뺀 부분집합, ...

[9] Bolzano, Cantor, Dedekind 등이 내린 정의이다 [Eves, p. 613], [Cantor, p. 41]. Euclid는 **원론**(Elements) 1권에서 다섯 가지 기본 원리와 다섯 가지 기하 공리 등 모두 열 가지 원리(Elements)를 선언하였는데, 이 중 "같음"을 설명한 것이 제일 원리이고, 다섯번째 원리가 "전체는 부분보다 크다"이다.

[10] 두 집합의 크기를 비교하는 법은 3절 참고.

제 2 절 가산집합

원소의 개수가 유한이거나 또는 자연수 전체 집합과 원소의 개수가 같은 집합을 **가산집합**(countable set)이라고 부른다.[11]

무한 가산 집합의 보기로는 다음을 들 수 있다:

- 영 이상의 정수 전체 집합[12] : $\mathbb{N}_0 = \{0, 1, 2, 3, \dots\}$
- 짝수 전체 집합[13] : $2\mathbb{N} = \{2, 4, 6, \dots\}$
- 홀수 전체 집합: $2\mathbb{N} - 1 = \{1, 3, 5, \dots\}$
- 소수 전체 집합[14] : $\{2, 3, 5, 7, 11, 13, 17, 19, \dots\}$.
- 정수 전체 집합 :

$$\begin{aligned} \mathbb{Z} &:= \{\dots, -3, -2, -1, 0, 1, 2, 3, \dots\} \\ &= \{0, 1, -1, 2, -2, 3, -3, \dots\} \end{aligned}$$

---

[11] Cantor 는 헤브라이어의 첫자 ℵ (aleph)를 사용하여 자연수 집합의 기수를 $\aleph_0$ 으로 나타내었다. 가산집합이란 그 집합의 원소들을 차례로 나열하여 번호를 매길 수 있는 집합을 뜻한다. 이런 뜻에서 가산집합을 **가부번 집합**(denumerable set)이라고도 부른다.

[12] 함수

$$\mathbb{N} \to \mathbb{N}_0, \qquad n \mapsto n - 1$$

이 일대일 대응이다.

[13] 여기서는 자연수 중에서 짝수인 것들을 뜻하였다. 이때 일대일 대응은

$$\mathbb{N} \to 2\mathbb{N}, \qquad n \mapsto 2n$$

으로 정하면 된다. 정수들 중에서 **짝수**(偶數, even number)란 2로 나누어 떨어지는 수, 즉 2의 배수를 뜻한다. 그러므로 $0, -2, -4, \dots$ 등이 모두 짝수이다. 0을 자연수에 포함시키는 것이 자연스럽다고 생각하는 학자들이 많다. "0의 발견"은 인간사고와 상업사회 및 수학 발전에 중요한 공헌을 하였다. 영이 없이는 "십,백,천,만,..."등의 자리를 나타내는 단위를 계속 만들어야 한다.

[14] **소수**(素數, prime number)란 **약수**(約數, divisor, 藥水 아님)의 개수가 둘인 자연수를 말한다. 즉, 1이 아닌 자연수로서 약수가 1과 자신뿐인 자연수를 말한다. 마치 물질이 소립자들로 구성되어 있듯이, *모든 자연수는 소수들의 곱*으로 나타난다. (여기에서 "모든"을 "1보다 큰"으로 바꾸어도 되지만, "소수 0개의 곱은 1"이므로 그냥 두어도 된다.)

Euclid의 원론에는 "소수가 무한히 많다"는 명제의 유명한 증명이 들어 있다 (HP8 참조).

- 정수점 전체 집합:[15]

$$\mathbb{Z} \times \mathbb{Z} = \{\langle m, n \rangle \mid m, n \in \mathbb{Z}\}$$

- 양수인 유리수(有理數, 分數, rational number) 전체 집합 $\mathbb{Q}_+$: 모든 유리수는 **기약분수**의 꼴로 표현할 수 있다. 따라서 $\mathbb{Q}_+$ 는 기약분모가 1 인 양의 유리수, 즉 자연수 전체 집합 $\mathbb{Q}_1$, 기약분모가 2 인 양의 유리수 전체 집합 $\mathbb{Q}_2$, 기약분모가 3 인 양의 유리수 전체 집합 $\mathbb{Q}_3, \ldots$ 들의 합집합이다:

$$\begin{aligned} \mathbb{Q}_+ &= \mathbb{Q}_1 \cup \mathbb{Q}_2 \cup \mathbb{Q}_3 \cup \cdots \\ &= \left\{ \frac{1}{1}, \frac{2}{1}, \frac{3}{1}, \ldots, \frac{1}{2}, \frac{3}{2}, \frac{5}{2}, \ldots, \frac{1}{3}, \frac{2}{3}, \frac{4}{3}, \ldots, \frac{1}{4}, \frac{3}{4}, \frac{5}{4}, \ldots \right\}. \end{aligned}$$

⋮	⋮	⋮	⋮	⋮	⋮	
5	5	$\frac{5}{2}$	$\frac{5}{3}$	$\frac{5}{4}$	1	....
4	4	2	$\frac{4}{3}$	1	$\frac{4}{5}$	....
3	3	$\frac{3}{2}$	1	$\frac{3}{4}$	$\frac{3}{5}$	....
2	2	1	$\frac{2}{3}$	$\frac{1}{2}$	$\frac{2}{5}$	....
1	1	$\frac{1}{2}$	$\frac{1}{3}$	$\frac{1}{4}$	$\frac{1}{5}$	....
	1	2	3	4	5	....

한편 $\mathbb{Q}_1, \mathbb{Q}_2, \mathbb{Q}_3, \ldots$ 각각이 가산집합이므로 $\mathbb{Q}_+$ 도 가산집합이다:[16]

$$\mathbb{Q}_+ = \left\{ \frac{1}{1}, \quad \frac{2}{1}, \frac{1}{2}, \quad \frac{3}{1}, \frac{1}{3}, \quad \frac{4}{1}, \frac{3}{2}, \frac{2}{3}, \frac{1}{4}, \quad \cdots \right\}.$$

[15] 집합 A, B 에 대하여 **곱집합**은

$$A \times B := \{\langle a, b \rangle \mid a \in A,\ b \in B\}$$

를 뜻한다. 여기에서 $\langle a, b \rangle$ 는 a 와 b 로 이루어진 쌍으로 순서가 정해져 있는 쌍, 즉 **순서쌍**이다. 순서쌍을 (a, b) 로 쓰기도 하지만, 여기에서는 열린 구간을 나타내는 기호와 구분하였다.

[16] 가산집합의 가산합(countable union)은 가산집합이다: 집합

$$A_1 := \{a_{11}, a_{12}, a_{13}, \ldots\}, \quad A_2 := \{a_{21}, a_{22}, a_{23}, \ldots\}, \quad \ldots$$

미국의 수학자이자 논리학자이며 철학자인 Charles Sanders Peirce(1839–1914)는 영국의 지리학자 J. Farey 의 수열을 약간 변형하여 “영과 무한대 사이의 유리수”, 즉 양의 유리수를 나열하는 방법으로 다음과 같은 방법을 소개하였다.

$\frac{0}{1}$								$\frac{1}{0}$
$\frac{0}{1}$				$\frac{1}{1}$				$\frac{1}{0}$
$\frac{0}{1}$		$\frac{1}{2}$		$\frac{1}{1}$		$\frac{2}{1}$		$\frac{1}{0}$
$\frac{0}{1}$	$\frac{1}{3}$	$\frac{1}{2}$	$\frac{2}{3}$	$\frac{1}{1}$	$\frac{3}{2}$	$\frac{2}{1}$	$\frac{3}{1}$	$\frac{1}{0}$
				$\vdots$				

Farey-Peirce 수열은 다음과 같은 성질이 있다.[17]

– 각 행에서 인접한 두 분수를 분자끼리 더하고 분모끼리 더하여 다음

의 합집합의 원소들을 다음과 같이 나열할 수 있다:

$$a_{11}, \quad a_{12}, a_{21}, \quad a_{13}, a_{22}, a_{31}, \quad \ldots .$$

이때 중복되는 원소를 빼면 원하는 수열을 얻는다.

[17]Farey 는 1816 년에 Haros 의 1802 년 연구결과를 인용한 논문을 발표하였다. 이 논문을 본 Cauchy 는 그 수열을 **Farey 수열**이라고 불렀다 [Conway, Guy, p. 152], [Devlin/허민, p. 294], [Gardner], [Honsberger]. Farey 수열은 격자점에 나무가 심겨져 있는 과수원에서 보이는 나무들의 방향을 서술한 것과 마찬가지이다 [Coxeter, p. 210]. Farey 수열과 Ford Circles 에 관심 있으면 [Conway, Guy, p. 153] 을 참고할 것.

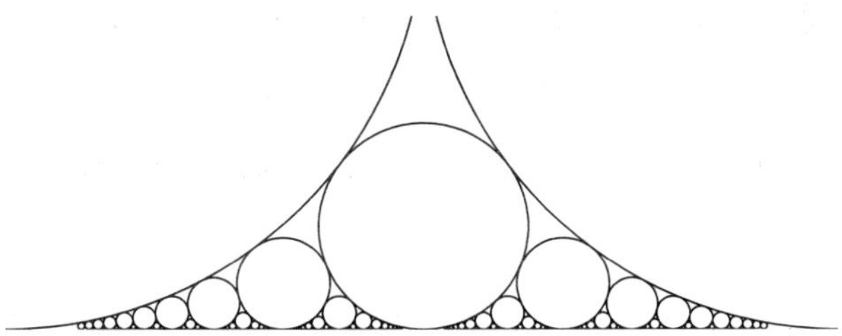

행을 만든다.

- 분모들이 이루는 수열과 분자들이 이루는 수열은 서로 거꾸로 배열되어 있다.
- 각 원소 $\dfrac{p}{q}$ 의 역수 $\dfrac{q}{p}$ 는 중앙수 $\dfrac{1}{1}$ 에 대하여 대칭위치에 있다.
- 각 행에 나타난 유리수는 작은 것부터 차례로 배열되어 있다.[18]
- 각 행에 나타난 분수는 모두 기약분수이다.[19]
- 모든 양의 유리수가 반드시, 그리고 오직 한번 나타난다.[20]

• 유리수 전체 집합 $\mathbb{Q}$ 가 가산집합임을 다음과 같이 알 수 있다.
먼저 양의 유리수를 나열하여 $r_1, r_2, \ldots$ 라 하자. 그러면

$$0,\ r_1,\ -r_1,\ r_2,\ -r_2,\ \ldots$$

가 모든 유리수를 나열한다.

• (Cantor, 1874) **대수적 수**(代數的 數, algebraic number)란 어떤 정수계수 다항식의 근(根, root)인 (실수 또는) 복소수를 뜻한다.[21] 또는, 같은

---

[18] $p, s \geq 0$ 이고 $q, r > 0$ 일 때,

$$\frac{p}{q} < \frac{r}{s} \quad \Leftrightarrow \quad \frac{p}{q} < \frac{p+r}{q+s} < \frac{r}{s}$$

이다.

[19] 자연수 a, b 가 **서로 소**일 필요충분 조건은 방정식

$$ma - nb = 1$$

이 정수해 $\langle m, n\rangle$ 을 가지는 것이다. 마치 3리터 물통과 5리터 물통이 있으면 1리터 물을 길 수 있듯이. 이 원리는 **Euclid 호제법**에서 얻는다. Farey-Peirce 수열에서 두 분수 $\frac{p}{q}, \frac{r}{s}$ 가 인접해 있으면 $ps - rq = \pm 1$ 이다.

[20] $\langle m, n\rangle$ 이 **정수방정식** $xa - yb = 1$ 의 한 해라 하자. 이때 모든 해는

$$\langle m + kb, n + ka\rangle, \qquad k \in \mathbb{Z}$$

이다. 따라서 $0 \leq m < b$, $0 \leq n < a$ 인 해가 존재한다. 이때 $a < b$ 이면

$$\frac{b-m}{a-n} < \frac{b}{a} < \frac{m}{n}$$

이다. 이 식에 "$a+b$에 대한 귀납법"을 이용하면 1 이상의 유리수가 모두 나타난다.

[21] HP7 참조

뜻으로, 최고차항의 계수가 1 인 유리수계수 다항식의 근인 복소수를 뜻한다. 차수가 1 인 다항식 집합 $P_1 := \{x + a_0 \mid a_0 \in \mathbb{Q}\}$ 은 가산집합이고, 마찬가지로 차수가 2 인 다항식 집합 $P_2 := \{x^2+a_1x+a_0 \mid a_0, a_1 \in \mathbb{Q}\}$ 도 가산집합이며, 일반적으로 차수가 n 인 다항식 집합

$$P_n := \{x^n + a_{n-1}x^{n-1} + \cdots + a_1x + a_0 \mid a_0, a_1, \ldots, a_{n-1} \in \mathbb{Q}\} \simeq \mathbb{Q}^n$$

도 가산집합이다. 따라서 이들의 합집합

$$P := P_1 \cup P_2 \cup \cdots \cup P_n \cup \cdots = \bigcup_{n=1}^{\infty} P_n$$

도 가산집합이다.[22]

한편 차수가 n 인 다항식은 많아야 n 개의 근을 가지므로 대수적 수 전체 집합은 가산집합이다.

2.0.1 연습문제

(i) 집합 A 에서 집합 B 로 가는 단사함수가 있으면 집합 B 에서 집합 A 로 가는 전사함수가 있음을 밝히라.

(ii) 가산집합의 부분집합은 가산집합임을 밝히라.

(iii) 실수 α 의 소수(小數) 부분을 $\bar{\alpha}$ 로 나타내자.[23] 이때 α 가 무리수이면, 함수

$$\mathbb{N} \to [0,1), \qquad n \mapsto \alpha_n := \overline{n\alpha}$$

는 일대일임을 밝히라.

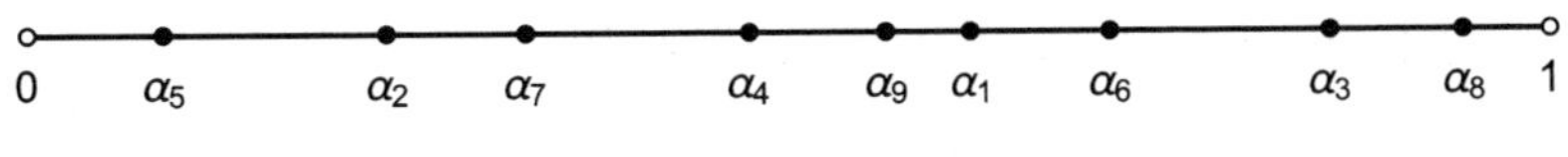

$\alpha = \frac{1}{2}\left(\sqrt{5}+1\right)$, 황금비

---

[22] 이 표현에 ∞ 가 나타나지만 이것은 $n = \infty$ 인 경우가 있다는 뜻은 아니다. 마치 급수의 합을 나타내는 표현 $\sum_{n=1}^{\infty} a_n$ 에서 처럼. P 는 유리수들의 유한 수열 전체의 집합 $\mathbb{Q}^\infty$ 와 일대일 대응한다.

[23] 보기를 들어 $\overline{3.14} = 0.14$, $\overline{-3.14} = 0.86$ 이다.

제 3 절 연속수 — 실수체의 기수

두 집합 A, B 의 크기가 다르면 $A \not\sim B$ 또는 $|A| \neq |B|$ 로 나타내기로 하자.

Cantor 는 실수체 $\mathbb{R}$ 도 자연수 전체 집합과 그 크기가 같을 것이라 생각하고, 그것을 밝히려고 오동안 노력하였지만, 1873년 12월 7일에 결국 그렇지 않다는 것을 발견하였다.

$$\mathbb{N} \not\sim \mathbb{R}.$$

이 날은 진정한 의미의 집합론이 탄생한 날이라 할 수 있다.

Cantor 가 처음에 발표한 증명은 다음과 같다.[24]

> 자연수 집합과 실수체 사이의 일대일 대응을 만드는 수열 $a_1, a_2, a_3, \ldots$ 이 있다고 가정하자. 그리고 이 수열의 첫 번째 항을 x_1 이라 하자. (즉 $x_1 = a_1$ 이다.) 이제 수열의 항 중에서 x_1 보다 처음으로 큰 것을 y_1 이라 하자. 또 수열의 항 중에서 처음으로 x_1 과 y_1 사이에 있는 것을 x_2 라 하자. 그리고 x_2 와 y_1 사이에 처음으로 나타나는 항을 y_2 라 하자.
>
> $$\begin{array}{cccccccc} a_1 & \cdots & a_n & \cdots & a_m & \cdots & a_l & \cdots \\ \uparrow & \cdots & \uparrow & \cdots & \uparrow & \cdots & \uparrow & \cdots \\ x_1 & \cdots & y_1 & \cdots & x_2 & \cdots & y_2 & \cdots \end{array}$$
>
> 이와 같이 계속하면 실수쌍 (x, y) 들의 무한 열
>
> $$x_1 < x_2 < x_3 < \cdots < x_n < y_n < \cdots < y_2 < y_1$$
>
> 을 얻는다. 이때 (x_n) 은 유계인 증가 수열이므로, 그 극한
>
> $$z := \lim_{n \to \infty} x_n$$
>
> 이 존재한다 (이 성질을 **실수체의 완비성**이라 한다). 한편 가정에 의하여 $z = a_k$ 인 k 가 존재한다. 하지만 a_1 과 a_k 사이에 들어 갈 수 있는 x_n 들이 유한 개뿐이라서 모순이 생긴다. 그러므로 실수를 모두 나열하는 것은 불가능하다. □

[24] J. f. reine und angew. Math. **77** (1874), 258–262.

Cantor는 1892년에 훨씬 일반적인 **대각화 방법**(diagonalization process)을 사용하여 실수체 $\mathbb{R}$가 가산 집합이 아님을 새롭게 밝혔는데, 그 방법은 다음과 같다.[25]

> 실수들의 수열 $a_1, a_2, a_3, \ldots$ 이 있다고 하자. 이때 이들을 십진법을 사용하여 표현하자:[26]
>
> $$\begin{aligned} a_1 &= a_{10}.a_{11}a_{12}a_{13}\cdots \\ a_2 &= a_{20}.a_{21}a_{22}a_{23}\cdots \\ a_3 &= a_{30}.a_{31}a_{32}a_{33}\cdots \\ &\vdots \end{aligned}$$
>
> 이제 a_1의 소수점 아래 첫째 자리 a_{11}을 살펴보아 이 수가 1이 아니면 1을 선택하고, 1이면 0을 선택한다:
>
> $$\hat{a}_{11} := \begin{cases} 1 & (a_{11} \neq 1) \\ 0 & (a_{11} = 1). \end{cases}$$
>
> 마찬가지로 a_2의 소수점 아래 둘째 자리 a_{22}를 살펴보아 1이 아니면 1을 선택하고, 1이면 0을 선택한다: $\hat{a}_{22} := \begin{cases} 1 & (a_{22} \neq 1) \\ 0 & (a_{22} = 1) \end{cases}$.
>
> 이와 같이 얻은 수 $\hat{a}_{nn}$을 소수점 아래 수로 가지는 수
>
> $$r := 0.\hat{a}_{11}\hat{a}_{22}\hat{a}_{33}\cdots$$
>
> 는 a_1과는 소수 첫째 자리가 다르고, a_2와는 소수 둘째 자리가 다르며, a_n과는 소수 n번째 자리가 다르다. 그러므로 r는 수열 $a_1, a_2, a_3, \ldots$ 에 나타나지 않는다. 그러므로 "실수들의 수열에는 반드시 빠진 실수가 있음"을 알 수 있다. 따라서 실수 전체 집합과 자연수 전체 집합 사이에는 일대일 대응이 존재하지 않는다. □

[25] Jahresbericht D. Math. Ver. **1** (1892), 75-78.

[26] 실수 r는 십진법을 사용하여 표현하면 "정수부분" $[r]$와 "소수부분"의 합

$$r = [r] + 0.r_1r_2r_3\cdots, \qquad r_1, r_2, r_3, \cdots \in \{0, 1, 2, 3, 4, 5, 6, 7, 8, 9\}$$

로 표현할 수 있다. 이때 $0.19999\cdots$ 처럼 소수점 아래에 9가 연속적으로 계속 나타나는 표현을 피하고 $0.20000\cdots$ 처럼 나타내면, 모든 실수는 오직 한가지 방법으로 십진법 표현을 가진다.

Cantor의 두번째 증명은 귀류법을 사용하였다기보다는 "구성적인(constructive) 증명"이라 할 수 있다.

일반적으로, 집합 A에서 집합 B로 가는 단사함수는 존재하지만 전단사함수는 존재하지 않으면 "B의 기수는 A의 기수보다 크다"라고 말하고

$$A \prec B \quad \text{또는} \quad |A| < |B|$$

라고 쓰기로 한다. 따라서 Cantor가 보인 것은 다음이다:

$$\boxed{\mathbb{N} \prec \mathbb{R}}$$

실수 또는 복소수 중에서 대수적 수가 아닌 것을 **초월수**(超越數, transcendental number)라 한다 (HP7 참조). **원주율** π나 **자연상수**, 즉 자연로그의 밑수인 e처럼 주어진 특정한 수가 초월수임을 밝히는 것은 일반적으로 쉬운 일이 아니다.[27]

그러나 앞 절에서 살펴본 것처럼 대수적 수 전체 집합은 가산집합이므로 다음 정리를 얻는다.

따름정리 3.0.1 *대부분의 실수는 초월수이다.*

구체적으로 밝히는 "구성적인 증명"을 하여 왔던 많은 대가들은 위와 같은 "존재 정리"를 좋아하지 않았다.

---

[27] 역사적으로 원의 지름(diameter)에 대한 원 둘레의 비를 "원주율"이라 하였지만, 오늘날 시각에서는 반지름(radius)에 대한 원 둘레의 비를 보는 것이 적절하다. 그러므로 2π라는 개념, 즉 **온각**을 한 가지 기호로 나타내는 것이 더 편리하지만, 바꾸기에는 너무 오랜 관습이 되었다. 유리수, 무리수, 초월수 등의 개념이 매우 중요하게 여겨지던 시절이 있었지만, 20세기 후반에 들어서는 **계산가능수**(computable number)의 개념이 더욱 중요하게 되었다. 원주율이나 자연상수는 이제는 더 이상 초월적인 존재가 아니라 모두 계산가능한 수이다. 원주율이나 자연상수를, 예를 들어 십진법으로 표현할 때, 소수점 아래 몇 번째 숫자가 무엇인지 물으면 유한 시간내에 정확하게 그 답을 말할 수 있다. 계산가능수 전체는 가산집합이고, 따라서 대부분의 수가 계산불가능하다.

3.1 실수 구간

이제 닫힌 구간, 열린 구간, 반열린 구간 등이 모두 실수체와 크기가 같음을 밝혀 보자.

$$\boxed{[0,1] \sim [0,1) \sim (0,1] \sim (0,1) \sim \mathbb{R}}$$

먼저 구간 $[0,1]$과 구간 $[0,1)$ 사이의 일대일 대응을 나타내는 함수

$$f : [0,1] \to [0,1)$$

의 그래프를 그려보면 다음과 같다.[28]

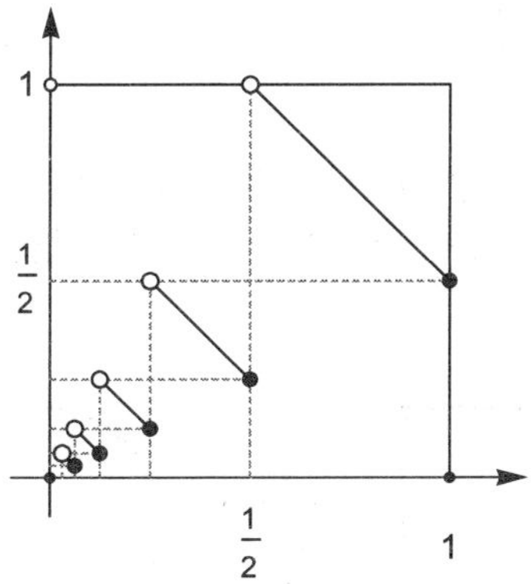

따라서 $[0,1] \sim [0,1)$을 얻고, 이로부터 $(0,1] \sim (0,1)$을 얻는다.

한편 구간 $(0,1)$은 구간 $\left(-\frac{\pi}{2}, \frac{\pi}{2}\right)$와 일대일 대응이고,[29] 또 탄젠트 함수

$$\tan : \left(-\tfrac{\pi}{2}, \tfrac{\pi}{2}\right) \to \mathbb{R}$$

이 전단사함수이므로 $(0,1) \sim \mathbb{R}$임을 안다.

---

[28]이 함수는 식 $f(2x) = 2f(x)$를 만족시킨다. 물론 이런 방법 외에도 여러 가지 다른 전단사함수를 발견할 수 있다. 예를 들면,

$$g(x) = \begin{cases} x & (x \in [0,1] - \{1, \frac{1}{2}, \frac{1}{3}, \dots\}) \\ \frac{1}{n+1} & (x = \frac{1}{n},\ n = 1,2,3,\dots) \end{cases}$$

은 $[0,1] \sim [0,1)$임을 보여 준다. 연습문제 2.0.1 (iii)을 이용하여 밝힐 수도 있다.

[29]팽창시키고 평행이동시키면 된다. Bernard Bolzano는 1864년 논문에서 "서로 길이가 다른 선분이라도 같은 개수의 점을 가지고 있다"고 하였다 [Cantor, p. 41].

3.2 Bernstein-Schröder 정리

Cantor는 세 집합 A, B, C에서 $A \prec B$이고 $B \prec C$이면 $A \prec C$임을 증명하려고 무척 노력하였지만 이것은 Dedekind와 Bernstein, Schröder에 의하여 독립적으로 밝혀진 다음 정리에 덕분에 증명할 수 있었다.[30]

먼저 집합 A에서 집합 B로 가는 일대일 함수가 존재할 때, 다음과 같이 쓰기로 한다:

$$A \preccurlyeq B$$

> **정리 3.2.1 (Bernstein-Schröder)** *집합 A, B에 대하여, $A \preccurlyeq B$이고 $B \preccurlyeq A$이면, $A \sim B$이다.*

증명. 먼저 A와 B가 공통부분이 없다고 가정하여도 좋다.[31] 그리고 일대일 함수들 $f : A \to B$와 $g : B \to A$가 주어졌다고 하자. (물론, f 또는 g가 전사이면 더 이상 증명할 것이 없다.)

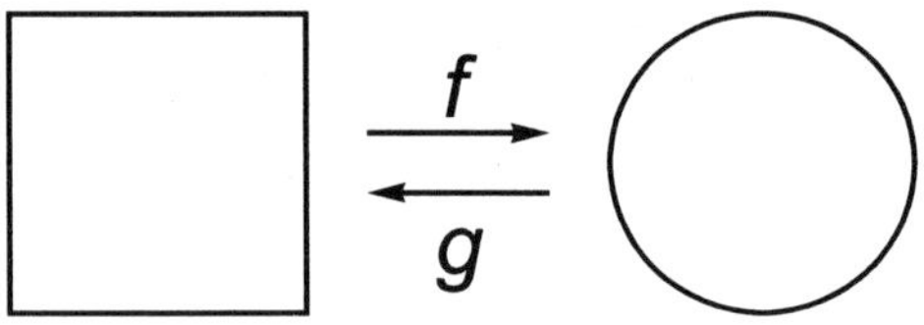

이때 A의 원소 중에서 g의 상(image), 즉 $g(B)$에 속하는 원소를 "조상이 있다"고 말하고, 마찬가지로 B의 원소 중에서도 f의 상, 즉 $f(A)$에 속하는 원소를 "조상이 있다"고 말하기로 한다. 이때 $b = f(a)$이면 a는 b의 "조상"이고, 마찬가지로 $a = g(b)$이면 b는 a의 조상이다. 물론 조상의 조상도 조상이라 부르기로 한다.

---

[30] Cantor는 1897년 위 정리를 "선택공리"를 이용하여 증명하였다. 그러나 그 해 19세인 Felix Bernstein(1878–1956)은 Cantor의 세미나에서 "선택공리"의 도움이 없이 이 정리의 증명을 발표하였고, 그것은 그 다음 해에 Borel이 출판한 책에 실렸다. Cantor의 제자인 Ernst Schröder는 1896년에 위 정리의 초록을 발표하였지만 1898년에 출판한 증명은 완벽하지 못하였고, 1911년에 증명을 보완하였다. Dedekind는 1887년에 위 정리의 증명을 하였으나 출판하지 않았다. [Enderton, p. 148], [Bourbaki, p. 325], [Birkhoff, Mac Lane], [Dieudonné, 1992, p. 221], [Kaplanski].

[31] 그렇지 않으면, $A \times \{0\}$과 $B \times \{1\}$을 이용하면 된다.

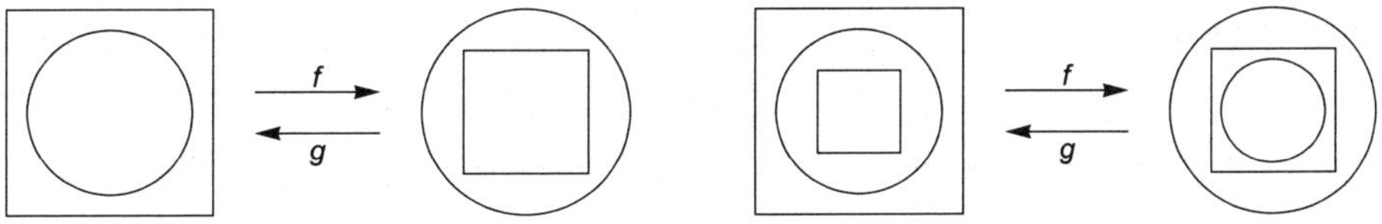

“나 안에 너 있다.”

이제 A의 원소들 중에 조상이 없는 것들로 이루어진 집합을 A_0이라 하자. 마찬가지로 B의 원소들 중에 조상이 없는 것들로 이루어진 집합을 B_0이라 하자. 즉

$$A_0 = A - g(B), \qquad B_0 := B - f(A).$$

또 A의 원소 중에서 조상이 하나뿐인 것들로 이루어진 집합을 A_1이라 하자. 마찬가지로 B의 원소 중에서 조상이 하나뿐인 것들로 이루어진 집합을 B_1이라 하자. 즉

$$A_1 := g(B - f(A)) = g(B_0), \qquad B_1 = f(A - g(B)) = f(A_0).$$

일반적으로 자연수 n에 대하여 A의 원소 중에서 조상들의 개수가 n인 것을 A_n이라 하고, B_n도 마찬가지로 정의하자. 즉

$$A_n := g(B_{n-1}), \qquad B_n := f(A_{n-1}).$$

그러면 A와 B의 원소들은 조상의 개수가 짝수인 것, 홀수인 것, 그리고 무한인 것들로 구분된다:

$$A_{\text{even}} := A_0 \cup A_2 \cup A_4 \cup \ldots, \quad A_{\text{odd}} := A_1 \cup A_3 \cup A_5 \cup \ldots, \quad A_\infty := A - (A_{\text{even}} \cup A_{\text{odd}})$$

$$B_{\text{even}} := B_0 \cup B_2 \cup B_4 \cup \ldots, \quad B_{\text{odd}} := B_1 \cup B_3 \cup B_5 \cup \ldots, \quad B_\infty := B - (B_{\text{even}} \cup B_{\text{odd}}).$$

이제 함수 $h : A \to B$를 다음과 같이 정의한다.

$$h(a) := \begin{cases} f(a) & (a \in A_{\text{even}} \cup A_\infty) \\ g^{-1}(a) & (a \in A_{\text{odd}}). \end{cases}$$

그러면 h가 원하는 전단사 함수임을 밝히는 것은 연습문제로 둔다. □

따름정리 3.2.2 *$A \prec B$ 이고 $B \prec C$ 이면 $A \prec C$ 이다.*

증명. 가정에 의하여 단사함수 $f : A \to B$와 $g : B \to C$가 존재하고, 따라서 단사함수 $g \circ f : A \to C$를 얻는다. 이제 A와 C 사이에 전단사함수가 존재하지 않음을 증명하면 된다.

만약 전단사 함수 $C \to A$가 존재한다고 가정하면, 이를 $f : A \to B$와 합성하여 C에서 B로 가는 단사함수를 얻는다. 그러면 Bernstein-Schröder 정리 덕분에 $B \sim C$를 얻는다. 이것은 가정에 어긋난다. 따라서 A와 C 사이에는 전단사함수가 없다. □

3.2.3 연습문제

따름정리를 이용하여 Bernstein-Schröder 의 정리를 증명하라.

Bernstein-Schröder 정리를 이용하여 직선의 점들 전체와 평면의 점들 전체가 같은 크기임을 밝혀보자.[32]

$$\boxed{\mathbb{R} \sim \mathbb{R}^2}$$

먼저 구간 $[0,1)$ 사이의 수 a, b를 십진법으로 나타낸다:[33]

$$a = 0.a_1a_2a_3\cdots, \qquad b = 0.b_1b_2b_3\cdots.$$

그러면 함수

$$[0,1)\times[0,1)\to[0,1): \qquad \langle a,b\rangle \mapsto 0.a_1b_1a_2b_2a_3b_3\cdots$$

는 일대일 함수이다. 한편 구간 $[0,1)$에서 $[1,0)\times[0,1)$로 가는 일대일 함수가 존재하므로[34]

$$[0,1)\sim[0,1)\times[0,1)$$

을 얻고 이로부터 $\mathbb{R}\sim\mathbb{R}\times\mathbb{R}=\mathbb{R}^2$를 얻는다. □

---

[32]1877 년 Cantor 는 이 정리를 발견하고 Dedekind 에게 보낸 편지에 다음과 같이 말하였다.

Je le vois, mais je ne le crois pas! (보고는 있지만, 믿을 수가 없어요.)

Cantor 의 집합론 이후로 **차원**(次元, dimension)에 대한 이해가 더욱 깊어진다. 차원은 일대일 대응에 대한 **불변량**(不變量, invariant)이 아니다. 연속적으로 변하는 점의 궤적이 일차원이라는 생각은 Peano 가 "공간채우기 곡선"을 발견함으로써 사라지게 된다. 차원은 위상동형에 대한 불변량이다. Dedekind 는 $m \neq n$이면 $\mathbb{R}^m$ 과 $\mathbb{R}^n$ 이 위상동형이 아니라고 추측하였고 이것은 1911 년에 L. Brouwer 가 증명하였다.

[33]9 가 연속해서 무한히 나타나는 것을 피한다.

[34]집합 $[0,1)$에서 집합 $[0,1)\times[0,1)$로 가는 함수 중에서

$$a \mapsto \langle a,0\rangle, \qquad a\mapsto\langle a,a\rangle$$

3.2.4 연습문제

$\mathbb{R} \sim \mathbb{R}^3$ 을 밝히라. 더 일반적으로 자연수 n 에 대하여 $\mathbb{R} \sim \mathbb{R}^n$ 임을 밝히라. 실수들의 유한 수열 전체로 이루어진 집합을

$$\mathbb{R}^\infty := \bigcup_{n=1}^{\infty} \mathbb{R}^n$$

이라 할 때,

$$\mathbb{R} \sim \mathbb{R}^\infty$$

임을 밝히라.

등은 일대일 함수이지만 함수

$$0.a_1a_2a_3\cdots \mapsto \langle 0.a_1a_3\cdots, 0.a_2a_4\cdots\rangle$$

는 일대일 함수가 아니다. (예를 들면 0.009090909... 와 0.10000... 가 같은 상을 가진다.)

제 4 절 멱집합

집합 {1,2,4} 의 부분집합에는 다음 여덟 가지가 있다.

	$\varnothing = \{\ \}$	$\{1\}$	$\{2\}$	$\{1,2\}$	$\{4\}$	$\{1,4\}$	$\{2,4\}$	$\{1,2,4\}$
1		√		√		√		√
2			√	√			√	√
4					√	√	√	√

일반적으로 원소의 개수가 n 인 집합의 부분집합의 개수는 2^n 이다.

앞으로 집합 A 의 부분집합들 전체로 이루어진 집합, 즉 A 의 **멱집합**(冪集合, power set)을

$$\mathcal{P}(A)$$

로 나타내기로 한다.

또 집합 A 에서 **2원집합** $\{0,1\}$ 로 가는 함수들 전체로 이루어진 집합을

$$2^A$$

로 나타내기로 한다.[35]

이제 $\mathcal{P}(A)$ 와 2^A 는 본질적으로 같은 것임을 살펴본다.

[35] Frege 와 Russell 은 영과 자연수를 유한 집합의 기수로 이해하였으나 von Neumann 은

$$0 = \varnothing, \quad 1 = \{0\}, \quad 2 = \{0,1\}, \quad 3 = \{0,1,2\}, \quad \ldots$$

등으로 정의하였다. 따라서 임의의 자연수 (또는 집합) n 에 대하여

$$n + 1 = n \cup \{n\}$$

이다. 집합이 수를 나타내듯이 수가 집합을 나타낸다. 집합 A 에서 집합 B 로 가는 함수 전체로 이루어진 집합을 B^A 로 나타내기도 한다. A 가 **공집합** $\varnothing$, 즉 0 이면, $B^0 = 1 = \{\varnothing\}$ 이다. 특히 $0^0 = 1$ 이다. 공집합 기호는 20세기 초반에 프랑스의 앙드레 베유(A. Weil, 1906–1988)가 노르웨이 문자의 한 모음자에서 따온 기호라고 자신의 자서전에서 밝혔다 [Weil]. 프랑스의 수학자 단체인 N. Bourbaki 는 1939 년에 공집합의 기호 $\varnothing$ 를 처음 사용하였지만, 세계적으로 널리 쓰이기 시작한 것은 1960년대 이후이다. 빈집도 집이듯이 공집합도 집합이다.

집합 A의 부분집합 B는 A에서 $\{0,1\}$로 가는 다음과 같은 함수를 정한다:

$$\chi_B(a) := \begin{cases} 1 & (a \in B) \\ 0 & (a \notin B). \end{cases}$$

역으로 함수 $\chi : A \to \{0,1\}$은 A의 부분집합

$$\{a \in A \mid \chi(a) = 1\}$$

을 정한다.

따라서 A의 멱집합은 A에서 $\{0,1\}$로 가는 함수 전체의 집합과 일대일 대응한다. 이때 공집합은 항등적으로 0인 함수에 대응되고, A 자신은 항등적으로 1인 함수에 대응된다.[36] □

예를 들어, $\mathbb{N}$의 부분집합 중 짝수 전체로 이루어진 집합은 수열

$$\langle 0, 1, 0, 1, 0, 1, \ldots \rangle$$

에 대응된다.

정리 4.0.1 $2^{\mathbb{N}} \sim \mathbb{R}$

증명. 이 증명을 위해서는 자연수 전체 집합의 멱집합 $2^{\mathbb{N}}$, 즉 0과 1로 이루어진 수열 전체의 집합과 구간 $[0,1)$이 기수가 같음을 보이면 된다. 그런데 함수

$$2^{\mathbb{N}} \to [0,1) : \qquad (b_n) \mapsto \sum_n b_n \, 10^{-n}$$

이 일대일 함수이고, 함수[37]

$$[0,1) \to 2^{\mathbb{N}} : \qquad \sum_n b_n \, 2^{-n} \mapsto (b_n)$$

[36] 더 나아가 A의 부분집합 중 원소가 하나인 일원집합 $\{a\}$는 Kronecker 의 **델타 함수**

$$\delta_a(x) = \begin{cases} 1 & (x = a) \\ 0 & (x \neq a) \end{cases}$$

에 대응된다. 이런 뜻에서 델타함수는 $a \mapsto \{a\}$라 할 수 있다.

[37] 구간 $[0,1)$에 속하는 실수를 이진법을 이용하여 나타내면

$$\sum_n b_n \, 2^{-n} \qquad (b_n \in \{0,1\})$$

로 표현된다. 이때 1이 연속해서 무한히 나타나지 않도록 하면 오직 한 가지로 표현된다.

이 일대일 함수이므로 Bernstein-Schröder 정리에 의하여 $2^{\mathbb{N}}$ 과 $[0,1)$ 이 크기가 같다 [Kaplanski, p. 45]. □

$\mathbb{N} \prec \mathbb{R} \sim 2^{\mathbb{N}}$ 이므로 연속체 가설은 다음과 같이 표현할 수 있다.

연속체 가설: $\mathbb{N} \prec X \prec 2^{\mathbb{N}}$ 인 집합 X 는 존재하지 않는다.

4.0.2 연습문제

1. "자연수 전체 집합 $\mathbb{N}$ 에서 집합 $\{0,1,2\}$ 로 가는 함수" 전체로 이루어진 집합을 $3^{\mathbb{N}}$ 으로 두자. 이때 $2^{\mathbb{N}} \sim 3^{\mathbb{N}}$ 임을 밝히라.

2. 자연수 전체 집합 $\mathbb{N}$ 의 "유한부분집합"들로 이루어진 집합은 가산집합임을 밝히라.

3. 집합
$$T := \{t : \mathbb{N} \to \{0,1\} \mid t_n = 1 \;\Rightarrow\; t_{n+1} = 0\}$$
은 $\mathbb{R}$ 와 크기가 같음을 밝히라.[38]

4. **Cantor 집합** 또는 **Cantor 의 먼지**라고 부르는 K 는 다음과 같이 정의한다: 구간 $I_0 := [0,1]$ 을 삼등분하여 가운데 부분을 도려낸 것을
$$I_1 := \left[0, \frac{1}{3}\right] \cup \left[\frac{2}{3}, 1\right]$$
으로 두자. 또 I_1 의 두 부분구간 각각을 삼등분하여 가운데 부분를 도려낸 것을
$$I_2 := \left[0, \frac{1}{3^2}\right] \cup \left[\frac{2}{3^2}, \frac{1}{3}\right] \cup \left[\frac{2}{3}, \frac{7}{3^2}\right] \cup \left[\frac{8}{3^2}, 1\right]$$

[38]함수
$$T \to [0,1), \qquad \langle t_1, t_2, \ldots \rangle \mapsto \sum_{n=1}^{\infty} t_n 2^{-n}$$
은 일대일 함수이다. 또 함수
$$[0,1) \to T, \qquad \sum_{n=1}^{\infty} t_n 2^{-n} \mapsto \langle t_1, 0, t_2, 0, t_3, 0, \ldots \rangle$$
도 일대일이다. 그러므로 Bernstein-Schröder 의 정리를 이용하면 $T \sim [0,1) \sim \mathbb{R}$ 이다. 집합 T 는 **Penrose 타일**과 일대일 대응을 이룬다. (Penrose 타일은 HP18(b), **비가환대수**(non-commutative geometry), 단순 C^*-대수 등과 관련있다 [HP18(a)].)

이라 하자. 이와 같이 계속하여 I_n 의 각 부분구간을 삼등분 한 후에 가운데 부분을 도려내어 I_{n+1} 을 얻는다. Cantor 집합은 I_n 의 극한을 뜻한다:[39]

$$K := \lim_{n\to\infty} I_n = I_1 \cap I_2 \cap I_3 \cap \cdots = \bigcap_{n=1}^{\infty} I_n.$$

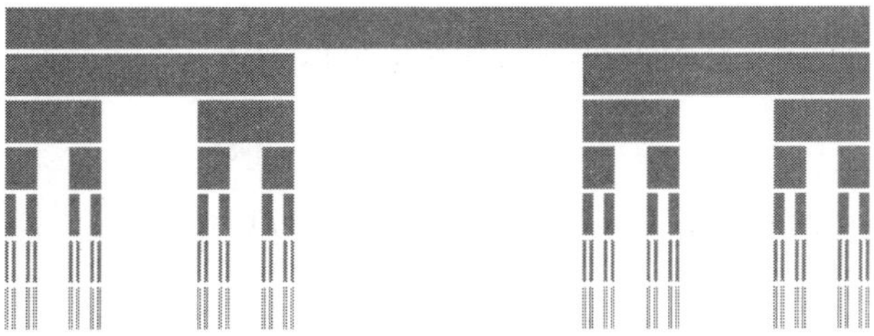

Cantor의 먼지

Cantor 집합을 구성할 때 구간 $[0,1]$ 에서 잘라낸 구간의 길이를 모두 더하면

$$\frac{1}{3} + \frac{2}{3^2} + \frac{2^2}{3^3} + \frac{2^3}{3^4} + \cdots = \frac{1}{3}\sum_{n=0}^{\infty}\left(\frac{2}{3}\right)^n = 1$$

이다. 따라서 Cantor 집합의 "길이"는 0 이다.[40]

Cantor 집합의 한 원소는 다음과 같이 나타낼 수 있다:

$$\sum_{n=1}^{\infty} a_n 3^{-n} \qquad (a_n \in \{0,2\}).$$

이제 Cantor 집합은 실수체 $\mathbb{R}$ 와 일대일 대응함을 밝히라.[41]

---

[39] 어떤 집합 A 가 A 와 닮은 조각 $A_1, A_2, \ldots, A_n$ 의 합집합이라고 하자: $A = A_1 \cup A_2 \cup \cdots \cup A_n$. 이때 A_i 들이 공통부분이 없고, 이들 각각이 A 와 닮음비가 r_i 라 하자. (편의상 닮음비는 0과 1 사이의 값으로 둔다.) 그러면 A 의 **차원** d 는

$$r_1^d + r_2^d + \cdots + r_n^d = 1$$

을 만족시키는 실수 d 로 정의한다. 만약 r_i 가 모두 같은 값 r 이면 $(1/r)^d = n$ 에서 차원을 안다. 따라서 Cantor 집합의 차원은 $3^d = 2$ 에서 $d = \frac{\log 2}{\log 3} \approx 0.63$ 이다. Cantor 집합은 1874 년에 H. Smith 가 발견하였다. Cantor 는 1884 년에 $K \sim \mathbb{R}$ 임을 발견하였다.

[40] 또는 $\text{length}(I_n) = (2/3)^n$ 이고, 따라서 $\text{length}(K) = \lim_{n\to\infty} \text{length}(I_n) = 0$ 이다.

[41] $\{0,2\}^{\mathbb{N}} \sim 2^{\mathbb{N}} \sim \mathbb{R}$

4.1 대각법

다음 정리를 Cantor 의 "대각법(Diagonalization Method)"이라 부르기로 한다.

정리 4.1.1 (Cantor, 1890) *임의의 집합 A 에 대하여 $A \prec 2^A$ 이다.*

증명. 집합 A 에서 자신의 멱집합으로 가는 함수

$$A \to 2^A, \qquad a \mapsto \{a\}$$

는 일대일 함수이다. 이제 임의의 함수 $f : A \to 2^A$ 가 전사가 아님을 보이면 증명이 끝난다.

우리는 A 의 부분 집합

$$B := \{a \in A \mid a \notin f(a)\} \in 2^A$$

가 f 의 상에 속하지 않음을 보인다.

만약 $B = f(b)$ 인 $b \in A$ 가 존재한다고 가정해 보자. 이때 $b \in B$ 이면 $b \notin f(b) = B$ 이라는 모순이 생기고, 마찬가지로 $b \notin B = f(b)$ 이면 $b \in B$ 라는 모순이 생긴다. 따라서 B 는 f 의 상에 속하지 않고, f 는 전사가 아니다.[42] □

위 정리의 증명에서 사용한 방법이 "칸토르의 대각화 방법"이다. 이 정리로부터 무한집합에는 크기가 다른 것들이 무수히 많다는 것을 알게 된다:

$$\mathbb{N} \prec 2^{\mathbb{N}} \prec 2^{2^{\mathbb{N}}} \prec 2^{2^{2^{\mathbb{N}}}} \prec \cdots .$$

Cantor 는 이 정리를 증명하고 나서 다음과 같은 생각을 하였다.

만약 U 가 모든 집합들로 이루어진 집합, 즉

$$U = \{x \mid x = x\}$$

이면 $2^U \subseteq U$ 인데 어찌하여 2^U 가 U 보다 클 수 있는가?

이런 역설은 "집합론의 결과"에서 나온 것이지만 Zermelo 와 Russell 은 "집합의 정의"만 사용하여 바로 역설을 얻었다.

[42] f 를 책이라 하고 a 를 쪽이라 하며 $f(a)$ 를 쪽 a 의 본문이라 하면, B 는 쪽 a 의 본문에 a 가 적혀 있지 않은 그런 쪽만 모은 집합이다 [Garener, *Penrose* ..., p. 287]. 어떤 학교에서 학생들의 각종 동아리를 각 동아리의 대표자로 구별하는 것은 불가능하다.

제 5 절　역설과 극복

5.1　Russell의 역설

자연수 전체 집합 같은 “보통집합”은 자기 자신을 원소로 가지지 않는다. 그러나 자기 자신을 원소로 가지는 “이상한 집합”도 존재한다. 이상한 집합의 보기로는 “무한집합 전체의 집합”이나 “한글 마흔 자 이내로 정의되는 집합들 모두로 이루어진 집합” 등을 들 수 있다.

영국의 Russell은 1902년에 다음과 같은 질문을 하였다.[43]

보통집합들 전체로 이루어진 집합은 보통집합인가?

다시 말하면 “집합

$$\mathcal{R} := \{x \mid x \notin x\}$$

는 자신을 원소로 하는가?”라는 질문이다.

“$x \in y$”를 “y가 x를 면도한다”라고 말하고, “스스로 면도하지 않는 자들만 면도하는 자”를 “이발사”라고 부르면, “과연 이발사는 스스로 면도하는가?”라는 질문이 Russell의 질문이다 (이러한 형태는 Russell이 1919년에 만들었다 [Eves, p. 626]).[44]

---

[43]Bertrand Russell(1872–1970)의 역설은 1901년 5월에 발견되었다. Russell은 이듬해 6월 16일 Gottlob Frege에게 보낸 편지에 이 역설을 소개한다. G. Boole의 **명제 논리학**(Propositional Calculus)을 넘어, 논리학에 수량사(數量詞) ∀(for all)과 ∃(there exists)를 도입하고 **술어 논리학**(Predicate Calculus)을 크게 발전시킨 Frege는 “성질이 집합을 결정한다”는 생각을 하였고, 집합론에 기초한 Grundgesetze der Arithmetik(산술의 기본법칙, 1893, 1903)의 제2권을 막 출판하려던 중이었다. Frege는 자신이 평생 이룩한 자랑스런 업적이 하루 아침에 무너지는 것을 보고, 매우 슬퍼하였다. Hilbert의 학생이던 E, Zermelo는 1900년 이전에 이런 패러독스를 알고 있었고, 1900년 Paris에서 열린 세계수학자대회에서 발표하였다 [Smoryński]. Russell은 Alfred North Whitehead와 함께 지은 *Principia Mathematica*를 통하여 Frege의 한을 풀어주었다. Russell은 1950년에 노벨문학상을 수상하였다.

[44]마찬가지로 “스스로를 존경하지 않는 사람만 존경하는 사람은 자신을 존경하는가?” 또는 “본문에 책 자신을 언급하지 않은 책”들만의 목록으로 이루어진 책에는 자신이 언급되어 있는가?” 등의 질문을 할 수 있다. 노래를 아주 잘 하는 어떤 수학자 J가 언젠가 대한수학회 모임에서 다음과 같이 말하였다. “제가 합창단에 가입하여 활동하다 보니... 자기 혼자서만 잘난 독창보다

5.2 역설 보기

- "긴 다리"와 "짧은 다리" 중에서 어느 것이 긴가?
- "한글"은 한글이지만, "영어"는 영어가 아니라 한글이다.
- "한글을 모르십니까? 한글 학원을 찾으세요."
- 나는 지금 거짓말을 하고 있다.[45]
- | 뒷면에 쓰인 명제는 옳은 명제이다. | 뒷면에 쓰인 명제는 그른 명제이다. |
- | 당신은 순 거짓말장이요. | 당신 말씀은 항상 옳아요. |

이런 보기들은 일상생활에서 사용하는 비논리적인 언어를 사용함으로써 나타나는 것이라고 학자들은 생각하고, "수학적인 용어"만을 사용하여 역설을 극복하려고 하였다.[46]

5.2.1 Richard 역설

J. Richard(1905)가 발견하고 옥스퍼드 대학교의 사서인 G. Berry 와 B. Russell 에 의하여 단순화된 것으로 "마흔 자 이내로 정의할 수 없는 자연수 중에서 가장 작은 수"는 "마흔 자 이내"로 정의된다는 것이다 [Bourbaki, p. 328],

---

여러 사람이 어울려 하는 합창이 훨씬 더 훌륭한 일임을 알게 되었습니다... 수학자들이 모여 사는 세상도 마찬가지라고 생각합니다." J의 강연을 들은 K는 비단 수학자들의 사회뿐 아니라 일반적인 사회에도 그 말이 적용된다고 생각하였다. 역사적으로 인류가 '훌륭하다'고 말하는 분들이 가지고 있는 공통적인 성질이 있다. 그것은 그들은 대부분 '남과 협동하고 자신과는 씨름하며 채찍질하고 꾸준히 노력하는' 그런 분들이었다. 그들은 자신을 바치는... 즉, 헌신하는 분들이었다. 그래서 어느 날 K는 다음과 같이 선언하였다. "나는 '자신과 협동하지 않는 사람'하고만 협동합니다." K의 애인이 그 말을 듣고 K에게 물었다: "자기는 자기하고 협동해?"

[45]기원전 4세기의 Eubulides 역설. 기원전 6세기 경에 크레타(Creta) 섬의 철학자인 Epimenides 는 "크레타 섬의 사람들은 항상 거짓말을 한다"고 하였다 [신약성서 디도서 1:12]. 이러한 역설을 해결하는 법에 대하여는 [Schnabel] 을 참조할 것.

[46]Peano 의 조수이던 Cesare Burali-Forti 는 1897 년에 "서수 전체로 이루어진 집합의 서수"라는 개념이 모순을 일으킨다는 것을 발견하였다. Cantor 도 2년 전에 이런 모순을 알고 있었다 [Pinter, p. 3].

[Kramer, p. 687]. 이러한 역설들이 발견된 이후에 논리[47]를 구성하는 언어는 더욱 "형식적"이 되었다 [Chaitin].

5.3 역설의 해결

Unter einer ‚Menge' verstehen wir jede Zusammenfassung M von bestimmten wohlunterscheidbaren Objecten m unserer Anschauung oder unseres Denkens (welche die Elemente von M genannt werden) zu einem Ganzen.

(A set is a collection into a whole of definite, well-distinguished objects (called the elements) of our perception or of our thought.)

— G. Cantor (1895)

역설을 해결하기 위해서는 "순진한 집합론"이 무엇인지를 먼저 이해하여야 한다. 집합론의 기본 명제들은 (집합을 나타내는) 기호 $x, X, \ldots$ 와 (관계를 나타내는) 기호 $\in$ 및 논리학에서 사용하는 기호들로 이루어져 있는데, 임의의 두 집합 x, X 사이에

$$x \in X \qquad \text{또는} \qquad x \notin X$$

중에서 오직 한가지가 성립한다.[48]

이 "구성원 관계"로부터 "포함관계" $X \subseteq Y$ 를 다음과 같이 정의한다:

$$X \subseteq Y \qquad \Longleftrightarrow \qquad \forall x(x \in X \quad \rightarrow \quad x \in Y).$$

순진한 집합론은

- **외연공리**(外延公理, Axiom of Extension)와
- **내포공리**(内包公理, Axiom of Comprehension, Axiom of Intension)

[47] "논리"라는 말은 앞뒤가 잘 맞고 이성적일 때 사용하지만, 그 앞에 "정치"라는 형용사가 붙을 때에는 다른 뜻이 되기도 한다.

[48] $x \notin X$ 는 $\neg(x \in X)$ 를 뜻한다. Peano 는 1889 년에 **구성원 관계**(membership relation)를 나타내는 기호 $\in$ 를 도입하였다.

로 이루어져 있다. 외연공리란 "집합은 그 원소에 의하여 완전히 결정된다"는 것을 뜻한다:

$$X \subseteq Y \quad \wedge \quad Y \subseteq X \qquad \Longleftrightarrow \qquad X = Y.$$

다시 말하면, "두 집합이 같은 원소를 가지고 있다"는 것은 "그 두 집합이 같다"는 것과 같은 말이라는 뜻이다. 비록 두 집합을 서술하는 방법이 다르더라도.

외연공리에 의하면 *모든 공집합은 같다*.

내포공리란 임의의 성질 (또는 조건) $S(x)$ 에 대하여, $S(x)$ 를 만족시키는 모든 x 로만 이루어진 집합

$$\{x \mid S(x)\}$$

이 존재한다는 것을 뜻한다.

이 공리에 따르면 Russell 의 집합

$$\mathcal{R} := \{x \mid x \notin x\}$$

가 존재하고, 이것은 역설을 일으킨다. 이제 Russell 의 역설을 해결하는 여러 가지 방법을 살펴본다.

5.3.1 Schoenflies 의 해석 (1908, 1913)

이러한 역설은 수학의 문제가 아니라 철학의 문제이다 [Cantor, p. 207].

수학이 아닌 다른 학문은 사실 모순 투성이이다. 예를 들어 20세기 물리학의 양대주류인 양자역학과 상대론은 그 각각이 미시현상과 거시현상에 대한 훌륭한 이론임에도 불구하고 서로 모순되는 점을 가지고 있다.[49] 물리학자들이 그들의 이론에서 모순을 만나는 경우에는 "수학이 아직 덜 개발되었기 때문이고, 이러한 모순은 수학자들이 해결해 줄 것이다"라는 태도를 취하는 데, 이것은 제법 현명한 판단이고, 실제로 수학자들이 그들의 문제를 많이 해결하여 주었다. 자연과학은 그래도 나은 편이지만 사회과학에 눈을 돌려 보면 아직

[49] 당신은 주사위 놀이를 하는 신을 믿지만 나는 완전한 법칙과 질서를 믿습니다.

— A. Einstein 이 M. Born 에게 보낸 편지에서

학문으로 부르기에는 부적합 것들이 많이 있다. 수학 내부에서도 대수적인 문제가 어려우면 기하학을 빌어서 해결하고, 기하학적인 문제가 어려우면 해석학을 빌어 해결하기도 한다. 하여간 수학 또는 논리학과 관련하여 모순이 생긴다면 이것은 수학자들이 생각할 문제가 아니고 철학자들에게 맡기면 된다는 입장을 취하자. 이처럼 자신이 해결 못하면 남을 탓하면 된다.

5.3.2 직관주의

폴란드-독일의 Leopold Kronecker(1823–1891),[50] 프랑스의 Henri Poincaré (1854–1912), 네덜란드의 L. Brouwer(1882–1966), 독일-미국의 H. Weyl과 같은 직관주의자들은 수학에서는 논리보다 직관이 더욱 중요함을 강조하고, "유한 단계를 거쳐 구체적으로 서술할 수 있는 명제"만을 다룰 것을 주장하였다. "모든 집합들로 이루어진 집합"을 구체적으로 서술할 수 있는 좋은 방법이 없으면 그러한 개념을 생각하는 것을 거부하였다. 예를 들면 그들에게는

$$g := \begin{cases} 1, & \text{Goldbach 예상이 옳을 경우} \\ 0, & \text{Goldbach 예상이 그를 경우} \end{cases}$$

라고 정의하는 것을 허락하지 않았다.[51]

마찬가지로 k라는 정수를 다음과 같이 정의하는 것도 허용하지 않았다:

> *원주율 π 의 십진법 표현 3.1415926 $\cdots$ 에서 처음으로 "0123456789" 가 나타나는 소수자리수를 k 라고 정의하고, 만약 소수자리에 나타나지 않으면 k 는 0 으로 정의한다.*

그들은

배중률: 임의의 명제 P에 대하여 (P 또는 $\neg P$)는 참이다

[50] *신은 자연수를 만들었고 나머지는 사람이 만들었다.* – Kronecker

[51] **Goldbach 예상**이란 "2를 제외한 짝수는 두 소수의 합이다"를 말한다 [HP8], [Stewart]. Goldbach 예상이 참인지 아닌지를 "아는" 기계는 다음과 같이 만든다: 우선 "Goldbach 예상이 참입니까?"라고 질문하면 "예"라고 답하는 기계를 하나 만들고, 또 같은 질문에 "아니오"라고 답하는 기계를 만든다. 그러면 이 두 기계 중의 하나는 옳은(?) 답을 한다.

를 믿지 않았다.[52] **배중률**(the law of the excluded middle)이란 "P를 증명할 수 없고, $\neg P$를 증명할 수 없다 하더라도, (P 또는 $\neg P$)는 참이다"를 말한다.

귀류법(method of *reductio ad absurdum*)을 이용하여 증명하는 정리는 배중률을 사용한다. 예를 들면 배중률 없이 명제

실수 a, b 에서 $ab = 0$ 이면, $a = 0$ 또는 $b = 0$ 이다

를 증명할 수 없다. 실제로 $ab = 0$이지만 현재의 수학으로 $a = 0$이나 $b = 0$을 증명할 수 없는 수 a, b를 만들 수 있다. 이러한 수의 보기는 앞에서 들었듯이 $a = g$, $b = 1 - g$로 두면 된다.

또 다른 보기로 다음과 같은 명제를 배중률을 사용하여 증명할 수 있다.

a, b는 무리수이지만, a^b는 유리수인 두 수 a, b가 존재한다.

증명: 만약 $\sqrt{2}^{\sqrt{2}}$가 유리수라면, 증명이 끝난다.
만약 $a := \sqrt{2}^{\sqrt{2}}$가 무리수라면, $b = \sqrt{2}$로 둔다. 그러면 $a^b = \sqrt{2}^2 = 2$가 되어 증명이 끝난다.[53] □

배중률을 거부하면 수학에서 다루는 영역이 많이 줄어든다. 예를 들면 "연속함수에 대한 사이값 정리"처럼 존재성만을 말하는 정리, 즉 구체적으로 구하는 법을 말하지 않는 정리는 다룰 수 없게 된다.[54]

Hilbert 같은 **형식론자**(formalist)와는 달리, 직관론자들에게는 황당한 "집합론"은 의미 없는 학문이고 "연속체 가설"은 의미 없는 질문이다 [Brouwer].

> *Aus dem Paradies, das Cantor uns geschaffen, soll uns niemand vertreiben können. (칸토어가 이룩한 낙원에서 아무도 우리를 추방할 수 없다.)*
>
> — D. Hilbert, 1925.

[52] 어떤 명제 P를 부정하는 명제는 "$\neg P$" 또는 "$\sim P$"로 나타낸다. 법률적인 문제에서도 "증명하는 것"과 "반증할 수 없는 것"은 같지 않다.

[53] 이제는 $\sqrt{2}^{\sqrt{2}}$가 초월수임을 알고 있다 [HP7].

[54] **사이값 정리**란 "연속함수 $f(x)$가 $f(0) > 0$이고 $f(1) < 0$이면, $f(x_0) = 0$인 x_0가 구간 $(0, 1)$ 안에 있음"을 말한다. 고속도로에서 차량들의 구간속도를 측정하여 속도위반을 판정하는 장치도 사이값 또는 평균값 정리를 이용한다.

5.3.3 Russell 의 level (또는 type) 이론

집합들은 그들이 살고 있는 층이 정해져 있다. 영층에는 가장 기본적인 "원소"들이 살고 있고, 일층에는 영층의 원소들로 이루어진 집합들이 있다. 이층에 살고 있는 집합들은 일층 집합들을 원소로 하고, 일반적으로 $n+1$ 층에 살고 있는 집합들은 n 층 집합을 원소로 한다. 따라서 두 집합 A, B 사이에 $A \in B$ 라는 관계를 말하는 것은 B 의 층위가 A 의 층위보다 하나가 더 높을 때에만 의미 있다. 이러한 입장에서 보면

$$\neg(x \in x)$$

라는 것은 명제로서의 조건을 갖추고 있지 않다.

5.3.4 von Neumann 의 집단 (1925)

집합에는 다른 집합의 원소가 될 수 있는 "좋은 집합"이 있고 그럴 필요가 없는 일반 집합이 있다. 일반 집합을 앞으로 **집단**(class)이라 부르고, 다른 집단의 원소인 집단을 "집합"이라 하자. 그리고 내포공리를 **집단공리**(Class Axiom)로 바꾼다:

> 집단공리: 임의의 조건 $S(x)$ 에 대하여 $S(x)$ 를 만족시키는 <u>집합</u> x 들 전체로 이루어진 <u>집단</u>이 존재한다: $\exists\{x \mid \exists y(x \in y) \wedge \ S(x)\}$.

예를 들어, "모든 집합들로 이루어진 집단"은

$$\mathcal{E} := \{x \mid \exists y(x \in y)\}$$

와 같이 표현된다. 이제 Russell 의 집합은 집단

$$\tilde{\mathcal{R}} := \{x \mid \exists y(x \in y) \wedge \ x \notin x\}$$

으로 다시 태어난다. 이 집단은 다른 집단의 원소가 아니라는 것을, 즉 $\tilde{\mathcal{R}} \notin \mathcal{E}$ 임을 쉽게 보일 수 있다. 특히 $\tilde{\mathcal{R}} \notin \tilde{\mathcal{R}}$ 이다.

Russell 의 집단은 집합이 아니다. (세비야의 이발사도 사람이 아니다.)

Von Neumann 의 이론은 Bernay, Gödel 등에 의하여 발전되어 오늘날 **NBG 집합론**이라 부른다 [Smullyan, Fitting], [Mendelson].

5.3.5 Zermelo

Zermelo는 1908년에 내포공리를 다음과 같이 바꾸었다:[55]

Aussonderungsaxiom:[56]

임의의 조건 $S(x)$와 집합 A에 대하여, A의 원소 중에서 $S(x)$를 만족시키는 x들로만 이루어진 집합이 존재한다: $\exists\{x \in A \mid S(x)\}$.

이와 같이 가다듬은 공리에서는 Russell의 집합 $\mathcal{R}$은 의미가 없지만

$$\mathcal{R}_A := \{x \in A \mid x \notin x\}$$

같은 집합은 구성할 수 있다. 이때 $\mathcal{R}_A \notin A$임은 다음과 같이 보일 수 있다:

만약 $\mathcal{R}_A \in A$이라면, $\mathcal{R}_A \in \mathcal{R}_A$도 모순을 일으키고 $\mathcal{R}_A \notin \mathcal{R}_A$도 모순을 일으킨다. 따라서 $\mathcal{R}_A \notin A$이다.

특히 $\mathcal{R}_A \notin \mathcal{R}_A$이다.

이런 관점에서 보면 어떠한 집합에 대하여도 그 집합의 원소가 아닌 것이 존재한다는 것을 알 수 있다. 그러므로 **모든 것**(universe, everything)이란 집합은 존재하지 않는다.

5.3.6

순진한 집합론의 공리에서 가장 어려운 부분은 내포 공리에 나오는 "성질"이라는 단어의 의미를 밝히는 것이다.

모순이 없는 집합론을 위하여, Abraham Fraenkel(1891–1965)과 Thoralf Skolem(1887–1963)은 1922년에 "성질"이란 일상생활에서 사용하는 언어가 아니라 "인위적인 언어"인 **형식 언어**(formal language)로 만들어진 것이라야 한다고 하였다. 하지만 Zermelo는 그런 생각을 아주 싫어하였다.[57]

---

[55] [Dieudonné, 1992, pp. 224–238], [Cohen, pp. 50–56]

[56] Selection Axiom, Axiom of Separation (분리 공리), Subset axiom, Axiom of Specification 등 여러가지 이름으로 불린다. 우리는 **제한적 내포공리**라고 부르기로 한다.

[57] [Smullyan and Fitting]

제 6 절 형식 체계

형식 체계(formal system)를 서술하기 위해서는

상수 기호: $c,\quad c',\quad c'',\quad \ldots$

변수 기호: $x,\quad x',\quad x'',\quad \ldots$

함수 기호: $f,\quad f',\quad f'',\quad \ldots$

술어 기호: $R,\quad R',\quad R'',\quad \ldots$

등의 **기호**(symbol)로 이루어진 집합, 즉 **알파벳**과 논리 기호($\neg, \wedge, \vee, \rightarrow$ 등의 **연결기호**와 수량사 $\forall, \exists$)등이 필요한데, 이 기호들은 **문장**, 즉 **공식**(formula)을 만드는데 쓰인다.[58] 공식은 유한 개의 기호들을 "문법"에 맞게 **배열**한 것이다.[59] 명제 중에는 가장 바탕이 되는 **공리**(公理, Axiom), 즉 증명하지 않고 받아들이는 명제들이 있다. 공리들에서 **추론 규칙**에 따라 유도된, 즉 **증명**된 명제를 **정리**(theorem)라 한다.[60] 이와 같이 기호, 공리, 추론 규칙을 설명하면 형식체계에 대한 서술이 완성된다.[61]

Hilbert는 직관주의자들의 경고를 받아들여, 형식 체계는 유한 개의 기호를 사용하고, 이들로부터 유한 서술된 문법을 사용하여 모든 문장을 얻고, 유한 서술된 공리계와 추론 규칙 등을 사용하여 모든 정리를, 그리고 정리만을, 다 나열할 수 있다고 하였다.

---

[58]문장의 가독성을 높이기 위하여 괄호나 쉼표 등을 기호에 추가하기도 하지만 (폴란드 수학자 Łukasiewicz 덕분에) 꼭 필요한 것은 아니다. 한편 '$A \wedge B \ \rightarrow A$'나 '$x = y \ \rightarrow y = x$' 등의 모든 **항진명제**(tautology)를 얻어 낼 수 있는 공리와 추론 규칙이 필요하다는 것은 G. Boole(1815-1864)이 저서 The Laws of Thought(1854)에서 발표하였다. 공리를 선정하는 과정이나 증명 등은 논리라기보다 "예술"이라 할 수 있다.

[59]상수나 변수 또는 이들을 함수에 대입한 것이 **항**(term)이다. 항들을 술어, 즉 관계에 대입한 것들이 '기본 공식'이고, 이들을 논리 기호를 사용하여 합성하면 일반 공식을 얻는다. 공식 S에 변수 x가 나타나고 이 변수가 $\forall$이나 $\exists$ 등으로 수식되지 않으면 이 공식을 "x를 자유변수로 가지는" **조건**이라 부른다. 그리고 자유변수가 없는 공식을 **명제**라 한다.

[60]추론 규칙 중 대표적인 것은 "Modus Ponens"라고 부르는 것으로 F, G가 명제일 때, 명제 "$F \rightarrow G$"와 명제 F가 증명될 경우, 명제 G를 증명된 명제, 즉 정리로 인정하는 것을 뜻한다.

[61]넓은 의미에서 장기나 바둑, 야구나 축구 경기, 한글 맞춤법 등도 모두 형식 체계의 일종이라 할 수 있다. 장기 게임에서는 장기 알과 장기 판 등이 기호이고, 이들이 처음에 배열된 상태가 공리이며, 말들이 움직이는 규칙 등이 있다.

6.1 Zermelo-Fraenkel 의 공리적 집합론

Zermelo 의 공리계는 A. Fraenkel 과 T. Skolem 에 의하여 강력한 "대체 공리"가 추가된 형식 체계로 완성되었는데, 이것을 **ZF 집합론**이라고 부른다.[62]

ZF 집합론에서는 앞에서 서술한 **외연 공리**와 Zermelo 의 **제한된 내포공리** 외에 다음을 공리로 삼는다.[63]

공집합의 존재: $\exists x\ \forall y\ \neg(y \in x)$

다시 말하면, 아무런 원소도 가지지 않는 집합이 존재한다는 것이다. 이 집합을 $\varnothing$ 으로 나타낸다.[64]

무순서쌍의 존재: $\forall x \forall y\ \exists \{x, y\}$

즉, 임의의 집합 x, y 에 대하여 이들을 원소로 가지고, 그리고 이들만을 원소로 가지는 집합 $\{x, y\}$ 가 존재한다. 물론 $\{x, y\} = \{y, x\}$ 이다. 앞으로 $\{x, x\}$ 는 $\{x\}$ 로 쓰기로 한다.

이 공리 덕분에 "순서가 정해진 쌍", 즉 **순서쌍**을 정의할 수 있다:

$$\langle x, y\rangle := \{\{x\}, \{x, y\}\}.$$

(연습문제: $\langle x, y\rangle = \langle z, w\rangle$ 이면 $x = z,\ y = w$ 임을 밝히라.)

합집합 공리: 집합들이 있으면 이들의 합집합이 존재한다. 즉, 집합 y 들의 모임 x 에 대하여 y 들의 합집합 $\bigcup\{y \mid y \in x\}$ 이 존재한다: $\forall x\ \exists \bigcup\{y \mid y \in x\}$

[62]ZF 집합론에

선택 공리(Axiom of Choice, AC): $\forall \alpha \in x(A_\alpha \neq \varnothing) \quad \rightarrow \quad \prod_{\alpha \in x} A_\alpha \neq \varnothing$

를 넣은 것을 **ZFC 집합론**이라고 부른다. 제9절 참고.

[63]제한된 내포공리 덕분에 두 집합의 **교집합**이 존재함을 알 수 있다.

$$x \cap y = \{z \in x \mid z \in y\}$$

[64]이 공리는 "집합이 존재한다"는 공리와 동치이다. 서울대학교 수리과학부는 2011년에 오래된 건물을 리모델링하면서 학부를 받혀주는 큰 기둥에 (김영원 교수와 그 따님 동화 양의 아이디어로) 집합을 상징하는 문양을 장식하고 그 앞에는 음악을 즐길 수 있는 공간을 만들어 **집합 라운지**라 하였는데, 후일에 **앙상블 라운지**(Ensemble Lounge)라 불리게 되었다. 수학에서 프랑스어 "Ensemble"은 "집합"을 뜻한다.

앙상블 라운지

무한대 공리 (Axiom of Infinity): 귀납적인 집합(inductive set)이 존재한다.

집합 x가 귀납적이라는 것은 $\varnothing \in x$이고, $\forall y(y \in x \ \rightarrow \ y \cup \{y\} \in x)$ 라는 뜻이다.

멱집합 공리: $\forall x \ \exists \mathcal{P}(x)$

즉, 어떤 집합이든지 그 집합의 부분집합들 전체로 이루어진 집합이 존재한다.

기반 공리 (Axiom of foundation): x가 공집합이 아니면 $x \cap y = \varnothing$인 y가 x의 원소 중에 있다.

이 공리 덕분에 임의의 집합 y에 대하여 $y \cap \{y\} = \varnothing$ 임을 알고, 따라서 $y \notin y$이고 $y \neq \{y\}$ 이다.

대체 공리군 (Axiom Schema of Replacement): F가 "함수식"이면 임의의 집합 x에 대하여 그 상 $F[x]$도 집합이다.

순서쌍들로 이루어진 집합 f가 **함수**라는 것은 다음을 뜻한다:

$$\langle x, y \rangle \in f, \ \langle x, z \rangle \in f \quad \Rightarrow \quad y = z$$

이때 "$\langle x, y \rangle \in f$"를 "$y = f(x)$"라고 쓰기로 한다.[65]

[65]공식 $F(u, v)$가 **함수식**이라는 뜻은 $F(x, y) \wedge F(x, z) \rightarrow (y = z)$를 뜻한다.

6.2 Peano의 산술 공리

이탈리아 수학자인 Giuseppe Peano의 산술 공리는 형식 체계의 가장 기본적인 보기이다. H. Grassmann(1861)과 Dedekind(1888)는 자연수 전체 집합 $\mathbb{N}$에 다음과 같은 성질이 있음을 보았다.[66] (다음 문장에서 "수"는 "자연수"를 뜻한다.)

(i) 임의의 수 n에 대하여 **후속수**(successor) n^+가 오직 하나 존재한다.

(ii) 서로 다른 수는 서로 다른 후속수를 가진다.

(iii) 1은 맨 처음수, 즉 후속수가 아닌 수이다.

(iv) 만약 S가 1을 포함하는 수의 집합으로 "$x \in S \;\Rightarrow\; x^+ \in S$" 이면, S는 모든 수의 집합이다.[67]

이로부터

$$n + 1 := n^+$$

로 정의하고, 귀납적으로

$$n + m^+ := (n + m)^+$$

로 정의한다.[68] Peano(1889)는 이와 같은 "자연수의 성질"을 "자연수의 공리"로 삼았다. 하지만 마지막 공리 (iv)가 집합론을 사용하기 때문에 이 대신에 공식 $S(n)$에 대한 **수학적 귀납법**

(iv′) $\big(S(1) \;\wedge\; \forall n(S(n) \to S(n^+))\big) \to (\forall n\, S(n))$

으로 바꾸고, 덧셈과 곱셈 규칙을 공리로 추가한 것을 흔히 **Peano 산술**(PA) 또는 **일계 산술**(first order arithmetic)이라 부르고, 이전의 공리계를 **이계 산술**이라 한다. 오늘날은 1대신 0을 사용하여 "처음 자연수"라 한다.

[66] "미지의 지성"이 지구인과 의사소통을 하려고 하면 가장 먼저 서로 이해하여야 할 부분이 바로 자연수 체계이다.

[67] 이와 같은 집합론에서의 **수학적 귀납법**은 "공집합이 아닌 자연수 집합은 최소 원소를 가진다"는 **최소수 원리**와 동치이다.

[68] 덧셈이 교환법칙과 결합법칙을 만족시킴을 보일 수 있다. 또 곱셈도 정의할 수 있다 [Grassmann], [Van der Waerden]: $m \times 1 := m, \;\; m \times n^+ := m \times n + m$.

제 7 절 무모순성과 완전성

7.1 Hilbert 의 프로그램

사람들은 오랫동안 지구가 평평하다고 생각하였고, 태양이 지구를 돈다고 생각하였다. 일반 명제가 "옳으냐? 그르냐?"를 판정하는 것은 쉬운 일이 아니다. 현대논리학은 "옳고 그름"을 밝히는 것보다 조금 쉬운 개념인 "증명 또는 반증할 수 있는 명제"인가를 살핀다.[69] S가 명제들의 집합일 때, 어떤 명제 A에 대하여 명제

$$A \wedge \neg A$$

가 S에서 유도되지 않으면 S는 **무모순**(consistent)이라고 말한다.

Hilbert는 명제의 "참과 거짓"이라는 것 대신에 "논리 체계의 무모순성"에 관심이 있었고 산술이나 ZF 공리계의 **무모순성**을 증명하려고 노력하였다.[70] 모순이 없는 논리 체계를 만드는 것은 Hilbert만의 꿈은 아니다. G. Leibniz는 인류가 공동으로 사용할 수 있는 좋은 언어 (Universal Characteristic)를 만들면 서로 다투지 않고 합리적인 과정(Calculus Ratiocinator)을 통하여 해결할 수 있기를 기대하였다. 컴퓨터 언어학자는 그 언어로 짜인 프로그램들이 벌레(bug)를 가지지 않기를 바라고, 법률가들은 아무리 어려운 사건이라도 해결할 수 있는 좋은 법을 꿈꾼다. Hilbert는 더 나아가서 "완벽한 논리 체계로 이루어진 기계를 잘 만들면, 아무리 어려운 "수학적 명제"라도 그 기계에 입력하면 옳고 그름이 판정될 것이다"라고 생각하였다.

Hilbert는 형식 체계 각각은

- (무모순성, consistency) 형식체계 내의 어떤 명제 p에 대하여 p와 $\neg p$가 동시에 증명되는 일이 없어야 한다.

---

[69]이러한 이론을 **증명이론**(proof theory) 또는 **metamathematics**라고 부른다.

[70]산술 공리계의 무모순성을 증명하라는 것이 HP2이다.

- (완전성, completeness) 형식체계 내의 각 명제 p에 대하여 p 또는 $\neg p$를 (그 체계 내에서) 증명할 수 있어야 한다.

라고 하면서, "산술 공리의 무모순성"뿐 아니라 수학의 전부를 형식체계로 구축하고 그 형식체계가 무모순적이고 완전하다는 것을 증명하기를 요구하며 전 세계를 돌아 다니며 이러한 문제의 중요성을 강조하였다.[71]

더 나아가 Hilbert는 다음과 같은 문제가 곧 풀릴 것이라고 생각하였다.

판정문제(Entscheidungsproblem, Decision Problem, 1928):

어떠한 형식체계에도 임의로 주어진 명제가 증명가능한 것인지 또는 반증가능한 것인지를 "네, 아니오"로 판정할 수 있는 기계적인 방법이 있음을 밝히라.

Hilbert는 평생의 업적으로 1930년 9월 8일에 자신의 고향인 Königsberg의 명예시민권을 얻는다. 그날 열린 독일 과학-의학 협회의 기조연설에서 Hilbert는 "자연의 이해와 논리"라는 제목으로 강연하였는데, 그때 남긴 마지막 말이 유명한

Wir müssen wissen.	우리는 알아야 한다.
Wir werden wissen.	우리는 알 것이다.

이다.[72] Hilbert는 이 말을 그 날 저녁의 라디오 방송에서도 한다. 이 문구는 Hilbert의 묘비에도 새겨져 있다.

이 날을 기념하기 위하여 9월 5일부터 조그만 학회가 열렸다. 학회의 첫 날에는 수학의 기초에 관하여 한 시간 짜리 발표가 세 개 있었는데, 첫번째

[71] Hilbert는 1904년 Heidelberg에서 열린 제3회 ICM에서 "논리학과 산술의 기초에 대하여 (Über die Grudlagen der Logik und Arithmetik)" 발표하였고, 1928년 이탤리의 Bologna에서 열린 ICM에서도 이 문제를 강조하였다. 하지만 Poincaré는 "수학적 귀납법을 이용하여 수학적 귀납법을 정당화하려 들지 말라"고 경고하였다 [Poincaré].

[72] 독일의 저명한 생리학자 Emil du Bois-Reymond (1818–1896)가 1872년에 주장한 "Ignoramus et ignorabimus"(우리는 모르고, 모를 것이다)에 대한 Hibert의 견해를 밝힌 것이다. Hilbert는 1900년 ICM에서 "In mathematics, there is no ignorabimus"라고 하였다.

발표자는 오스트리아의 Wien(Vienna)에서 온 R. Carnap이었고, 두번째 발표자는 L. Brouwer의 학생인 A. Heyting, 세번째 발표자는 J. von Neumann이었다. Von Neumann은 Hilbert의 프로그램에 대하여 발표하였다. 학회의 둘째날에도 역시 한 시간짜리 발표가 세 개 있었고, 이어서 20분짜리 발표가 세 개 더 있었다. 이 20분짜리 발표자에 Carnap과 같이 Wien에서 온 스물네 살의 Kurt Gödel(1906–1978)이 있었다. 그는 자신의 박사학위 논문에 대하여 발표하였다.[73] 세째날 원탁회의에서 Gödel은 "산술을 포함하면서 무모순이고 완전한 형식체계는 존재하지 않는다"는 **불완전성 정리**를 발표한다. Von Neumann은 그 자리에서 Gödel의 정리의 중요성을 직감하고 Hilbert의 프로그램이 끝났다고 생각한다. Von Neumann은 논리학과 수학의 기초에 관하여 흥미를 가지고 있었고, 그날 이후로 Gödel과 친하게 지내었고 Gödel의 업적을 널리 홍보하였으며 Gödel을 아리스토텔레스 이후로 가장 훌륭한 논리학자라고 말하였지만, 진정 자기 자신은 더 이상 논리학을 연구하지 않았다 [Davis], [Chaitin].

7.2 Gödel의 불완전성 정리

정리 7.2.1 (불완전성 정리 (Incompleteness Theorem)) *모순이 없는 형식 체계가 Peano의 산술공리를 유도할 수 있다면,*

(i) 그 체계 속에는 증명할 수도 없고 반증할 수도 없는 명제가 존재한다.

(ii) 그 체계의 무모순성을 (그 체계 내에서 유한 단계로) 증명하는 것은 불가능하다.

불완전성 정리를 쉽게 풀이하면, "산술 공리가 모순이 없다면, 산술 공리만을 이용하여 산술 공리가 모순이 없다는 것을 증명하는 것은 불가능하다"이다. 더 나아가 ZF 집합론이 산술공리를 유도하므로, ZF 집합론의 무모순성을 ZF 집합론만으로 증명하는 것은 불가능하다.

[73] Hilbert가 1928년에 질문한 "Frege 규칙의 완비성"에 관한 것임.

Gödel은 거짓말장이 파라독스

이 문장은 그르다

를 변형하여

이 문장은 증명할 수 없다

라는 명제를 생각하였다. 이 명제를 G로 두면

$$\boxed{G \quad = \quad G\text{는 증명할 수 없다}}$$

이다. Gödel은 이 명제를 산술의 명제로 바꿀 수 있었다.[74]

이제 산술을 포함하는 형식 체계 $\mathcal{S}$가 모순이 없다고 가정하자. (그리고 $\mathcal{S}$는 오직 참인 명제들만 증명한다고 하자.) 그러면

(i) G는 참인 명제이다.

왜냐하면, 만약 G가 거짓이라면 "G는 증명할 수 없다"가 거짓이고, 따라서 "G는 증명할 수 있다"가 되어 G는 참이라는 모순이 생기기 때문이다.

(ii) 그러므로 G는 증명할 수 없다.

(iii) $\neg G$는 거짓이므로, $\neg G$는 증명할 수 없다.

따라서 G는 증명도 반증도 할 수 없는 명제이다.

더군다나, Gödel은 "$\mathcal{S}$는 모순이 없다"를 증명할 수 있다면 G를 증명할 수 있는 방법이 있음을 밝혔다. 그러므로, "$\mathcal{S}$는 모순이 없다"를 증명할 수 없다.

산술을 포함하는 무모순인 형식체계는 참임에도 불구하고 증명할 수 없는 명제를 가지므로 완전한 형식체계가 아니다.

이제 주어진 형식 체계 내에서 명제는 다음 세 가지 중의 하나이다.

[74]각 기호에 자연수를 대응시키면, 기호로 쓰여진 명제 p는 자연수의 수열이 된다. 이때 유한 자연수열 $\langle n_1, n_2, n_3, \ldots, n_k \rangle$에 대하여 자연수 $2^{n_1}3^{n_2}5^{n_3}\cdots p_k^{n_k}$를 대응시킬 수 있다 (여기에서 $p_1, p_2, \ldots$는 소수(prime number)열). 이 자연수를 "명제 p의 Gödel 수"라 한다. Gödel은 회기(recursive)함수 이론을 정립하여 불완전성 정리를 발표하였다. Gödel의 이론은 후에 "컴퓨터 언어"의 모체가 된다.

- 증명할 수 있다.
- 부정(否定)한 것을 증명할 수 있다, 즉 반증할 수 있다.
- 증명도 반증도 할 수 없다, 즉 판정할 수 없다.

Gödel의 발견으로 Hilbert의 꿈은 산산 조각이 났다. 하지만 만약 Hilbert의 꿈이 이루어졌다면 어떠한 일이 벌어질까? Hilbert의 꿈이 실현된다는 것은 바로 수학이라는 학문의 종말을 뜻할 수도 있다. Gödel의 정리는 수학이 영원하다는 것을 말하고, 더 나아가 사람과 기계와 본질적으로 다르다는 것을 의미할 수도 있다 [Changeux, Connes], [Connes et al.], [Penrose], [Davis]. 폴란드에서 태어나 미국에서 활동한 저명한 논리학자인 Emil Post(1897–1954)는 "Truth and Meaning is the essence of Mathematics"라고 하였다 [Smullyan, 2013].

Gödel의 정리는 어떠한 형식 체계이던지 그것이 증명할 수 있는 것에는 한계가 있으며, 증명할 수 없어도 참인 명제가 있다면 우리의 공리계를 더 넓히면 된다는 것을 의미하기도 한다. Gödel의 정리가 말하는 것은 <u>유한</u> 공리계로는 부족하다는 것이다.[75]

Gentzen은 1936년에 "산술 공리의 무모순성"을 "무한 단계"를 거쳐 증명할 수 있음을 보였다 [Bourbaki, p. 342], [Cohen, p. 44].

후에 A. Turing의 업적과 20세기 디지털 혁명을 살펴보면 Gödel의 정리는 Hilbert의 꿈을 진정한 의미에서 실현되게 한 것으로 볼 수도 있다.

수업 시간에 Gödel의 업적을 전해 들은 Turing은 "기계적인 과정"을 설명할 수 있는 **보편기계**(Universal Turing Machine)를 만드는 법을 발표하였고 [Turing], 더 나아가 생물들의 여러 가지 모습이나 무늬에 대한 연구, 기계가 지능을 가질 수 있는지 등을 연구하였다 [김희준, 김홍종]. 오늘날 우리가 사용하는 컴퓨터들은 (기억 용량만 계속 늘릴 수 있다면) 보편기계라 할 수 있다. 제이차 세계대전 당시 Turing은 독일군들의 암호를 해독하기 위하여 실제로 영국 최초로 컴퓨터를 개발하였다.

[75] 아무리 대단한 역도 선수라도 자신의 몸무게보다 열배나 무거운 것을 들 수는 없다. Gödel의 정리는 "아는 것만큼 보인다."라고 말 할 수 있다.

Turing 은

> **정지문제**(Halting Problem): 보편기계에게 임의의 프로그램을 입력하였을 때, 그 프로그램이 헛돌지 않고 (유한 시간 내에) 임무를 완수하고 정지한다 또는 헛돌면서 정지하지 않는다는 것을 알려주는 그런 기계적인 판정방법이 있는가?

를 설명하고, Cantor 의 대각화 방법을 사용하여 이 정지문제의 답이 "아니오" 임을 밝혔다. 그리고 이로부터 Hilbert 의 판정문제 역시 불가능함을 밝혔다.[76]

Alan Turing

1	9	1	2	-	1	9	5	4

나중에 HP10 에서 판정불가능한 문제들을 더 살펴보기로 한다.

HP8 에서 설명할 RSA 암호기법을 공동개발한 L. Adleman(1945-)은 1994 년 HIV 바이러스를 연구하던 중 DNA 가 마치 Turing 기계처럼 행동한다는 것을 발견하고 유명한 **Hamilton 회로 문제**를 DNA 를 이용하여 풀었다 [Adleman].

[76]미국의 A. Church 는 1936 년 처음으로 판정문제가 불가능하다는 것을 발표하였다. 컴퓨터의 OS(Operating System)를 변화시키지 않는 프로그램이면서 "computer virus 처럼 OS 를 변화시키는 모든 프로그램"을 미리 판정하는 것은 불가능하다 [Casti], [Davis], [Dawson], [Feynman], [Gardner], [Penrose], [Podnieks], [Chaitin].

제 8 절 연속체 가설에 대한 Gödel 과 Cohen 의 정리

Gödel 은 "연속체 가설"(CH)이 "표준 집합론"에 "모순되지 않는다"는 것을 보였다.

정리 8.0.1 (Gödel, 1938) *만약 ZF가 모순이 없다면, ZF 아래에서 ¬CH는 증명할 수 없다.*

미국 Stanford 대학의 젊은 수학자 Cohen 은 다음 정리를 발견하였다:[77]

정리 8.0.2 (Cohen, 1963) *ZF 아래에서 CH는 증명할 수 없다.*

따름정리 8.0.3 *ZF에서 CH는 "판정할 수 없는 명제"이다.*

따라서 "CH 를 가정하는 집합론"과 "¬CH 를 가정하는 집합론"은 모두 다 논리적으로 타당한 이론이다. 마치 "평행선 공리가 참이 아닌 기하학"이 **Euclid 기하학** 보다 못하지 않게 중요하듯이.

그러나 혹시 현재의 논리 체계가 빠트리고 있는 공리가 발견되다면, 그로부터 연속체 가설의 진위를 판정하는 날이 올 수도 있을 것이다.[78]

8.1 일반화된 연속체 가설

일반화된 연속체 가설(GCH, Generalized Continuum Hypothesis)은 다음을 뜻한다:

> *만약 A 가 무한집합이면 A 보다 기수가 크고 2^A 보다 기수가 작은 집합은 존재하지 않는다.*

정리 (8.0.1), (8.0.2), (8.0.3)에서 "CH" 대신에 "GCH"를 사용하여도 된다.

---

[77] Paul J. Cohen(1934–2007)은 Atiyah, Grothendieck, Smale 과 함께 1966 년에 Fields medal 을 수상하였다.

[78] 연속체 가설이 아직도 풀리지 않았다는 견해도 있다 [Smullyan], [H. Judah].

제 9 절 선택 공리와 정렬원리

9.1 선택 공리

선택 공리(AC, Axiom of Choice)란 다음과 같은 가정을 뜻한다:

> 집합 A의 각 원소 α마다 공집합이 아닌 집합 S_α가 주어진다고 하자. 이때 각 α에 대하여 S_α의 원소를 하나씩 선택할 수 있다.

즉 성질

$$\forall \alpha \in A,\ f(\alpha) \in S_\alpha$$

를 만족시키는 함수 $f : A \to \bigcup_{\alpha \in A} S_\alpha$ 가 존재한다는 뜻이다.[79]

선택 공리는 상당히 자연스러워 보이지만 이 공리가 얼마나 놀라운 결과를 만들어 내는지를 알면 선택 공리를 다시 생각하게 될 것이다.[80] 선택 공리를 사용하면 "모든 벡터공간에는 기저가 있다"는 것을 증명할 수 있다.[81] 보기를 들면 실수체는 유리수체 위의 벡터공간이다. 그러나 아직까지 이 벡터공간의 기저를 구체적으로 발견한 사람은 없다.

정리 (8.0.1), (8.0.2), (8.0.3)에서 "CH" 대신에 "AC"를 사용하여도 된다.

GCH (8.1) 은 AC 를 유도한다 [Cohen].

9.1.1 연습문제

선택 공리를 이용하여, 집합 B에서 집합 A로 가는 전사함수가 있으면 A에서 B로 가는 단사함수가 있음을 밝히라. (연습문제 2.0.1 (i) 을 참고할 것)

---

[79] Russell 은 다음과 같이 생각하였다. *신발을 가산 개 모은 집합을 생각하자. 여기에서 신발이란 오른쪽과 왼쪽의 한쌍으로 이루어진 것을 뜻한다. 이때 각 신발에서 오른쪽 신발만을 선택하여 구성한 집합을 생각할 수 있다. 그러나 신발 대신에 스타킹을 가산 개 모은 집합에서 스타킹의 어느 한쪽만을 선택하여 얻은 집합을 "오직 한 가지로" 정할 수 있는 방법은 없다.*

[80] HP3 에서 Banach-Tarski 역설을 소개한다.

[81] 체 F 위의 벡터공간 V 에서 V 의 부분집합 B 가 다음 두가지 조건을 만족시키면 B 를 **기저** (basis)라 한다: (i) 임의의 $v \in V$ 에 대하여 유한개의 스칼라 $s_1, \ldots, s_n \in F$ 와 유한개의 원소 $b_1, \ldots, b_n \in B$ 가 존재하여 $v = s_1 b_1 + \cdots + s_n b_n$ 이다. (즉, V 의 임의의 원소는 B 의 원소들 유한개의 일차결합이다.) (ii) $b \in B$ 이면 b 를 $B - \{b\}$ 의 원소들의 일차결합으로 표현할 수 없다. (즉, B 의 원소들은 일차독립이다.) HP7 참조.

9.2 순서집합과 정렬집합

집합 A의 원소들 사이에 다음과 같은 **관계**(relation)[82] $\prec$가 있으면 이를 **순서**(order)라 한다:

(i) $a, b \in A$이면 다음 중 오직 한 가지가 성립한다: $a = b$, $a \prec b$, $b \prec a$.

(ii) $a, b, c \in A$이고 $a \prec b$, $b \prec c$이면 $a \prec c$이다.

순서가 있는 집합을 **순서집합**(ordered set)이라고 부른다.

순서집합의 보기로 다음을 들 수 있다:

(1) $(\mathbb{N}, <) = \langle 1, 2, 3, \ldots \rangle$

(2) $(\mathbb{N}, \prec) = \langle \ldots, 3, 2, 1 \rangle$

(3) $(\mathbb{N}, \prec) = \langle 1, 3, 5, \ldots, 2, 4, 6, \ldots \rangle$

(4) $(\mathbb{Q}_+, \prec) = \langle 1, 2, 3, \ldots, \frac{1}{2}, \frac{3}{2}, \frac{5}{2}, \ldots, \frac{1}{3}, \frac{2}{3}, \frac{4}{3}, \ldots \rangle$

(5) $([0, 1], <)$

집합으로는 같은 집합이라 하더라도 순서가 다르면 다른 순서집합이다. 순서집합의 부분집합은 여전히 순서집합이다. 위의 보기에서 (1)은 **첫 번째 원소**(즉, 가장 작은 원소)를 가지고 있지만 (2)는 그렇지 않다.

9.2.1 정렬집합

순서집합에서 공집합이 아닌 임의의 부분집합이 첫 번째 원소를 가지면 이 순서를 **정렬**(well-ordered)이라 부르고, 이 집합을 **정렬집합**이라 한다. 정렬집합의 부분집합도 정렬집합이다. 위의 보기에서 집합 (1), (3), (4)는 정렬집합이지만 집합 (2)와 (5)는 정렬집합이 아니다.

정렬집합이 아닌 좋은 보기로는 **사전식 배열**을 들 수 있다. 예를 들어 두 문자 a, b로 만들 수 있는 모든 단어, 즉 유한 수열들을 모아 둔 사전 $\mathcal{D}$를 생각해 보자. 이 사전에서는 a가 b보다 앞서고, 마찬가지로 ab가 b보다 앞선다.[83]

[82] 집합 A의 원소들 사이의 "관계"라는 것은 곱집합 $A \times A$의 부분집합을 뜻한다. 만약 $\prec$가 관계이면, "$(a, b) \in \prec$"를 "$a \prec b$"라고 쓰는 것이 보통이다.

[83] 하지만 자연수 배열에서는 $2 < 12$이다.

이때 $\mathcal{D}$의 부분집합

$$\{b, ab, aab, aaab, aaaab, \dots\}$$

에는 제일 먼저 나오는 단어가 없다.

9.2.2 수학적 귀납법

집합 $(A, <)$가 정렬집합일 때, A의 부분집합 S가 다음 성질을 가질 때, S를 **귀납적**이라 한다: *A의 임의의 원소 a에 대하여*

$$\forall x(x < a \;\rightarrow\; x \in S) \quad \Rightarrow \quad a \in S.$$

이때 A의 최소원소가 귀납적 부분집합에 속함을 알 수 있다. 사실은 정렬집합 A에서 귀납적 부분집합은 A뿐인데, 이를 **귀납원리**(Induction Principle)라고 부른다.

페아노 산술에서 다루는 수학적 귀납법과 달리, 무한집합에는 원소들의 "성질" 또는 부분집합들이 불가산수(uncountable)만큼 있다.

9.2.3 서수

두 정렬집합 사이에 순서를 보존하는 일대일 대응이 존재하면 이 두 정렬집합은 **동등하다**고 한다. 정렬집합의 동등류가 바로 **서수**(ordinal number)이다.[84] Cantor는 자연수 정렬 (1)이 나타내는 서수를 (무한을 상징하는) 그리스 문자 ω로 나타내었다. 즉, 유한집합들을 "크기순으로 나열한 집합"이 ω이다.

$$\omega := \{0,\ 1,\ 2,\ 3,\ \dots\}$$

더 나아가

$$\begin{aligned} \omega + 1 &:= \{0, 1, 2, 3, \dots, \omega\} \\ \omega + 2 &:= \{0, 1, 2, 3, \dots, \omega, \omega + 1\} \end{aligned}$$

이다.

[84] 정렬집합 A의 **동등류**(equivalence class)란 A와 동등한 집합 전체로 이루어진 집단을 뜻한다.

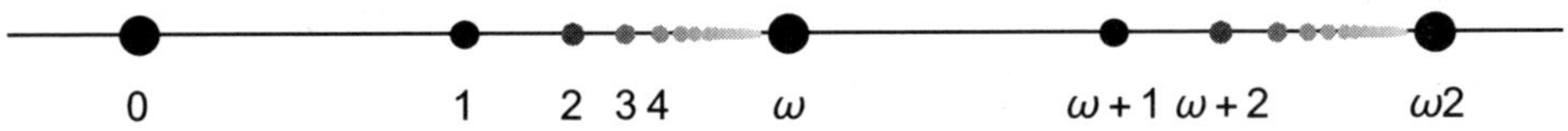

서수들을 계속하여 나열하면

$$
\begin{gathered}
0,\ 1,\ 2,\ 3,\ \ldots \\
\omega,\ \omega+1,\ \omega+2,\ \omega+3,\ \ldots \\
\omega 2,\ \omega 2+1,\ \omega 2+2,\ \omega 2+3,\ \ldots \\
\omega 3,\ \ldots,\ \omega 4,\ \ldots,\ \omega 5,\ \ldots \\
\omega^2,\ \omega^2+1,\ \omega^2+2,\ \omega^2+3,\ \ldots,\omega^2+\omega,\ \omega^2+\omega+1,\ \omega^2+\omega+2,\ \ldots \\
\omega^3,\ \ldots,\ \omega^4,\ \ldots,\ \omega^5,\ \ldots \\
\omega^\omega,\ \ldots,\ \omega^{\omega^2},\ \ldots,\ \omega^{\omega^3},\ \ldots,\ \omega^{\omega^\omega},\ \ldots,\ \omega^{\omega^{\omega^\omega}},\ \ldots \\
\epsilon_0=\omega^{\epsilon_0},\ \ldots,\epsilon_0+\omega,\ \ldots,\epsilon_0 2,\ \ldots,\epsilon_0 3,\ \ldots,\epsilon_0\cdot\omega,\ \ldots,\epsilon_0^2,\ \ldots \\
\epsilon_0^3,\ \ldots,\epsilon_0^\omega,\ \ldots,\epsilon_0^{\epsilon_0},\ \ldots,\epsilon_0^{\epsilon_0^{\epsilon_0}},\ \ldots,\epsilon_0^{\epsilon_0^{\epsilon_0^{\epsilon_0}}},\ \ldots \\
\epsilon_1=\epsilon_0^{\epsilon_1},\ \ldots,\epsilon_2=\epsilon_1^{\epsilon_2},\ \ldots,\epsilon_3,\ \ldots,\epsilon_\omega,\ \ldots,\epsilon_{\epsilon_0},\ \ldots,\epsilon_{\epsilon_1},\ \ldots \\
\epsilon_{\epsilon_2},\ \ldots,\epsilon_{\epsilon_\omega},\ \ldots,\epsilon_{\epsilon_{\epsilon_0}},\ \ldots,\epsilon_{\epsilon_{\epsilon_{\epsilon_0}}},\ \ldots \\
\vdots \\
\Omega
\end{gathered}
$$

등을 얻는다.

서수 α에 대하여 그 다음 서수 $\alpha+1$은 집합으로는 $\alpha\cup\{\alpha\}$와 같고 순서는 α가 가장 큰 원소가 되도록 주어져 있다. 또 α는 α보다 작은 서수들로 이루어진 순서집합이다.

다음과 같이 자연수 집합에 순서를 주면 이것이 나타내는 서수가 ω^2이다.

일순위 집단 →	1	2	4	7	11	...
이순위 집단 →	3	5	8	12	17	...
삼순위 집단 →	6	9	13	18	24	...
사순위 집단 →	10	14	19	25	32	...
오순위 집단 →	15	20	26	33	41	...
	⋮					

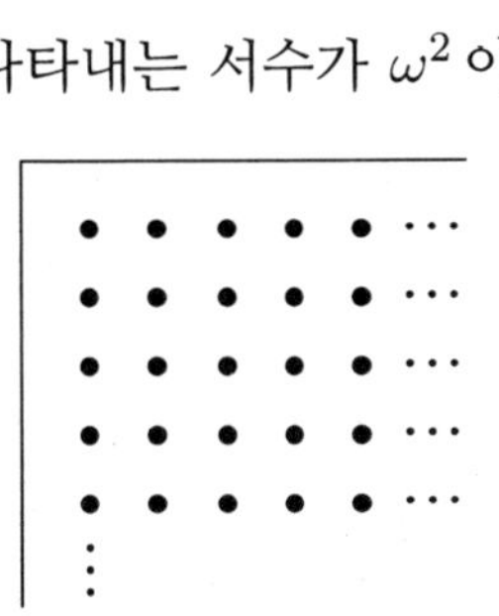

위 배열에서 제일행의 자연수들은 제이행의 원소들보다 먼저 있고, 일반적으로 행수가 큰 자연수들은 나중에 나타난다.

Cantor 는 선택 공리를 이용하여 임의의 두 집합 A, B 에 대하여

$$A \prec B, \quad A \sim B, \quad B \prec A$$

가운데에서 하나가 성립함을 보였다.[85] 그는 이를 이용하여 기수전체집합이 정렬집합임을 보였다. 서수를 첨자로 하여 무한 기수를 차례로 나열하면

$$\aleph_0,\ \aleph_1,\ \aleph_2,\ \ldots,\ \aleph_\omega,\ \ldots$$

이다. 여기에서 $\aleph_0 = |\mathbb{N}|$ 이다. 연속체 가설은 $\aleph_1 = |\mathbb{R}|$ 을 뜻한다.

9.2.4 Goodstein 정리

토끼와 거북이가 다음과 같이 경기를 한다고 하자.[86] 먼저 토끼는 자연수 n 을 마음대로 하나 정하여 이를 2 이하의 수로 표현한다. 이를 "밑수2 표현"이라 하자. 예를 들어 $n = 9$ 이면

$$9 = 2^{2+1} + 1$$

이다.[87] 그러면 거북이는 이 수에서 1 을 뺀다: 2^{2+1}. 다시 토끼는 밑수를 하나 증가 시킨다: 3^{3+1} . 그러면 거북이는 그 수에서 1 을 뺀다: $2\cdot 3^3+2\cdot 3^2+2\cdot 3+2$.

이와 같이 토끼는 밑수를 하나 증가시키고 거북이는 1 을 빼는 것을 서로 돌아가며 계속하면 다음과 같이 나온다.

밑수	토끼	거북이
2	$2^{2+1}+1$	2^{2+1}
3	3^{3+1}	$2\cdot 3^3+2\cdot 3^2+2\cdot 3+2$
4	$2\cdot 4^4+2\cdot 4^2+2\cdot 4+2$	$2\cdot 4^4+2\cdot 4^2+2\cdot 4+1$
5	$2\cdot 5^5+2\cdot 5^2+2\cdot 5+1$	$2\cdot 5^5+2\cdot 5^2+2\cdot 5$
6	$2\cdot 6^6+2\cdot 6^2+2\cdot 6$	$2\cdot 6^6+2\cdot 6^2+6+5$
$\vdots$		

[85] 역으로 이 성질은 선택공리를 유도한다.

[86] [Connes et al., 2001], [Klee and Wagon], [Penrose and Longair]

[87] 밑수2 표현에서는 3 이상의 숫자는 사용하지 않는다. 예를 들어 513 을 밑수2로 표현하면 $2^{2^{2+1}+1}+1$ 이다.

이 경기의 목적이 토끼는 밑수를 증가시켜 한없이 큰 수를 얻는 것이고,[88] 거북이는 수를 감소시켜 0을 얻는 것이라면 과연 누가 이길까?

R. Goodstein은 서수 이론을 사용하여 임의의 n에 대하여 거북이가 이긴다는 것을 증명하였다. 그가 증명한 방법은 다음과 같다. 위에서 토끼가 만든 수를 생각하자. 이때 밑수 모두에 서수 ω를 대응시키면 다음과 같은 감소하는 서수의 열을 얻는다.

$$\begin{aligned}
&\omega^{\omega+1}+1\\
&\omega^{\omega+1}\\
&2\cdot\omega^{\omega}+2\cdot\omega^{2}+2\cdot\omega+2\\
&2\cdot\omega^{\omega}+2\cdot\omega^{2}+2\cdot\omega+1\\
&2\cdot\omega^{\omega}+2\cdot\omega^{2}+2\cdot\omega\\
&\vdots
\end{aligned}$$

한편 "서수들의 집합은 정렬집합"이고 "감소하는 서수의 열은 유한 수열"이므로 거북이가 이긴다.

L. Kirby와 J. Paris는 Goodstein 정리를 PA(페아노의 산술 공리) 안에서 증명할 수 없음을 보였다.

9.2.5 정렬원리

다음 가정을 **정렬원리**(well-ordering principle)라고 부른다:

> 모든 집합은 정렬집합이 되도록 그 원소들의 순서를 잘 정할 수 있다.

Zermelo는 1904년에 선택공리를 사용하여 정렬원리를 증명하였다.
Émile Borel은 선택공리와 정렬원리가 동치임을 보였다.
아직까지 실수에 정렬순서를 주는 구체적인 방법은 발견되지 않았다.

[88]증가시킬 밑수가 없는 경우에는 거북이가 계속한다.

참고문헌

김종명, *수리철학의 변화와 수학교육관*, 한국수학사학회지 **14** (2001), 83–100.

김희준, 김홍종, *과학으로 수학보기, 수학으로 과학보기*, 궁리, 2005.

이승온, 김혁수, 박진원, 이병식, *직관주의 논리*, 한국수학사학회지 **12** (1999), 32–44.

정계섭, *수학과 실제*, 한국수학사학회지 **14** (2001), 47–60.

정주희, *수리 논리학*, 대한수학회 소식 제64호 (1999년 3월), 23–29.

현우식, *신의 존재에 대한 괴델의 수학적 증명*, 경문사, 2013.

L. Adleman, *Computing with DNA*, Scientific American, (August) 1998.

P. Benacerraf, H. Putnam, Eds., *Philosophy of Mathematics, 2nd Ed.*, 1964, 1983.

G. Birkhoff, S. Mac Lane, *A Survey of Modern Algebra*, Macmillan, 1946.

L. E. J. Brouwer, *Intuitionism and formalism*, Bull. Amer. Math. Soc. (New Series) **37** (2000), 55–64. (Reprinted from Bull. Amer. Math. Soc. **20** (1913), 81–96.)

N. Bourbaki, *Theory of Sets*, Hermann, 1968.

———, *Elements of the History of Mathematics*, Springer, 1984, 1999.

G. Cantor, *Contribution to the foundation of the theory of Transfinite Numbers*, Dover, 1955.

J. Casti, *Five Golden Rules*, John Wiley and Sons, Inc., 1996.

G. Chaitin, *The Unknowable*, http://www.umcs.maine.edu/~chaitin/unknowable/. (Book Review: P. Raatikainen, *Exploring Randomness and The Unknowable*, Notices of the Amer. Math. Soc., **48** (2001), 992–996.)

J.-P. Changeux, A. Connes, *Conversations on Mind, Matter, and Mathematics*, Princeton Univ. Press, 1989.

P. Cohen, *Set Theory and the Continuum Hypothesis*, W. A. Benjamin, Inc., 1966.

A. Connes, A. Lichnerowicz, M. P. Schützenberger, *Triangle of Thoughts*, Amer. Math. Soc. 2001.

J. H. Conway, R. K. Guy, *The book of Numbers*, Copernicus, 1996.

H. Coxeter, *Introduction to GEOMETRY*, John Wiley and Sons, Inc., 1961, 1969.

M. Davis, *The Universal Computer: The Road from Leibniz to Turing*, Third Edition, 2018.

———, Book Review: *Logical Dilemmas: The Life and Work of Kurt Gödel* and *Gödel: A Life of Logic*, Notices Amer. Math. Soc. **48** (2001), 807–813.

J. Dawson, Jr., *Logical Dilemmas: The Life and Work of Kurt Gödel*, CRC Press, 1997, 2005. (김병한, 박창균, 현우식 옮김, *논리적 딜레마*, 경문사, 2016.)

———, *Gödel and the Limits of Logic*, Scientific American, June 1999, 68–73.

K. Devlin, *Mathematics: The New Golden Age*, Penguin Group Ltd., 1988. (허민 옮김, *수학: 새로운 황금시대*, 경문사, 1995, 1999)

J. Dieudonné, *A panorama of pure Mathematics*, Academic Press, 1982.

________, *Mathematics—The Music of Reason*, Springer-Verlag, 1992.

H. Enderton, *Elements of Set Theory*, Academic Press, Inc., 1977.

H. Eves, *An Introduction to the History of Mathematics*, Sixth ed., Saunders College Publishing, 1990. (이우영, 신항균 역, 경문사, 1996.)

R. Feynman, *Lectures on Computation*, Addison Wesley, 1996.

M. Gardner, *"Nothing", "More Ado About Nothing", "Everything"*, Mathematical Magic Show, Math. Assoc. Amer., 1989.

________, *Mathematical Carnival*, Math. Assoc. Amer., 1989.

________, *Penrose Tiles to Trapdoor Ciphers ...*, Math. Assoc. Amer., 1989.

R. Goodstein, *On the restricted ordinal theorem*, J. Symbolic Logic **9** (1944), 33–41.

P. Halmos, *Naive Set Theory*, Van Nostrand Reinhold Company, 1960.

H. Herrlich, G. Strecker, *Category Theory*, Allyn and Bacon Inc., Boston, 1973.

D. Hofstadter, *Gödel, Escher, Bach: An Eternal Golden Braid*, Basic Books Inc., 1979.

R. Honsberger, *Ingenuity in Mathematics*, Math. Assoc. Amer., 1970.

H. Judah, *Was Gödel right?*, MSRI preprint 06326-89, July, 1989.

E. Kamke, *Theory of Sets*, Dover, 1950.

I. Kaplanski, *Set Theory and Metric Spaces*, Allyn and Bacon, 1972.

J. Kelley, *General Topology*, Appendix, Van Nostrand-Reinhold Company, 1955.

L. Kirby, J. Paris, *Accessible independence results for Peano arithmetic*, Bull. London Math. Soc. **14** (1982), 285–93.

V. Klee, S. Wagon, *Old and New UNSOLVED PROBLEMS in Plane Geometry and Number Theory*, Math. Assoc. Amer., 1991.

E. Kramer, *The Nature and Growth of Modern Mathematics*, Princeton Univ. Press, 1970.

P. Maddy, *Naturalism in Mathematics*, Clarendon Press, 1997.

E. Mendelson, *Introduction to Mathematical Logic*, Chapman & Hall/ CRC, 1964, 1997.

R. Penrose, *The Emperor's New Mind*, Oxford Univ. Press, 1989.

________, *Shadows of the Mind*, Oxford Univ. Press, 1994.

R. Penrose, M. Longair, *The large, the small and the human mind*, Cambridge Univ. Press, 2000.

C. Pinter, *Set Theory*, Addison-Wesley Publishing Co. 1971.

K. Podnieks, *Around Gödel's Theorem*, `http://www.ltn.lv/~podnieks/`

H. Poincaré, *Science et methode*, Paris, 1908.

———, *Dernierés Penseés*, 1913. (김성숙, 김형보 옮김, *포앙카레의 만년의 사상-수학과 과학*, 교우사, 2002.)

E. Regis, *Who Got Einstein's Office*, Addison-Wesley, 1987.

R. Rucker, *Infinity and the Mind*, Princeton Univ. Press, 1995.

D. Schnabel, *Review of 'Goodbye, Descartes' by K. Devlin*, Amer. Math. Monthly **105** (1998), 870–873.

C. Smoryński, *Reviews: Brouwer's Intuitionism by W. P. van Stigt*, Amer. Math. Monthly 101 no. 8 (1994), 799–802.

M. Spivak, *A comprehensive introduction to DIFFERENTIAL GEOMETRY*, Vol. I, Publish or Perish, Inc., Berkeley, 1979. (Appendix)

R. Smullyan, *The Tao is Silent*, 1977. (조생을 옮김, *道란 무엇인가?*, 동국출판사, 1987) (박만엽 옮김, *도(道)는 말이 없다*, 철학과 현실사, 2000)

———, *What Is the Name of This Book? The Riddle of Dracula and Other Logical Puzzles*, 1978.

———, *Gödel's Incompleteness Theorems*, 1992.

———, *The Gödelian Puzzle Book*, Dover, 2013.

R. Smullyan and M. Fitting, *Set Theory and the Continuum Problem*, 1996.

I. Stewart, *The Great Mathematical Problems*, Joat Enterprises, 2013.

A. Turing, *On computable numbers, with an application to the Entscheidungsproblem*, Proc. London Math. Soc., Series 2, 42 (1937), 230–265. *A correction*, Proc. London Math. Soc., Series 2, 43 (1938), 544–546.

B. L. Van der Waerden, *Algebra 1*, Frederick Ungar Publishing Co., Inc., 1970.

A. Weil, *The Apprenticeship of a Mathematician*, Birkhäuser Verlag, 1992.

W. Woodin, *The Continuum Hypothesis, Part I*, Notices Amer. Math. Soc., **48** (2001), 567–576; *Part II*, 681–690.

HP3. 삼각뿔의 부피

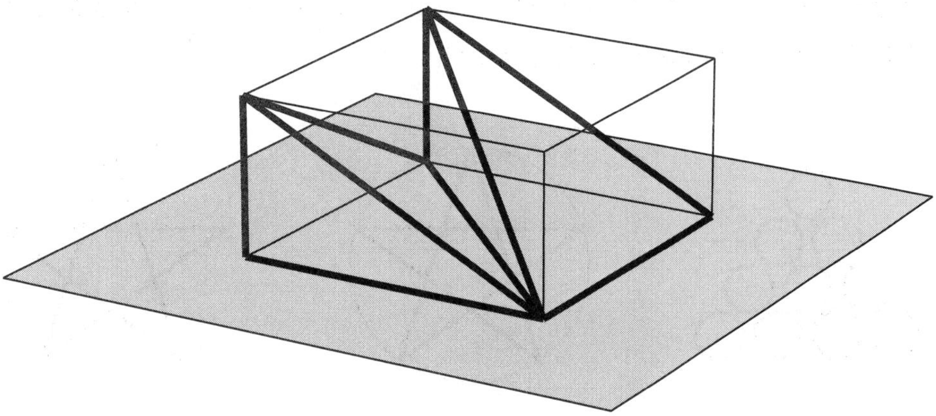

(뿔의 부피) $= \frac{1}{3}\times$ (밑넓이) $\times$ (높이)

삼각뿔이나 사각뿔 등 여러 각뿔(pyramid)과 원뿔 등의 부피를 구하는 방법은
기원전 4세기에 그리스에서 활동하던 Eudoxus 에 의하여 밝혀졌다.
하지만 부피뿐 아니라 개수나, 길이, 넓이 등 각종 측량에서

$$\mu(A \cup B) + \mu(A \cap B) = \mu(A) + \mu(B)$$

와 같은 기본 원리들만을 사용하여 그 양(量)을 알 수 있을까?

제 1 절 Pythagoras 학파와 공측성

기원전 5세기경의 Pythagoras 학파는 수학뿐만 아니라, 천문학, 음악, 철학, 종교, 과학 등 당시 그리스 사회의 대표적인 지성으로 이해된다.

수학자들은 거리를 측량하고, 삼각법을 이용하여 강을 건너지 않고도 강의 너비를 알고, 산에 오르지 않고도 산의 높이를 알며, 하짓날 세워둔 막대기의 그림자를 보고 지구의 크기를 측정하였고, 해와 별들이 천구를 지나가는 것을 보고 시간을 말하여 주었으며, 물건의 수량과 무게를 알려 주고, 땅의 넓이를 재는 법을 알려 주고, 토지세를 정하게 하고, 생산한 곡식의 양을 측정하고, 나일강이 범람하여도 누구의 땅인지를 구별하여 주었다.

Pythagoras 학파를 상징하던 문양으로는 산술·기하·천문·음악, 또는 지수화풍(地水火風) 등 여러가지 의미를 담은 사성도(四性道, teractys)와 **정오각성형**(正五角星形, pentagram)이 사용되었다.

정오각형의 한변의 길이에 대한 대각선의 길이의 비를 **황금비**라고 부른다.[1]

[1]정오각성형에 나타나는 삼각형은 모두 이등변 삼각형으로 긴 변과 짧은 변의 비가 황금비로 이루어져 있다. 이러한 삼각형을 **황금비 이등변삼각형**이라고 부른다. 황금비는 파르테논 신전, 이집트의 피라미드, 미국 국방부(Pentagon)의 건축물이나, 레오나르도 다빈치의 "모나리자", "최후의 만찬", 헝가리 작곡가 Bela Bartók 의 음악 등에도 나타나고, 해바라기, 파인애플, 조개껍질, 산양의 뿔, 코끼리 이빨, 미녀의 배꼽, 사람의 손가락 등 자연현상, 생명현상에서도 나타난다. 생명체 또는 유전자의 가장 중요한 특징 중의 하나는 "자기 복제"라고 말할 수 있다. 황금비 $\phi = \frac{1}{2}\left(\sqrt{5}+1\right) \approx 1.618\ldots$, 즉 "1 과 $\sqrt{5}$ 의 평균값"은 등식 $\phi^2 = \phi + 1$ 을 만족시키는데, 이는 성장이라는 "변화" 속에서 자신의 모습을 "보존"하려는 두 가지 욕구를 만족시킴을 보여준다 [Schroeder].

1.1 공측성

Pythagoras는 조화(調和, harmony)가 모든 원리의 바탕에 있다고 하면서, 그것은 수(數)로 표현 할 수 있다고 믿었다. Pythagoras 학파가 믿었던 "수의 성질" 중에서 가장 중요한 것이 바로 **공측성**(公測性, commensurability)이다.[2] 공측성이란 다음을 뜻한다.

> 백인과 흑인이 서로 길이가 다른 자를 가지고 있다고 하자. 이때 흑인이 가진 자를 "검은자"라 부르고 백인이 가진 자를 "흰자"라고 하자. 만약 검은자가 흰자보다 크다고 하더라도 그 길이가 흰자 길이의 배수가 될 필요는 없다. 그러나 "공측성"은 제삼의 자인 "노란자"를 잘 정하면 검은자의 길이도 노란자 길이의 배수이고, 흰자의 길이도 노란자 길이의 배수가 되는 현상이 생긴다는 것을 말한다. 즉, **임의의 두 길이에 대하여 이들의 "공통약수인 길이"가 존재한다**는 것이다.
>
> 공약수가 존재한다는 가정은 공배수가 존재한다는 가정과 같다. 검은자를 여러배 하면 흰자를 여러배 한 것과 같아진다는 뜻이다.

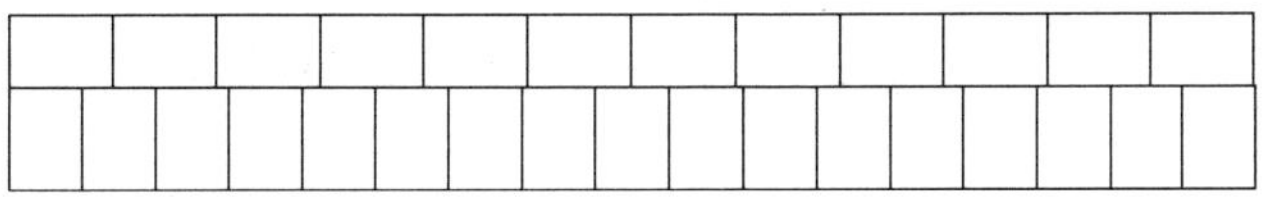

A4 용지를 가로와 세로로 나열한 모습

초기의 Pythagoras 학파는 물체의 길이뿐 아니라, 넓이나 무게 등도 공측성이 있으며, 태양이나 달의 주기 등에도 공측성이 있으며, **모든 동질의 양에는 공측성이 있다**고 믿었다. 이 믿음의 결과로

모든 수는 유리수

라고 생각하게 되었다. 그러나 그들이 그렇게 신봉하던 공측성이 참이 아니라는 것은 그들 학파의 상징이던 **별꼴**, 즉 정오각성형이 밝혀주고 있었다.

> 정오각형에서 한 변과 대각선의 "공약수"가 존재한다고 하면, 이 공약수는 대각선들이 만드는 "작은 정오각형"의 한 변과 대각선의 공약수와

[2]공측성을 주로 **통약성**(通約性)이라고도 부르는데, 공통약수가 있다고도 볼 수 있고, 공통배수가 있다고도 볼 수 있으므로, 공측성이라는 용어를 사용하기로 한다.

마찬가지라는 것을 쉽게 알 수 있다.[3] 그런데 작은 정오각형 속에 별을 그리면 그 속에 다시 정오각형이 나타남을 안다. 물론 이 정오각형 속에는 또다시 더 작은 정오각형이 있고, 그 속에도 .... 그러므로 "가상적인 공약수"는 그 크기가 어떠한 수보다도 작다는 모순이 생긴다.

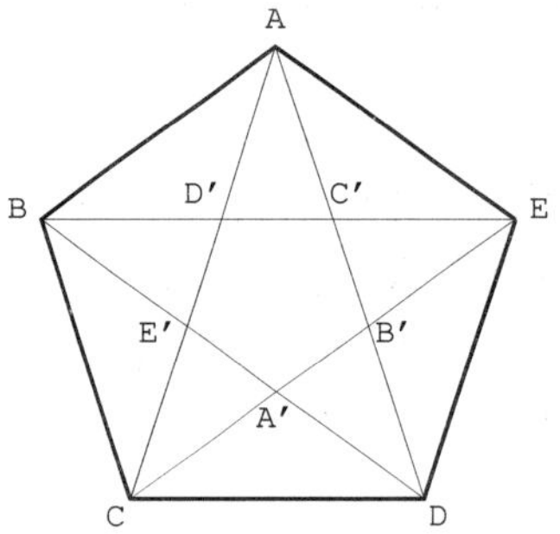

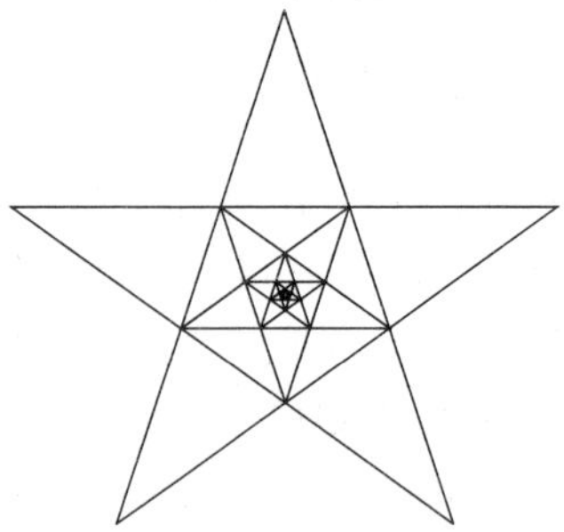

Pythagoras 학파가 발견한 "공측성의 허구"는 실로 커다란 파문을 일으켰다.[4] 그들은 공측성을 이용하여 직사각형의 넓이를 구하는 법을 설명하였고, 그것을 바탕으로 삼각형의 넓이를 재고, 다각형의 넓이를 재며, 나아가서 땅의 넓이를 측량하고 입체의 부피를 재었으며 음악 이론과 천문 이론을 세웠는데, 그러한 원리의 가장 저변에 깔려 있던 원리인 공측성이 허구라니.

여기서 잠깐 Pythagoras 학파가 어떻게 직사각형의 넓이를 구하였는지 살펴보자.

주어진 직사각형의 가로가 a, 세로가 a'이라고 하자.[5] 이때 그 넓이를 구하라는 것은 "기준으로 삼은 정사각형 넓이의 몇 배인가?"를 밝히는 문제이다.

[3] 정오각형 $ABCDE$에서 모든 대각선을 그리면 그 속에 작은 정오각형이 하나 더 생긴다. 이 작은 정오각형의 꼭지점들을 차례로 $A'B'C'D'E'$이라고 하자. 이때 AB와 AC의 길이의 "최대공약수"를 (AB, AC)라고 두면, $(AB, AC) = (AB, AC - AB) = (AE', AC - AE') = (AE', E'C) = (AE' - E'C, E'C) = (AE' - AD', A'C) = (D'E', D'A') = (A'B', A'C')$을 얻는다.

[4] "Pythagoras 정리"를 사용하면 정사각형의 한 변과 대각선의 길이의 비 $\sqrt{2}$가 유리수가 아니라는 것을 얻을 수 있다. 어떤 학자는 황금비 ϕ가 $\sqrt{2}$보다 먼저 발견된 무리수라고 생각한다. 옆의 그림은 피타고라스 정리가 없어도 $\sqrt{2}$가 무리수임을 밝힌다.

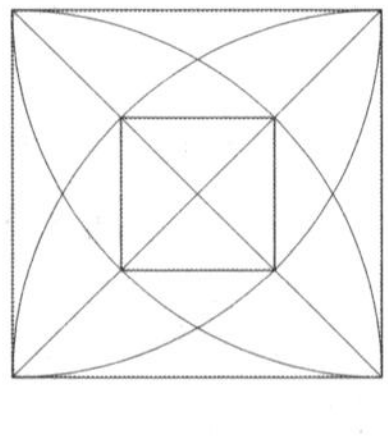

[5] a와 a'은 실수가 아니고, 그냥 '가로'와 '세로'이다.

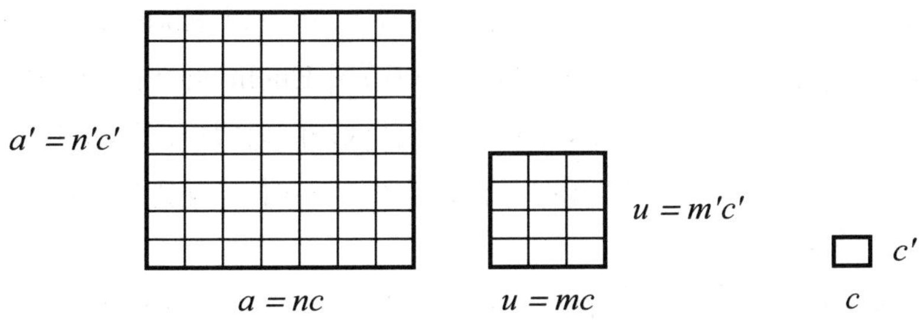

먼저 가로 a 와 기준 정사각형의 한변인 u 의 공약수, 즉 a 와 u 를 공통으로 측량할 수 있는 자를 c 라 하면

$$a = nc, \quad u = mc$$

인 자연수 n, m 이 존재한다. (이 부분이 공측성 가정이다). 마찬가지로 세로 a' 과 기준 단위 u 의 공약수를 c' 이라 하면

$$a' = n'c', \qquad u = m'c'$$

인 자연수 n', m' 이 존재한다. 이제 가로가 c 이고 세로가 c' 인 직사각형을 "공약사각형"이라고 부르면 처음 주어진 직사각형은 nn' 개의 공약사각형으로 이루어져 있고, 기준 정사각형은 mm' 개의 공약사각형으로 되어 있다. 따라서 처음 직사각형의 넓이는 기준 정사각형의 넓이에 대하여

$$\frac{nn'}{mm'} = \frac{n}{m} \cdot \frac{n'}{m'} = \frac{a}{u} \cdot \frac{a'}{u}$$

배임을 안다. 이 식이 바로 직사각형의 넓이가

$$(\text{넓이}) = (\text{가로}) \times (\text{세로})$$

임을 말한다.

"수학의 역사"를 돌아보면 수학은 몇 가지 큰 병을 앓고 회복하는데, 그 첫째가 바로 "공측성의 허구"였다.[6]

[6]많은 이들이 "공측성이 없음(incommensurable)"을 "무리수의 발견"이라고 말한다. 합리적인(rational) 방법으로 설명할 수 없는 수가 무리수(irrational)였다. 그리스인들은 무리수를 "말할수 없는 (alogon) 수"라고 하였다. '말'(logos)이 바로 '셈'이다. (모를 때는 '말하지 말라'는 것은 Pythagors 학파의 묵언 수행과도 관련 있다. 이런 정신은 Google이 창업하면서 '사악해

이러한 "믿음의 붕괴"를 극복하고자 고대 그리스의 Eudoxus 등 여러 학자들이 노력하였고, 그 결과로 기원전 300 년경에 Euclid 에 의하여 열 세 권의 책 "원론"(原論, Stoicheia, Elements)이 나타나게 되었다. Euclid 의 원론은 성서와 함께 인류가 가장 많이 읽은 책이 되었고 후대 학자들이[7] 책을 쓸 때에 모범으로 삼아 왔다.[8]

플라톤의 제자였던 Eudoxus 는 Thales 의 정리, 즉 "두 삼각형에서 대응하는 꼭지점들의 각이 서로 같으면 이 두 삼각형은 닮은 삼각형이다"라는 명제를, 공측성이라는 허황된 가정을 사용하지 않고 증명하기 위해서 비의 개념을 바로 세우는 것이 필요함을 알았다 [Ostermann, Wanner]. 그는 동질의 양(量) a, a' 과 또 동질의 양 b, b' 사이에[9]

$$a : a' = b : b'$$

이라는 것의 의미를 다음과 같이 설명하였다.

임의의 자연수 n, m *에 대하여,* $na < ma' \;\Leftrightarrow\; nb < mb'$ *이다.*

지지 말자'는 사훈을 내건 것에서도 볼 수 있다.) 유클리드는 원론 5권에서 두 길이의 비(ratio)를 logos라 하였다 [Klein]. 두 번째 큰 병은 뉴턴과 라이프니츠의 미적분학 발견과 함께 나타난 **무한소**(infinitesimal)에 관한 것이었고 [Courant et al., p. 518], [Henle], 가장 최근에 앓은 병은 칸토르의 집합론과 논리학에서 나타나는 여러 가지 "역설"이었다 [Eves, pp. 624–625].

[7]뉴턴의 "자연 철학의 수학적 원리"(Principia)는 말할 것도 없고 스피노자의 "윤리학" 등도 Euclid 의 방법을 따른다.

[8]기하학이 발전하는 과정에 많은 힘든 시기가 있었고, 그것을 극복하기 위하여 당시로는 뛰어난 처방들이 나타난 것은 사실이다. 그러나 지금은 더 좋은 방법들이 개발되어 있다. 데카르트는 유명한 저서 "방법서설"의 부록에서 "기하학"을 다루면서, Euclid 공간에 좌표계를 도입하였다. 실수의 체계는 집합론의 도입으로 19세기 말에 확립되었다. 이제는 이러한 도구들을 바탕으로 Euclid 공간을 정의할 수 있다. 점, 직선, 평면 등의 무정의 용어와 이들 사이의 공리로 이루어진 체계에서 기하학이 출발해야 할 필요가 없어졌다. 소화되지 않은 음식은 사람을 앓게 하지만, 소화된 음식은 사람을 더 활기 있게 한다. 기하학은 논리학이 아니다. 20세기 초의 수학도 "공측성의 모순"을 극복하려던 Euclid 의 수학처럼 아주 논리적이었다. "집합론의 모순"이라는 병을 극복하려면 그럴 수밖에 없었다. 그러나 현재의 수학은 그러한 병에서 회복하여 아주 활발하고 자유로워지고 있다.

[9]예를 들어 a, a' 은 시소를 타고 있는 두 사람의 무게를 나타내고, b, b' 은 시소의 받침점에서 두 사람까지의 거리를 나타낼 수도 있다.

그는 이 정의를 기초로 하여 이전에 알려졌던 "원리"들을 모두 밝힐 수 있었다. 이러한 Eudoxus의 비례 이론은 Euclid의 원론 제5권에 나타난다. 이 비례 이론은 19세기에 Dedekind가 실수를 정의할 때 사용한 원리이다.[10]

Euclid의 원론 제11권에는 플라톤의 입체, 즉 다섯가지 정다면체와 각기둥(prism), 각뿔(pyramid) 등의 가장 기본인 다면체와 원기둥, 원뿔 등이 소개되어 있고, 원론 제12권에는 삼각뿔[11] 등의 각뿔과 원뿔의 부피를 구하는 법이 나온다.[12]

후일에 Archimedes가 저서 "구면과 원기둥"의 서문에서 뿔의 부피를 구하는 법을 Democritus가 알고는 있었다고 하지만 그는 증명을 가지고 있지 않았고, Eudoxus가 비례 이론을 이용하여[13]처음으로 증명하였다고 하였다.

Archimedes는 Eudoxus의 이론을 더욱 발전시켜 구면의 넓이와 공의 부피가 그것에 접하는 원기둥과 어떠한 관계를 가지는 가를 밝히고, 이를 자신의 최고의 업적으로 여겨 묘비에 구면과 원기둥을 조각하여 달라고 유언하였다.[14]

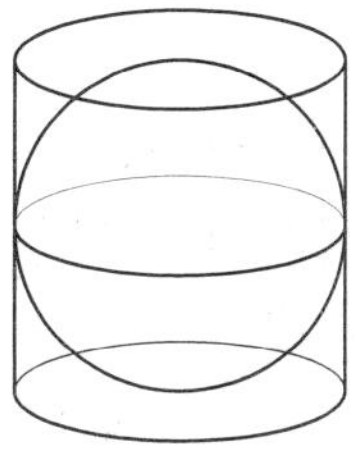

Eudoxus와 Archimedes의 비례 이론은 후에 적분론의 기초가 된다.

[10]마치 자연수를 집합을 사용하여 정의하듯이 ....

[11]물론 삼각뿔은 **사면체**(tetrahedron)이다.

[12]기원전 1850년경의 이집트 파피루스에는 정사각뿔, 즉 피라미드와 **각뿔대**(frastum)의 부피를 구하는 법이 나온다 [Sibley, p. 2]. 원론은 13권에서 정다면체를 작도하는 법을 설명하고 막을 내린다. 정다면체와 각기둥, 각뿔들이 가지고 있는 대칭성은 삼차원 Euclid 공간의 모든 유한 대칭들을 설명한다. 이런 뜻에서 원론(Elements)을 원소(Elements) 또는 원리(Elements)라고 불러도 좋다. 원론에 대한 [Klein]의 적절한 비판은 읽을만 하다. 원론에는 누가 어떤 업적을 내었다는 등의 서술은 일체 없다. 여러가지 이유가 있기는 하지만, 그 중 하나로는 당시 피타고라스 학파의 "모든 지식은 인류가 공유하는 것이고 어느 한 개인의 것이 아니다"라는 사상 때문이기도 하다. 고대 로마 제국의 시인이던 오비디우스의 저서 "변신"의 마지막 부분에도 피타고라스가 등장한다.

[13]**고갈법**(method of exhaustion) 또는 **소진법**이라고도 부른다.

[14]4년마다 열리는 세계수학자 대회에서 탁월한 업적을 낸 40세 이하의 수학자에게 수여되는 Fields 메달에는 Archimedes와 구, 그리고 원기둥이 새겨져 있다.

1.2 Eudoxus 와 뿔의 부피

밑면의 넓이가 a 이고 높이가 h 인 삼각뿔 또는 일반 뿔의 부피를 구해 보자.[15] 먼저 밑면과 나란한 평면들로 뿔을 자른 단면을 생각하자.

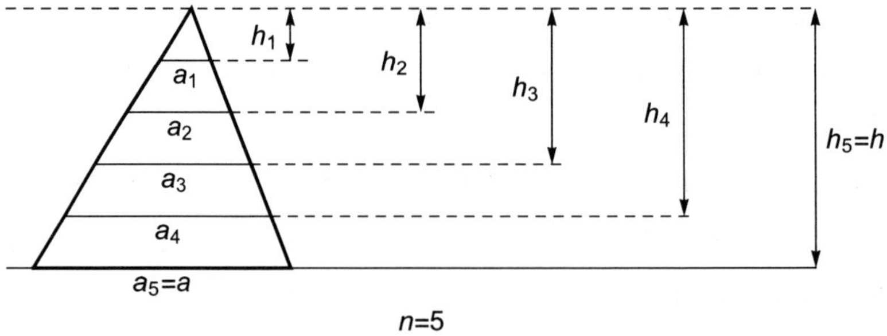

이 단면들의 넓이를 차례로 $a_1, a_2, \ldots, a_n = a$ 이라 하고, 꼭지점에서 단면까지의 거리를 차례로 $h_1, h_2, \ldots, h_n = h$ 이라 하자. 이때 뿔의 부피 V 는 부등식

$$\sum_{i=1}^{n} a_{i-1}\Delta h_i \leq V \leq \sum_{i=1}^{n} a_i \Delta h_i \qquad (\Delta h_i := h_i - h_{i-1})$$

을 만족시킨다. 한편 닮은 꼴들의 성질에서

$$a_i = a(h_i/h)^2$$

이므로 뿔을 점점 더 잘게 나누면 궁극적으로

$$V = \int_0^h a(x/h)^2\, dx = \tfrac{1}{3}ah$$

를 얻는다.

1.2.1 Archimedes 와 공의 부피

비슷한 방법으로 반지름의 길이가 r 인 공의 부피는 $\frac{4}{3}\pi r^3$ 임을 알 수 있다. 이 값은 밑넓이가 $4\pi r^2$ 이고 높이가 r 인 뿔의 부피와 같다. Archimedes 는 공을 "구면을 밑면으로 하는 뿔"로 이해하였다.

[15] 평면도형 A 를 밑면으로 하고 평면 밖의 한 점 p 를 꼭짓점으로 하는 **뿔**(cone)은 A 의 점들과 p 를 이은 선분들로 이루어진다.

제 2 절 분해합동인 다면체

사물의 개수나, 길이, 넓이, 부피 등을 측량할 때 이들이 공통으로 가지는 중요한 기본 성질들이 몇 가지 있다. 측량을 하고자 하는 대상들의 집합을 $\mathcal{M}$ 이라 하고, 측량하고자 하는 양을 μ 라 하면, $A, B \in \mathcal{M}$ 일 때

- $\mu(\varnothing) = 0, \quad \mu(A) \geq 0$
- $\mu(A \cup B) + \mu(A \cap B) = \mu(A) + \mu(B)$

임을 알 수 있다.[16]

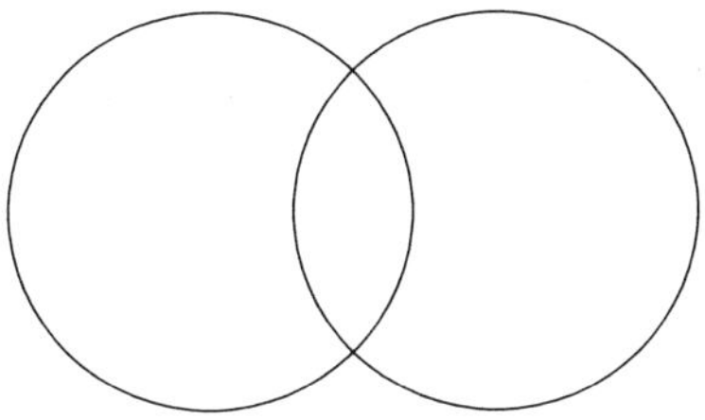

만약 $\mathcal{M}$ 이 **다면체**(多面體, polyhedron)나 또는 유클리드 공간의 부분 집합들로 이루어져 있다면, **합동**인 도형들은 같은 "측도"(measure)를 가진다는 성질이 기본에 추가될 수 있다:

- $A \equiv B \quad \Rightarrow \quad \mu(A) = \mu(B)$

앞에서 뿔의 부피를 구하면서 "무한한 과정"을 사용하였다. 무한이라는 어려운 개념을 피하고 측량의 기본 원리들만 가지고 (유한 과정을 거쳐) 다면체의 부피를 구할 수 있을까?[17]

---

[16]기본 성질에서 A와 B가 공통부분이 없으면 $\mu(A \cup B) = \mu(A) + \mu(B)$ 임을 알고, 만약 $A \subseteq B$ 이면 $\mu(A) \leq \mu(B)$ 임을 알 수 있다.

[17]우리가 말하는 "다면체"는 그 껍질인 면을 뜻하는 것이 아니고, 면과 내부의 입체를 뜻한다. **볼록다면체**는 비교적 정의하기가 쉬운데, 이는 삼차원 유클리드 공간에서 유한 개의 (닫힌) 반공간(half space)들의 공통부분으로 유계(bounded)이고 **내부**(interior)가 있는 것을 뜻한다. 여기서 **반공간**이란 평면에 의하여 두 부분으로 나뉜 공간의 한 쪽을 뜻하는데, 좌표계를 도입하였을 때 $ax + by + cz \geq d$, $a^2 + b^2 + c^2 = 1$과 같은 표현으로 주어지는 점 (x, y, z) 들의 집합을 뜻한다. 볼록다면체의 정의에서 내부가 공집합이 아니라는 조건을 빼면 입체라기보다 평면에

다면체 P가 다면체 $P_1, P_2, \ldots, P_n$으로 **분해된다**는 것은 (i) $P = P_1 \cup P_2 \cup \cdots \cup P_n$이고, (ii) $i \neq j$이면 $P_i \cap P_j$는 내부가 없음을 뜻한다.[18]

또 다면체 P와 Q가 **분해합동**이라는 것은 다음을 뜻한다:

> P의 **분해** $P_1, \ldots, P_n$과 Q의 **분해** $Q_1, \ldots, Q_n$이 존재하여
> $P_1 \equiv Q_1, \ldots, P_n \equiv Q_n$이다.[19]

앞으로 다면체 P, Q가 분해합동이면

$$P \sim Q$$

로 나타내기로 한다. 이때 분해합동인 두 다면체는 부피가 같음을 알 수 있다:

$$\begin{aligned}\mathrm{vol}(P) &= \mathrm{vol}\left(P_1 \cup \cdots \cup P_n\right) = \mathrm{vol}(P_1) + \cdots + \mathrm{vol}(P_n)\\ &= \mathrm{vol}(Q_1) + \cdots + \mathrm{vol}(Q_n) = \mathrm{vol}\left(Q_1 \cup \cdots \cup Q_n\right) = \mathrm{vol}(Q)\end{aligned}$$

두 다면체의 공통부분은 다면체이므로 다음 정리는 어렵지 않게 밝힐 수 있다 [Hopf].

> **정리 2.0.1** *다면체 P, Q, R에 대하여, $P \sim Q$이고 $Q \sim R$이면 $P \sim R$이다.*

속하는 (부피가 없는) 도형을 허용하게 되는데, 이런 "퇴화된" 볼록다면체들을 포함한 개념을 *일반볼록다면체*라고 하자. (심지어 공집합까지 다면체로 받아들였다.) 이제 (일반) *다면체*는 유한개의 일반볼록다면체들의 합집합으로 이해하기로 한다. 그러면 다면체들의 집합은 합집합 연산과 교집합 연산에 대하여 닫혀 있다.

[18] 내부가 공집합인 경우 "내부가 없다"고 말하였다. 다시 말하면, 부분 다면체들이 만나는 경우는 경계에서 뿐이라는 뜻이다. 부피라는 개념을 밝히지 않았으므로 공통 부분의 "부피가 영"이라는 말을 사용하지 않았다.

유클리드 공간 $\mathbb{E}^n$의 부분집합 A에 대하여 점 p가 S의 **내점**(interior point)이라는 것은 p를 중심으로 하는 반지름이 $r > 0$인 조그만 공 $B(p, r) := \{q \in \mathbb{E}^n : |q - p| \leq r\}$이 A에 포함된다는 뜻이다. 이때 A의 내점들 전체의 집합을 A의 **내부**(interior)라 한다. 물론 이 정의는 유클리드 공간보다 더 일반적인 **거리공간**에도 적용된다.

[19] 위에서 합동 $P_i \equiv Q_i$를 서술하는 운동(motion)과 합동 $P_j \equiv Q_j$를 서술하는 운동이 같을 필요는 없다.

2.1 Gauss 문제

Gauss 는

밑넓이가 같고 높이도 같은 두 삼각뿔은 분해합동인가?

라는 질문을 하였고, 이것은 Hilbert 목록의 세 번째 문제로 나온다 [Hopf].

만약 Gauss 질문에 대한 답이 긍정적이면, Eudoxus 의 무한소 또는 고갈법을 사용하지 않고 "밑넓이가 같고, 높이가 같은 두 삼각뿔의 부피가 같음"을 밝힐 수 있다.[20]

아래 그림은 삼각뿔 $A_1A_2A_3A_1'$ 에 대응되는 나란이꼴(삼각기둥)이 세 개의 삼각뿔로 구성되어 있음을 보여 주는데, 이 중 어느 한 쌍을 선택하더라도 그 둘은 높이가 같고 밑넓이도 같음을 알 수 있다. 그러므로 삼각뿔의 부피는 대응되는 나란이꼴의 부피의 1/3 임을 알 수 있다.[21]

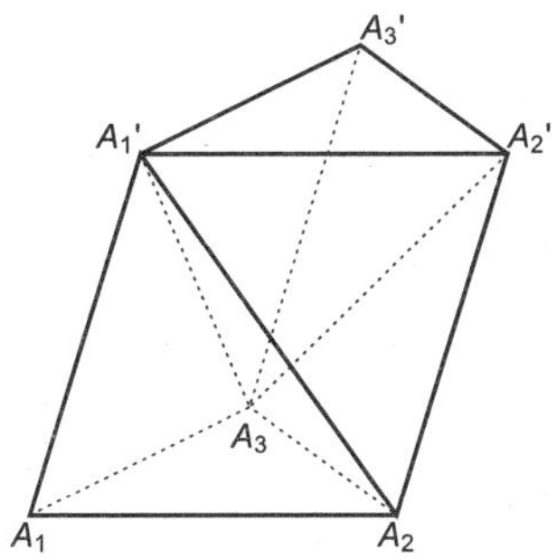

Gauss 문제는 Hilbert 문제 중에서 가장 먼저 답이 나온 것으로 Hilbert 의 제자였던 스물 두 살의 Max Dehn(1878–1952)이

직육면체와 정사면체는 분해합동이 아니다

를 보임으로써 (부정적으로) 해결되었다 [Dehn], [Fuchs, Tabachnikov].

Dehn 의 정리의 대략적인 증명은 나중에 살펴보기로 한다.

[20]각각의 부피가 얼마인지 알지 않고서도 두 부피를 비교할 수 있다. 마치 각 집합의 원소개수를 모르더라고 두 집합의 크기를 비교할 수 있듯이.

[21]나란이꼴은 직육면체와 분할합동이므로 그 부피가 (밑넓이)×(높이) 임을 곧 밝힌다.

제 3 절 다각형과 분해합동

다면체에 대하여 정의하였던 것처럼 (평면의) 두 다각형(영역)에 대해서도 **분해합동**이라는 개념을 같은 방법으로 정의한다.

다음 그림은 정삼각형과 정사각형이 분해합동임을 보여준다.

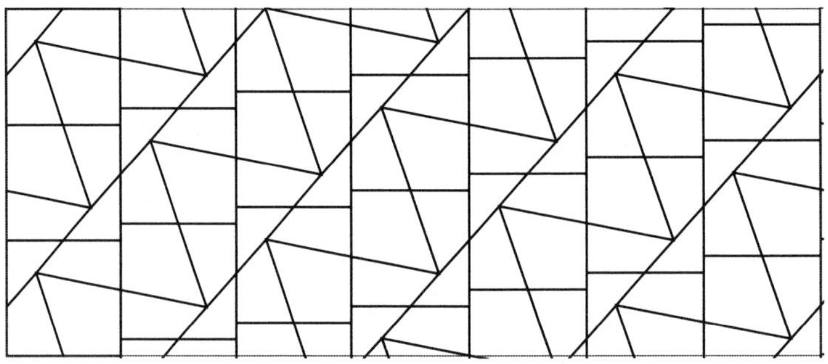

다음 그림은 정사각형과 정팔각형이 분해합동임을 보여준다.

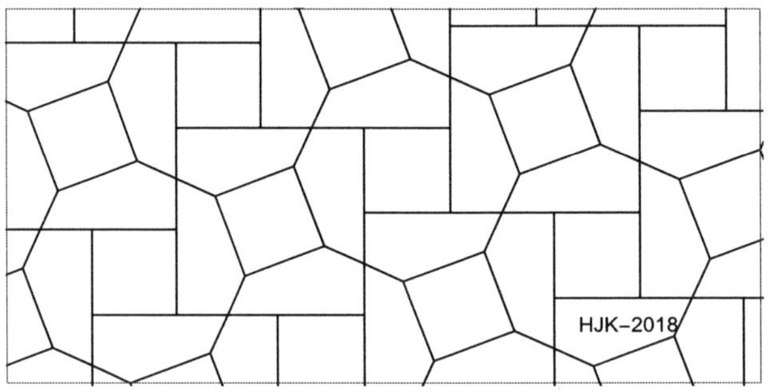

다각형 중에는 어떤 것이 으뜸일까?

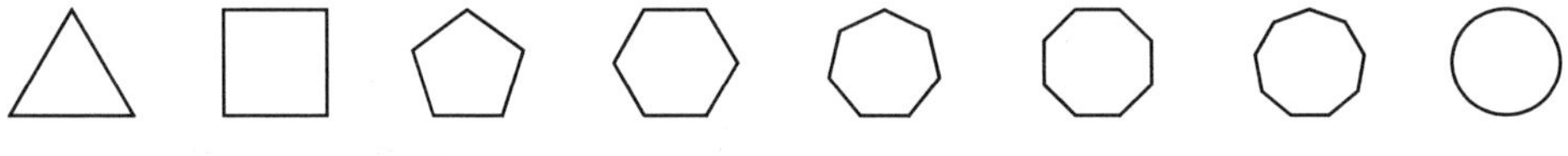

우리는 기준으로 삼은 정사각형, 또는 단위길이를 가지는 정사각형을 넓이의 기준으로 삼기로 한다.

이제 다각형의 넓이를 구하기 위하여 몇 가지 정의를 살펴 본다.

(0) 가로의 길이가 1, 즉 가로가 기준으로 삼는 길이인 직사각형을 **표준 직사각형**이라고 부른다.

(i) 세로의 길이가 h 인 표준 직사각형의 **넓이**는 h 이다.

(ii) 다각형의 **넓이**는 그것과 분해합동인 표준 직사각형의 넓이를 뜻한다.

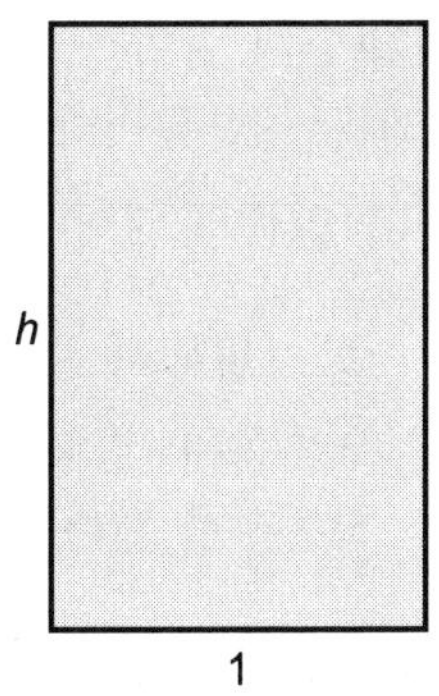

이러한 정의가 **유용**하기 위해서는

(ㄱ) 모순 없이 정의되어야 하고 (즉, 한 다각형이 표준 직사각형 R 와 분할합동이고, 또 표준 직사각형 R' 과도 분할합동이면, R 와 R' 이 합동이고, 따라서 그 넓이가 같아야 한다)[22]

(ㄴ) 많은 (또는 모든) 다각형에 적용되어야 한다.

우리는 모든 다각형이 표준 직사각형과 분해합동임을 밝히기로 한다. 그러므로 다각형의 넓이를 구하거나 또는 여러 다각형의 넓이를 비교하는 것은 굳이 "수의 체계"에 의존하지 않고도 할 수 있다.

정리 3.0.1 *모든 다각형은 표준 직사각형과 분해합동이다.*

증명. 모든 다각형은 삼각형으로 분해되므로 삼각형이 표준 직사각형과 분해합동임을 밝히면 된다 [Hopf].

(i) 먼저 삼각형이 평행사변형과 분해합동임은 다음 그림에서 바로 알 수 있다.

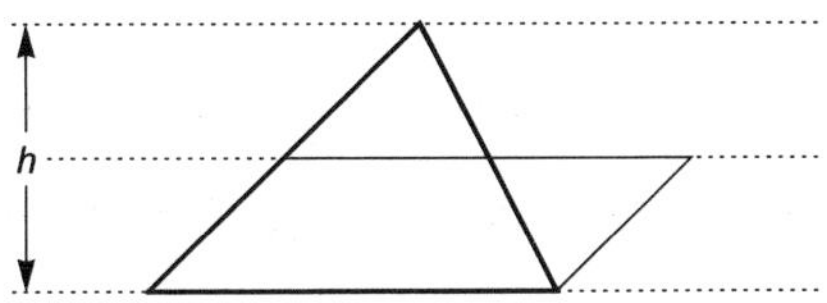

[22]이 정의가 모순이 없다는 것은 [Hilbert] 에 증명되어 있다.

이때 밑변의 길이가 b, 높이가 h 인 삼각형은 밑변의 길이가 b, 높이가 $h/2$ 인 평행사변형과 분해합동이다.

(ii) *밑변의 길이가 서로 같고, 높이가 서로 같은 두 평행사변형은 분해합동이다.*

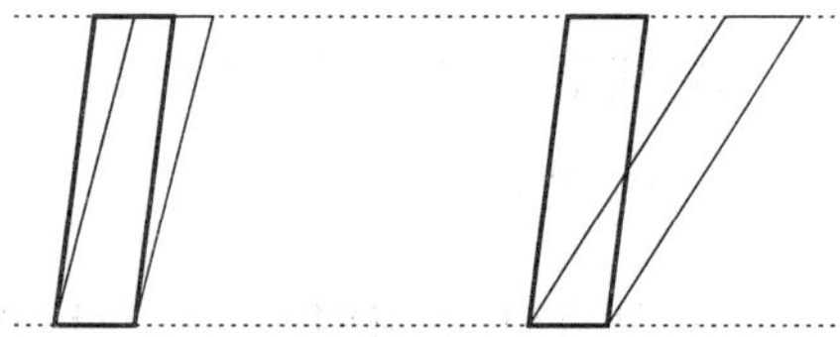

옆 그림에서 왼쪽의 경우는 바로 알고, 오른쪽의 경우는 왼쪽 경우를 여러 번 적용하면 된다.[23]

(iii) *밑변의 길이가 서로 같고, 높이가 서로 같은 두 삼각형은 분해합동이다.*
이것은 (i) 과 (ii) 에서 얻는다.

(iv) *직각삼각형은 밑변의 길이가 2 인 직각삼각형과 분해합동이다.*

옆 그림에서 점 "2"와 점 "h"를 잇는 직선에 나란한 직선으로 점 "b"를 지나는 직선을 생각하자. 이 직선이 직선 "0h"와 만나는 점을 h′으로 두자. 이제 삼각형 "hbh′"과 삼각형 "2bh′"은 밑변이 같고 높이가 같으므로 분해합동이다. 따라서 삼각형 "0bh"와 삼각형 "02h′"이 분해합동이다.

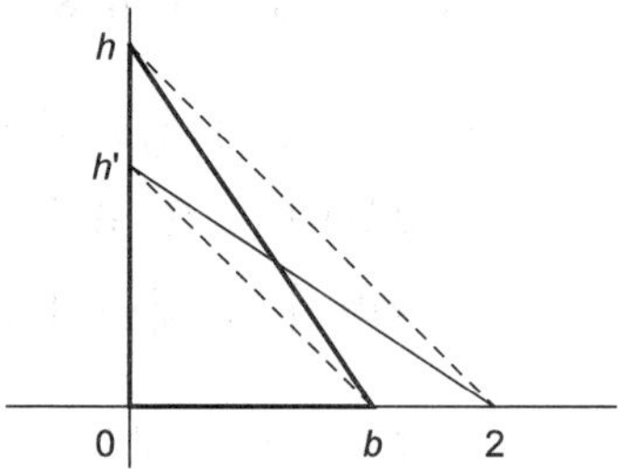

이때 삼각형의 닮음비를 보면 $h : h' = b : 2$ 이고 따라서 $h' = bh/2$ 임을 안다.

(v) *임의의 삼각형은 표준 직사각형과 분해합동이다.*

삼각형은 직각삼각형과 분해합동이고, 직각삼각형은 밑변의 길이가 2 인 직각삼각형과 분해합동이며, 이것은 다시 표준 직사각형과 분해합동이다.

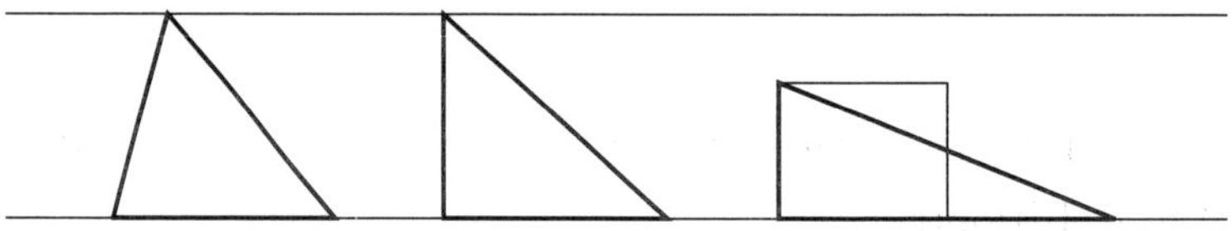

이상으로 증명을 마친다. □

위 정리의 증명의 마지막에서 밑변의 길이가 b 이고 높이가 h 인 삼각형은 높이가 $bh/2$ 인 표준 직사각형과 분해합동임을 얻었으므로 다음 정리를 얻는다.

[23]아무리 작은 양수라도 그 수를 자꾸 더해가면 언젠가는 어떠한 수보다도 크게 된다. 이 원리를 **Archimedes 원리**라고 부른다.

정리 3.0.2 *삼각형의 넓이는* $\frac{1}{2}\times$ (밑변의 길이) $\times$ (높이) *이다.*

삼각형에는 세 변과 세 높이가 있으므로, 위 정리는 상당히 의미가 있다.[24]

모든 직사각형과 평행사변형은 분해합동인 두 삼각형의 합이므로 다음 정리를 얻는다.

정리 3.0.3 *직사각형의 넓이는* (가로의 길이) $\times$ (세로의 길이) *이다.*
평행사변형의 넓이는 (밑변의 길이) $\times$ (높이) *이다.*

분해합동인 두 다각형은 넓이가 같다. 다음은 그 역이 성립함을 말한다.[25]

정리 3.0.4 *같은 넓이를 가지는 두 다각형은 서로 분해합동이다.*

증명. 다각형 P와 P'이 넓이가 같다고 하자. 그러면 P와 분해합동인 표준 직사각형 R와 P'과 분해합동인 표준 직사각형 R'이 높이가 같고, 따라서

$$P \sim R \equiv R' \sim P'$$

이다. 그러므로 $P \sim P'$ 이다. □

다음 그림은 분해합동을 이용하여 Pythagoras 정리를 보인 것이다.

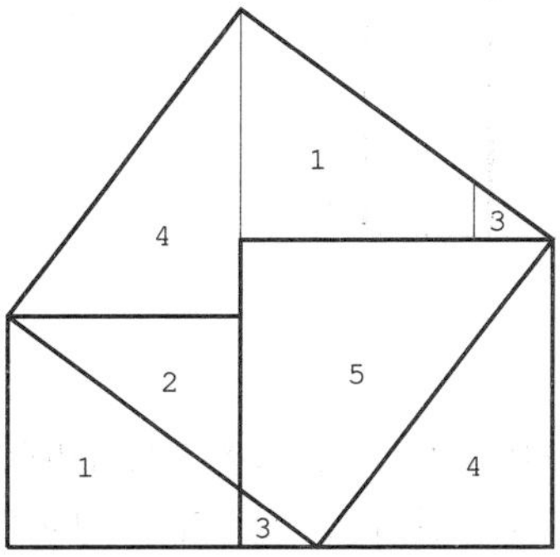

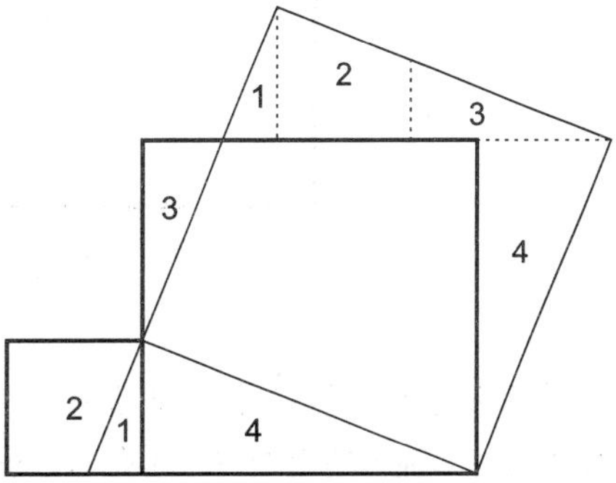

[24]위 정리는 n-차원 뿔의 부피 공식 $\frac{1}{n}$(밑면) $\times$ (높이) 의 특별한 경우로 볼 수 있다.

[25]보통 Bolyai-Gerwien 정리하고 말하는데, 비유클리드 기하학의 발견으로 유명한 세 사람 중의 한 사람인 헝가리의 보여이 야노시 (Bolyai János)의 아버지인 Bolyai Farkas (독일에서는 Wolfgang Bolyai로 알려져 있음)가 1832년에 질문하였고, P. Gerwien이 그 다음 해에 증명하였다. 하지만 William Wallace가 1807년에 이미 증명을 발표하였다 [Stewart].

Archimedes는 원판의 껍질들을 차례로 벗겨 놓으면 삼각형을 얻는다고 생각하였고, 이로부터 원판의 넓이를 확인할 수 있었다.

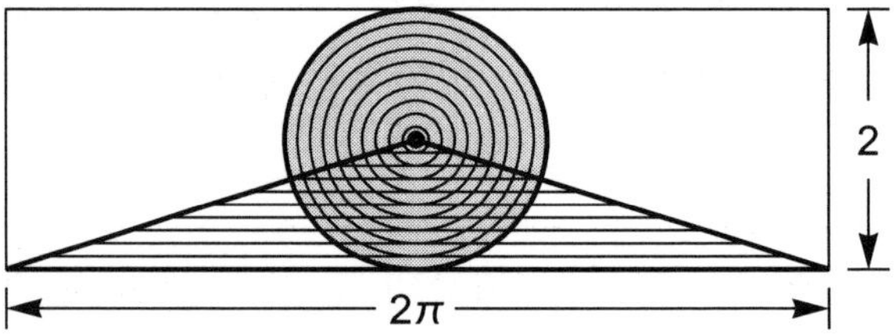

3.0.5 연습문제

A4 용지는 A3 용지를 반으로 접어서 만들고, A3 용지는 A2 용지를 반으로 접어서 만들며, A2 용지는 A1 용지를 반으로 접어서 만들고, A1 용지는 A0 용지를 반으로 접어서 만든다. A 용지들은 서로 닮은 꼴이므로 이들의 가로:세로는

$$\sqrt{2} : 1$$

이다.

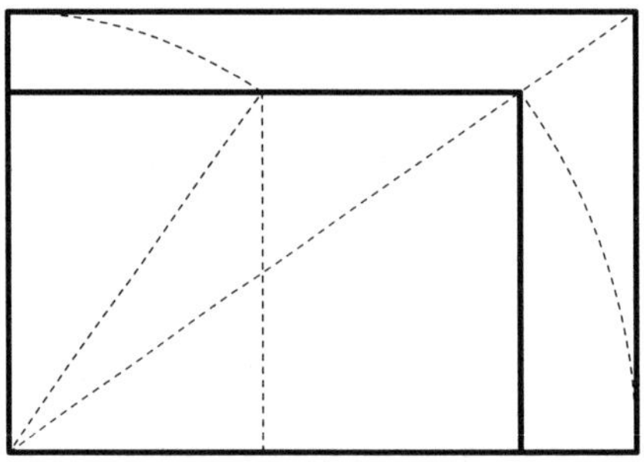

A5 : A4 : B4

B 용지도 A 용지와 닮은 꼴이고 같은 성질이 있지만, A0 의 넓이는 1 제곱미터이고, B0 의 넓이는 1.5 제곱미터이다. 이제 A4 용지에서 대각선의 길이는 세로 길이의 $\sqrt{3}$ 배이며, 이것은 B4 용지의 가로 길이와 같음을 보이라. 또 A5 용지의 대각선 길이는 B4 용지의 세로 길이와 같음을 보이라.

또 B4 용지에서 A4 용지를 잘라내고 남은 부분이 A5 용지와 분해합동임을 보이라.

제 4 절 다면체와 부피

다면체의 부피를 구하기 위하여 다음과 같은 정의를 한다.

(0) 가로, 세로의 길이가 모두 1 인 직육면체를 **표준 직육면체**라고 부른다.

(i) 높이가 h 인 표준 직육면체의 **부피**는 h 이다.

(ii) 다면체의 **부피**는 그 다면체와 분해합동인 표준 직육면체의 부피이다.

4.1 각기둥

각기둥(prism)이란 평면의 다각형(영역)을 평면 밖으로 일정한 크기만큼 평행 이동하면서 얻은 입체를 뜻한다.

두 각기둥이 같은 부피를 가지면 분해합동이다

위 정리를 밝히기 위해서는 "임의의 각기둥이 표준 직육면체와 분해합동이다"를 증명하면 된다. 이를 보이기 위해서 우선 직각기둥인 경우를 살펴보자.

그러면 밑면은 평면다각형이고 따라서 이것은 표준 직사각형과 분해합동인 것을 안다. 이 분해하는 방법을 이용하여 직각기둥을 분해하면 밑면이 표준 직사각형인 직사각기둥을 얻는다. 이제 이 직사각기둥을 돌려 높이가 1 이 되도록 한 다음, 다시 밑면에 분해합동 변환을 이용하면 밑면은 표준 직사각형이 되고, 따라서 직사각기둥은 표준 직육면체가 된다.

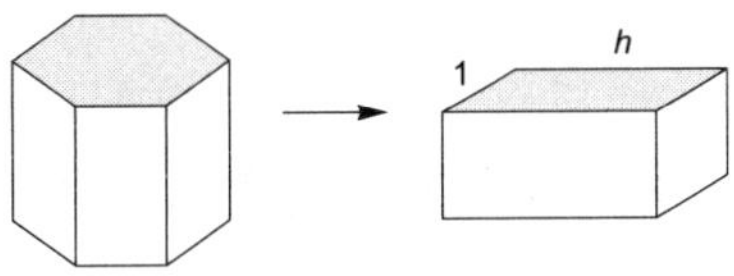

만약 각기둥이 비스듬한 경우에는 경사선에 수직인 면으로 자른 다음 윗면과 밑면을 붙여 직사각기둥을 얻으면 된다. 이 시행에서 밑면이 너무 넓으면 미리 조각을 내어 다루면 된다. [Hopf, p. 72]

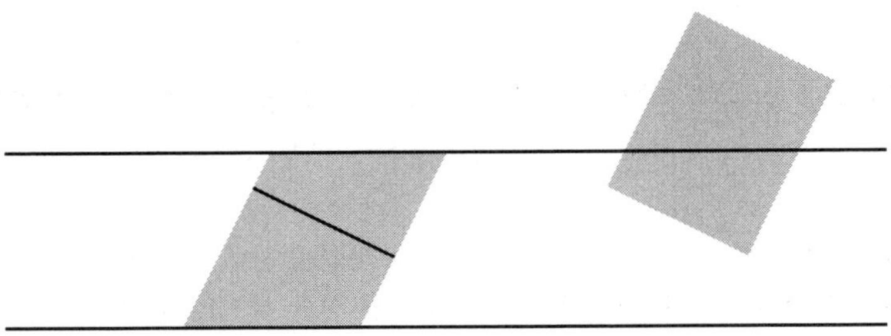

4.2 삼각뿔

다면체에서 두 면이 만나서 이루는 "모서리"를 **이면각**(dihedral angle)이라 하는데, 경우에 따라서는 "모서리에서 각의 크기", 즉 "이면각의 크기"를 줄여서 **이면각**이라고도 부른다.[26]

보기를 들어, 직육면체에서는 모든 이면각이 직각이다.

정사면체의 한 꼭짓점에서 밑면에 내린 수선의 발은 밑면의 중심이다. 그러므로 정사면체의 한 이면각의 크기를 α라고 하면

$$\cos\alpha = \tfrac{1}{3}, \qquad \alpha \approx 70.5^\circ$$

이다.

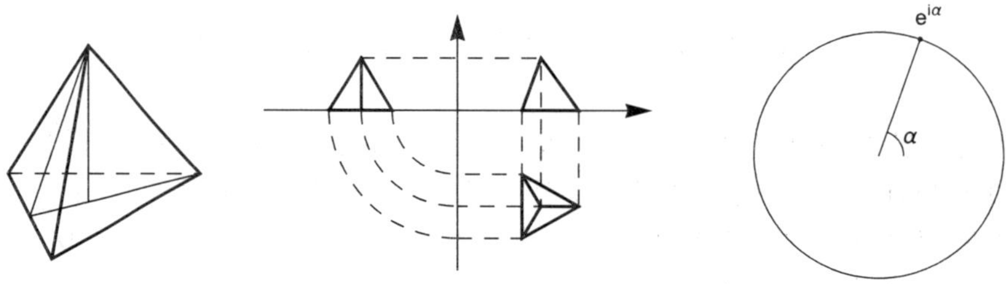

다음 그림은 정다면체들의 이면각을 보여준다.

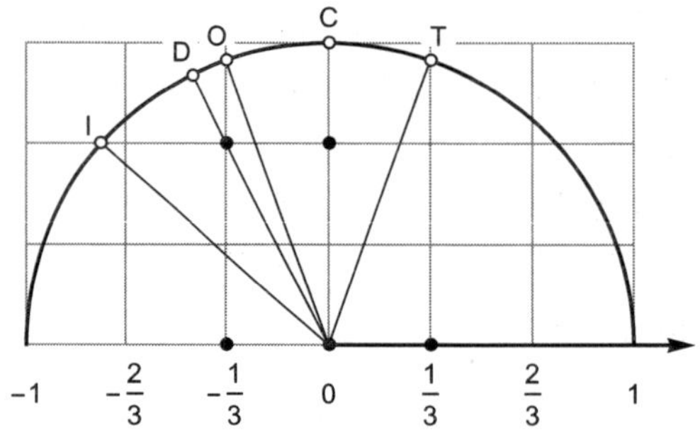

T(정사면체), C(정육면체), O(정팔면체), D(정십이면체), I(정이십면체)

O $\approx 109.5^\circ$, D $\approx 116.6^\circ$, I $\approx 138.2^\circ$

[26]두 평면 사이의 각의 크기는 각 평면에 수직인 직선들 사이의 각의 크기로 보아도 좋고, 또는 두 평면의 교선에서 각 평면에 포함되는 수직인 선들 사이의 각의 크기로 보아도 좋다. 물론 교선이 없는 경우는 두 평면은 평행이다.

도움정리 4.2.1 *정사면체에서 이면각의 크기* $\alpha := \arccos\frac{1}{3}$ *는* π *의 유리수 배가 아니다. 즉* α *와* π *는 공측불가능하다.*

증명. 먼저

$$z := 3e^{\mathbf{i}\alpha} = 3(\cos\alpha + \mathbf{i}\sin\alpha) = 3\left(\frac{1}{3} + \mathbf{i}\frac{\sqrt{8}}{3}\right) = 1 + \mathbf{i}\sqrt{8}$$

로 두자. (물론 $\mathbf{i}$는 허수단위 $\sqrt{-1}$ 이다.) 그러면 $(z-1)^2 = -8$ 이므로

$$z^2 = 2z - 9 \tag{1}$$

이다. 이로부터 임의의 자연수 n 에 대하여

$$z^n = a_n z + 3b_n, \qquad a_n \not\equiv 0 \pmod 3 \tag{2}$$

을 만족시키는 정수 a_n, b_n 이 존재함을 안다.[27]

만약 α 가 π 의 유리수배라고 가정하면,[28] $e^{\mathbf{i}\alpha}$ 는 거듭제곱하면 1이 되고, 따라서

$$z^N = (3e^{\mathbf{i}\alpha})^N = 3^N$$

인 자연수 N 이 존재한다. 한편 (2)에서

$$3^N = z^N = a_N z + 3b_N$$

이므로 이 등식에서 $a_N = 0$을 얻는다.[29] 이것은 a_N 이 3의 배수가 아니라는 사실에 모순이다. 그러므로 α 는 π 의 유리수배가 아니다. □

---

[27]귀납법으로 증명한다. $n = 1$ 일 때에는 $a_1 = 1$, $b_1 = 0$ 으로 두면 된다. 만약 어떤 자연수 n 에 대하여 (2)가 성립하면, 이 식에 z를 곱하고 (1)을 사용하면

$$z^{n+1} = z(a_n z + 3b_n) = a_n(2z-9) + 3b_n z = (2a_n + 3b_n)z - 9a_n$$

을 얻는다. 따라서 다음을 얻는다:

$$a_{n+1} := 2a_n + 3b_n \not\equiv 0 \pmod 3, \qquad b_{n+1} = -3a_n$$

[28]우리는 유명한 **Euler 의 항등식**을 잘 알고 있다:

$$e^{\mathbf{i}\pi} = -1, \qquad e^{2\pi\mathbf{i}} = 1$$

[29]물론 $3^N = 3b_N$ 도 얻는다.

다면체를 "분해"하면 원래 이면각이 없던 면에 이면각들이 생길 수 있고, 원래 모서리가 여러 개로 나누어질 수 있으므로 다음 정리를 얻는다.[30]

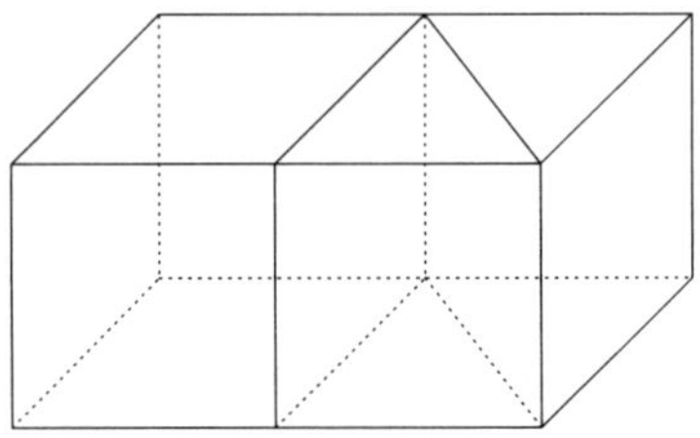

정리 4.2.2 (Dehn) *다면체 P 의 이면각들을 $\alpha_1, \ldots, \alpha_p$, 다면체 Q 의 이면각들을 $\beta_1, \ldots, \beta_q$ 라고 하자. 만약 P 와 Q 가 분해합동이면 자연수 $m_1, \ldots, m_p$, $n_1, \ldots, n_q$ 가 존재하여*

$$m_1\alpha_1 + \cdots + m_p\alpha_p \equiv n_1\beta_1 + \cdots + n_q\beta_q \qquad \mathrm{mod}\ \pi$$

이다.

이제 위 정리를 이용하여 다음 정리를 얻는다.

따름정리 4.2.3 *정사면체와 직육면체는 분해합동이 아니다.*

증명. 정사면체의 이면각들은

$$\alpha_i = \arccos \tfrac{1}{3} =: \alpha \qquad (i = 1, \ldots, 6)$$

이고, 직육면체의 이면각들은 $\beta_j = \frac{\pi}{2}$ $(j = 1, \ldots, 12)$ 이다.

만약 같은 부피를 가지는 정사면체와 직육면체가 분해합동이라면, Dehn 의 정리에서

$$\sum_{i=1}^{6} m_i\alpha = \sum_{j=1}^{12} n_j\frac{\pi}{2} + k\pi$$

인 자연수 m_i, n_j 와 정수 k 가 존재한다. 따라서 α 와 π 가 공측가능하다. 하지만 이 주장은 도움정리 4.2.1 에 모순된다. □

[30]구체적인 증명은 [Hopf] 또는 [Fuchs, Tabachnikov] 를 참조할 것.

Sydler는 1965년에 Dehn의 조건이 부피가 같은 다면체가 분해합동일 충분조건임을 보였다.

오늘날에는 차원이 높은 유클리드 공간이나 비유클리드 공간에서도 분해합동이 연구되고 있다.[31]

4.2.4 연습문제

1. 정육면체는 여섯 개의 합동인 삼각뿔로 분해됨을 보이라.
2. Dehn의 정리를 이용하여 "밑넓이와 높이는 같지만 분해합동이 아닌 삼각뿔의 보기"를 들라.[32]
3. $\triangle ABC$에서 $a : b : c = 3 : 4 : 5$라고 하자.[33] 이때 $\angle A$, $\angle B$, $\angle C$ 중 공측가능한 쌍이 있는가?
4. 세 자연수 a, b, c가 $a^2 + b^2 = c^2$일 때 이를 **피타고라스 삼중쌍**이라 부르자. 이때 복소수 $z = \frac{a}{c} + \frac{b}{c}\mathbf{i}$가 단위근이 아님을 밝히라.[34]

   이로부터 세 변들이 공측가능한 삼각형, 즉 "피타고라스 삼각형"에서는 내각들이 서로 공측가불능함을 설명하라.

[31] [Fuchs, Tabachnikov]

[32] 도움글: 이 장의 "앞그림"을 살펴볼 것

[33] Euler를 따라서 꼭직점 A, B, C에 대응되는 변을 각각 a, b, c라 하였다.

[34] 복소수 z를 거듭제곱하여 1이 되는 경우에 z를 **단위근**(root of unity)이라 부른다.

제 5 절 Tarski 의 원방 문제

Euclid 공간 $\mathbb{E}^n$ 의 두 부분집합 A, B 가 **분할합동**(equi-decomposable)이라는 것은 다음을 뜻한다:

(i) $A = A_1 \cup \cdots \cup A_k, \quad A_i \cap A_j = \varnothing \quad (i \neq j)$,

(ii) $B = B_1 \cup \cdots \cup B_k, \quad B_i \cap B_j = \varnothing \quad (i \neq j)$,

(iii) $A_1 \equiv B_1, \quad \ldots \quad , \quad A_k \equiv B_k$.

5.0.1 보기

집합

$$D := \{z \in \mathbb{C} : |z| \leq 2\}, \qquad I := (2,3] := \{x \in \mathbb{R} : 2 < x \leq 3\}$$

이라 할 때 D 와 $D \cup I$ 가 분할합동임을 보이자.

D $\qquad$ $D \cup I$

먼저 $C := \{re^{\mathbf{i}n} : n = 0, 1, 2, \ldots, \quad 0 \leq r \leq 1\}$ 을 생각한다. 그러면 C 는

$$C_1 := \{re^{\mathbf{i}n} : n = 1, 2, 3, \ldots, \quad 0 \leq r \leq 1\} \text{ 과 } \quad J := (0,1] = \{x \in \mathbb{R} : 0 < x \leq 1\}$$

의 합집합이고, $C \equiv e^{\mathbf{i}}C = C_1$, $J \equiv I$ 이다.[35] 따라서

$$D = (D - C) \cup C = (D - C) \cup (C_1 \cup J) \text{ 와 } \quad D \cup I = (D - C) \cup (C \cup I)$$

는 분할합동이다.

5.0.2 연습문제

D 는 $D \cup (\pi, 100]$ 과 분할합동임을 보이라. 또 D 는 $D \cup [0, 3] \cup [0, 3\mathbf{i}] \cup [0, -3] \cup [0, -3\mathbf{i}]$ 와 분할합동임을 보이라. (두 복소수 z, w 를 잇는 선분을 $[z, w]$ 로 두었다.)

[35] 복소수 z 에 $e^{\mathbf{i}}$ 를 곱하면 z 를 원점 주위로 1 라디안(radian)만큼 회전시킨 복소수가 된다.

5.1 Banach-Tarski 역설

Scottish Café는 폴란드 수학자들이 모여서 활동하던 유명한 곳인데, 거기서 S. Banach와 A. Tarski는 1924년에 "선택 공리"를 이용하여 다음을 증명하였다.[36]

> **정리 5.1.1** $n \geq 3$ *이면* $\mathbb{E}^n$ *에서 유계이고 내부가 있는 임의의 두 집합은 서로 분할합동이다.*

보기를 들면 "크기가 사과만한 공을 분할 조립하여 태양만한 공을 얻을 수 있다"는 뜻이다.

이 정리를 발견한 다음 해에 Tarski는 "두 다각형이 분할합동일 필요충분조건은 분해합동인 것임"을 보이고[37] 다음과 같은 질문을 하였다.

> *넓이가 같은 원판과 정사각형은 분할합동인가?*

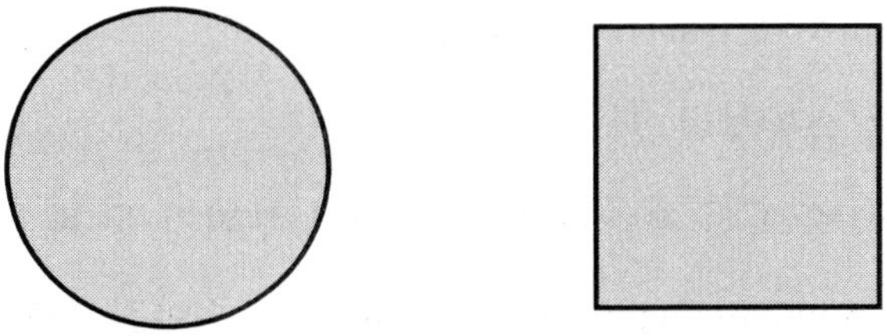

이 질문에 대하여 M. Laczkovich가 1990년에 긍정적으로 답하였다.

유명한 H. S. M. Coxeter (1907–2003) 교수는 한 강연에서 둥근 팔찌를 펼쳐서 정사각형을 만들어 보여주기도 하였다.

---

[36][HP1&2], [Croft et al.], [French], [Klee, Wagon], [Stewart]. Banach-Tarski의 정리를 보고, E. Borel은 선택 공리를 반대하였다. 선택 공리(AC)를 인정하면, 부피를 잴 수 없는 집합들이 생긴다. 선택 공리보다 조금 약하지만 유용한 공리들에 관심있으면 [Tomkowicz, Wagon] 참조.

[37]따라서 두 다각형이 넓이가 같을 필요충분조건은 분할합동인 것이다.

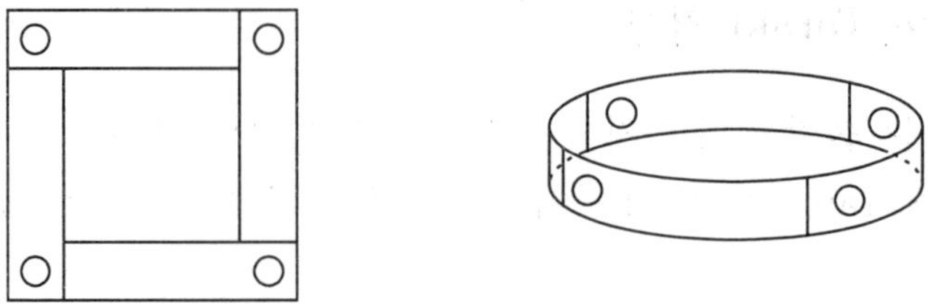

다음 그림은 중심이 빠진 원판을 삼등분하여 세 조각이 모두 합동이 되도록 한 모습이다 [Stewart]. (중심을 포함한) 원판을 삼등분하는 방법이 있을까?

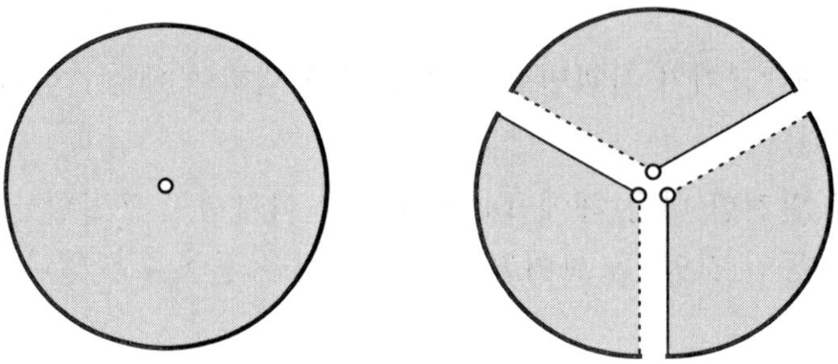

5.2 작도불능문제

유명한 "작도 불능 문제" 세 가지는 다음과 같다.[38]

- 임의의 각을 삼등분하기[39]
- (Delos 문제) 주어진 제단과 닮은 꼴이고 부피가 두 배인 제단 설계하기
- (원방문제, Squaring the Circle Problem) 주어진 원판과 넓이가 같은 정사각형을 구하기

이러한 문제들은 조건을 조금 바꾸면 풀이가 있다. 예를 들어 Archimedes의 각 삼등분법을 소개한다.

[38] 작도를 할 때에는 눈금 없는 자와 컴퍼스만을 사용한다.

[39] 고대 수메르나 이집트에서는 '온각'을 360 등분한 $1°$ 를 각의 기준으로 삼고, 정삼각형의 한 꼭지각의 크기를 $60°$ 라 하며 60진법을 사용하였다. 이 전통은 오늘날에도 1분(minute), 1초(second minute)등에서 쓰인다. 그러나 그들은 $3°$ 는 작도할 수 있었지만, $1°$ 는 작도할 수 없었다. Euclid는 현명하게도 직각을 각의 기준으로 삼았다. $1°$ 를 작도하는 문제는 정구각형을 작도하는 문제와 본질적으로 같은 문제이다.

다음 그림에서 임의의 각 $\angle AOB$ 를 어떻게 삼등분하는지 살펴보자.

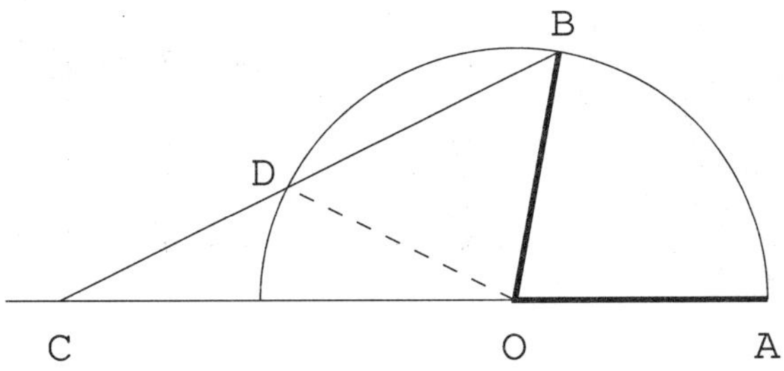

우선 길이가 원의 반지름과 같은 선분 CD 를 잘 잡아서 C 는 원의 지름선에 놓이고, D 는 원호에 놓이며 선분 CD 의 연장선에 점 B 가 있도록 한다. 그러면

$$\begin{aligned}\angle AOB &= \angle OCB + \angle OBC = \angle OCB + \angle ODB \\ &= \angle OCB + \angle OCD + \angle COD \\ &= 3\angle OCD\end{aligned}$$

이므로 원하는 각의 삼등분을 얻는다.[40]

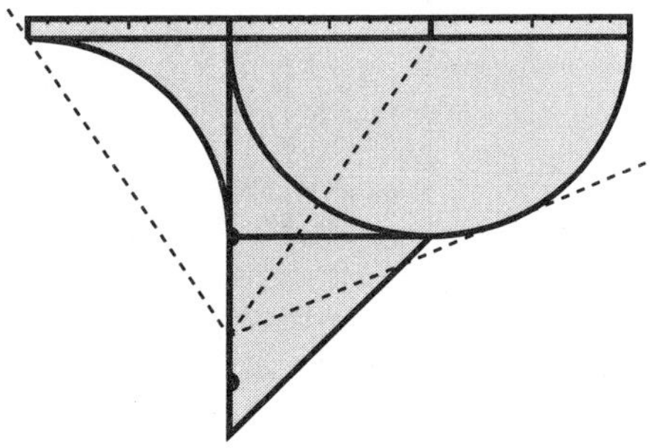

위 그림의 **도끼자**(tomahawk)를 사용하여 각을 삼등분 할 수도 있다 [이종우].

Archimedes 가 설명한 와선(spiral)이나 기원전 5세기 그리스에서 활동하던 Hippias 의 구적곡선은 임의의 각을 임의로 n 등분 할 수 있다.

[40]주어진 각이 예각이 아니고 둔각일 때에도 비슷한 방법으로 하거나, 또는 90° 를 삼등분하는 법을 사용하면 된다.

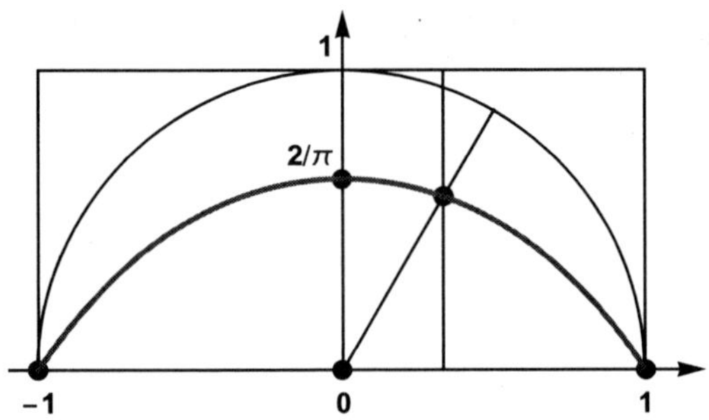

Hippias 의 곡선은 등속운동을 하는 선분과 등속회전운동을하는 선분의 교점들로 이루어진 곡선이다.

또 종이를 접어서 각을 삼등분할 수도 있고, 입방체의 부피를 두 배로 하는 방법도 있다.

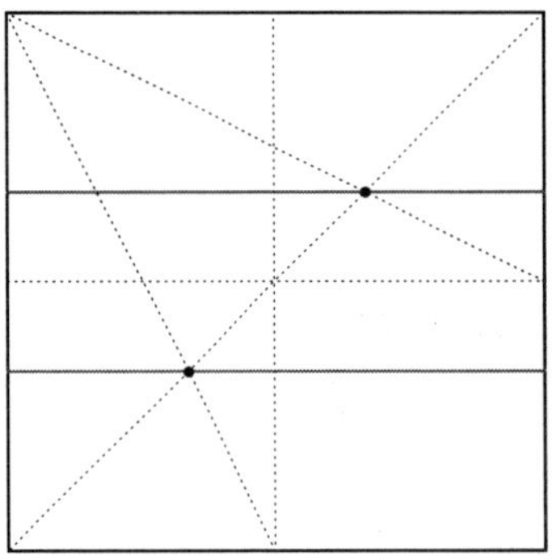

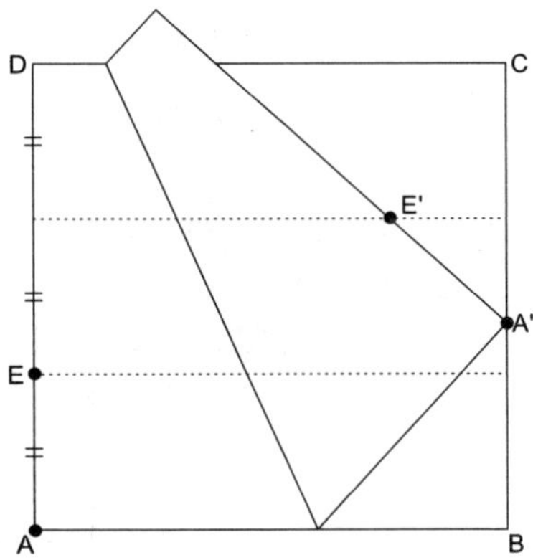

A'C : A'B = $\sqrt[3]{2}$: 1

참고문헌

이종우, *기하학의 역사적 배경과 발달*, 경문사, 1997.

A. Aaboe, *Episodes from the early history of Mathematics*, Readings for Calculus (Ed. U. Dudley), 11–17, Math. Assoc. Amer., 1993.

H. Croft, K. Falconer, R. Guy, *Unsolved Problems in Geometry*, Springer-Verlag, 1991.

R. Courant, H. Robbins, *What is Mathematics?* Second ed., Revised by I. Stewart, Oxford Univ. Press, 1996.

M. Dehn, *Über raumgleiche Polyeder*, Göttinger Nachrichten, 1990; *Über den Rauminhalt*, Math. Ann. **55** (1902), 465–478.

H. Eves, *An Introduction to the History of Mathematics*, Sixth ed., Saunders College Publishing, 1990. (이우영, 신항균 역, 경문사, 1996.)

R. French, *The Banach-Tarski Theorem*, Math. Intelligencer **10** no.4 (1988), 21–28.

D. Fuchs, S. Tabachnikov, *Mathematical Omnibus*, Amer. Math. Soc., 2007.

R. Gardner, S. Wagon, *At Long Last, the Circle Has Been Squared*, Notices of the Amer. Math. Soc., **36** (1989), 1338–1343.

J. Henle, *Non-nonstandard Analysis*, The Mathematical Intelligencer **21**, No. 1 (1999), 67-73.

D. Hilbert, *Grundlagen der Geometrie*, B. G. Teubner, Stuttgart; *Foundations of Geometry*, Open Court, 1971, 1980.

H. Hopf, *Differential Geometry in the Large*, Lect. Notes in Math. **1000**, Springer-Verlag, 1983, 1989.

M. Jackson, S. Angley, *Archimedes' Determination of the Area of Circle*, Problems for Student Investigation (Ed. M. Jackson, R. Ramsay), 151–158, Math. Assoc. Amer., 1993.

V. Klee, S. Wagon, *Old and New UNSOLVED PROBLEMS in Plane Geometry and Number Theory*, Math. Assoc. Amer., 1991.

F. Klein, *Elementary Mathematics from an advanced standpoint: Geometry*, 1908, 1939.

E. Moise, *Elementary Geometry from an Advanced Standpoint*, Third ed., Addison-Wesley, 1990.

W. Neumann, *Hilbert's 3rd Problem and Invariants of 3-manifolds*, Geometry & Topology Monographs **1** (1998), 383–411.

A. Ostermann, G. Wanner, *Geometry by Its History*, Springer, 2012.

M. Schroeder, *Fractals, Chaos, Power laws: Minutes from an Infinite Paradise*, W. H. Freeman and Co., New York, 1991.

K. Shiga, T. Sunada, *A Mathematical Gift, III*, Amer. Math. Soc., 2003.

T. Sibley, *The Geometric View Point*, Addison Wesley, 1998.

I. Stewart, *From here to infinity*, Oxford Univ. Press, 1987, 1996.

G. Tomkowicz, S. Wagon, *The Banach-Tarski Paradox*, second ed., Cambridge Univ. Press, 2016.

HP4. 직선과 기하학

같은 높이의 기둥이 일정한 간격으로 서 있으면,
관측자에게는 조화수열이 보인다.

제 1 절 Euclid 기하학과 직선

Geometry란 원래는 "땅(geo)을 측량(metron)하는 학문"을 뜻하였지만, 플라톤에게는 "영원불변하는 진리를 추구하는 학문"으로 보였고,[1] 중세까지도 자연 또는 신의 섭리를 의미하기도 하였다.

고대 그리스 수학자들은 이집트와 메소포타미아에서 전해져 내려오던 지혜를 계승하고 더욱 발전시켜 기원전 3세기에 Euclid의 **원론**(原論, Elements, Stoicheia)으로 집대성하였다.

이탈리아의 선교사 마테오리치(Matteo Ricci, 이마두(利瑪竇), 1552–1610)가 1607년 중국 명나라의 서광계(徐光啓, 1562–1633)와 함께 Euclid의 원론 열 세 권 중 처음 여섯 권을 번역하면서 "幾何原本"이라 하였는데, 이 책의 서문에는 "무릇 曆法, 地理, 樂律, 算章, 技藝, 工巧 등 여러 가지 度와 數를 다루는 분야는 (아리스토텔레스의 열 개의 범주 중) 幾何府에 屬한다."라고 되어 있어 幾何란 "얼마(How much, 度數)"를 의미하였다.[2]

"기하"는 "geo"의 음역이라 말하기도 하고, "모습"을 다루는 학문이라고도 하고, 이데아의 세계를 뜻하기도 한다.

Euclid는 원론에서 다음 다섯 가지를 **평면 기하학**의 공리로 삼았다.[3]

[1]플라톤의 "국가"의 제7장에서 소크라테스가 하는 말이다. 기하학자들이 말하는 "점, 선, 면"들은 형태가 없는 것으로 이데아의 세상에 속하고, 그들의 "자와 컴퍼스"는 물질 세계의 자와 컴퍼스를 뜻하지 않았다. 플리톤이 세운 "아키데미아"의 입구에는 "기하학을 모르는 자는 들어오지 말라"는 글이 쓰여 있었다고 전해지는데, 결국 "진리를 추구하지 않는 자는 학문의 전당에 들어오지 말라"는 뜻으로 해석할 수 있다. 그 글은 코페르니쿠스의 "천구의 회전에 관하여"(1543)의 표지에도 쓰여 있었다.

[2]과거에는 하나, 둘, 셋 처럼 이산적인 것을 수(數)라 하였고, 연속적인 양(量)을 도(度)라 하여 구분하였다. 원론의 후반부는 1867년에 영국 선교사 Alexander Wylie와 중국 청나라의 이선란(李善蘭)에 의하여 번역되었다. cf. 정기준, "기하(幾何)는 geometry의 역어(譯語)가 아니었다", 대한수학회소식 제129호 (2010년 1월호)

[3]공리(公理, Axiom)를 **공준**(postulate)이라고도 부른다. Euclid의 기하학은 그 당시의 학문적 업적으로는 대단한 것임에도 불구하고 19세기 후반의 수학적 기준으로 보면 매우 불완전한 것이었다 [Kline]. Hilbert는 저서 *Grundlagen der Geometrie*(기하학의 기초, 1899)를 통하여 기하학의 완전한 공리체계를 구축하고자 하였다 [Kobayashi], [Hartshorne]. 그 후 Hilbert의 공리계 이외에도 Birkhoff나 MacLane 등 여러 학자들의 공리계도 나왔다 [Venema], [김, 2000].

1. 주어진 두 점을 잇는 <u>선분</u>을 (오직 하나) <u>그릴</u> 수 있다.
2. 주어진 선분을 양쪽으로 한없이 연장할 수 있다.
3. 두 점이 주어졌을 때, 처음 점을 중심으로 하고 두번째 점을 지나는 원을 (오직 하나) 묘사할 수 있다.
4. 직각은 모두 같다.
5. (**평행선 공리**) 두 선분이 있을 때, 이들과 교차하는 한 직선의 같은 쪽에 있는 두 안각의 합이 "2 직각"보다 작으면, 두 선분을 그 쪽으로 연장하면 만난다.[4]

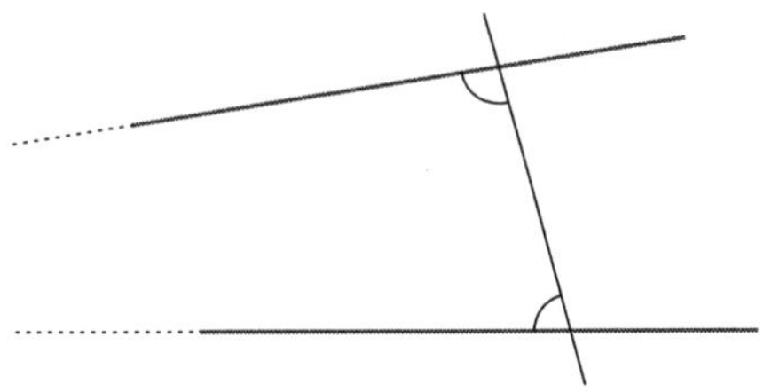

그는 원론 제일권에서 이 다섯 가지 공리를 기초로하여 마흔 여덟 가지 정리를 유도하였다.[5] 그 중에서 정리 1~28 과 31 을 유도할 때에는 "평행선 공리"를 사용하지 않았다.[6] 예를 들면 정리 20 과 31 은 다음과 같다:

> **정리 20**: 삼각형에서 두 변의 길이의 합은 나머지 변의 길이보다 크다.

---

[4]유클리드는 현명하게도 "직각"을 각의 기준으로 삼았다. 평행선 공리는 John Playfair (1748–1819)의 다음 공리와 동등하다:

> *한 직선이 있을 때 그 직선 밖의 한 점을 지나고 주어진 직선과 평행인 직선이 <u>오직 하나</u> 존재한다.*

[5]제일권의 마지막 두 정리는 유명한 "피타고라스 정리"와 그 역이다. 제이권의 마지막 정리는 직각삼각형뿐 아니라 일반삼각형에서 성립하는 유명한 **삼각법**, 즉 **코사인 정리**이다: $c^2 = a^2 + b^2 - 2ab\cos\theta$.

[6]처음 네 가지 공리만을 사용하는 기하학을 **절대기하학**(absolute geometry)이라고 한다.

정리 31: 주어진 직선 밖의 한 점을 지나고 주어진 직선에 평행인[7] 직선이 (적어도 하나) 존재한다.

학자들은 평행선 공리가 처음 네 가지 공리에서 유도되는 것인지, 아니면 평행선 공리를 부정하여 "평면에 한 직선이 있을 때 그 직선 밖의 한 점을 지나고 주어진 직선과 평행인 직선이 두 개 이상 존재한다"고 가정하여도 모순이 없는지 등에 오랫동안 관심을 가졌다.

[HP3]에서 등장한 헝가리 수학자 Bolyai Farkas(1775–1856)에게는 Bolyai János(1802–1860)라는 아들이 있었다. 이 아이는 어찌나 총명한지 13세에 이미 아버지 강의를 가끔 대신하였고, 학생들은 아버지보다 아들의 강의가 더 좋다고 하였다. 그러나 아버지는 아들에게 "평행선 공리"만은 연구하지 말라고 당부하곤 하였다.

János는 21세에 **비유클리드 기하학**, 즉 평행선 공리를 부정하는 기하학을 발견하고 아버지에게 보낸 편지에서 "저는 무(無)에서 새로운 세계를 창조하였습니다"라고 흥분해서 말하였다. 비유클리드 기하학을 발견하였다는 것은, 예를 들면, "삼각형의 내각의 합"이 2직각보다 작고, 그럼에도 불구하고 "삼각형에서 두 변의 길이와 그 사이각을 알면 나머지 변의 길이를 구하는 법" 등을 발견하였다는 뜻이다. 아버지는 1825년 봄, 아들에게 보낸 편지에서 "마치 봄 날에 제비꽃이 곳곳에서 피어나듯이, 어떤 것들은 때가 되면 여러 곳에서 동시에 발견된단다"고 말하면서 빨리 출판하기를 권였다.

János는 1829년에 원고 "절대공간의 과학"을 아버지에게 보냈고, Farkas는 1831년 자신의 책 *Tentamen*의 부록으로 아들의 원고를 실었다. Farkas는 책이 발간되자 아들의 업적을 자랑스럽게 여겨 친구인 Gauss에게 그 책을 한 권 보냈다. 당시 쉰네 살의 Gauss는 "내가 지난 30~35년간 이룩한 것과 거의 일치한다"고 답하면서 "당신의 아들을 칭찬하는 것은 나를 칭찬하는 것과 같아서 그럴 수 없다"고 하였다.[8] János는 아주 낙심하여 두 번 다시 수학 논문을 쓰지 않았다.

[7]평면에서 두 직선이 **평행**이라는 것은 "만나지 않는다"는 뜻으로 사용하였다.

[8]편지의 마직막에서는 "이처럼 훌륭한 사람이 옛 친구의 아드님이라는 것은 정말로 기쁜 일입니다."라고 하였다 [Kobayashi].

러시아의 Nicolai Ivanovitch Lobachevsky(1793–1856)도 비유클리드 기하학을 발견하고 1829 년에 러시아어로 "*기하학의 원리*"라는 논문을 발표하였다.

Gauss-Bolyai-Lobachevski 가 발견한[9] 비유클리드 기하학의 여러 가지 모형(model)들이 Beltrami, Klein, Poincaré 등에 의하여 발견되어 널리 퍼지게 되었다. 1871 년 Felix Klien 은 이 기하학을 **쌍곡 기하학**(hyperbolic geometry)이라 불렀고, 구면이나 사영평면과 같이 삼각형의 내각의 합이 2직각, 즉 **평각**보다 큰 공간의 기하학을 **타원 기하학**(elliptic geometry)라고 하였다.

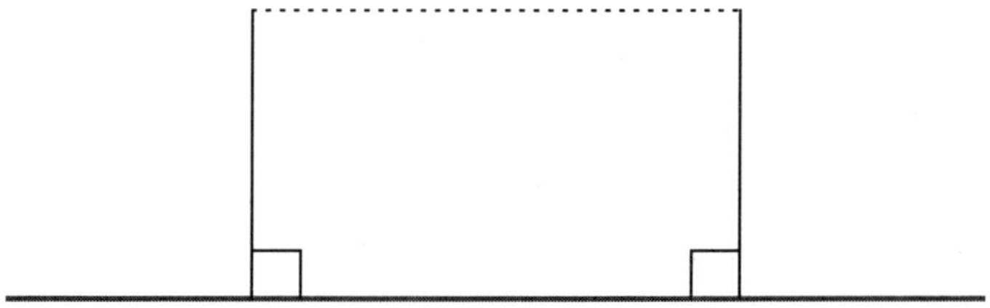

키가 같은 두 사람이 서 있으면, 발 사이의 거리와 머리 사이의 거리가 같을까?

[9] 하지만 이탈리아의 Girolamo Saccheri(1667-1773)는 1733 년에 이미 비유클리드 기하학의 토대를 마련하였고, Johann Heinrich Lambert(1728–1777)도 비유클리드 삼각형에서 내각의 합과 넓이와의 관계식을 이미 가지고 있었다 [Penrose].

제 2 절 측지선

직선이란 무엇인가? 만약 평면이나 또는 삼차원 Euclid 공간에서 이 질문을 한다면, 두 점을 연결하는 곡선 중에서 가장 거리가 짧은 곡선이 직선[10]이라고 말할 수 있다. 왜 직선이 이러한 성질이 있는지 생각하여 보면 결국은 "삼각형에서 두 변의 길이의 합은 나머지 한 변의 길이보다 크다"는 성질과 마찬가지라는 것을 알게 된다.[11]

그러나 구면에서는 두 점을 연결하는 곡선 중 가장 짧은 거리를 주는 것은 대원(또는 대원호)임을 어렵지 않게 보일 수 있다.[12] 구면에서 서로 다른 두 대원은 항상 두 점에서 만나며, 이 두 점은 구면의 중심에 대하여 서로 대칭 위치에 있다.

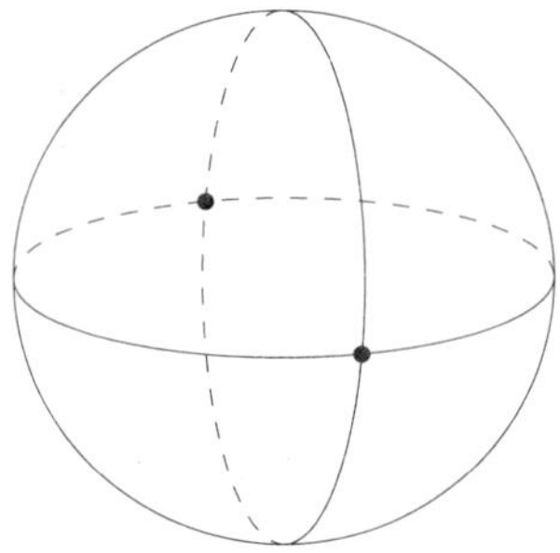

또 구면에서 두 점이 구면의 중심에 대하여 서로 대칭이 아니면, 이 두 점을 지나는 대원은 오직 하나 뿐이다.

구면 기하학에서는 평면 기하학과 달리 **평행선**[13]이란 존재하지 않는다.

앞으로 어떤 집합에서 국소적으로 두 점 사이의 최단 거리를 주는 곡선을 **측지선**(測地線, geodesic)이라고 부르기로 한다.[14] 여기에서 "어떤 집합"이란 적어도 "두 점 사이의 거리"를 잴 수 있는 집합, 즉 **거리공간**(metric space)이라야 한다.

---

[10] 엄밀하게 말하면, "선분"

[11] 1절에 나오는 원론 1권의 정리 20

[12] 구면(球面, sphere)에서 대원(大圓, great circle)이라는 것은 구면의 중심을 지나는 평면과 구면의 공통부분을 뜻한다.

[13] 서로 만나지 않는 두 직선

[14] 어쩌면 방향을 바꾸지 않는 곡선을 **측지선**이라고 부르는 것이 더 좋을 것이다. 일반적으로 두 점을 잇는 곡선 전체 집합의 차원은 무한차원이고, 이러한 집합에서 최소값을 구하는 문제는 **변분법**(Calculus of variation)이라는 이론에 속한다. 그러나 "최단거리를 주는 곡선"을 생각하는 대신에 "방향을 바꾸지 않는 곡선"을 살펴보는 것은 무한차원 문제가 아니고 간단한 미분방정식 문제이다.

제 3 절 거리공간

집합 X 의 제곱집합 $X \times X$ 에서 정의된 함수

$$d : X \times X \to \mathbb{R}$$

가 **거리함수**[15]라는 것은 d 가 다음 세 가지 성질이 있다는 뜻이다: 임의의 **점**, 즉 **원소** $x, y, z \in X$ 에 대하여

(i) $d(x,y) = 0 \quad \Leftrightarrow \quad x = y$

(ii) $d(x,y) = d(y,x)$

(iii) (삼각부등식) $d(x,y) + d(y,z) \geq d(x,z)$.

거리함수가 주어져 있는 집합을 **거리공간**(metric space)이라 부른다. 이때 $d(x,y) \geq 0$ 임을 알 수 있다.

3.1 보기

3.1.1 데카르트 공간

n 개의 실수쌍 $(x_1, \ldots, x_n)$들 전체로 이루어진 집합 $\mathbb{R}^n$ 을 n-차원 **데카르트 공간**(Cartesian space)이라 한다. 데카르트 공간에는 자연스러운 거리함수가 있다: 두 점 $X = (x_1, \ldots, x_n)$ 과 $Y = (y_1, \ldots, y_n)$ 사이의 거리는

$$d(X,Y) := \sqrt{(x_1 - y_1)^2 + \cdots + (x_n - y_n)^2}$$

으로 정의한다.

마찬가지로 행렬 전체의 집합에도 거리함수가 있다. 행렬 $A = (a_{ij})$ 와 $B = (b_{ij})$ 사이의 거리를

$$d(A,B) := \sqrt{\sum_{i,j} (a_{ij} - b_{ij})^2}$$

으로 정의할 수 있다.

[15] 거리함수(distance function)는 **계량**(metric)이라고도 부른다. 이 개념은 1906 년 프랑스의 Maurice René Fréchet(1878–1973)가 박사학위 논문에서 도입하였고, 독일의 Felix Hausdorff(1868–1942)가 이름 지었다. 정말 아름다운 정의(definition)이다. 혈연관계 또는 사회연결망 등에서 **촌수**라고 부르는 것도 "거리"의 일종이다.

3.1.2 이산 거리

주어진 집합에서 **이산 거리함수**는 다음과 같이 정의한다:[16]

$$d(x,y) := \begin{cases} 1 & (x \neq y) \\ 0 & (x = y). \end{cases}$$

3.1.3 디지털 신호와 잡음

신호를 보낼 때에는 **잡음**(noise)이 들어갈 수 있다. 또는 보안을 위하여 일부러 잡음을 넣기도 한다. 이때 잡음을 없애는 과정에서도 "거리"의 개념이 사용된다.

3.2 완비거리

거리공간 (X, d) 의 점열 (x_n) 이 **Cauchy 열**(sequence)이라는 것은

$$\lim_{n,m\to\infty} d(x_n, x_m) = 0$$

이라는 뜻이다.[17]

점 $x \in X$ 에 수렴하는 점열 (x_n) 은 Cauchy 열이다.

임의의 Cauchy 열이 수렴하는 거리공간을 **완비**(complete) 거리공간이라 한다. 직선 $\mathbb{R}$ 이나, 평면 $\mathbb{R}^2$, 또는 $\mathbb{R}^n$ 등은 완비 거리공간이지만, 거기에서 한 점을 빼면 완비성이 없어진다. 완비 거리 공간에는 빠져 있는 점들이 없다.

모든 거리공간은 완비 거리공간에 포함된다. 마치 유리수체가 실수체에 포함되듯이.

3.3 노름 공간

실수체를 스칼라로 가지는 벡터공간[18] V 에서 **노름 함수**(norm)란 다음 세 가지 성질을 만족시키는 함수 $\| \| : V \to \mathbb{R}$ 를 뜻한다: 임의의 $\mathbf{v}, \mathbf{w} \in V$ 와 임의의 실수 t 에 대하여

[16] Kronecker 의 델타 함수 δ 는 입력한 두 원소가 같은지 아닌지를 판정하는 함수인데, $\delta = 1 - d$ 이다.

[17] A. Cauchy(1789–1857)는 프랑스 수학자이다.

[18] [HP7] 참조. 복소 벡터공간에서도 비슷하게 노름을 정의한다.

(i) $\|\mathbf{v}\| = 0 \;\Rightarrow \mathbf{v} = \mathbf{0}$

(ii) $\|t\mathbf{v}\| = |t| \cdot \|\mathbf{v}\|$

(iii) (삼각부등식) $\|\mathbf{v} + \mathbf{w}\| \leq \|\mathbf{v}\| + \|\mathbf{w}\|$.

노름 함수가 주어진 실벡터공간을 **노름 공간**(normed linear space)이라고 부른다. 이때 $\|\mathbf{v}\| \geq 0$ 임을 알 수 있다. 노름 공간에서는 두 벡터 사이의 거리를 다음과 같이 잴 수 있다:

$$d(\mathbf{v}, \mathbf{w}) := \|\mathbf{v} - \mathbf{w}\| .$$

보기를 들어, p 가 1 이상의 실수일 때, $\mathbb{R}^n$ 에서 다음과 같이 정의한 함수는 모두 노름 함수이다.

$$\|(x_1, \ldots, x_n)\|_p := (|x_1|^p + \cdots + |x_n|^p)^{1/p} .$$

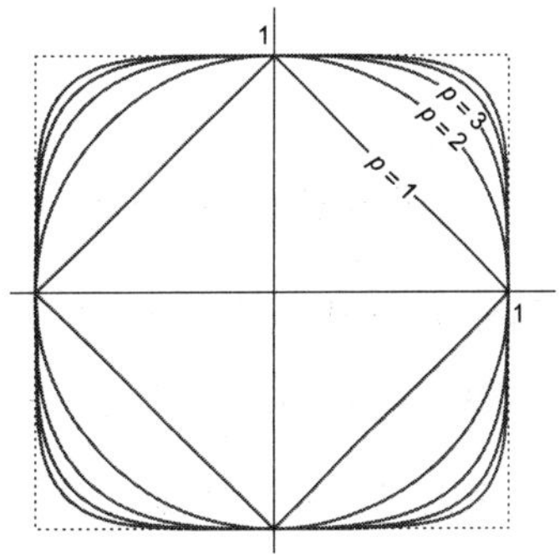

$\mathbb{R}^2$ 에서 p-노름이 1인 원

Hilbert 의 절친한 친구인 H. Minkowski(1864–1909)는 “수의 기하학”(*Die Geometrie der Zahlen*, Teubner, Leibzig, 1896)이라는 책에서 노름이 1 이하인 집합이 원점에 대하여 점대칭이고 볼록영역임을 인식하였고, 역으로 이러한 성질의 영역은 벡터공간에 노름을 정의함을 알았다.

3.3.1 유클리드 노름

노름 공간 $(V, \| \ \|)$에서 **평행사변형 법칙**

$$\|\mathbf{v} + \mathbf{w}\|^2 + \|\mathbf{v} - \mathbf{w}\|^2 = 2\left(\|\mathbf{v}\|^2 + \|\mathbf{w}\|^2\right)$$

이 성립하면 그 노름(함수)를 **유클리드 노름**이라 한다.

이때 **내적**(inner product)

$$V \times V \to \mathbb{R}, \qquad (\mathbf{v}, \mathbf{w}) \mapsto \langle \mathbf{v}, \mathbf{w} \rangle := \tfrac{1}{2}\left(\|\mathbf{v} + \mathbf{w}\|^2 - \|\mathbf{v}\|^2 - \|\mathbf{w}\|^2\right)$$

이 유도되고, V 의 차원이 n 이면, $(V, \| \ \|)$ 는 $\mathbb{R}^n$ 과 합동이다.

제 4 절 여러 가지 기하학

기하학에는 "Euclid 기하학과 비유클리드 기하학"만이 있는 것이 아니라 구면기하학, 사영기하학, 아핀기하학, 닮음기하학, 반전기하학, 유한기하학 등 여러 가지가 있다. G. Riemann 이 독일의 괴팅겐 대학에서 1854 년 6 월 10 일에 발표한 기하학은 더욱 일반적이어서 나중에 상대론 등에서도 중요하게 쓰이는 Minkowski 공간과 Lorentz 기하학 등으로 발전한다. Klein 은 Galois 와 Lie 의 군론(Group Theory)을 더욱 발전시켜, 1872 년 유명한 Erlangen 강연에서 "군의 작용(action)에 대하여 불변하는 성질을 연구하는 것이 기하학이다"라고 하였다.

4.1 Euclid 기하학

Euclid 기하학에서 관심 있는 변환은 주로 "거리를 보존하는 변환"이다.[19] 두 도형이 **합동**이라는 것은 이러한 변환에 의하여 포개놓을 수 있다는 뜻이다.

Euclid 공간에서 "거리를 보존하는 변환"은 거리뿐만 아니라, 직선을 보존하고, 각을 보존하고 넓이를 보존한다.

4.1.1 Euclid 공간

Euclid 당시에는 점, 선, 면 등을 기술하는 방법이 공리적일 수밖에 없었지만, 집합론이나 수의 체계, 데카르트 공간 ($\mathbb{R}^n$) 등이 발전한 현대에 와서는 다음과 같은 정의를 내릴 수 있다:

데카르트 공간과 합동인 거리공간을 Euclid 공간이라 한다.

여기에서 두 거리공간이 **합동**이라는 것은 거리를 보존하는 전단사 함수가 존재한다는 뜻으로 사용하였다.

Euclid 공간 $(\mathbb{E}, d)$ 에서 정의된 자기사상 f 에 대하여 **변위함수**

$$\mathbb{E} \to \mathbb{R}, \qquad P \mapsto d(f(P), P) \qquad (P \in \mathbb{E})$$

[19]거리공간 X, Y 사이의 사상 $f : X \to Y$ 가 거리를 보존한다는 것은 X 의 임의의 점 x_1, x_2 에 대하여 $d(f(x_1), f(x_2)) = d(x_1, x_2)$ 가 성립한다는 뜻이다. 거리를 보존하는 변환은 **등장변환** (isometry)이라고도 한다.

를 생각할 수 있다. 이때 f가 거리를 보존하는 사상이고 그 변위함수가 상수함수이면, f를 **평행이동사상** 또는 **평행변환**이라 부른다.

Euclid 공간에서 평행변환의 개념은 **벡터**의 개념을 낳는다. Euclid 공간 $\mathbb{E}$에는 자연스럽게 벡터공간 $\vec{\mathbb{E}}$가 대응된다. 이 벡터공간에는 자연스럽게 **내적**(inner product)이 정의된다.

오늘날은 (매우 압축된 개념인) 수의 체계가 잘(?) 확립되어 있어서, 원점과 좌표계가 정해진

$$\mathbb{R}^n$$

을 유클리드 공간이라 부르는 이들이 있는데, 이 때문에 공간의 "점"과 "벡터"를 혼동하게 된다.[20] 공간

$$\mathbb{A}^n, \qquad \mathbb{E}^n, \qquad \mathbb{R}^n$$

과 이들에 접해 있는 벡터공간

$$\vec{\mathbb{A}}^n, \qquad \vec{\mathbb{E}}^n, \qquad \vec{\mathbb{R}}^n$$

을 구분할 수도 있지만, 주로 혼용하여 사용하고 있다. 아핀공간 $\mathbb{A}^n$에 대하여는 곧 설명하기로 한다.

[20]예를 들어 미적분학에서 다루는 함수 $f : \mathbb{A} \to \mathbb{B}$의 변화 $\Delta f := f(x + \Delta x) - f(x)$를 보면 함수 f는 (좌표계나 거리개념이 필요없는) 아핀공간들 사이의 함수이고, Δf는 $\vec{\mathbb{B}}$의 원소, 즉 벡터임을 알 수 있다.

4.2 닮음기하학

Euclid 공간 $\mathbb{E}$ 에서 **닮음비**가 $r \neq 0$ 인 **닮음변환**(similarity) $f : \mathbb{E} \to \mathbb{E}$ 는 성질

$$d(f(x), f(y)) = |r|\, d(x, y)$$

가 있다.[21]

닮음변환은 직선을 보존하고 각을 보존한다.

닮음기하학에서는 모든 정사각형이 서로 닮음이다.

닮음기하학에서는 닮음을 설명하는 변환이 선분의 길이를 보존하지는 않지만 두 선분의 "길이의 비"는 보존한다.

두 삼각형이 닮음일 필요충분조건은 두 "세 각의 크기"가 서로 같은 것이다. 다음은 두 $\triangle ABC$ 와 $\triangle A'B'C'$ 이 서로 닮은 삼각형일 필요충분조건이다:

$$AB : BC : CA = A'B' : B'C' : C'A' \ .$$

옆의 아치 모양 영역의 각 점은 밑변과 연결하여 삼각형을 이룬다. 아치의 정상에 있는 점은 정삼각형을 나타내고, 경계나 중앙의 실선 위에 있는 점들은 이등변 삼각형들이다. 이 영역의 오른쪽에 있는 점과 왼쪽에 대칭되는 위치에 있는 점은 합동인 삼각형이다. 모든 삼각형은 이 영역의 한 점과 닮은 꼴이다.

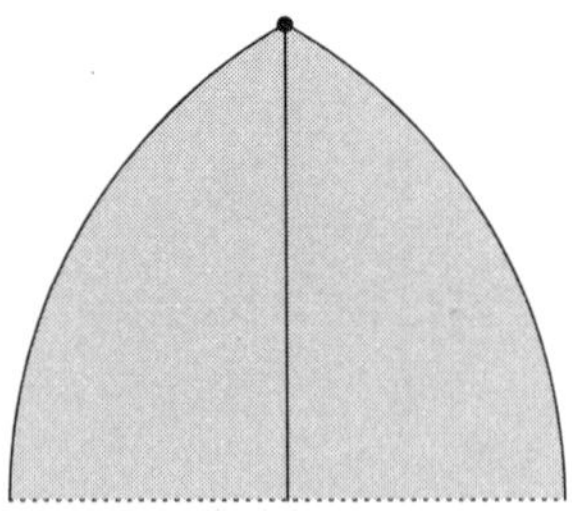

[21] 닮음변환은 등장변환과 **상사변환**(相似變換, homothety)의 합성이다. 즉, 어떤 점 O 와 등장변환 A 및 닮음비 r 에 대하여 $X \mapsto O + r(AX - O)$ 와 같이 주어진다. 복소평면 $\mathbb{C}$ 에서 복소수 α 를 곱하는 연산 $z \mapsto \alpha z$ 는 닮음변환이다.

4.2.1 등각와선

닮음변환에서 흥미 있는 도형들의 보기를 들라하면 Cantor 집합, Koch 눈송이, Sierpinski 카펫, 여러 가지 **fractal** 등이 있지만, 역시 데카르트가 발견하고 야곱 베르누이가 **경이로운 와선**(Spira mirabilis)이라 부른 **등각와선**을 빼놓을 수 없다.[22] 등각와선을 복소수를 활용하여 $z(\theta) := r(\theta)e^{\mathbf{i}\theta}$ 로 나타내면, 원점에서 바라보았을 때 항상 일정한 각도 α 만큼 휘어진 방향을 향하고 있다:

$$e^{\mathbf{i}(\theta+\alpha)} = z'/|z'| = (r' + \mathbf{i}r)e^{\mathbf{i}\theta}/\sqrt{r'^2 + r^2}\ .$$

따라서 미분방정식

$$r'/\sqrt{r'^2 + r^2} = \cos\alpha, \qquad r/\sqrt{r'^2 + r^2} = \sin\alpha$$

를 얻는다. 위 두 식의 비를 살펴보면

$$r' = r/\tan\alpha = kr \qquad (k := 1/\tan\alpha)$$

이고 따라서

$$r(\theta) = r_0 e^{k\theta}$$

이다. 등각와선의 종류는 실수만큼 많이 있다.

돋보기의 배율을 점점 높이면서 등각와선을 들여다 보면 마치 등각와선이 회전하는 것처럼 보인다.

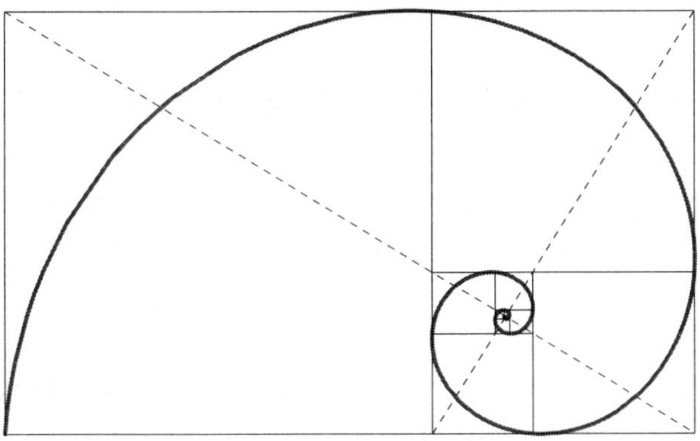

황금비 등각와선

[22]등각와선(equiangular spiral)을 **로그와선**(logarithmic spiral)이라고도 부른다 [김, 1999].

4.3 아핀기하학

어떤 집합 $\mathbb{A}$에 유클리드 거리함수가 존재하면, $\mathbb{A}$를 **아핀공간**(affine space)이라 말한다.[23] 아핀공간에서는 두 점 p, q와 스칼라 t에 대하여 **아핀 결합**

$$(1-t)p + tq \in \mathbb{A}$$

가 의미 있고, 이런 결합을 다 모든 것이 두 점 p, q를 지나는 직선이다. 두 점 사이의 아핀결합은 두 점의 질량의 비가 주어졌을 때 **질량중심**(center of mass)을 뜻한다고 해석할 수 있다. (점들은 질량이 1이고, 벡터들은 질량이 없다.)

변환 $f : \mathbb{A} \to \mathbb{A}$가 **아핀변환**이라는 것은 아핀 결합을 보존한다는 뜻이다. 즉 임의의 두 점 p, q와 스칼라 t에 대하여

$$f((1-t)p + tq) = (1-t)f(p) + tf(q)$$

이다.

아핀변환은 거리나 각을 보존하지 않는다. 그럼에도 불구하고 직선을 보존하고 평행인 두 직선의 상은 여전히 평행이다. 따라서 평행사변형의 상이 평행사변형이다. 아핀기하학에서는 직사각형이나 원은 의미가 없다. 아핀기하학(affine geometry)은 **평행광선**에 의한 변환에서 불변성질을 연구하는 학문이다.

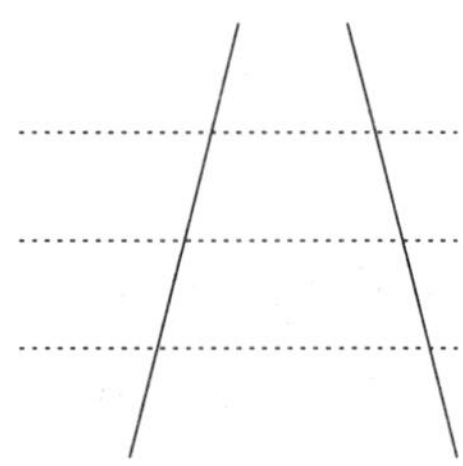

4.3.1 연습문제

직각기둥의 단면은 평행사변형임을 보이라. 또 평행사변형을 정사영하여 직사각형을 얻을 수 있음을 설명하라.

[23]이 정의에서 특이한 점은 "유클리드 거리함수가 존재한다"는 것이지 "거리함수가 정해져 있다"는 뜻은 아니다. 집합 $\mathbb{A}$가 아핀공간이라는 것의 더 쉬운(?) 정의로는 벡터공간 $\vec{\mathbb{A}}$와 함수

$$\text{vec} : \mathbb{A} \times \mathbb{A} \to \vec{\mathbb{A}}, \qquad (p, q) \mapsto \overrightarrow{pq}$$

가 주어져 있어서 임의의 점 $p, q, r \in \mathbb{A}$에 대하여 다음 두 가지 성질이 있다는 뜻이다:

(i) 함수 $\mathbb{A} \to \vec{\mathbb{A}}$, $q \mapsto \overrightarrow{pq}$가 일대일 대응이다.

(ii) $\overrightarrow{pq} + \overrightarrow{qr} = \overrightarrow{pr}$

아핀변환에서는 나란한 두 "선분의 길이의 비"는 변화하지 않는다. 즉, 나란한 두 선분 AB, CD 와 이를 변환하여 얻은 선분 $A'B'$, $C'D'$ 에 대하여

$$AB : CD = A'B' : C'D'$$

이다.

아핀기하학에서는 타원을 변환하면 타원이고, 포물선을 변환하면 포물선이며, 쌍곡선을 변환하면 쌍곡선이다. 아핀변환은 **일차변환**이다.

아핀기하학이란 **선형대수학**과 같은 뜻이다.

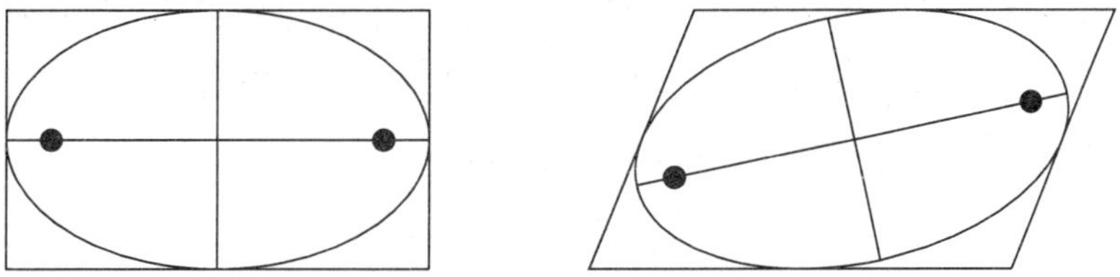

정리 4.3.2 (아핀기하학 기본정리) *평면 $\mathbb{A}^2$ 에서 일반위치*[24] *에 있는 세 점 P_1, P_2, P_3 과 일반위치에 있는 세 점 Q_1, Q_2, Q_3 에 대하여 아핀변환*

$$f : \mathbb{A}^2 \to \mathbb{A}^2, \quad f(P_i) = Q_i \qquad (i = 1, 2, 3)$$

이 오직 하나 존재한다.

그러므로, 아핀기하학에서는 모든 삼각형이 "합동"이다.

정삼각형에서 세 **중선**(median)이 한 점에서 만나므로 "임의의 삼각형에서 세 중선은 한 점에서 만난다"는 것을 바로 알 수 있다.

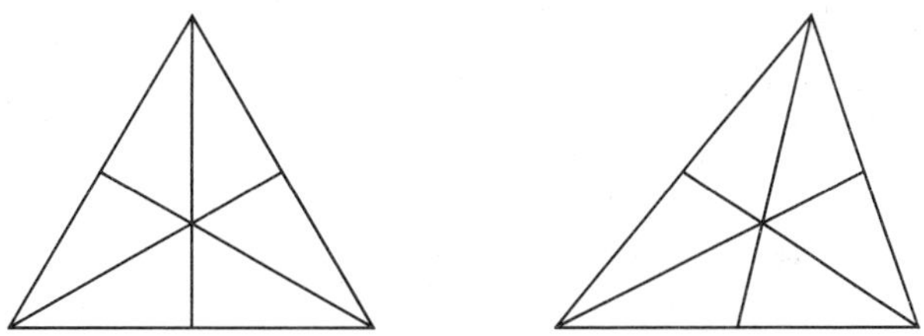

[24]동일직선상에 있지 않은 세 점을 **일반위치**에 있다고 말한다. 일반적으로 여러 개의 점들이 **일반위치**에 있다는 것은 더 낮은 차원의 부분공간에 이 점들이 다같이 포함되지 않음을 뜻한다. 위 기본정리는 일반차원으로 확장할 수 있다.

4.4 사영기하학

사영기하학(Projective Geometry)에 대한 연구는 고대 그리스 시대부터 행하여졌고 르네상스 시절의 화가 Leon Alberti(1404–1472)나 레오나르도 다빈치(1452–1519), Albrecht Dürer(1471–1528) 등이 강조한 것이었지만 [김, 2009] 19 세기가 되어 프랑스의 Gaspard Monge(1746–1818)와 그의 제자 Jean-Victor Poncelet(1788–1867)에 의하여 크게 발전하였다. 사영기하학은 20세기 말에 컴퓨터 애니메이션, 위성 사진촬영 등의 기법에 필수적으로 사용되고 있다.

사영기하학에서는 타원이나, 포물선, 쌍곡선 등이 구별되지 않는다. 기찻길에 서서 나란한 철로를 바라보면, 마치 멀리서 두 선이 만나는 것처럼 보인다. 사영기하학에서는 평행선이 존재하지 않는다.

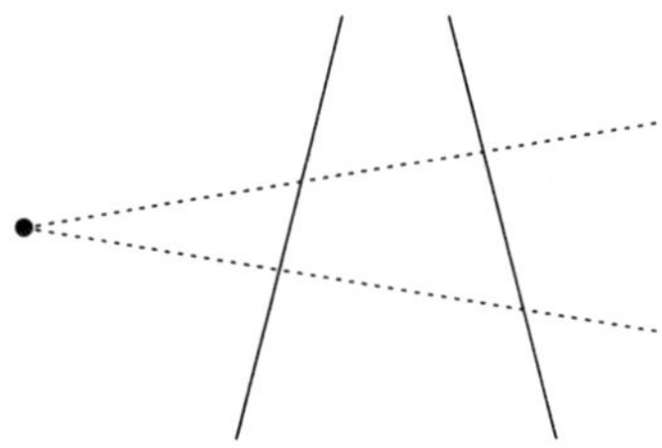

배경변환은 대상을 관측자의 화면으로 옮긴다.

4.4.1 연습문제

평면 위에 놓인 공의 그림자의 경계는 광원의 높이가

(i) 공보다 높으면 타원이고,

(ii) 공과 같으면 포물선,

(iii) 공보다 낮으면 쌍곡선

임을 보이라.

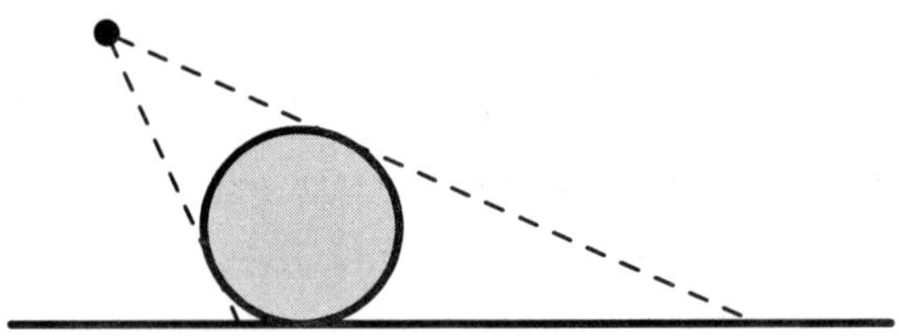

사영변환은 직선을 보존하므로 삼각형이나 다각형이 의미가 있다. 그러나 사영변환에서는 두 점 사이의 거리, 두 직선 사이의 각, 두 선분 사이의 길이의 비 등이 모두 보존되지 않는다. 평행인 두 직선도 사영변환에 의하여 평행이 아닌 두 직선으로 변환될 수 있다. 사영기하학에서는 두 볼록사각형은 같은 것이다.

그럼에도 불구하고 동일직선 위의 네 점 사이의 복비, 즉 "두 선분의 길이의 비"의 비는 보존된다.

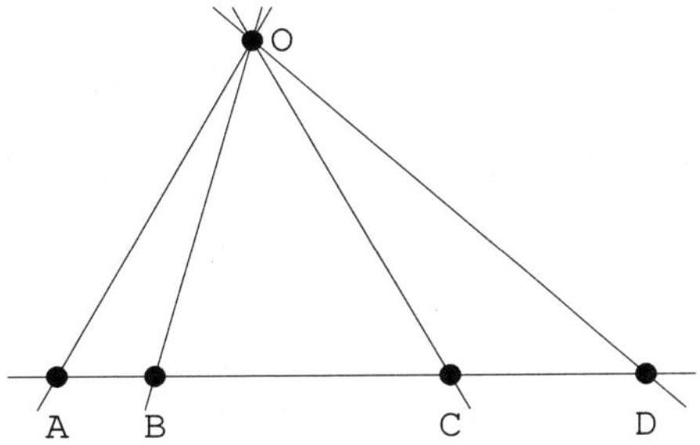

4.4.2 복비

직선 위의 네 점 A, B, C, D 에 대하여[25] **복비**(cross ratio) $[A, B, C, D]$ 는 다음과 같이 정의한다:[26]

$$[A, B, C, D] := (AC/BC)/(AD/BD) = \frac{AC \cdot BD}{AD \cdot BC} .$$

복비가 아핀변환에 대하여 변하지 않음은 자명하다.

복비가 **배경변환**(perspective transformation)에 대하여 변하지 않는다는 것은 다음과 같이 보일 수 있다.

배경변환의 **중심**을 O 라 하면, 직선 위의 네 점 A, B, C, D 에 대하여

$$\frac{AC}{\sin \angle AOC} = \frac{OC}{\sin \angle OAC}, \qquad \frac{BC}{\sin \angle BOC} = \frac{OC}{\sin \angle OBC}$$

[25] 점들이 이 순서대로 있을 필요는 없음

[26] A, B, C, D 중 적어도 세 점이 서로 다르다고 가정한다. 그리고 선분 AC 등의 길이는 방향, 즉 부호(±)를 가진 것으로 해석한다. 복비의 개념은 CE 300 년 경에 활동하던 알렉산드리아의 Pappus 의 업적에 나타난다.

$$\frac{AD}{\sin\angle AOD} = \frac{OD}{\sin\angle OAD}, \qquad \frac{BD}{\sin\angle BOD} = \frac{OD}{\sin\angle OBD}$$

이므로

$$[A,B,C,D] = \frac{\sin\angle AOC \cdot \sin\angle BOD}{\sin\angle BOC \cdot \sin\angle AOD}$$

를 얻는다. 이 식에서 배경변환에 의하여 복비가 변하지 않음을 안다. □

사영변환은 아핀변환이나 배경변환들의 합성으로 이루어지므로 복비는 사영변환에 대하여 변하지 않는다.

복비의 기하학적 의미는 다음과 같다. 직선 l의 네 점 A,B,C,D에 대하여 그 직선 밖의 한 점 O를 정한다. 그리고 점 B를 지나고 직선 OA에 나란한 직선을 l'이라 한다. 이제 직선 OC와 l'의 교점을 C', 직선 OD와 l'의 교점을 D'이라 하면,

$$[A,B,C,D] = \frac{BD'}{BC'}$$

이다.[27]

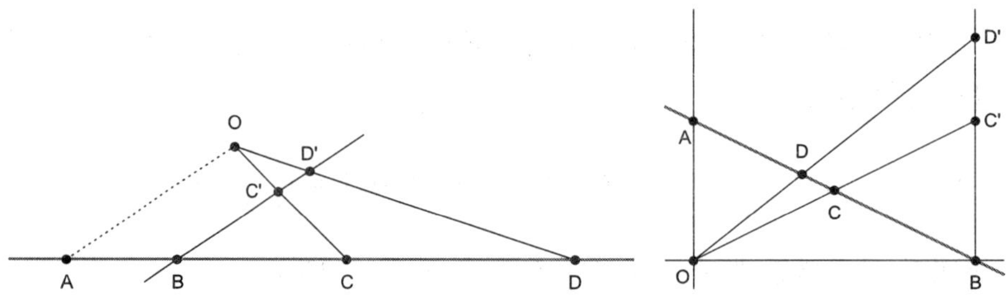

사영평면(projective plane) $\mathbb{P}^2$의 한 점은 "$\mathbb{R}^3$에서 원점을 지나는 직선"이다.[28]

[27]직선 l'을 수량화하여 $B=0$, $C'=1$로 두면 D'에 대응되는 값이 복비이다. 이때 A는 l'의 "무한대점"(point at infinity)에 대응된다.

[28]또는 "삼차원 아핀공간의 직선들 전체 집합"에서 서로 평행인 것을 같은 것으로 여긴 집합이다. 또는 구면에서 반극점들(antipodal points)을 하나로 여긴 집합으로 볼 수도 있다. 아핀평면 $\mathbb{A}^2 = \mathbb{R}^2 \times \{1\}$의 한 점은 그 점과 원점을 지나는 직선을 정하고 이 직선이 바로 $\mathbb{P}^2$의 한 점이다: $\mathbb{A}^2 \subset \mathbb{P}^2$. 이때 평면 $\mathbb{R}^2 = \mathbb{R}^2 \times \{0\}$ 속의 직선은 $\mathbb{P}^2$에서 $\mathbb{A}^2$ 바깥의 점, 즉 무한대점에 해당된다.

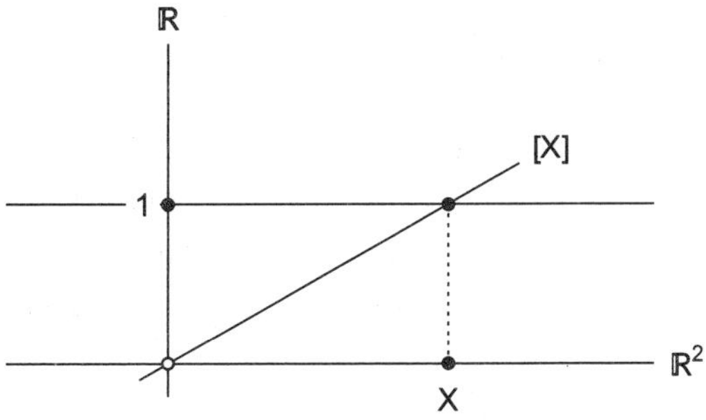

사영평면에서 직선은 "$\mathbb{R}^3$ 에서 원점을 지나는 평면"이다. 따라서 사영평면에서는 서로 다른 두 점을 지나는 직선이 오직 하나 존재하고, 마찬가지로, 서로 다른 두 직선은 반드시 한 점에서 만난다.

사영평면에서 한 직선을 빼면 아핀평면이 된다: $\mathbb{P}^2 = \mathbb{A}^2 \cup \mathbb{P}^1$.

이 빠진 직선은 아핀 평면에서 보면 **무한대**에 있는 직선이다: $\mathbb{P}^1 = \mathbb{A}^1 \cup \mathbb{P}^0$.

아핀 평면에서 서로 평행인 두 직선은 무한대의 한 점에서 만난다.

아핀 기하학이란 무한대를 보존하는 사영기하학이다.

4.4.3 연습문제

1. 같은 직선 위에 있는 네 점 A, B, C, D 에 대하여 다음을 밝히라.

$$[A, B, C, D] = [C, D, A, B] = [B, A, D, C] = [D, C, B, A]$$

$$[A, B, C, D] \cdot [B, A, C, D] = 1, \qquad [A, B, C, D] + [A, C, B, D] = 1$$

2. 같은 직선 위에 있는 네 점 A, B, C, D 의 복비를 λ 라고 하자. 이때 네 점의 이름을 치환하였을 때 얻을 수 있는 복빗값은 다음 중 하나임을 보이라.[29]

$$\lambda, \quad 1-\lambda, \quad \frac{1}{1-\lambda}, \quad \frac{\lambda}{\lambda-1}, \quad 1-\frac{1}{\lambda}, \quad \frac{1}{\lambda}$$

[29] $\mu = \frac{\lambda}{\lambda-1}$ 로 두면, $\frac{1}{\mu} + \frac{1}{\lambda} = 1$, $(1-\mu)(1-\lambda) = 1$ 이다.

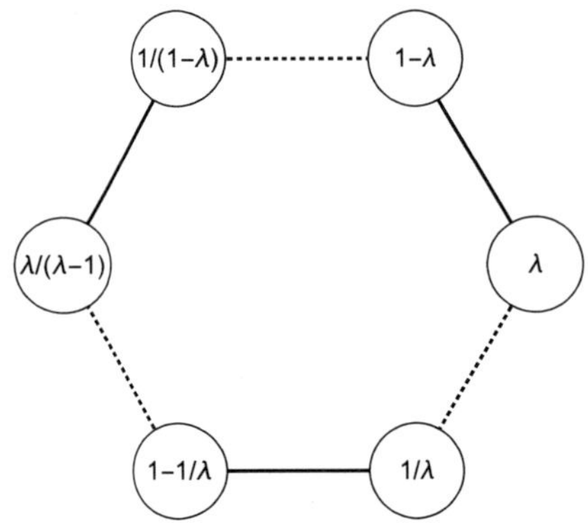

옆 그림에서 실선은 점 $\frac{1}{2}$에 대한 점 대칭변환을 뜻하고, 점선은 반전사상 $x \mapsto \frac{1}{x}$를 뜻한다.

3. (**Möbius 변환**, linear fractional transformation) $ad - bc \neq 0$일 때,

$$f(x) = \frac{ax+b}{cx+d}$$

는 복비를 보존함을 보이라.[30]

4. 다음은 신호등이 2km 마다 있는 차로에 자동차가 달리는 것을 찍은 사진이다. 이 자동차는 교차로에서 몇 km 거리에 있는가? (단, 사진에서 교차로와 처음 신호등(•) 사이의 거리는 1 cm 이고, 교차로와 두 번째 신호등 사이의 거리는 3 cm 이며, 교차로와 자동차(사각형) 사이의 거리는 3/7 cm 라 한다. 답[31])

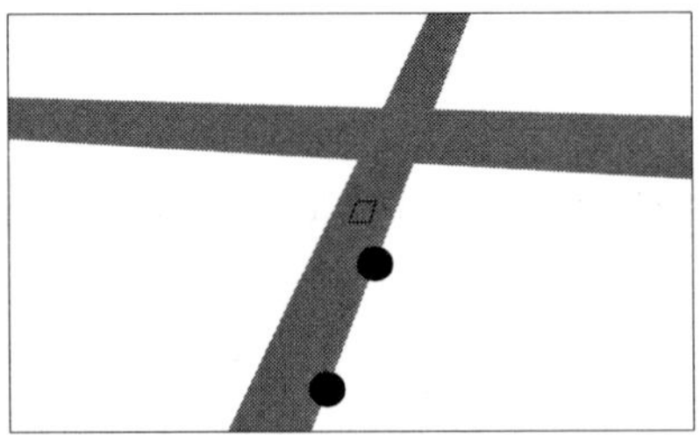

5. 다음 그림 중 왼쪽 것은 어느 지역을 낮에 찍은 사진이고 오른쪽 것은 비행사가 밤에 그 지역을 날아가면서 다시 찍은 사진이다. 이때 왼쪽 사진의 A, B, C 지

[30] $\mathbb{R}^2_* := \mathbb{R}^2 - \{(0,0)\}$의 점 (x,y)는 사영직선 $\mathbb{P}^1$의 점 $[x,y]$를 정하는데, 이 점은 $x/y \in \mathbb{R} \cup \{\infty\} = \mathbb{P}^1$로 해석할 수 있다. 그러므로 뫼비우스 변환

$$\begin{bmatrix} x \\ y \end{bmatrix} \mapsto \begin{bmatrix} a & b \\ c & d \end{bmatrix} \begin{bmatrix} x \\ y \end{bmatrix} = \begin{bmatrix} ax+by \\ cx+dy \end{bmatrix}$$

은 사영직선의 점 $[x,y]$를 점 $[ax+by, cx+dy]$로 보내는 변환이다.

[31] 1 km

점이 오른쪽 사진의 A', B', C' 과 같은 지점을 뜻한다면, 오른쪽 사진에서 왼쪽 사진의 D 지점에 해당되는 점은 어디인가?

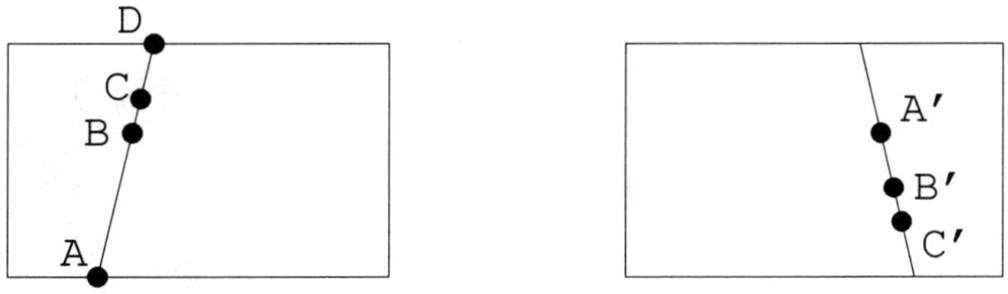

6. (**조화쌍**, harmonic pair) 다음은 서로 수직으로 교차하는 두 원을 그린 것이다.

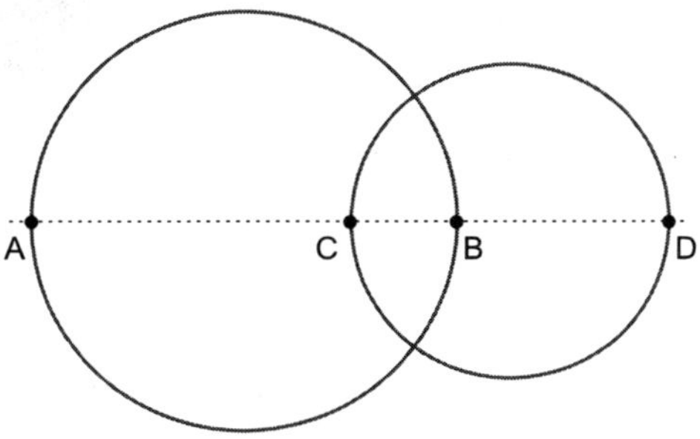

이때 원의 중심들을 지나는 직선은 원들의 지름 AB, CD를 만든다. 이때

$$[A, B, C, D] = -1$$

임을 밝히라. 또 AB는 AC와 AD의 조화 평균임을 밝히라. 또 한 원은 다른 원의 반전(inversion)임을 밝히라.

제 5 절 Felix Klein과 기하학

Plücker의 제자인 Felix Klein(1849–1925)은 1872년에 Erlangen 대학의 정교수로 취임하면서 대중을 위한 강연을 하고,[32] 또 한 편의 논문을 제출하였는데, 이 논문이 유명한 **Erlangen 프로그램**이다. 그는 어떤 집합의 **기하학**이란 "그 집합의 변환군에 대한 불변량을 연구하는 학문"이라고 정의하여 당시의 "모든 기하학의 대통합"을 이룩하였다.

여기에서 변환군이란 Galois의 군론을 확장하여 Klein과 Sophus Lie가 같이 연구한 개념이다 [HP5].

Euclid 기하학: Euclid 운동에 대하여 변화하지 않는 것을 연구하는 학문

구면기하학: 구면운동에 대하여 변화하지 않는 것을 연구하는 학문

쌍곡기하학: 쌍곡운동에 대하여 변화하지 않는 것을 연구하는 학문

닮음기하학: 닮음변환에 대하여 변화하지 않는 것을 연구하는 학문

아핀기하학: 아핀변환에 대하여 변화하지 않는 것을 연구하는 학문

사영기하학: 사영변환에 대하여 변화하지 않는 것을 연구하는 학문

Minkowski 기하학, 특수상대론: Lorentz 변환에 대하여 변화하지 않는 것을 연구하는 학문

[32] "전문 교육보다 전인(全人) 교육"을 강조하는 교육 철학에 대하여 강의하였다. 전문인이 존재하는 사회에서 강조할 수 있는 철학이다. Klein은 그의 이름이 붙은 병(bottle)으로도 유명하다. Klein은 1886년에 Göttingen 대학으로 옮기는데, 그의 뒤를 이어 Hilbert가 Göttingen 대학을 이끈다.

제 6 절 Beltrami-Poincaré 모형

"직선"은 주로 "최단거리"라는 개념으로 이해한다. 균질의 매질 속을 빛이 통과하거나 그 속에서 반사할 때의 현상을 잘 설명하는 방법으로 "빛의 경로는 최단거리를 주는 경로"라는 원리를 사용하기도 한다.[33] 이때 빛이 지나는 경로가 최단거리라는 주장은 "최단시간"이 걸리는 경로라는 것과 마찬가지이지만 균질이 아닌 매질에서는 후자가 더욱 옳은 주장이다. 이 주장을 **Fermat 의 원리**라 부른다.[34] Fermat 의 원리는 빛의 굴절현상

$$\frac{v_1}{\sin\theta_1} = \frac{v_2}{\sin\theta_2}$$

을 잘 설명하여 준다. 이 공식을 Snell 의 법칙(1620)이라고 부른다.

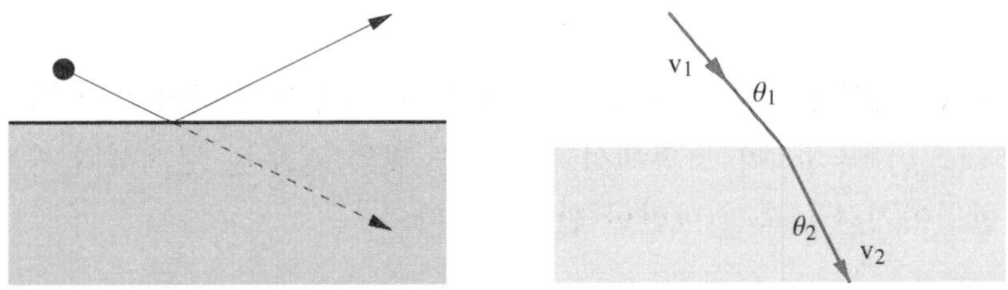

Snell 의 법칙은 다음과 같이 유도할 수 있다. 처음 매질에서 빛의 속력을 v_1 이라 하고, 다음 매질에서 빛의 속력을 v_2 라 하자. 또 입사각과 굴절각을 각각 θ_1, θ_2 라 하자. 빛의 출발점을 A_1, 도착점을 A_2 라 하고, 경계면과 A_i 사이의 거리를 h_i 라 하자. 그러면 A_1, A_2 사이의 "수평거리"는

$$h_1 \tan\theta_1 + h_2 \tan\theta_2 = \text{const}$$

이다. 이 식을 미분하면

$$\frac{h_1}{\cos^2\theta_1} d\theta_1 + \frac{h_2}{\cos^2\theta_2} d\theta_2 = 0 \tag{1}$$

[33] CE 100 년경에 Alexandria 의 Heron 이 주장.

[34] Fermat(1661)의 "최소원리"는 거시적인 것이다. 프랑스 수학자 Maupertuis 는 1744 년에 "최소작용원리(principle of least action)"를 주장하였다. Euler-Lagrange 의 방정식은 국소적인 것이므로 더욱 적합하다. Hamilton 은 1833 년에 **임계작용원리**(principle of stationary action)을 주장하였다.

이다. 한편 A_1 에서 출발하여 A_2 에 도착하는 데 걸리는 시간은

$$T = \frac{h_1}{v_1 \cos\theta_1} + \frac{h_2}{v_2 \cos\theta_2}$$

이다. 이제 Fermat 원리에서

$$0 = dT = -\frac{h_1}{v_1}\frac{\sin\theta_1}{\cos^2\theta_1}d\theta_1 - \frac{h_2}{v_2}\frac{\sin\theta_2}{\cos^2\theta_2}d\theta_2$$

임을 안다. 이 식과 (1) 에서 Snell 의 법칙을 얻는다.

6.0.1 반평면 모형

이탈리아 수학자 Eugeno Beltrami(1835–1900)가 1868 년에 발표한 논문에도 소개되어 있고, Poincaré 가 후일에 재발견한 비유클리드 평면의 **상반면 모형**에서는 "평면"이 상반면

$$\{(x, y) \mid y > 0\}$$

이다. 이러한 세상에서 빛의 속도는 경계선(x-축)과의 거리에 비례하도록 주어진다: $v(x, y) := y$. 이 모형에서 직선, 즉 빛의 경로는 경계선과 수직으로 만나는 반원이거나 y-축과 나란한 반직선이다.

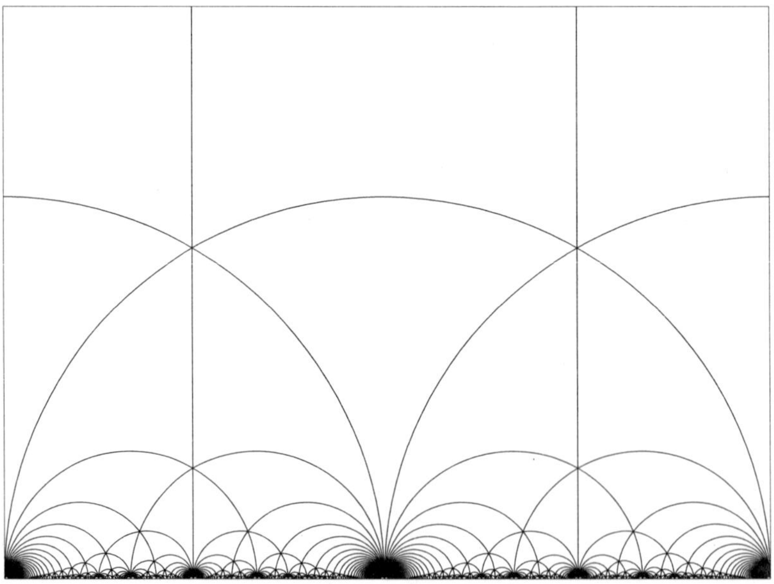

상반면에 사는 벌레들이 하반면을 향해 가면 (바깥 세상에 사는 이에게는 점점 작아지는 것처럼 보이는데) 거기에 이르는 데 무한한 시간이 걸린다.

6.0.2 원판 모형

Beltrami 와 Poincaré 의 **원판모형**에서는 "평면"이

$$D := \{z \in \mathbb{C} : |z| < 1\}$$

이다. 이 원판 속에서 빛은 "경계"에 가까이 가면 갈수록 그 속력이 줄어들어 점 $z \in D$ 를 지나는 속력은 $1 - |z|^2$ 에 비례한다.[35]

이때 두 점 $z_1, z_2 \in D$ 사이의 "비유클리드 거리"는 z_1 에서 출발한 빛이 z_2 에 도달하는 데 걸리는 시간으로 정의하고 그 때의 빛의 경로가 바로 비유클리드 기하학에서의 직선, 즉, z_1, z_2 를 지나고 원 $|z| = 1$ 과 수직으로 만나는 원호이다.[36] 그리고 주어진 "직선" 밖의 한 점을 지나 그 직선과 만나지 않는 직선은 무수히 많다는 것을 알 수 있다.

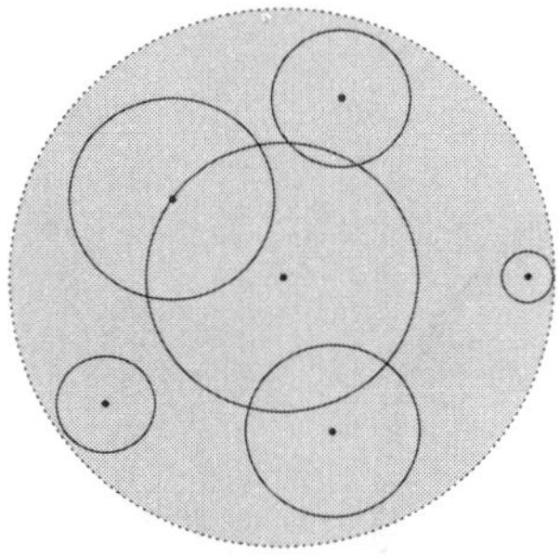

각 점에서 빛의 방향에 따른 속력을 나타낸 지시선(indicatrix)

[35] Poincaré 는 반지름의 길이가 R 인 원판에서 온도 분포가 중심이 가장 뜨겁고, 경계로 가까이 갈수록 온도가 낮아져 경계점들의 온도가 0 도이며, 일반적으로 중심에서 r 만큼 떨어진 점의 온도는 $R^2 - r^2$ 에 비례하는 세상을 생각하였다. 이러한 세상에 사는 존재가 온도에 비례하여 그 크기가 달라진다고 하자. 그러면 이 존재는 경계에 가까이 갈수록 다리가 짧아지고, 따라서 경계까지 도달하는 데 걸리는 시간은 무한대이다 [Poincaré].

[36] 일반적으로 곡선

$$\gamma : [s_1, s_2] \to D, \qquad \gamma(s_1) = z_1, \quad \gamma(s_2) = z_2$$

의 "비유클리드 길이"는 빛이 지나는 데 걸리는 시간

$$\int_{s_1}^{s_2} \frac{dt}{ds}\, ds = \int_{s_1}^{s_2} \frac{|d\gamma/ds|}{v(\gamma(s))}\, ds = \int_{s_1}^{s_2} \frac{|d\gamma/ds|}{1 - |\gamma(s)|^2}\, ds$$

이다. (이 식은 $\frac{d\gamma}{dt}\frac{dt}{ds} = \frac{d\gamma}{ds}$ 의 양변에 절대값을 취하여 얻은 $v(\gamma(s))\,\frac{dt}{ds} = \left|\frac{d\gamma}{ds}\right|$ 에서 알 수 있다.)

비유클리드 기하학의 상반면 모형과 원판 모형은 사실은 같은 것이다. 유클리드 평면이 균질(homogeneous)이고, 등방적(isotropic)이듯이, Poincaré의 모형도 모든 점이 동등하고, 모든 방향이 동등하다.

Beltrami-Poincaré 의 모형에서는 직선[37]이 (유클리드의 시각에서 보았을 때) 휘어져 있지만, 각은 Euclid 기하학에서의 각과 마찬가지이다. 다시 말하면, 두 벡터 사이의 각은 유클리드의 시각으로 본 것과 Beltrami-Poincaré 의 시각으로 본 것이 같다는 뜻이다.

다음의 왼쪽 그림은 좁은 의미의 비유틀리드 기하학, 즉 **쌍곡기하학**에서 한 점을 극점으로 하는 극좌표계를 나타낸 것이다.

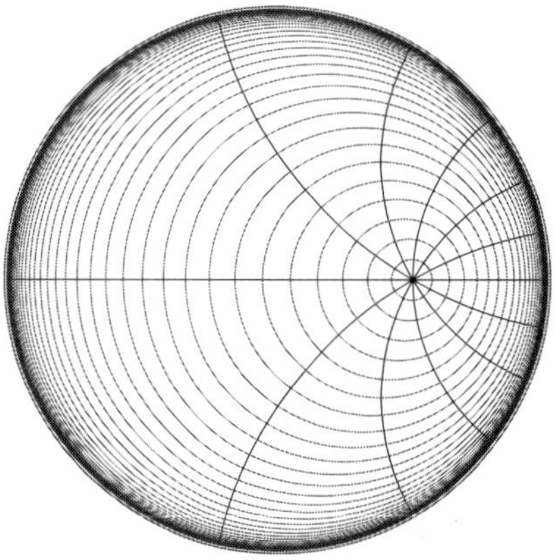

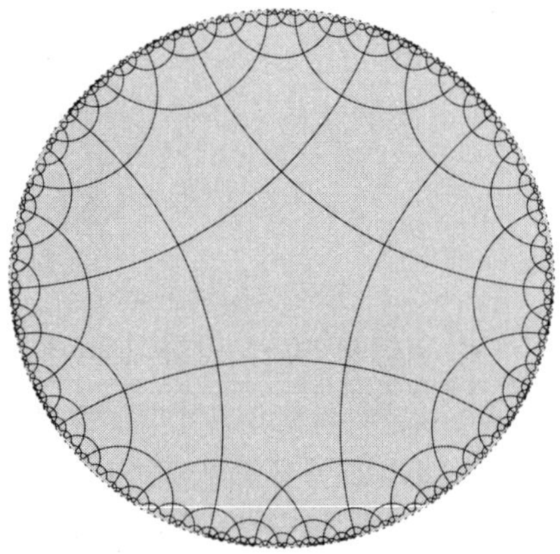

위 그림의 오른쪽은 모두 합동인 정오각형들로 쌍곡평면을 가득 채운 것이다.

쌍곡기하학에서는 삼각형의 내각의 합이 180° 보다 작다. 그러므로 직사각형이라는 것은 존재하지 않는다.

[37]Euclid 의 직선과 구별하기 위하여 **측지선**(geodesic)이라고 부르기도 한다.

M. C. Escher, Circle Limit IV, 1960

6.0.3 쌍곡면 모형

주로 Lobachevsky 평면이라 부르는 쌍곡평면의 다른 모형으로는 이엽쌍곡면 (hyperboloid of two sheets)의 한 잎을 들 수 있다.

$$H: \quad x^2 + y^2 - z^2 = -1, \qquad z > 0.$$

$\mathbb{R}^3$ 의 점 $p := (0, 0, -1)$ 에서 H 를 바라보면 xy-평면에 맺힌 상이 바로 D 이다.[38] 이때 $\mathbb{R}^3$ 의 평면과 H 의 공통부분이 바로 H 의 "직선"들이다.

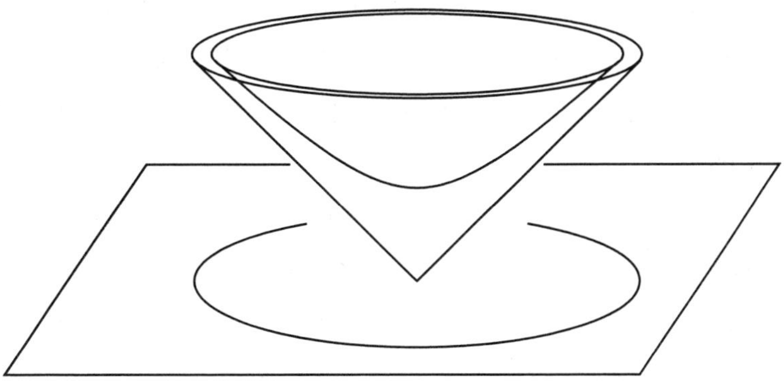

[38] $\mathbb{R}^3$ 에 **계량**(metric)이 $ds^2 = dx^2 + dy^2 - dz^2$ 으로 주어진 것을 삼차원 **Minkowski 공간**이라 하고, $\mathbb{M}^3$ 으로 나타내기로 한다. 이때 H 는 $\mathbb{M}^3$ 에서 반지름의 길이가 $\sqrt{-1}$ 인 구면의 한 쪽이라 할 수 있다.

제 7 절 Beltrami-Klein 모형

이 모형도 원판 D 에서의 기하학이지만 두 점 A, B 를 지나는 직선, 즉 측지선은 A, B 를 지나고 D 의 경계에서 끝나는 선분으로 정의한다.

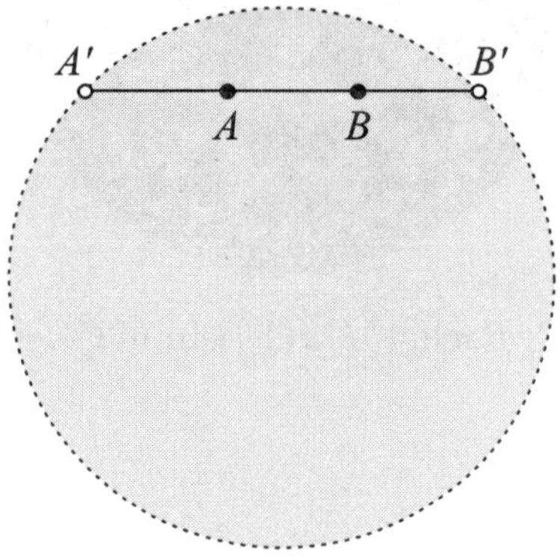

이때 두 점 사이의 거리 $d_K(A, B)$ 는 다음과 같이 정의한다: 우선 선분 AB 를 연장하여 D 의 경계와 만나는 점들을 각각 A', B' 이라 하자. 그러면 복비 $[A, B, A', B']$ 을 이용하여

$$d_K(A, B) = \log[A, B, B', A'] = \log \frac{AB' \cdot BA'}{AA' \cdot BB'}$$

으로 정의한다. 만약 A 또는 B 가 D 의 경계와 가까워지면 $d_K(A, B)$ 는 무한대로 발산한다. D 의 한 점에서 경계까지의 거리는 무한대이다.

Kline 의 모형에서는 직선이 Euclid 의 선분과 마찬가지이지만 각의 개념이 다르다 [Penrose].

Beltrami 는 반구에서 적도면과 수직으로 만나는 작은 원들을 측지선이라 하였고, 이 반구 모형을 정사영하면 위 원판모형을 얻는다.

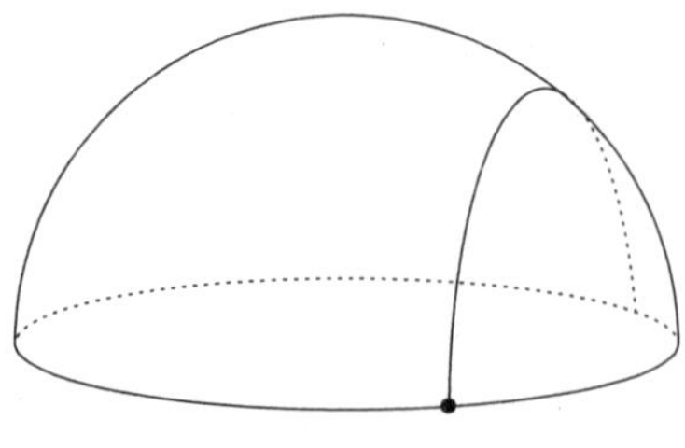

제 8 절 Hilbert 문제 4

Hilbert는 Beltrami-Klein의 모형을 일반화하여 임의의 유계 볼록영역에 대하여 두 점 사이의 최단곡선이 선분(즉, 직선의 부분)인 완비거리를 발견하였다.

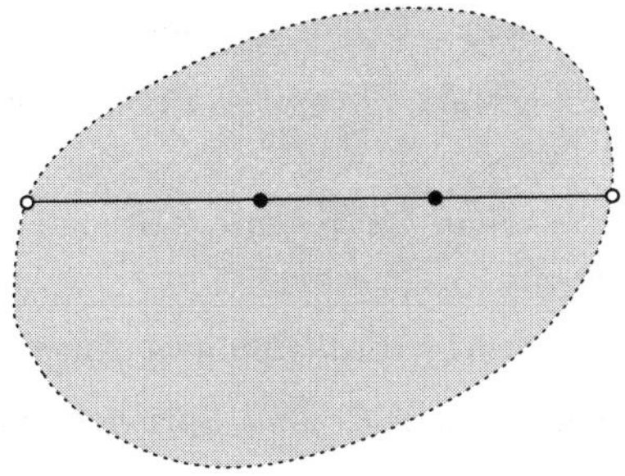

Hilbert는 "이러한 성질이 있는 거리에는 어떠한 것이 있는가?"라고 질문하였고, 이것은 Herbert Busemann이 도입한 적분기하학과 측도 이론을 사용하여 2차원의 경우에는 러시아의 A. Pogorelov(1919–2002)가 1973년에 해결하였고, 고차원의 경우에는 측도 이론의 일반화인 "Schwartz 초함수(distribution)" 이론을 사용하여 헝가리의 Z. I. Szabó(1948–)가 1986년에 해결하였다 [Kobayashi], [Fuchs, Tabachnikov].

참고문헌

김홍종, *미적분학*, 서울대학교 출판부, 1999.

———, *유클리드 기하학*, Comm. Korean Math. Soc. 15 (2000), 111—121.

———, *문명, 수학의 필하모니*, 효형, 2009.

D. Brannan, M. Esplen, J. Gray, *Geometry*, Cambridge Univ. Press, 1999.

H. Busemann, *Problem IV: Desarguesian spaces*, Proc. Symp. in Pure Math. **28** (1976), 131–141, Amer. Math. Soc.

R. Courant, H. Robbins, *What is Mathematics?* Second ed., Revised by I. Stewart, Oxford Univ. Press, 1996.

D. Fuchs, S. Tabachnikov, *Mathematical Omnibus*, Amer. Math. Soc., 2007.

R. Hartshorne, *Geometry: Euclid and Beyond*, Springer, 2000.

D. Hilbert, *Grundlagen der Geometrie*, B. G. Teubner, Stuttgart, 1899; *Foundations of Geometry*, Open Court, 1971, 1980.

G. Jennings, *Modern Geometry with Applications*, Springer, 1996.

F. Klein, *Elementary Mathematics from an advanced standpoint: Geometry*, 1908, 1939.

S. Kobayashi, (원대연 옮김) *유클리드 기하에서 현대기하로*, 청문각, 1999.

R. Penrose, *The Road to Reality: A Complete Guide to the Laws of the Universe*, Alfred A. Knopf, 2004.

H. Poincaré, *Science and Hypothesis*, Dover, 1901, 1952.

G. A. Venema, *Foundations of Geometry*, 2nd ed., Pearson Education, Inc., 2006, 2012.

HP5. Lie 의 군론

> 나는 항상 참과 아름다움이 하나되도록 일 하였다.
> 하지만 그 둘 중 하나만을 골라야 했을 때에는 주로 아름다움을 골랐다.
>
> H. Weyl (1885–1955)

Hilbert 의 목록에 나오는 다섯 번째 문제는 노르웨이 수학자 S. Lie(1842–1899)의 군(群, group)이론에 관한 것이다.

Lie 는 Évaliste Galois(1811–1832)의 이론, 즉 "대수방정식의 풀이를 대칭성을 이용하여 해결하는 이론"에 감명받고, 이러한 이론을 "미분방정식 이론"에 적용하였다 (1869).

Galois 의 **군론**(群論), 즉 대칭성 이론[1]은 당시의 학자와 후학들에게 커다란 감명을 주었고, F. Klein 에게 **기하학**(Geometry)이라는 학문을 다시 생각하게 하였으며, **대수학**(Algebra)뿐 아니라 **대수적 위상수학**(Algebraic Topology)과 **호모토피**(homotopy)이론[2], **보편 피복공간**(universal covering space)이론 등의 발전에 크게 기여하였다.

20 세기에 수학자들은 유한 군과 연속 군의 체계적 분류를 많이 연구하였다.[3] Lie 군론은 가장 아름다운 수학 중의 하나이다 [Mackey].

---

[1]변화 속에서 변하지 않는 것, 즉 불변량(invariant)을 찾는 이론

[2]공간의 구멍에 관한 이론

[3]그러나 아직도 연구가 활발히 진행되고 있고, 특히 무한차원의 군론에 대하여는 더 많은 연구가 필요하다.

제 1 절 변환군

어떤 집합 F의 "자기 전단사 함수"(自己 全單射 函數, self bijection)들 일부로 이루어진 집합 G가 조건

(i) $\mathrm{id} \in G$

(ii) $g \in G \quad \Rightarrow \quad g^{-1} \in G$

(iii) $g_1, g_2 \in G \quad \Rightarrow \quad g_1 \circ g_2 \in G$

를 만족시키면 G를 F의 **변환군**(變換群, transformation group)이라고 부른다.[4]

물론 F의 자기 전단사 함수 전체로 이루어진 집합 $\mathrm{Aut}(F)$는 위 조건을 다 만족시키므로 F의 변환군이고, 이 변환군은 F의 모든 변환군을 포함하고 있다.

항등변환 하나로 이루어진 집합도 변환군이고, 이 자명한(自明, trivial) 군은 모든 변환군에 포함된다.

$$\{\mathrm{id}\} \subseteq G \subseteq \mathrm{Aut}(F)$$

집합 F의 변환군 G와 H 사이에 포함관계

$$G \subseteq H$$

가 있으면 G를 H의 **부분군**(subgroup)이라 말한다. 이때 G가 H의 진부분집합이면, **진부분군**이라 한다.

[4]정의역과 공역이 같은 함수를 "변환"이라고 불렀다. 집합 F의 항등변환을 id 또는 id_F로 표현하기로 한다. 두 변환 $g_1, g_2 : F \to F$에 대하여 g_2를 시행한 다음, g_1을 시행하는 합성변환을 $g_1 \circ g_2$ 또는 $g_1 g_2$로 나타내기로 한다. (저자에 따라 순서를 바꾸어 쓰기도 한다. 그럴 경우 행렬 연산에서 $\mathbb{R}^n$의 원소를 열벡터로 쓰지 않아도 되므로 아주 편리하다. 하지만 글을 오른쪽에서 왼쪽으로 쓰는 문화권에서는 오히려 더 불편할 수 있다.)

함수들의 합성은 순서에 의존하므로, **교환법칙**(commutative law) $g_1 g_2 = g_2 g_1$은 일반적으로 참이 아니다. (교환법칙이 있는 군을 교환가능군, 가환군 또는 **아벨군**(Abelian group) 등으로 부른다.) 하지만 함수들의 집합에서는 **결합법칙**(結合法則, associative law) $(g_1 g_2) g_3 = g_1 (g_2 g_3)$이 항상 성립한다. 그러므로 $g_1 g_2 g_3$는 애매한 표현이 아니다.

주어진 연산에 대하여 일반 집합이 군(群, group)이 되려면 이 "결합법칙"까지 만족시켜야 한다 (Cayley, 1854). 군의 정의는 [HP7]의 1 절 참조.

제 2 절 유한군

2.1 치환군

집합 $\{1, 2, \ldots, n\}$ 에서 자신으로 가는 전단사 함수를 n-**치환**이라 부른다. n-치환 전부로 이루어진 집합을 n 차 **치환군**(置換群, permutation group, symmetric group)이라고 부른다.[5] 이 치환군은 보통 S_n 으로 나타내는데, 그 원소의 개수는 $n!$ 이다:

$$|S_n| = n!$$

치환은 자연수들 전체집합 $\mathbb{N}$ 의 치환으로 유한 개를 제외하고는 모두 제자리에 있는 것으로 볼 수 있다. 그런 뜻에서 치환군들은 다음 포함관계를 가진다.

$$S_1 \subset S_2 \subset S_3 \subset \cdots \subset S_\infty := \bigcup_{n=1}^{\infty} S_n$$

보기를 들어 $n = 3$ 인 경우를 살펴보자. 이때 $3!$, 즉 여섯 개의 변환이 집합 $\{1, 2, 3\}$ 에 작용하고 있다. 이들을 "사다리표"를 이용하여 나타내면 다음과 같다.

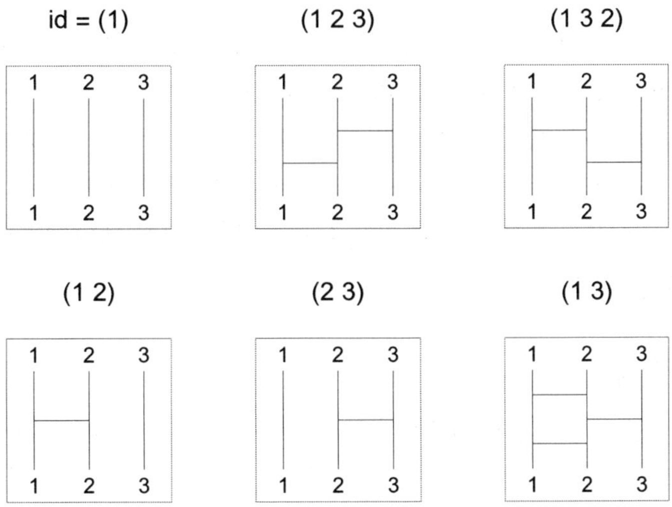

그림: 3-치환

[5] "Symmetric group"을 직역하면 "대칭군"이지만, 대칭변환군, 합동군 등을 "대칭군"이라 부르기 위해서 "치환군"이라 하였다.

위 표에서 치환 "$1 \mapsto 2 \mapsto 3 \mapsto 1$"을

$$(1\ 2\ 3)$$

으로 나타내었고, 치환 "$1 \mapsto 2 \mapsto 1,\ 3 \mapsto 3$" 등은

$$(1\ 2)$$

등으로 나타내었다.[6]

"사다리"를 합성하려면 두 사다리를 이으면 된다.

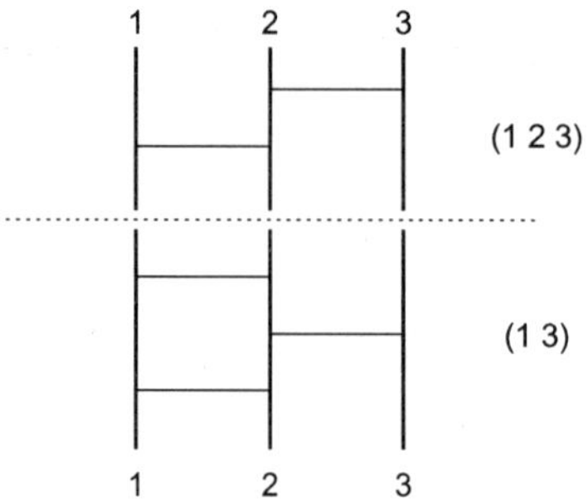

$$(1\ 3) \circ (1\ 2\ 3) = (1\ 2)$$

역치환을 얻으려면 사다리를 뒤집으면 된다. 따라서 처음 사다리와 그것을 뒤집은 사다리를 연결하면 **항등 사다리**가 된다.

앞쪽의 그림: 3-치환에서 윗줄에 나타나는 것들은 "계단의 개수"가 짝수이고, 아랫줄에 나타나는 것들은 계단의 개수가 홀수이다. 계단의 개수가 짝수인 사다리들은 합성하면 여전히 계단의 개수가 짝수이지만, 계단의 개수가 홀수인 사다리 두 개를 합성하면 계단의 개수는 짝수가 된다.

2.1.1 연습문제

1. 집합 $\{1, 2, \ldots, n\}$의 **호환**이란 특정한 두 수를 서로 바꾸고 나머지는 변화시키지 않는 치환을 뜻한다. 호환 중에서 인접한 두 수를 바꾸는 것을 **인접호환**

[6] 우리가 사용하는 사다리는 "내려가기"용이다. 치환 $(1\ 2)$는 $(2\ 1)$과 같고, $(1\ 2\ 3) = (2\ 3\ 1) = (3\ 2\ 1)$이다. 치환 $i \mapsto j \mapsto \cdots \mapsto k \mapsto i$를 $(i\ j\ \cdots\ k)$로 나타내고, **순환치환**이라 부른다. $n \geq 2$이면 모든 n-치환은 순환치환 $(1\ 2\ 3\ \cdots\ n)$과 $(1\ 2)$를 여러 번 합성하여 얻는다.

이라 부른다. 모든 치환은 인접호환의 곱, 즉 합성으로 나타나는 것을 이용하여 "사다리표"로 모든 경우의 치환을 다 얻을 수 있음을 설명하라. (이때 한 치환을 호환의 곱으로 나타낼 수 있는 방법이 오직 한 가지만 있는 것은 아니다.)

2. 다음 사다리표들 각각을 호환의 곱으로 나타내라.[7]

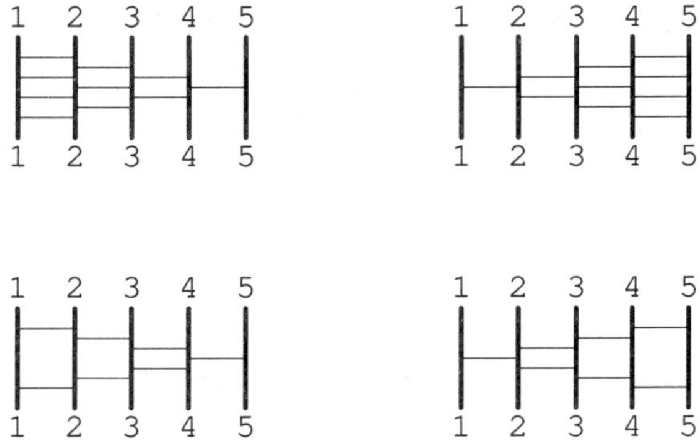

3. 치환 σ를 나타내는 사다리표에서 k번째 세로 줄에 계단이 오직 하나만 연결되어 있으면 $\sigma(k) \neq k$임을 설명하라. 만약 k번째 세로 줄에 계단이 오직 두 개가 연결되어 있고 이들이 서로 다른 방향으로 있으면 $\sigma(k) \neq k$임을 설명하라.

4. 사다리표에 계단을 오직 다섯 개만 그어 항등 사다리를 만들 수 있을까?

5. 1부터 $p-1$까지의 자연수와 빈칸(0)하나를 직사각형으로 배열한 퍼즐에서 다음 두 배열

$$1 \quad 2 \quad \ldots \quad (p-1) \quad 0 \qquad\qquad (p-1) \quad (p-2) \quad \ldots \quad 2 \quad 1 \quad 0$$

이 모두 가능하면 $p \equiv 1, 2 \pmod 4$ 임을 보이라.

1	2	3	4	5
6	7	8	9	10
11	12	13	14	15
16	17	18	19	

19	18	17	16	15
14	13	12	11	10
9	8	7	6	5
4	3	2	1	

1	8	9	16	17
2	7	10	15	18
3	6	11	14	19
4	5	12	13	

19	12	11	4	3
18	13	10	5	2
17	14	9	6	1
16	15	8	7	

[7] 답: (1 5)(2 4), (1 5)(2 4), (1 5), (1 5)

2.2 교대군

$n > 1$ 일 때, n-치환 중에서 짝치환들 전부로 이루어진 집합은 합성에 대하여 닫혀있고, 짝치환의 역치환도 짝치환이므로 이들은 변환군을 이룬다.[8] 이 군을 **교대군**(交代群, alternating group)이라고 부르고, A_n 으로 나타내기로 한다. 교대군의 원소의 개수는 당연히 치환군 원소의 개수의 반이다.

$$A_2 \subset A_3 \subset \cdots \subset A_n \subset S_n, \qquad |A_n| = \frac{1}{2}n!$$

예를 들면

$$A_2 = \{(1)\}$$

이고,

$$A_3 = \{(1), (1\ 2\ 3), (1\ 3\ 2)\}$$

인데, 이들은 모두 아벨군이다. 또

$$\begin{aligned} A_4 = A_3 &\cup \{(2\ 3\ 4), (2\ 4\ 3), (1\ 3\ 4), (1\ 4\ 3), (1\ 2\ 4), (1\ 4\ 2)\} \\ &\cup \{(1\ 2)(3\ 4), (1\ 3)(2\ 4), (1\ 4)(2\ 3)\} \end{aligned}$$

이다. 이때

$$(1\ 2\ 3) \circ (1\ 2)(3\ 4) = (1\ 4)(2\ 3) \circ (1\ 2\ 3) \neq (1\ 2)(3\ 4) \circ (1\ 2\ 3)$$

이므로, A_4 는 **비아벨군**(non Abelian group)이다.[9] A_4 의 부분군

$$K_4 = \{(1), (1\ 2)(3\ 4), (1\ 3)(2\ 4), (1\ 4)(2\ 3)\}$$

은 **Klein 4-군**이라 부르는 아벨군이다.[10]

삼차원 공간 $\mathbb{R}^3$ 에서 좌표축 주위로 180° 회전하는 변환을 각각 R_x, R_y, R_z 라 하면, ${R_x}^2 = {R_y}^2 = {R_z}^2 = I$, 즉 항등변환이고

$$R_xR_y = R_yR_x = R_z, \quad R_yR_z = R_zR_y = R_x, \quad R_zR_x = R_xR_z = R_y$$

이다. 이들은 항등변환과 함께 군을 이루는데, 이 군이 Klein 4-군의 다른 표현이다.

[8] A. L. Cauchy 는 1812 년에 치환의 부호를 도입하고, 홀짝으로 나누었다 [Burn].

[9] 그러므로 $n \geq 4$ 이면 A_n 은 모두 비아벨군이다.

[10] 1884 년에 Klein 은 이 군을 Vierergruppe(four-group) 라고 불렀다.

2.3 이면군

정n각형 P_n 의 **대칭군**[11]이란 P_n 의 자기 전단사 함수들 중에서 강체운동[12](rigid motion) 전체로 이루어진 변환군을 말한다. 이 군을 **이면군**(二面群, dihedral group)이라고 부르고 D_n 으로 쓰기로 한다.

예를 들어 정오각형의 대칭변환에는 어떠한 것들이 있는지 살펴보자.

먼저 정오각형의 중심을 기준으로 하여 72° 회전하는 변환을 r 라고 하면, 모두 다섯 가지 회전변환이 있다:[13]

$$\mathrm{id} = r^0, \quad r, \quad r^2 = r \circ r, \quad r^3 = r \circ r^2, \quad r^4 = r \circ r^3.$$

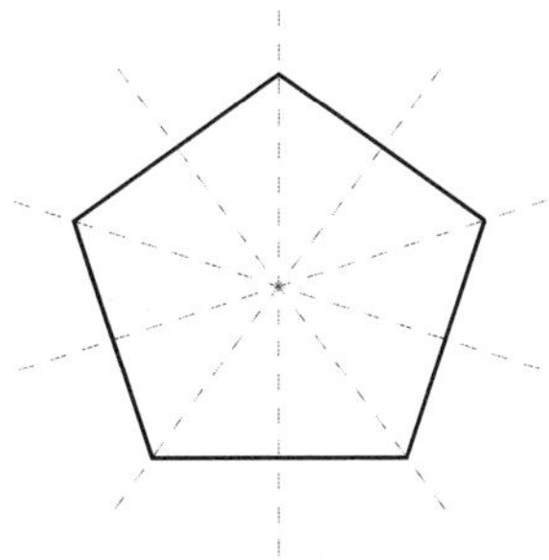

또 정오각형에는 모두 다섯 가지의 거울대칭, 즉 **반사변환**[14](reflection)이 있다. 이 반사변환들 중에서 어느 하나를 m 이라고 두면, 반사변환은

$$m, \quad mr, \quad mr^2, \quad mr^3, \quad mr^4$$

로 표현된다.[15] 정오각형의 대칭군의 원소의 개수는 10 이다. 이 중에서 다섯

[11] **대칭변환군**이라고도 부른다.

[12] Euclid 운동, 즉 임의의 두 점 사이의 거리를 변화시키지 않는 사상을 말한다.

[13] 항등변환은 0° 만큼 또는 360° 회전하는 변환으로 이해할 수 있다. 여기서 회전(변환)이란 그 과정을 뜻하지 않고, 결과를 뜻한다.

[14] 평면에서는 **선대칭변환**을 뜻한다.

[15] 이때 $m^{-1} = m$ 이고, $mrm^{-1} = r^{-1}$ 이다. 이 식은 거울 앞에서 바른 방향으로 돌면, 거울 속의 허상은 그른 방향으로 돈다는 것을 말한다. 미분방정식을 풀 때에도 이러한 "입장 바꿔 생각해 봐"라는 원리가 크게 도움이 된다:

$$e^{-a(x)} \circ \frac{d}{dx} \circ e^{a(x)} = \frac{d}{dx} + a'(x).$$

가지는 향을 보존하는 변환이고, 나머지 다섯 가지는 향을 뒤집는 변환이다.[16]

일반적으로 이면군 D_n 의 원소의 개수는 $2n$ 이다:[17]

$$|D_n| = 2n.$$

2.3.1 연습문제

정사각형의 대칭군 D_4 에 대하여 논하라. 또 정삼각형의 대칭군 D_3 은 치환군 S_3 과 마찬가지임을 설명하라.

2.3.2 D_2

이면군 D_2 는 마름모 모양이나 직사각형 모양이 가지는 대칭군을 뜻한다.

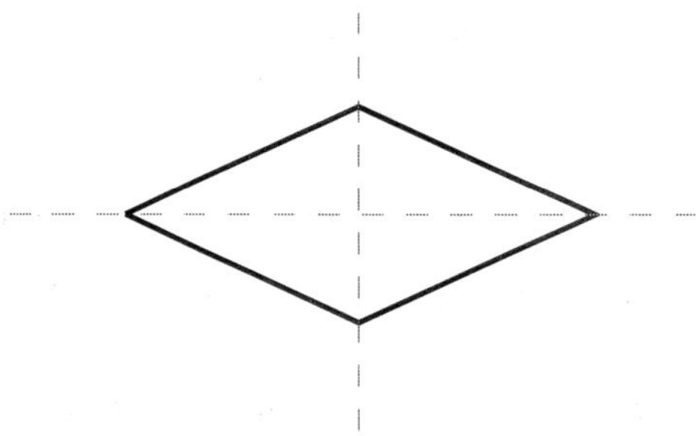

이 모양에는 두 개의 반사변환이 있고, 이 두 변환을 합성하면 180° 회전하는 변환이 된다.

항등변환이 아닌 회전변환에서는 변화하지 않는 점이 한 점 있는데 그 점이 바로 회전변환의 중심이다.[18]

---

[16] 대칭군이 향을 뒤집는 변환을 가지면, 역향변환의 개수는 보향 변환의 개수와 같다.

[17] 이러한 이유로, 우리가 D_n 으로 나타내는 것을 D_{2n} 으로 표기하기도 하는 저자가 있으니 조심하기 바란다. 이면군이라고 부르는 이유는 이 군이 두 개의 반사변환으로 생성되기 때문이다.

[18] 변환을 이해하는 과정에서 가장 먼저 살펴봐야 할 것은 변화하지 않는 점이다. **평균점**들은 변화하지 않는 점들이다.

2.3.3 D_1

이면군 D_1 은 다음 그림들과 같은 무늬의 대칭군을 말한다.

많은 동물들은 D_1 대칭성을 가지고 있다.

2.4 순환군

이면군 D_n 의 원소 중에서 향을 보존하는 원소들[19]로 이루어진 변환군을 **순환군**(循環群, cyclic group)이라고 부르고 C_n 으로 나타내기로 한다.

$$C_n \subset D_n$$

순환군 C_n 의 원소의 개수는 n 이다.[20]

항등변환 외에는 아무런 대칭변환을 가지고 있지 않은 무늬의 대칭변환군을 C_1 로 쓰기로 한다.

2.4.1 연습문제

1. 한글 자모와 인도-아라비아 숫자 각각에 대하여 대칭군을 설명하라.

2. 삼각형을 대칭군의 종류에 따라 구별하라.

[19]즉, 회전변환들

[20]H. Weyl(1885-1955)은 저서 “대칭(Symmetry)”에서 “마법의 힘은 불완전한 대칭성에서 나온다 (Magic power lies in incomplete symmetry)”고 말하였다.

3. 사각형을 대칭군의 종류에 따라 구별하라.

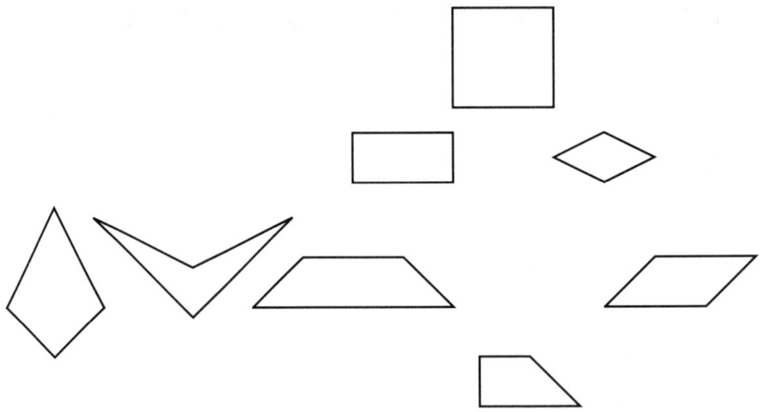

4. 태극 문양의 대칭변환군에 대하여 논하라.

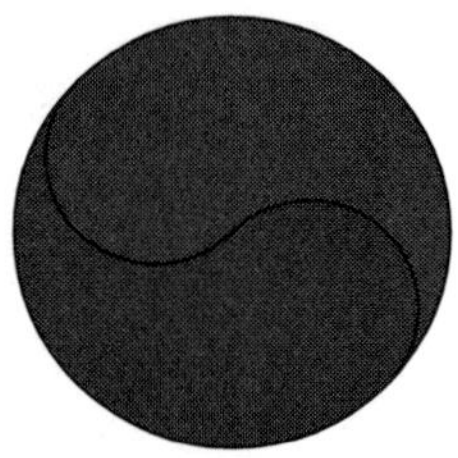

또 다음 문양들의 대칭군에 대하여 논하라.

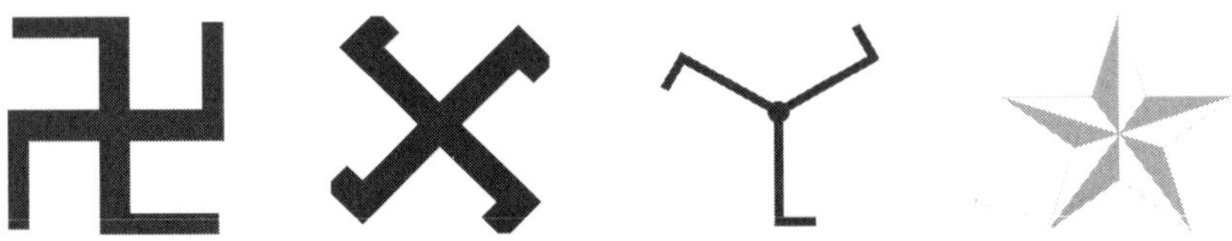

5. 무한 순환군 C_∞ 에 대하여 논하라.

또 무한 이면군 D_∞ 에 대하여 논하라.

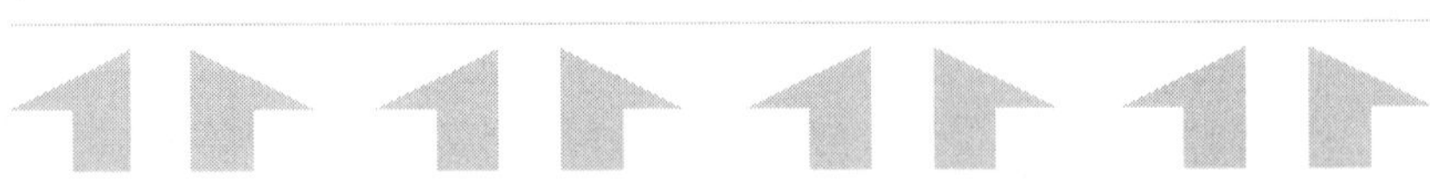

2.5 정사면체군

정사면체에는 열두 가지 회전대칭변환이 있다. 각 꼭짓점마다 120°, 240° 회전하는 변환이 있고, 한 쌍의 마주보는 모서리마다 180° 회전하는 변환이 있다. 따라서 항등변환까지 모두 $4 \times 2 + 3 + 1$, 즉 열 두 가지이다. 정사면체의 **일종 대칭군**, 즉 보향 대칭군 $\mathbf{T}$는 네 꼭짓점에 대한 교대군 A_4와 마찬가지이다.[21]

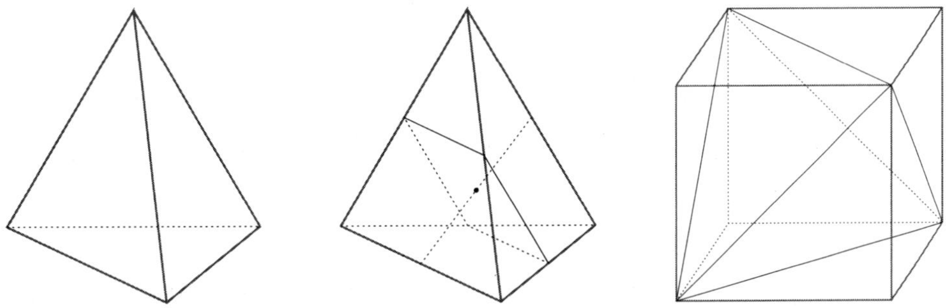

정사면체에서 한 쌍의 교차하지 않는 모서리를 생각하자. 이때 한 모서리를 포함하고 다른 모서리의 중점을 지나는 평면에 대하여 정사면체는 대칭이다. 이러한 면대칭이 여섯 가지가 있다.

또 한 쌍의 교차하지 않는 모서리를 제외하고 나머지 모서리들의 중점을 연결하면 정사각형이 생긴다. 이 정사각형의 면의 중심을 지나는 수직인 축에 대하여 45° 회전한 다음,[22] 정사각형의 면에 대하여 대칭변환을 하면 또 정사면체의 대칭을 얻는다. 이와 같은 45°-**회전면대칭**이 모두 여섯 가지가 있다. 따라서 정사면체에는 열두 가지 향을 뒤집는 대칭이 있다.

그러므로 정사면체의 모든 대칭의 수는 스물 네 가지이다.

정사면체의 (이종) 대칭군 $\mathbf{T}^*$는 "네 면에 대한 치환군"인 S_4와 동형이다.

[21] "마찬가지"라는 말 대신에 **동형**(isomorphic)이라는 전문용어를 사용하여도 된다. 정사면체에서 한 쌍의 마주보는 모서리들의 중점을 지나는 직선에 대하여 180° 회전하는 변환 세 가지는 $\mathbb{R}^3$의 세 좌표축 주위로 180° 회전하는 변환들과 마찬가지이고, 이들은 (항등변환과 함께) Klein 4-군을 형성한다.

[22] 축은 방향이 있어서 한 축 주위로 45° 회전하는 것은 반대 축 방향으로 −45° 회전하는 것과 같다.

제 3 절 Galois 이론

다항식의 **근의 공식**이란 주어진 다항식의 계수들을 서로 가감승제하거나 거듭제곱근을 사용하여 그 다항식의 근을 구하는 일반적인 방법을 말한다.

이차다항식의 **근의 공식**은 "완전제곱꼴"을 이용하면 쉽게 얻어진다: $a \neq 0$일 때,

$$ax^2 + bx + c = 0 \iff x = \frac{-b \pm \sqrt{b^2 - 4ac}}{2a}.$$

그러나 차수가 높은 다항식의 근의 공식을 구하는 것은 쉬운 일이 아니다.

이탈리아의 수학자들은 1500년대에 들어서 삼차다항식과 사차다항식의 근의 공식을 발견하였다.[23]

Gauss는 1799년 박사학위 논문에서 (계수가 실수 또는 복소수인) "다항식은 복소수 범위에서 항상 근을 가진다"는 **대수학의 기본정리**(Fundamental Theorem of Algebra)를 증명하였는데, 그 이후로도 여러가지 다른 증명을 내놓았다.[24]

---

[23]1515년경에 볼로냐(Bologna) 대학의 Scipio del Ferro(1465–1526)는 특별한 경우의 삼차다항식의 근의 공식을 발견하고 제자인 Antonio Fior에게 그것을 가르쳐 주었다. del Ferro가 죽은 후에 방정식 $x^3 + ax^2 + b = 0$의 근을 구하는 법을 발견하였다고 주장하는 말더듬이(타르탈리아, Tartaglia) 수학자인 Nicolo Fontane(1500–1557)에게 Fior는 "삼차다항식을 푸는 문제"로 경쟁할 것을 제안하였다. Fontane은 시합이 끝나기 8일 전에 일반 삼차다항식의 근의 공식을 발견하였고, 두 시간 만에 도전자가 제시한 문제를 모두 풀었다. 밀라노 대학의 수학자이자 의사인 G. Cardano(1501–1576)는 이 소식을 듣고 Fontane에게 근을 구하는 법을 알려 달라고 하였다. Fontane은 다른 사람에게 알리지 않는다는 것을 전제로 근을 구하는 법을 알려 주었으나, Cardano는 약속을 저버리고 "Ars Magna"(위대한 예술)이라는 저서에서 근을 구하는 법을 발표하였다. 그 후로 이 공식을 **Cardano 공식**이라고 부른다 [Alexandrov et al., I, p.266]. Cardano의 제자인 L. Ferrari(1522–1565)는 Cardano가 del Ferro에게서 제삼자를 통하여 근의 공식을 배웠다고 주장하였다. [Eves, p.272]. Ferrari는 사차다항식의 근의 공식을 발견하였다.

[24]Descartes는 주어진 실수 구간 내에서 실수계수 대항식이 몇 개의 근을 가지는지 설명하였는데, 이를 데카르트의 **부호법칙**(Rule of Signs)이라 한다. 부호법칙은 [Harriot, *Artis analyticae praxix*, London, 1631]에 이미 나타나 있는데, Cardano도 데카르트의 부호법칙을 알고 있었다는 증거가 있다 [Eves]. 부호법칙은 1829년에 J. C. Sturm(1803–1855)에 의하여 더욱 발전하여 유클리드 호제법처럼 간단한 알고리즘을 통하여 실근의 개수를 알 수 있다.

3.1 Lagrange의 공헌

변분론(Calculus of Variations)의 발전에 많은 공헌을 한 프랑스의 Lagrange는 1770-1771년에 출판된 "대수방정식의 풀이"에 관한 책에서 처음으로 "차수가 5 이상인 다항식에 대한 근의 공식의 존재"에 대하여 의문을 나타내었다.[25] Lagrange는 "대수방정식을 풀기 위해서는 치환이론을 이해하여야 한다"고 말하였다. 나중에 Galois가 이러한 생각이 옳다는 것을 밝혔다.

Lagrange는 대수방정식

$$x^n + a_{n-1}x^{n-1} + \cdots + a_1x + a_0 = 0$$

의 근을 $x_1, \ldots, x_n$ 이라고 두었을 때[26]

$$x_1 + x_2\epsilon + \cdots + x_n\epsilon^{n-1}$$

과 같은 표현이 근을 구하는 데 중요한 역할을 한다고 말하였다.[27] 여기에서 ϵ은 **단위근**(root of unity), 즉 거듭제곱 하면 1이 되는 수이다.[28]

이러한 "통일된 방법"으로 Lagrange가 어떻게 3,4차 다항식의 근의 공식을 구하였는지 살펴보기로 한다.

---

[25][Alexandrov et al., I, pp.272–275]

[26]근을 구하는 것은 어렵지만 이들의 **대칭다항함수**값을 구하는 것은 쉽다는 것이 Vieté의 **근과 계수와의 관계**이다:

$$x_1+\cdots+x_n = -a_{n-1}, \quad x_1x_2+x_1x_3+\cdots+x_{n-1}x_n = a_{n-2}, \quad \ldots, \quad x_1\cdots x_n = (-1)^n a_0.$$

모든 **대칭다항식**(symmetric polynomial)은 위와 같은 **초등대칭다항식**(elementary symmetric polynomial)의 다항식이다.

[27]점화식으로 주어진 수열 (x_n)의 일반항을 구할 때에 **생성함수** $\sum_{n=0}^{\infty} x_n\epsilon^n$ 을 생각하는 것이 도움되듯이.

[28]단위근들은 오늘날 과학계산이나 수치해석 등에서 대단한 역할을 하는 **FFT**(Fast Fourier Transform)의 원리를 이해하게 해 준다 [Strang].

3.1.1 삼차방정식의 근의 공식

우선 삼차방정식

$$x^3 + px + q = 0 \tag{1}$$

의 세 해를 x_1, x_2, x_3 이라고 두자.[29] 그러면 근과 계수와의 관계에서

$$x_1 + x_2 + x_3 = 0, \qquad x_1x_2 + x_2x_3 + x_3x_1 = p, \qquad x_1x_2x_3 = -q$$

이다. 이제 1 의 세제곱근 ϵ 에 대하여[30]

$$a := x_1 + x_2\epsilon + x_3\epsilon^2$$

과 같은 표현을 생각한 다음, 이 표현에서 x_1, x_2, x_3 의 모든 가능한 치환을 살펴보자. 그러면

$$b := x_1 + x_2\epsilon^2 + x_3\epsilon$$

과 같은 표현을 비롯하여 모두 여섯 가지

$$a, \quad a\epsilon, \quad a\epsilon^2, \quad b, \quad b\epsilon, \quad b\epsilon^2$$

가 나타난다. 이들을 근으로 가지는 6차 다항식은

$$\begin{aligned}
&(x-a)(x-a\epsilon)(x-a\epsilon^2)(x-b)(x-b\epsilon)(x-b\epsilon^2)\\
=\;& (x^3-a^3)(x^3-b^3) \;=\; x^6-(a^3+b^3)x^3+a^3b^3\\
=\;& x^6-\big(27x_1x_2x_3+2(x_1+x_2+x_3)^3-9(x_1+x_2+x_3)(x_1x_2+x_1x_3+x_2x_3)\big)\,x^3\\
&\quad+\big((x_1+x_2+x_3)^6-9(x_1+x_2+x_3)^4(x_1x_2+x_1x_3+x_2x_3)\\
&\quad+27(x_1+x_2+x_3)^2(x_1x_2+x_1x_3+x_2x_3)^2-27(x_1x_2+x_1x_3+x_2x_3)^3\big)\\
=\;& (x^3)^2+27qx^3-27p^3
\end{aligned}$$

이다.[31] 따라서 이 다항식의 여섯 개의 근은

$$3\sqrt[3]{-\frac{q}{2}\pm\sqrt{\frac{q^2}{4}+\frac{p^3}{27}}}$$

[29] 임의의 삼차다항식 $x^3 + rx^2 + px + q$ 는 "평행이동"하여 $r = 0$ 으로 변형할 수 있다.

[30] 여기에서 $\epsilon^2 + \epsilon + 1 = 0$ 이다.

[31] 이 6차 방정식의 계수는 x_1, x_2, x_3 에 대한 다항식으로 x_1, x_2, x_3 의 순서를 바꾸더라도 변하지 않는 다항식다.

임을 안다.[32] 이제 선형 연립방정식

$$\begin{aligned} x_1 + x_2 + x_3 &= 0 \\ x_1 + x_2\epsilon + x_3\epsilon^2 &= 3\sqrt[3]{-\frac{q}{2} + \sqrt{\frac{q^2}{4} + \frac{p^3}{27}}} \\ x_1 + x_2\epsilon^2 + x_3\epsilon &= 3\sqrt[3]{-\frac{q}{2} - \sqrt{\frac{q^2}{4} + \frac{p^3}{27}}} \end{aligned}$$

을 풀면

$$x = \sqrt[3]{-\frac{q}{2} + \sqrt{\frac{q^2}{4} + \frac{p^3}{27}}} + \sqrt[3]{-\frac{q}{2} - \sqrt{\frac{q^2}{4} + \frac{p^3}{27}}}$$

이 방정식 (1)의 해임을 안다.

위 삼차다항식의 근의 공식을 **Cardano 공식**이라고 부르는데, 의외로 이것을 유도하는 쉬운 방법이 있다. 항등식

$$(A+B)^3 = 3AB(A+B) + A^3 + B^3$$

은 누구나 잘 알고 있다. 그러므로

$$3AB = -p, \qquad A^3 + B^3 = -q$$

인 A, B를 구하면 $x = A + B$가 방정식 (1)의 해이다.

3.1.2 사차방정식의 근의 공식

Lagrange 의 방법으로 사차방정식의 근을 구하여 보자.

사차다항식 $x^4 + px^2 + qx + r$ 의 근 x_1, x_2, x_3, x_4 에 대하여

$$x_1 + x_2\epsilon + x_3\epsilon^2 + x_4\epsilon^3, \qquad \epsilon = -1$$

의 가능한 모든 치환을 생각한다. 그러면

$$\begin{array}{lll} x_1 - x_2 + x_3 - x_4, & x_1 - x_2 - x_3 + x_4, & x_1 + x_2 - x_3 - x_4, \\ -x_1 + x_2 - x_3 + x_4, & -x_1 + x_2 + x_3 - x_4, & -x_1 - x_2 + x_3 + x_4 \end{array}$$

[32] 복소수 z 의 세제곱근 $\sqrt[3]{z}$ 는 일반적으로 값이 세 개이다.

들이 근인 6차다항식 $x^6+8px^4-48(p^2+4r)x^2-64q^2$ 을 얻는다. 이제 이 다항식은 삼차다항식의 근의 공식에서 근을 구할 수 있고, 이 근들을 $\sqrt{t_1}, \sqrt{t_2}, \sqrt{t_3}$ 로 두자. 그러면 연립방정식

$$
\begin{aligned}
x_1 + x_2 + x_3 + x_4 &= 0 \\
x_1 - x_2 + x_3 - x_4 &= \sqrt{t_1} \\
x_1 - x_2 - x_3 + x_4 &= \sqrt{t_2} \\
x_1 + x_2 - x_3 - x_4 &= \sqrt{t_3}
\end{aligned}
$$

에서 $x = \frac{1}{4}\left(\sqrt{t_1}+\sqrt{t_2}+\sqrt{t_3}\right)$ 가 처음 사차다항식의 근이다.

하지만 이런 방법은 다항식의 차수가 5 이상이면 제대로 작동하지 않는다.

3.2 Abel과 Galois

노르웨이의 Niels Henrik Abel(1802–1829)은 1824 년에 일반 5차방정식의 근의 공식이 존재하지 않음을 증명하였다.[33] 그는 이 공로로 약간의 상금을 얻었고, 그 자금으로 유럽을 여행할 수 있었다. 이 동안에 무한급수에 관한 이론 및 무리함수의 적분 이론을 발견하였다.[34] 그는 베를린에서 A. L. Crelle를 만나 알게 되었다. 그후 Crelle는 Abel의 열렬한 지지자가 되었고, 1826 년에 유명한 수학 학술지를 발간하여 Abel의 논문을 많이 실었다 [Livio]. 하지만 Abel은 영양결핍과 결핵으로 고향으로 돌아 갔고 27 세가 되기 전에 죽었다. Abel이 죽은 것을 모르던 Crelle는 Abel에게 반가운 소식의 편지를 뛰었다: *자네가 베를린 대학에 임용되었다네.*

S. Lie는 노벨상에 버금가는 수학상을 제정하여야 한다고 역설하였는데, 자금을 조달하는 것이 쉽지 않았다. 오랜 세월이 지나 2001 년 노르웨이 정부는 Abel 탄생 100주년을 기념하여 뛰어난 수학자들에게 수여하는 Abel 상을

[33] Paola Ruffini(1765–1822)는 1803, 1805, 1813 년에 "일반 5차다항식이 근의 공식을 가지지 않는다"는 것의 불완전한 증명을 내놓았다.

[34] C. Hermite(1822–1901)는 이 이론을 보고 "수학자가 앞으로 500년 동안 할 일이 생겼다" 고 말하였다 [Eves, p.491], [황준묵]. Hermite는 1858 년에 "타원함수"를 이용하여 일반 오차 다항식의 근을 구하였다. 후에 [Klein], Poincaré 등에 의하여 일반 다항식의 근을 "Fuchian 함수"를 이용하여 구하는 법이 발견되었다 [`http://library.wolfram.com/examples/quintic`].

제정하였다.

Abel

Galois

프랑스의 Galois는 1830년에 "군"(群, group)이라는 전문 용어를 처음으로 사용하였다. (군의 개념은 그 전부터 돌아 다녔다.) 그는 연애사건과 관련하여 결투하기로 한 전날에 친구 Chevalier에게 다항식의 근을 구하는 이론을 적은 편지를 띄웠다.[35]

Galois는 n차 다항식에 근들의 치환(permutation)으로 이루어진 군을 대응시켰는데, 이 군을 오늘날 **Galois 군**이라 부른다.[36] 그는 다항식이 풀리기 위한[37] 필요충분조건은 이 다항식에서 얻은 Galois 군이 "풀이가능군"(solvable group)임을 보였다.

유한군 G가 **풀이가능군**이라는 것을 다음과 같이 귀납적으로 정의한다.

(i) G가 아벨군이거나 또는

[35]Galois의 논문은 이미 프랑스 아카데미에 제출 되었지만, Fourier(1768–1830)는 심사 중에 돌아 갔고, Cauchy는 Galois가 (표현력이 떨어지는) 논문을 수정하기를 바랬다. 1832년 5월 30일 Galois는 배에 총상을 입었고, 다음 날 죽었다. Chevalier는 Galois의 원고들을 Liouville에게 보냈고, 이로 인하여 수학계에 널리 퍼지게 되었다 [Konstant], [Stewart], [Livio].

[36]Galois 군이란 다음을 뜻한다. 우선 다항식 $f(x) = x^n + a_{n-1}x^{n-1} + \cdots + a_1x + a_0$의 계수 $a_0, a_1, \ldots, a_{n-1}$로 생성된, 즉 계수들의 가능한 모든 가감승제로 이루어진 체(field)를 k라 하고, 이 계수들과 근 $\xi_1, \ldots, \xi_n$들로 생성된 체를 K라 하자. 그러면 체 K의 **자기동형**(automorphism)중에서 k를 변화시키지 않는 것들 전체의 집합이 바로 $f(x)$의 Galois 군이다.

[37]즉 다항식의 근을 "계수들의 가감승제와 거듭제곱근 등을 통하여" 구하는 것을 말한다.

(ii) 다음 성질을 가지는 G 의 풀이가능 진부분군 H 가 있다:

$$g_1, g_2 \in G \quad \Rightarrow \quad g_1 g_2 g_1^{-1} g_2^{-1} \in H \ .$$

모든 n-치환 g_1, g_2 에 대하여, 이들의 **교환자**(commutator) $g_1 g_2 g_1^{-1} g_2^{-1}$ 는 당연히 교대군 A_n 에 속한다.

한편 A_3 은 아벨군이므로 풀이가능군이고, 따라서 S_3 도 풀이가능군이다. 또 교대군 A_4 의 원소들의 교환자들이 Klein 4-군 K_4 속에 포함되므로 A_4 는 풀이가능군이다. 그러므로 치환군 S_4 도 풀이가능하고, 따라서 사차다항식에는 근의 공식이 있다. 하지만, $n \geq 5$ 이면 A_n, S_n 은 풀이가능군이 아니므로 더 이상 일반 고차다항식에 대한 근의 공식은 없다.

Galois 의 이론은 일반적인 근의 공식이 없음을 밝힌 데에 있다기보다 근을 구할 수 있는 방정식이 어떤 것인지를 밝힌 데에 있다고 말할 수 있다.

Galois 이론을 전개하는 과정에서 다음을 얻는다.

3.2.1 정다각형의 작도

수천년 동안 수학자들은 본질적으로 정삼각형, 정사각형, 정오각형의 작도법만 알고 있었다. (예를 들어 정십오각형은 정삼각형과 정오각형을 작도할 수 있으면, 거기에서 유도할 수 있다.)

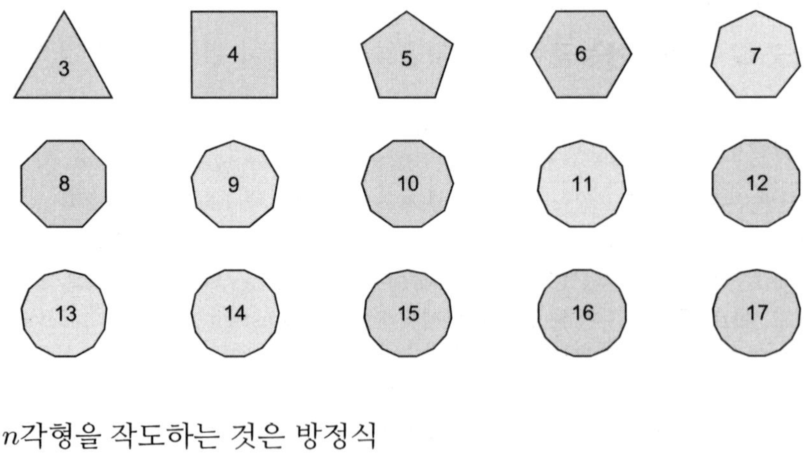

정n각형을 작도하는 것은 방정식

$$z^n - 1 = 0, \qquad 즉 \quad z^{n-1} + z^{n-2} + \cdots + z + 1 = 0$$

의 자명하지 않은 근, 즉 **원시단위근**(primitive root of unity)를 구하는 것과 마찬가지이다.[38]

물론 그 중 대표적인 해는

$$z = e^{2\pi \mathbf{i}/n}$$

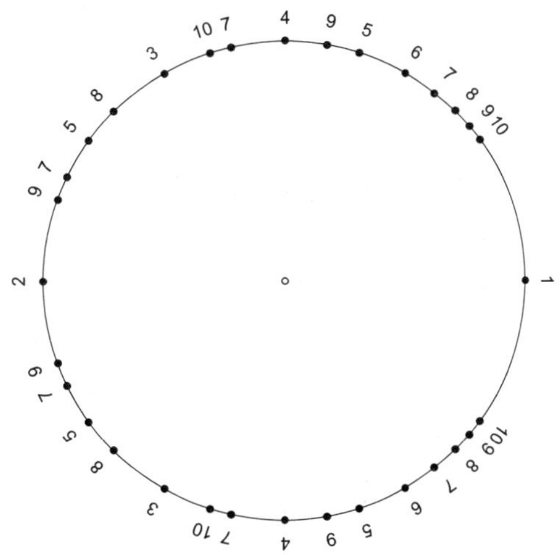

인데, 그 중 작도가능한 해을 구하는 문제이다. 작도란 자와 컴퍼스를 사용하는 것이라고 다들 말하지만, 사실은 플라톤이 말한대로 (가장 이상적인 두 곡선인) 직선과 원을 이용하는 것이다. 직선은 일차식으로 표현되고, 원은 이차식으로 표현되니 직선들과 원들의 교점은 2의 거듭제곱 차수를 가지는 다항식의 근들이다.

예를 들어 $n = 3$ 인 경우에는

$$z^3 - 1 = (z-1)(z^2 + z + 1)$$

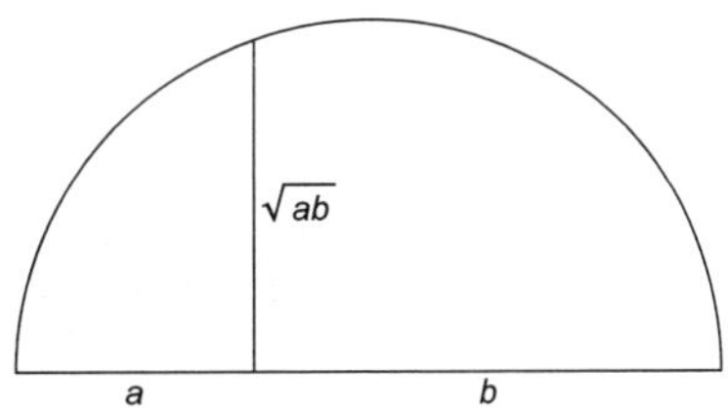

의 원시해는

$$z = \tfrac{1}{2}(-1 \pm \mathbf{i}\sqrt{3})$$

이므로 정삼각형을 작도할 수 있다.

Gauss(1777–1855)는 1796 년 17각형의 작도법을 발견하였고, 이제는 작도가능한 모든(?) 정다각형을 안다.[39] 예를 들어 정7각형, 정9각형, 정11각형 등은 모두 작도가능하지 않다.

[38]복수소 중에서 위 방정식의 해이며 더 작은 n 에 대하여는 해가 아닌 그런 복소수를 뜻한다.

[39]가우스는 변의 개수가 소수(素數, prime number) p 인 정다각형에서 $p = 2^{2^n} + 1$ 이면 이 다각형은 작도가능하다는 것을 보였다 [Gottlieb]. 즉, p 가 3, 5, 17, 257, 65537 등이면 작도가능하다. 이러한 소수를 **Fermat 소수**라고 부른다. 서로 소인 3 이상의 자연수 n, m 에 대하여, 정n각형과 정m각형을 작도할 수 있으면 정mn각형을 작도할 수 있다. 따라서

$$n = 2^k p_1 \cdots p_m \qquad (p_1, \ldots, p_m \text{ 은 서로 다른 Fermat 소수})$$

이면 정n각형은 작도가능하다. Galois 이론은 이 조건이 충분조건임을 알려준다. 하지만 Fermat 소수가 위의 다섯 가지 외에 더 있는지는 아직도 모른다.

3.2.2 삼대작도 불능 문제

Galois 의 이론을 전개하는 과정에서 삼대 작도불능 문제 중의 두 가지가 해결된다. 즉, "각 삼등분 문제"와 "입방체 두 배 하기 문제"가 모두 불가능하다는 것을 증명할 수 있다.

제 4 절 단순군의 분류

마치 자연수를 이해하는 데 소수들이 중요하듯이, 군을 이해하는 데에도 **단순군** (simple group)을 아는 것이 중요하다. 단순군이란 그것을 "부분군"으로 나누어서 군을 만드는 방법이 자명한 경우뿐인 군을 뜻한다. 유한 단순군의 분류는 수백 명에 이르는 연구자들의 수만 쪽에 달하는 논문에 의하여 1980 년대에 해결되었다 [Devlin]. 유한 단순군에는 18 가지 족[40](族, family)과 26 가지의 산재군[41](sporadic group)들이 있다. 이러한 이론은 물리학, 화학, 결정 이론, 암호론이나 통신 이론, 오류정정 부호 이론 등에 응용된다.

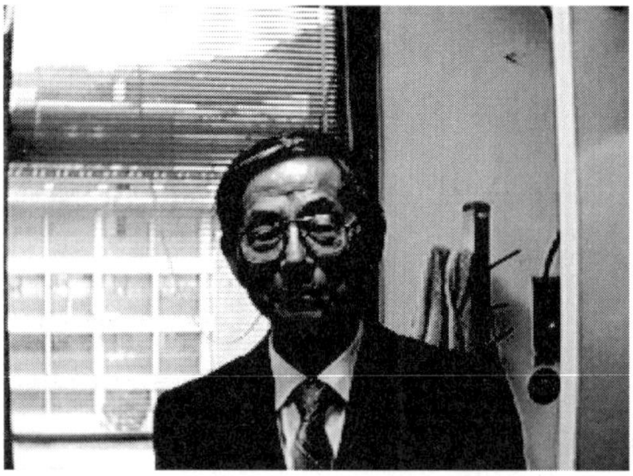

이임학(1922–2005)

[40]원소의 개수가 소수인 순환군, 교대군 등이 있다. 이 중에서 17번째 족을 **Ree 족**이라 부르는 데, 이는 캐나다의 British Colombia 대학에서 활동하던 이임학 교수의 업적이다. 이임학 교수는 한국전쟁 중에 미군들이 버린 쓰레기 더미에서 수학 기사를 읽고 거기에 적힌 오류를 발견한 것이 계기가 되어 캐나다에 초청되었다 [대한수학회 뉴스레터 **50** (1996) 11월, 16–18], [대한수학회 소식, 제100호, 2005 년 3월].

[41]마지막 산재군은 원소의 개수가 8×10^{53} 을 넘는 것으로 **Monster group**이라고 부른다. 이것은 1980 년 R. Griess 가 발견하였다.

제 5 절 연속군

노르웨이 수학자 Sophus Lie는 Galois의 이산군의 개념을 연속군의 개념으로 확장하였다. 자연과 사회 등에 나타나는 모든 현상의 대칭군은

- 이산군
- 연속군

으로 크게 나눌 수 있다.[42]

제 6 절 Euclid 공간과 변환군

연속군의 대표적인 보기로 **Euclid 운동군**(the group of Euclidean motions)을 들 수 있다. **Euclid 운동**이란 Euclid 공간 $\mathbb{E}$에서 정의된 자기 함수 $f : \mathbb{E} \to \mathbb{E}$로서 임의의 두 점 사이의 거리를 변화시키지 않는 사상을 뜻한다:

$$d(f(p), f(q)) = d(p, q).$$

이러한 사상을 **운동**, **강체운동**(rigid motion), **등장변환**(isometry), 또는 **거리보존변환**이라고 부른다.

두 운동의 합성은 여전히 운동이고, 운동의 역변환도 운동이다. 그러므로 운동들의 집합이 군을 이룬다.

다음 정리는 삼각부등식 덕분에 바로 알 수 있다.

> **정리 6.0.1** *두 점을 고정하는 운동은 그 두 점을 지나는 직선의 모든 점을 고정한다.*

[42]어떤 집합(정확하게는 "위상공간")이 **이산적**(discrete)이라는 것은 그 집합에서 임의의 점의 조그만 근방에는 다른 원소가 없다는 뜻이다. 거듭제곱하면 1이 되는 복소수, 즉 **단위근**들 전체로 이루어진 군은 이산군도 연속군도 아니다. 또 군 $\{e^{in} : n \in \mathbf{Z}\}$도 그러한 보기이다. 그러나 이러한 군을 **완비화**(completion)하면 연속군인 원($\mathbb{S}^1$)을 얻는다.

따름정리 6.0.2 *평면운동 중에서 동일직선 위에 있지 않은 세 점을 고정시키는 변환은 항등변환이다.*

항등변환처럼 단순한 것을 이해하는 것이 일반 변환을 이해하는 데 크게 도움을 준다.

동일직선 위에 있지 않은 세 점을 **일반위치**에 있다고 말한다. 동일평면 위에 있지 않은 네 점도 **일반위치**에 있다고 말한다. 일반적으로, 아핀공간에서 $n+1$개의 점이 $n-1$차원 아핀부분공간에 포함되지 않으면, 이 $n+1$개의 점은 **일반위치**(general position)에 있다고 말한다.

따름정리 6.0.3 *n차원 Euclid 공간에서 일반위치에 있는 $n+1$개의 점 $P_0, P_1, \ldots, P_n$에 대하여*

(i) *이들 각각을 고정시키는 운동은 항등변환이다.*

(ii) *두 운동 S, T가*

$$S(P_0) = T(P_0), \quad S(P_1) = T(P_1), \quad \ldots, \quad S(P_n) = T(P_n)$$

이면, $S = T$이다.

위 정리와 그 따름정리들은 강체운동의 성질이긴 하지만, 사실은 아핀변환들의 성질이다. 아핀변환이란 아핀결합을 보존하는 변환을 뜻한다 [HP4].

Euclid 운동은 크게 두 가지로 나눈다:

- **일종운동**, **적합운동**(proper motion), 또는 **보향운동**이라는 것으로 향을 보존하는 운동이다. 이러한 변환은 **반사변환**, 즉 거울대칭변환을 짝수 번 시행하여 얻는다.
- **이종운동**, **부적합운동**, 또는 **역향운동**이라는 것으로 향을 뒤집는 운동이다. 이러한 변환은 반사변환을 홀수 번 시행하여 얻는다.

두 일종운동을 합성하면 일종운동이고, 두 이종운동을 합성하여도 일종운동이다. 하지만 일종운동과 이종운동을 합성하면 이종운동이다.

6.1 평면운동

평면의 대칭변환 중에서 직선에 대한 대칭변환, 즉 선대칭변환을 **반사변환**(reflection)이라고 부른다.[43] 반사변환에서 변화가 없는 점들의 집합, 즉 **부동점**(fixed point)**집합**은 직선이다.

반사변환을 한 다음 "반사선"을 따라서 평행이동시키는 변환을 **미끄럼 반사변환**(glide reflection)이라고 부른다. 이때 평행이동을 한 다음 그 벡터와 같은 방향의 반사선에 대하여 대칭이동시켜도 같은 변환이 된다.

반사변환은 미끄럼 반사변환의 일종이라고 볼 수 있다.

변환 중에서 가장 흥미 없는 변환이 항등변환이다. 항등변환은 "영벡터만큼 평행이동시키는 평행변환"이고 동시에 "0° 만큼 회전시키는 회전변환"이다. 이 항등변환을 이해하면 다른 변환도 이해할 수 있다.

정리 6.1.1 *평면에서 두 점을 고정시키는 일종변환은 항등변환이다.*

따름정리 6.1.2 *평면에서 부동점을 가지는 일종변환은 회전변환이다.*

아래 왼쪽 그림에서 보듯이 회전변환과 평행변환의 합성은 회전변환이다.

[43] 삼차원 공간에서는 평면에 대한 대칭변환, 즉 **면대칭변환**이 반사변환이다. 직선에서는 한 점에 대한 대칭변환, 즉 **점대칭변환**이 반사변환이다.

위 그림의 오른쪽은 반사변환 m과 m에 수직인 평행변환 t의 합성이 반사변환임을 나타낸 것이다.

오른쪽 그림은 회전변환 r의 중심이 반사변환 m의 축에 놓여 있을 때 이 두 변환의 합성을 나타낸 것이다.

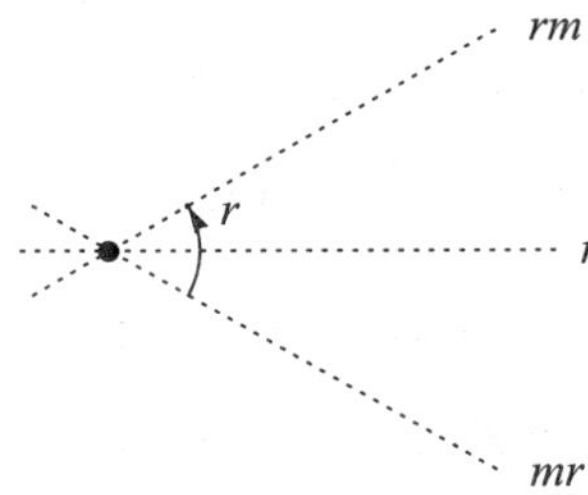

	부동점 있는 변환	부동점 없는 변환
일종운동	회전변환	평행변환*
이종운동	반사변환	미끄럼 변환*

평행변환*는 항등변환이 아닌 평행변환을 뜻하고,
미끄럼변환*는 반사변환이 아닌 미끄럼변환을 뜻한다.

정리 6.1.3 (M. Chasles(1793–1880)) *평면운동에는 다음 세 가지 종류가 있다: 평행변환, 회전변환, 미끄럼 반사변환.*

증명. (i) 만약 평면운동 T가 일반위치에 있는 세 점을 고정시키면 이 변환은 항등변환이다.

(ii) T가 두 점 A, B를 고정시키지만 (i)의 경우는 아니라고 하자. 직선 AB에 대한 반사변환을 m이라 하면, 직선 AB 밖의 점 C에 대하여 $T(C) = m(C)$이다. 따라서 m과 T는 일반위치에 있는 세 점 A, B, C에 대하여 같은 효과를 주므로, $m = T$이다.

(iii) T가 오직 한 점 O만 고정시킨다고 하자. 그러면 O가 아닌 점 A에 대하여 $T(A) \neq A$이다. 이제 O 주위로 A를 회전시켜 $T(A)$가 되도록 하는 회전변환을 r이라 하자. 그러면 $r^{-1} \circ T$는 두 점, O와 A를 고정시키고, 따라서 (i), (ii)에 의하여 항등변환이거나 반사변환이다. 만약 $m := r^{-1} \circ T$가 반사변환이라면, 직선 OA가 m의 반사선이고, $T = r \circ m$은 m과 $r(m)$의 각이등분선을 지나는 반사변환이다. 이것은 T의 부동점이 하나라는 가정에 어긋나므로, $r^{-1} \circ T$는 반사변환이 아니고, 따라서 항등변환이다. 그러므로, $T = r$는 회전변환이다.

(iv) 이제 일반적인 운동 T를 생각하자. 먼저 평면의 한 점 O에 대하여 O를 $T(O)$로 보내는 평행이동사상을 τ라 하자. 그러면 변환 $\tau^{-1} \circ T$는 점 O를 고정한다.

그러므로 (i), (ii), (iii) 에 의하여 $\tau^{-1} \circ T$ 는 항등변환 id, 반사변환 m, 또는 회전변환 r 이다. 따라서 T 는 τ, $\tau \circ m$ 또는 $\tau \circ r$ 이다. $\tau \circ m$ 은 미끄럼 반사이고, $\tau \circ r$ 은 회전변환이다. □

평행변환들은 벡터에 의하여 정해지므로 이들을 모두 모은 것은 2차원이다.

회전변환을 서술하기 위해서는 회전의 중심과 회전각을 알면 되는데, 이로부터 회전변환들의 모임이 3차원임을 알 수 있다.

반사변환들은 직선에 의하여 정해지므로, 반사변환들 전체의 차원은 2이다.[44]

평면운동군의 차원은 3 이다. 이것은 컴퓨터 게임을 할 때 움직이는 탱크를 조작하기 위한 막대[45]의 개수와 같다.

정리 6.1.4 (회전변환 가법정리) *평면에서 회전변환* r_1, r_2 *의 회전각을 각각* θ_1, θ_2 *라고 하면, 합성변환* $r_1 \circ r_2$ *의 회전각은* $\theta_1 + \theta_2$ *이다.*

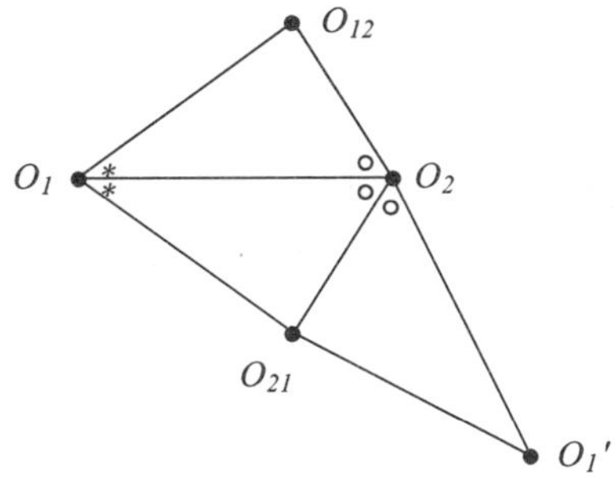

평행변환을 "무한대 점을 기준으로 하는 0° 회전변환"이라고 생각하면 **회전변환 가법정리**가 그대로 성립한다.

6.1.5 연습문제

평면에서 평행변환은 "나란한" 두 반사변환의 합성임을 보이라. 또 회전변환은 나란하지 않은 두 반사변환의 합성임을 보이라.

---

[44]평면에서 원점을 정하면, 직선은 "대부분" 원점에서 내린 수선의 발에 의하여 정해진다. 평면에서 직선 전체의 집합은 위상적으로 뫼비우스 띠이다.

[45]상하로 움직이기, 좌우로 움직이기, 돌기

6.2 공간운동

6.2.1 직교군

이 절에서는 행의 수와 열의 수가 모두 3 인 3×3 행렬만을 다루기로 한다.

행렬 가운데 그 역행렬이 자신의 전치행렬과 같은 것을 **직교행렬**(orthogonal matrix)이라고 부른다. 따라서 A가 3차 직교행렬이면

$$A^{t}A = I \tag{2}$$

이고, 이로부터 A의 열(列, column)들이 서로 수직인 단위벡터임을 안다.[46]

직교행렬들끼리 곱하면 여전히 직교행렬이고, 직교행렬의 역행렬도 직교행렬이므로, 이들은 군을 이룬다. 이 군을 **직교군**(orthogonal group)이라고 부르고

$$\mathrm{O}_3$$

으로 나타내기로 한다.[47]

한편 식 (2)에서 직교행렬은 행렬식 값이 $+1$ 또는 -1 임을 안다. 앞으로 직교행렬들 중에서 행렬식 값이 1 인 것들 전체로 이루어진 집합을 SO_3 으로 나타내고, $-I$ 처럼 행렬식 값이 -1 인 것들 전체로 이루어진 집합을 O_3^- 로 나타내기로 한다:

$$\mathrm{O}_3 = \mathrm{SO}_3 \cup \mathrm{O}_3^-$$

행렬식 값이 1 인 것들을 서로 곱하면 여전히 행렬식 값이 1 이다. 따라서 SO_3 은 군을 이룬다. 이 군을 **특수직교군**(special orthogonal group)이라고 부른다.

---

[46]3차 직교행렬을 정하는 과정에서 처음 열을 정하는 것은 단위구면의 한 점을 정하는 것과 마찬가지이므로 2차원의 자유도가 있고, 두 번째 열은 처음 열에 수직인 단위벡터 가운데에서 골라야 하므로 자유도가 1차원이고, 마지막 열은 처음 두 열벡터에 수직인 두 가지 벡터 중에 하나를 골라야 하므로 자유도가 없다. 따라서 3차 직교행렬 전체의 집합은 "3차원 공간"임을 알 수 있다.

[47]화학자들은 오존과 아황산을 각각 O_3, SO_3 으로 나타낸다.

그러나 행렬식 값이 -1 인 두 행렬을 곱하면 행렬식 값은 1 이 된다. 그러므로 $O_3^- = O_3 - SO_3 = -SO_3$ 는 군이 아니다.[48]

다음은 z-축 주위로 θ 만큼 회전시키는 변환을 나타내는 특수직교행렬의 대표적인 보기이다.

$$R_\theta := \begin{pmatrix} \cos\theta & -\sin\theta & 0 \\ \sin\theta & \cos\theta & 0 \\ 0 & 0 & 1 \end{pmatrix} \tag{3}$$

6.2.2 고유값

행렬은 선형사상으로 이해할 수 있다. 즉 3×3 정사각행렬 A 는 벡터

$$\mathbf{v} = \begin{pmatrix} v_1 \\ v_2 \\ v_3 \end{pmatrix} \in \mathbb{R}^3$$

를 벡터 $A\mathbf{v} \in \mathbb{R}^3$ 에 대응시킨다. 특히 표준 단위벡터

$$\mathbf{e}_1 := \begin{pmatrix} 1 \\ 0 \\ 0 \end{pmatrix}, \qquad \mathbf{e}_2 := \begin{pmatrix} 0 \\ 1 \\ 0 \end{pmatrix}, \qquad \mathbf{e}_3 := \begin{pmatrix} 0 \\ 0 \\ 1 \end{pmatrix}$$

에 대하여

$$\mathbf{a}_1 := A\mathbf{e}_1, \qquad \mathbf{a}_2 := A\mathbf{e}_2, \qquad \mathbf{a}_3 := A\mathbf{e}_3$$

는 각각 A 의 제 1 열, 제 2 열, 제 3 열이다: $A = (\mathbf{a}_1\ \mathbf{a}_2\ \mathbf{a}_2)$.

한편 $\mathbf{v} = v_1\mathbf{e}_1 + v_2\mathbf{e}_2 + v_3\mathbf{e}_3$ 이므로

$$A\mathbf{v} = v_1\mathbf{a}_1 + v_2\mathbf{a}_2 + v_3\mathbf{a}_3$$

이다.

이때 A 가 직교행렬이면 $\mathbf{a}_1, \mathbf{a}_2, \mathbf{a}_3$ 가 서로 수직인 단위벡터이고, 따라서

$$|A\mathbf{v}|^2 = |v_1\mathbf{a}_1 + v_2\mathbf{a}_2 + v_3\mathbf{a}_3|^2 = {v_1}^2 + {v_2}^2 + {v_3}^2 = |\mathbf{v}|^2$$

[48]하지만 위상적으로 SO_3 과 O_3^- 는 같다.

이다. 그러므로 직교행렬은 벡터의 크기를 변화시키지 않는 변환이고, 임의의 두 점 사이의 거리를 변화시키지 않는 변환이다.

역으로 선형사상 A가 $|A\mathbf{v}| = |\mathbf{v}|$ 이면 A는 벡터의 크기를 보존할 뿐만 아니라 두 벡터 사이의 각을 보존하고,[49] 특히 서로 수직인 벡터를 서로 수직인 벡터로 보낸다. 따라서

$$A\mathbf{e}_1, \qquad A\mathbf{e}_2, \qquad A\mathbf{e}_3$$

이 서로 수직인 단위벡터이고, A는 직교행렬이다.

정리 6.2.3 (i) *$A \in \mathrm{SO}_3$ 이면 $A\mathbf{v} = \mathbf{v}$ 인 단위벡터 $\mathbf{v} \in \mathbb{R}^3$ 가 존재한다.*

(ii) *$A \in \mathrm{O}_3^-$ 이면 $A\mathbf{v} = -\mathbf{v}$ 인 단위벡터 $\mathbf{v} \in \mathbb{R}^3$ 가 존재한다.*

증명. (i) 의 경우를 증명한다.

$$\begin{aligned}\det(I - A) &= \det(A^{\mathrm{t}}A - A) = \det\left((A^{\mathrm{t}} - I)A\right) \\ &= \det\left(A^{\mathrm{t}} - I\right) \cdot \det(A) = -\det\left(I - A^{\mathrm{t}}\right) \cdot 1 \\ &= -\det\left(I - A\right)\end{aligned}$$

이다. 이 식에서 $\det(I - A) = 0$ 을 얻는다. 따라서 $(I - A)\mathbf{v} = \mathbf{0}$ 인 단위벡터 $\mathbf{v}$가 존재한다.[50] 그러므로 $A\mathbf{v} = \mathbf{v}$ 이다.

마찬가지 방법으로 (ii) 를 증명할 수 있다. □

위 정리에서 (고유)벡터 $\mathbf{v}$와 수직인 벡터들의 집합을 $\mathbf{v}^\perp$ 이라고 하자:

$$\mathbf{v}^\perp := \{\mathbf{w} \in \mathbb{R}^3 \mid \mathbf{v} \cdot \mathbf{w} = 0\}.$$

그러면 A가 각을 보존하므로

$$A\left(\mathbf{v}^\perp\right) \subset \mathbf{v}^\perp$$

[49] $\mathbf{v} \cdot \mathbf{w} = \left(|\mathbf{v} + \mathbf{w}|^2 - |\mathbf{v}|^2 - |\mathbf{w}|^2\right)/2$

[50] 정사각행렬 $B := I - A$의 행렬식이 0이면 B의 열벡터 $\mathbf{b}_1$, $\mathbf{b}_2$, $\mathbf{b}_3$ 들이 서로 일차종속이고, 그러므로 $\mathbf{b}_1 v_1 + \mathbf{b}_2 v_2 + \mathbf{b}_3 v_3 = \mathbf{0}$ 인 단위 벡터 $\mathbf{v} = v_1\mathbf{e}_1 + v_2\mathbf{e}_2 + v_3\mathbf{e}_3$ 이 존재하고, 따라서 $B\mathbf{v} = \mathbf{0}$ 이다.

이다. 따라서 $A|_{\mathbf{v}^\perp}$ 는 평면 $\mathbf{v}^\perp$ 을 자신으로 보내고, 향을 보존하는 등장변환이다. 한편, 평면의 변환 가운데 원점을 고정하고 향을 보존하는 등장변환은 회전변환뿐이므로 $A|_{\mathbf{v}^\perp}$ 은 회전변환이다.

이제 임의의 벡터 $\mathbf{w} \in \mathbb{R}^3$ 를 $\mathbf{v}$ 와 나란한 성분과 $\mathbf{v}^\perp$ 과 나란한 성분으로 분해하여 $\mathbf{w} = \mathbf{w}_\parallel + \mathbf{w}_\perp$ 으로 두면 $A(\mathbf{w}) = \pm\mathbf{w}_\parallel + A(\mathbf{w}_\perp)$ 이다. 이로부터 다음 정리를 얻는다.

따름정리 6.2.4 (i) $A \in \mathrm{SO}_3$ *이면* A *는 회전변환이다.*

(ii) $A \in \mathrm{O}_3^-$ *이면* A *는 회전반사변환이다.*

6.2.5 고유벡터

3×3 행렬 A 가 특수직교행렬인 경우는 축을 잘 정하면 본질적으로 회전행렬 (3)과 마찬가지이다. 그러므로 회전각 $\theta \in [0, \pi]$ 는 다음 식에서 바로 구할 수 있다:[51]

$$\mathrm{tr}(A) = 1 + 2\cos\theta.$$

그러므로

$$-1 \le \mathrm{tr}(A) \le 3$$

이다. 일반적으로 3×3 행렬의 고유값이나 고유벡터를 구하는 것은 삼차방정식을 풀어야 하는 문제이지만, 직교행렬의 경우는 방정식을 풀 필요가 없이 바로 고유벡터를 알 수 있음을 밝혀 보기로 한다.

(i) $\mathrm{tr}(A) = 3$ 인 경우: 이때는 $\cos\theta = 0$ 이고, 따라서 A 는 항등변환이다.

(ii) $\mathrm{tr}(A) = -1$ 인 경우: 이때는 $\cos\theta = -1$ 이고, 따라서 A 는 180°-회전, 즉 반바퀴 회전변환이다. 그러므로 $A^2 = I$ 이고, 따라서 $A^{\mathrm{t}} = A$, 즉 A 는 대칭행렬이다. (이때 A 의 고유값들은 $+1, -1, -1$ 이다.)

[51] 회전각이 π 를 넘는 경우는 축을 반대방향으로 잡는다. 우리는 $\mathbb{R}^3$ 의 표준 향, 즉 오른손 법칙을 따른다.

반바퀴 회전변환 $(+--)$과 항등변환$(+++)$을 더하면 회전축 방향으로 정사영한 것을 두 배한 것이므로, $A+I$ 의 열벡터들은 일차종속이고, 이들이 가리키는 벡터가 A 의 회전축이다.[52]

(iii) $-1 < \mathrm{tr}(A) < 2$, 즉 $0 < \theta < \pi$ 인 경우: 이때에는 A 의 왜대칭 부분[53] A_- 는 영행렬이 아니다. 그러므로 이에 대응되는 벡터 $\mathbf{v}$ 도 영벡터가 아니다. 이제

$$A\mathbf{v} = \mathbf{v}$$

임을 밝히기로 한다.

먼저 $A_-(\mathbf{v}) = \mathbf{0}$ 이므로 $A(\mathbf{v}) = A^{\mathrm{t}}(\mathbf{v})$ 임을 안다, 그러므로 $A^2(\mathbf{v}) = A(A^{\mathrm{t}}\mathbf{v}) = \mathbf{v}$ 이다. 이제 $\mathbf{v}$ 를 A 의 회전 축에 수직인 평면에 정사영한 것을 $\mathbf{v}_\perp$ 라고 두면, $A^2(\mathbf{v}_\perp) = \mathbf{v}_\perp$ 를 얻는다. 그런데 A 의 회전각 θ 가 $0 < \theta < \pi$ 인 경우에 이 등식이 있다면, $\mathbf{v}_\perp = \mathbf{0}$ 이라야 하고, 따라서 $\mathbf{v}$ 는 축 방향의 벡터이다. □

(연습문제: 이때 $\|\mathbf{v}\| = \sin\theta$ 임을 밝히라.)

---

[52] $\frac{1}{2}(A+I)$ 은 제곱하면 자기자신인 대칭행렬이므로, 정사영을 의미한다. 이때 그 상이 바로 A 의 회전축이다. **정사영행렬**(orthogonal projection)이란 대칭행렬이면서 제곱한 것이 자기 자신인 행렬 P 를 뜻한다. 이때 $\|P\|^2 = \mathrm{tr}(P^{\mathrm{t}}P) = \mathrm{tr}(P^2) = \mathrm{tr}(P)$ 이다 [HP4]. 그러므로 $\frac{1}{2}(A+I)$ 의 각 열벡터의 제곱길이를 더하면 $\left\|\frac{1}{2}(A+I)\right\|^2 = \mathrm{tr}\left(\frac{1}{2}(A+I)\right) = \frac{1}{2}(-1+3) = 1$ 이다.

[53] 모든 정사각행렬 A 는 대칭행렬 A_+ 와 왜대칭행렬(skew-symmetric matrix) A_- 의 합이다: $A_+ := \frac{1}{2}(A+A^{\mathrm{t}})$, $A_- := \frac{1}{2}(A-A^{\mathrm{t}})$. 3×3 왜대칭행렬 A_- 에는 대응되는 벡터 $\mathbf{v} \in \mathbb{R}^3$ 가 있는데, 다음 성질에 의하여 정해진다.

$$A_-(\mathbf{x}) = \mathbf{v} \times \mathbf{x} \qquad (\mathbf{x} \in \mathbb{R}^3).$$

특히 $A_-(\mathbf{v}) = \mathbf{v} \times \mathbf{v} = \mathbf{0}$ 이다. 또 $\|A_-\|^2 = 2\|\mathbf{v}\|^2$ 임을 알 수 있다.

$$\begin{pmatrix} 0 & -c & b \\ c & 0 & -a \\ -b & a & 0 \end{pmatrix} \rightsquigarrow \begin{pmatrix} a \\ b \\ c \end{pmatrix}$$

6.2.6 회전반사

점대칭 변환 $-I$ 는 원점을 지나는 아무 평면에 대한 면대칭변환을 한 다음, 그 평면에 수직인 (원점을 지나는) 축에 대하여 $180°$ 회전한 변환과 같다.

만약 $A \in \mathrm{O}_3^- - \{-I\}$ 이면 점대칭 변환 $-I$ 와 합성한 변환 $-A \in \mathrm{SO}_3$ 의 고유벡터 $\mathbf{u}$ 와 회전각 $\theta \in [0, \pi]$ 를 구할 수 있다. 따라서 $\mathbf{u}$ 가 A 의 회전축이고, 면대칭면 $\mathbf{u}^\perp$ 에서 ($\mathbf{u}$ 에 대한) 회전각은 $\theta + \pi$ 이다.

6.2.7 $\mathbb{S}^3 \to \mathbb{P}^3 \simeq \mathrm{SO}_3$

SO_3 의 원소 중 항등원이 아닌 것은 회전축을 서술하는 단위벡터 $\mathbf{v}$ 와 회전각 θ $(0 < |\theta| \leq \pi)$ 에 대하여 벡터

$$\mathbf{x} = \tfrac{\theta}{\pi}\mathbf{v}$$

에 대응시킬 수 있다. 또 항등원은 영벡터에 대응시킨다.

한편 벡터 $\mathbf{v}$ 와 $-\mathbf{v}$ 는 같은 $180°$ 회전변환을 나타내므로,

$$\mathrm{SO}_3 \simeq \{\mathbf{x} \in \mathbb{R}^3 \ : \ |\mathbf{x}| \leq 1\}/\sim$$

이고[54] 이것은 위상적으로 사영공간 $\mathbb{P}^3 = \mathbb{A}^3 \cup \mathbb{P}^2$ 와 같다.

W. Hamilton(1805–1865)은 **사원수**(quaternion)를 이용하여 공간의 회전운동을 설명하였다.[55]

[54]반지름의 길이가 1 인 공에서 껍질에 있는 점들 중 서로 반극점인 것을 하나로 보는 관계 ($\sim$)를 이용하였다.

[55]사원수 공간 $\mathbb{H} := \{t + x\mathbf{i} + y\mathbf{j} + z\mathbf{k} : (t, x, y, z) \in \mathbb{R}^4\}$ 에서 단위 사원수들로 이루어진 삼차원 구

$$\mathbb{S}^3 := \{q \in \mathbb{H} : |q| = 1\} \simeq \{(\psi_0, \psi_1) \in \mathbb{C}^2 : |\psi_0|^2 + |\psi_1|^2 = 1\}$$

가 초보적인 **스핀군**이다 [Ebbinghaus et al.]. 사원수 공간에는 제곱하면 -1 이 되는 원소들이 구면을 이룬다: $\mathbb{S}^2 = \{q \in \mathbb{H} : q^2 = -1\} = \{x\mathbf{i} + y\mathbf{j} + z\mathbf{k} : x^2 + y^2 + z^2 = 1,\ (x, y, z) \in \mathbb{R}^3\}$.

6.2.8 Euclid 운동군

삼차원 유클리드 공간 $\mathbb{E}^3$ 의 운동 전체의 집합을 삼차원 공간의 **Euclid 운동군**이라고 부르고, E_3 으로 나타내기로 한다.

정리 6.2.9 *원점을 고정하는 등장변환 $f : \mathbb{R}^3 \to \mathbb{R}^3$ 는 직교행렬로 표현되는 선형변환이다.*

증명. 다음 순서로 밝힐 수 있다.

(i) $|f(\mathbf{x}) - f(\mathbf{y})| = |\mathbf{x} - \mathbf{y}|$ (ii) $|f(\mathbf{x})| = |\mathbf{x}|$

(iii) $f(\mathbf{x}) \cdot f(\mathbf{y}) = \mathbf{x} \cdot \mathbf{y}$ $(\because\ \mathbf{x} \cdot \mathbf{y} = (|\mathbf{x}|^2 + |\mathbf{y}|^2 - |\mathbf{x} - \mathbf{y}|^2)/2\ )$

(iv) $|f(a\mathbf{x} + b\mathbf{y}) - af(\mathbf{x}) - bf(\mathbf{y})|^2 = |(a\mathbf{x} + b\mathbf{y}) - a\mathbf{x} - b\mathbf{y}|^2 = 0.$ □

모든 변환은 당연히 한 점을 고정하는 변환과 평행이동의 합성이므로, 위 정리에서 삼차원 Euclid 공간의 운동군의 차원이 6 임을 안다:[56] $\dim \mathrm{E}_3 = 3 + 3 = 6$.

공간에서 **나선운동**이란 회전변환을 한 다음, 회전축 방향으로 평행이동한 변환을 뜻한다. **미끄럼 반사운동**은 면대칭 변환을 한 다음, 대칭면에 나란한 방향으로 평행이동시킨 변환을 뜻한다.

정리 6.2.10 *삼차원 운동 중 일종 운동은 나선운동이고, 이종 운동은 회전반사운동이거나 미끄럼반사운동이다.*

6.2.11 연습문제

삼차원 공간에서 회전변환 r_1, r_2 의 축이 서로 나란하고 회전각이 같으면 "r_1, r_2 의 차" $r_1 \circ {r_2}^{-1}$ 은 평행변환임을 설명하라.

---

[56]위 정리에서 변환 $f : \mathbb{E}^n \to \mathbb{E}^n$ 이 유클리드 운동이면, f 의 도함수

$$f_* : \vec{\mathbb{E}}^n \to \vec{\mathbb{E}}^n, \qquad \mathbf{v} \mapsto f(O + \mathbf{v}) - f(O)$$

는 (선택하는 점 O 와 무관한) 직교변환임을 알 수 있다. 이때 다음과 같은 짧은 완전열(short exact sequence)이 있다: $o \to \vec{\mathbb{E}}^n \to \mathrm{E}_n \to \mathrm{O}\left(\vec{\mathbb{E}}^n\right) \to o$. 앞으로 운동군 E_n 의 부분군 G 에 대하여 직교군 $\mathrm{O}\left(\vec{\mathbb{E}}^n\right)$ 속의 상(image)을 G 의 **점군**(point group)이라 부르기로 한다.

제 7 절 Sophus Lie

연속군 중에서도 "미분 구조"가 있는 유한차원 군을 **Lie 군**(Lie group)이라고 부른다. 노르웨이 수학자 S. Lie는 Galois의 이론에 감명받고, 1869년부터 이 이론을 "미분방정식 이론"에 적용하기 위하여 연속군(continuous group)의 개념을 도입하였다 [Gamkrelidze], [Bryant].

Lie의 이론에서 미분방정식

$$\frac{d\mathbf{x}}{dt} = \mathbf{F}(t, \mathbf{x}(t))$$

를 푼다는 것은 **구적법**(to solve by quadrature)을 유한 번 사용하여 풀이한다는 뜻이다. 보기를 들어 미분방정식

$$\frac{dx}{dt} = e^{-t^2}, \qquad x(0) = 0$$

을 구적법으로 풀면 $x(t) = \int_0^t e^{-u^2}\, du$ 이다.

7.1 벡터장

유클리드 공간 $\mathbb{E}$의 열린 집합 U에서 정의된 **벡터장**이란 U의 각 점 p마다 벡터 $\mathbf{F}(p) \in \vec{\mathbb{E}}$를 대응시키는 (적어도 연속인) 사상 $\mathbf{F}$를 뜻한다.[57]

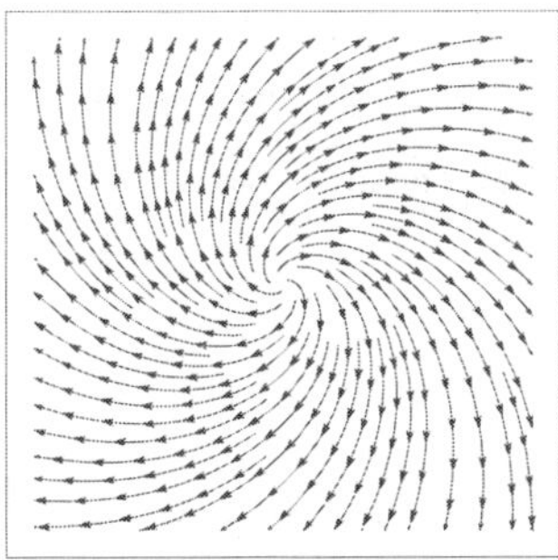

만약 $\mathbf{v}$가 벡터이면, 이 벡터는 상수(constant) 벡터장으로 이해할 수 있다. 이 벡터(장)은 U에서 정의된 함수들의 방향도함수를 알려준다: $f \mapsto \mathrm{D}_{\mathbf{v}}(f)$. 이런 상수

[57]더욱 정확하게 말하면 벡터 $\mathbf{F}(p)$는 점 p의 **접공간**(tangent space) $\mathbb{E}_p := \{p\} \times \vec{\mathbb{E}}$의 원소이다.

벡터장들은 (Leibniz, Euler, Clairaut 등의) **편미분 교환법칙**

$$\mathrm{D}_{\mathbf{v}} \circ \mathrm{D}_{\mathbf{w}} = \mathrm{D}_{\mathbf{w}} \circ \mathrm{D}_{\mathbf{v}}$$

을 만족시킨다.

공간 $\mathbb{E}$ 에 직교좌표계 $(x_1, \ldots, x_n)$ 이 정해져 있으면, 표준단위벡터들 $\mathbf{e}_1, \ldots, \mathbf{e}_n$ 이 정해지고, 이 벡터(장)들에 대응되는 방향미분들이 바로 편미분

$$\frac{\partial}{\partial x_1}, \quad \ldots, \quad \frac{\partial}{\partial x_n}$$

들이다. 오늘날은 벡터장을 방향미분과 같은 것으로 이해한다. 즉 상수 벡터장 $\mathbf{v} = \sum_{i=1}^{n} v_i \, \mathbf{e}_i$ 는 미분작용소

$$\mathrm{D}_{\mathbf{v}} = \sum_{i=1}^{n} v_i \frac{\partial}{\partial x_i}$$

와 같은 것이다.

U 의 일반적인 벡터장은

$$\mathbf{F} = f_1 \frac{\partial}{\partial x_1} + \cdots + f_n \frac{\partial}{\partial x_n}$$

처럼 쓸 수 있다. 여기에서 $f_1, \ldots, f_n$ 은 U 에서 정의된 함수들인데, 더욱 일반적으로는 시간에 따라 변하는 함수들일 수 있다.

7.2 연속운동군과 벡터장

Lie 는 미분방정식을 연구하면서, 이 방정식을 변화시키지 않는 변환들을 연구하였고, 이로부터 미분방정식의 해를 구하는 법을 설명하였다. 이 과정에서 그는 연속군에서 **무한소변환**, 즉 벡터장을 얻는 과정을 통하여 **Lie 대수**(Lie algebra)[58]를 발견하였다.

Lie 의 이론은 Élie Cartan, Hermann Weyl 등에 의하여 크게 발전한다.

7.2.1 변환과 쌍대변환

집합 A, B 사이의 사상

$$\Phi : A \to B$$

는 함수 집합 $A^* := \{g : A \to \mathbb{R}\}$, $B^* := \{f : B \to \mathbb{R}\}$ 사이의 사상

$$\Phi^* : B^* \to A^*, \qquad \Phi^* f := f \circ \Phi$$

를 정의한다.

[58]이 용어는 1934 년에 H. Weyl 이 처음 사용하였다 [Bourbaki].

7.2.2 보기: 평행이동

$\mathbb{R}^n$ 에서 각 점들이 일정한 방향 $\mathbf{v}$ 로 등속운동하는 변환

$$\Phi_t : \mathbb{R}^n \to \mathbb{R}^n, \qquad \Phi_t(\mathbf{x}) := \mathbf{x} + t\mathbf{v} \qquad (t \in \mathbb{R})$$

를 생각하자. 이때

$$\Phi_{t_1} \circ \Phi_{t_2} = \Phi_{t_1+t_2}, \qquad \Phi_0 = \mathrm{id}$$

이므로 이들은 군을 형성한다.[59] 이 변환들은 공간의 점 뿐 아니라 공간에서 자라는 함수 $f : \mathbb{R}^n \to \mathbb{R}$ 도 변화시켜

$$(\Phi_t^* f)(\mathbf{x}) := f(\mathbf{x} + t\mathbf{v})$$

로 만든다.[60] 이때 f 가 미분가능하면

$$\left.\frac{d}{dt}\right|_0 (\Phi_t^* f)(\mathbf{x}) = \left.\frac{d}{dt}\right|_0 f(\mathbf{x} + t\mathbf{v}) = \mathrm{D}_\mathbf{v} f(\mathbf{x})$$

이고 이것을 간단히

$$\left.\frac{d}{dt}\right|_0 \Phi_t^* = \mathrm{D}_\mathbf{v}$$

로 쓸 수 있다.[61] Lie는 미분방정식

$$\mathbf{x}'(t) = \mathbf{F}(t, \mathbf{x}) =: \mathbf{v} \tag{4}$$

의 한 해가

$$\mathbf{x}(t) = \mathbf{x}_0 + t\mathbf{v} = \Phi_t(\mathbf{x}_0)$$

인데, 벡터장 $\mathbf{F}(t, \mathbf{x}) = \mathbf{v}$ 가 평행이동 $\mathbf{x} \mapsto \mathbf{x} + \mathbf{w}$ 에 대하여 변화하지 않으므로, 미분방정식 (4)의 해도 평행이동에 대하여 변화하지 않는다고 하였다.

일반적으로 벡터장 $\mathbf{G}(t, \mathbf{x}) = \mathbf{A}(t)$ 는 평행이동 $\mathbf{x} \mapsto \mathbf{x} + \mathbf{w}$ 에 대하여 변하지 않고, 즉 평행이동이라는 대칭성을 가지고 있고, 따라서 $\mathbf{x}(t)$ 가 미분방정식 $\mathbf{x}'(t) = \mathbf{A}(t)$ 의 해이면 평행이동한 것 $\mathbf{x}(t) + \mathbf{w}$ 도 여전히 해이다.

---

[59] 이러한 성질의 함수족 $\{\Phi_t : t \in \mathbb{R}\}$ 를 **일매개변수 부분군**(1-parameter subgroup)이라 한다.

[60] 만약 f 가 해석적(analytic)이면, Taylor 전개하여

$$f(\mathbf{x} + t\mathbf{v}) = \sum_{k=0}^{\infty} \frac{t^k}{k!} {\mathrm{D}_\mathbf{v}}^k f(\mathbf{x}) = e^{t\mathrm{D}_\mathbf{v}} f(\mathbf{x})$$

이므로 $\Phi_t^* = e^{t\mathrm{D}_\mathbf{v}}$ 이다. 그러므로 벡터장 $\mathbf{v}$ 에서 변환군 Φ_t^* 를 얻는다.

[61] ϕ_t 가 Lie 군 G 속의 곡선으로 ϕ_0 가 항등원이면, $\left.\frac{d}{dt}\right|_0 \phi_t$ 는 Lie 대수의 원소이다.

7.2.3 보기: 닮음 변환

만약

$$\Phi_t : \mathbb{R}^n \to \mathbb{R}^n, \qquad \Phi_t(\mathbf{x}) = e^t\mathbf{x} = e^t(x_1, \ldots, x_n)$$

이면

$$\Phi_{t_1} \circ \Phi_{t_2} = \Phi_{t_1+t_2}, \qquad \Phi_0 = \mathrm{id}$$

이고, 임의의 함수 $f : \mathbb{R}^n \to \mathbb{R}$ 에 대하여

$$\left(\Phi_t^* f\right)(\mathbf{x}) := f(e^t\mathbf{x})$$

이다. 이때 $f(\mathbf{x})$ 가 미분가능하면

$$\left.\frac{d}{dt}\right|_0 \left(\Phi_t^* f\right)(\mathbf{x}) = \sum_{i=1}^n x_i \frac{\partial}{\partial x_i} f(\mathbf{x})$$

이고 이것을 간단히

$$\left.\frac{d}{dt}\right|_0 \Phi_t^* = \sum_{i=1}^n x_i \frac{\partial}{\partial x_i}$$

로 쓸 수 있다.[62] 이 미분작용소는 **오일러 벡터장**

$$\mathbf{F}(\mathbf{x}) := \mathbf{x} = \left.\frac{d}{dt}\right|_0 \Phi_t(\mathbf{x})$$

에 대응된다.

오일러 벡터장은 닮음 변환 $\mathbf{x} \mapsto c\mathbf{x}$ 에 대하여 변화하지 않고, 따라서 미분방정식 $\mathbf{x}'(t) = \mathbf{F}(\mathbf{x}(t)) = \mathbf{x}(t)$ 의 한 해 $\mathbf{x}(t) = \Phi_t(\mathbf{x}_0) = e^t\mathbf{x}_0$ 를 닮음 변환하여도 여전히 해이다.

7.2.4 보기: 사영변환

만약

$$\Phi_t : \mathbb{R} \to \mathbb{R}, \qquad \Phi_t(x) = \frac{x}{tx+1}$$

이면[63]

$$\Phi_{t_1} \circ \Phi_{t_2} = \Phi_{t_1+t_2}, \qquad \Phi_0 = \mathrm{id}$$

---

[62] $n = 1$ 이면 $\left.\frac{d}{dt}\right|_0 \Phi_t^* = x\frac{d}{dx}$ 이다.

[63] 이 보기에서 변환 Φ_t 의 정의역을 "사영직선" $\mathbb{P}^1 = \mathbb{R} \cup \{\infty\}$ 로 생각하여도 된다. Φ_t 를 $\begin{bmatrix} 1 & 0 \\ t & 1 \end{bmatrix}$ 로 나타내면 $\begin{bmatrix} 1 & 0 \\ t_1 & 1 \end{bmatrix}\begin{bmatrix} 1 & 0 \\ t_2 & 1 \end{bmatrix} = \begin{bmatrix} 1 & 0 \\ t_1+t_2 & 1 \end{bmatrix}$ 이다. [HP4] 연습문제 4.4.3.3 참고.

이고, 임의의 함수 $f : \mathbb{R} \to \mathbb{R}$에 대하여

$$(\Phi_t^*(f))(x) := f\left(\frac{x}{tx+1}\right)$$

이다. 이때 $f(x)$가 미분가능하면

$$\left.\frac{d}{dt}\right|_0 (\Phi_t^*(f))(x) = -x^2 \frac{d}{dx} f(x)$$

이고 이것을 간단히

$$\left.\frac{d}{dt}\right|_0 \Phi_t^* = -x^2 \frac{d}{dx}$$

로 쓸 수 있다. 그러므로 미분방정식

$$x' = -x^2$$

의 한 해 $x(t) = \frac{1}{t}$를 알면

$$\Phi_u(x(t)) = \frac{x(t)}{ux(t)+1} = \frac{1}{u+t}$$

도 해임을 알 수 있다.

7.2.5 보기: 적분인자

어떤 영역 $U \subset \mathbb{R}^2$에서 정의된 **미분방정식**[64]

$$\omega := \omega_1\, dx + \omega_2\, dy = 0$$

을 생각하자. 이때 영역의 “미분동형들의 일매개변수 부분군”

$$\Phi_t : U \to U \qquad (t \in \mathbb{R})$$

들이 ω를 변화시키지 않으면 ω의 **적분인자**(integrating factor)를 구할 수 있다는 것이 Lie의 이론 중의 하나이다. 적분인자는 다음과 같이 구한다. 우선 Φ_t가 만드는 벡터장을

$$\mathbf{F} = f_1 \frac{\partial}{\partial x} + f_2 \frac{\partial}{\partial y}$$

라 하면, $1/(f_1\omega_1 + f_2\omega_2)$가 적분인자이다. Lie는 어떻게 Φ_t를 구하는지도 설명하였다 [Helgason, pp.144–147].

[64]미분방정식 $\frac{dy}{dx} = f(x,y)$는 $f(x,y)dx - dy = 0$으로 이해한다.

7.2.6 보기

상수 a, b, c, d 에 대하여 미분방정식

$$\frac{dy}{dx} = \frac{ax^2 + by^2}{cx^2 + dy^2}$$

은 변환 $(x, y) \mapsto \lambda(x, y)$ 에 대하여 변화하지 않는다. 그러므로 새로운 변수 $w = y/x$ 를 도입하면 방정식 $x\frac{dw}{dx} = \frac{a+bw^2}{c+dw^2} - w$ 를 얻고 이것은 **변수분리법**으로 쉽게 풀 수 있다. [Kazdan, p.24].

7.2.7 보기

미분방정식 $(y + x(x^2 + y^2))dx + (-x + y(x^2 + y^2))dy = 0$ 는 회전변환

$$\Phi_t \;:\; (x, y) \mapsto (x\cos t + y\sin t, -x\sin t + y\cos t)$$

에 대하여 변화하지 않는다. 이때

$$\mathbf{F} = -y\frac{\partial}{\partial x} + x\frac{\partial}{\partial y}$$

가 Φ_t 에 대응하는 벡터장이고, 따라서 적분인자로 $1/(x^2 + y^2)$ 를 사용하면

$$d\left(-\arctan\left(\frac{y}{x}\right) + \frac{1}{2}(x^2 + y^2)\right) = 0$$

을 얻는다. 이로부터 $\frac{y}{x} = \tan\left(c + \frac{1}{2}(x^2 + y^2)\right)$ 을 얻는다.

7.3 보존법칙

변화 속에서 변하지 않는 것은 **보존법칙**(Conservation Law)을 만든다. E. Noether(1882–1935)는 1918 년에 보존법칙의 일반 원리를 밝혔다 [Bryant].

제 8 절 단순 Lie 군

수학자들은 **단순 Lie 군**의 표를 가지고 있다.[65] 프랑스의 É. Cartan(1869–1951)은 독일 수학자 W. Killing(1847–1923)의 연구를 보완하여 단순 Lie 군을 모두 분류하였다. 단순연결된[66] 옹골[67] 단순 Lie 군은 네 가지 족

$$\mathrm{SU}_n, \quad \mathrm{Spin}_{2n+1}, \quad \mathrm{Sp}_n, \quad \mathrm{Spin}_{2n}$$

에 속하거나 또는 **예외적인 군**(exceptional group)

$$E_6, \quad E_7, \quad E_8, \quad F_4, \quad G_2$$

중의 하나이다.[68]

복소공간 $\mathbb{C}^n$ 에서 자신으로 가는 선형사상 중에서 "복소 내적"(Hermitian inner-product)을 보존하는 것들로 이루어진 군을 **유니타리 군**(unitary group)이라 하고, U_n 으로 나타낸다. 유니타리 변환 중에서 행렬식 값이 1인 것들로 이루어진 군을 SU_n 으로 나타낸다. **스핀군** Spin_n 은 SO_n 의 이중덮개(double cover)인데, n 의 홀짝에 따라 성질이 다르기 때문에 분리하여 나타내었다. **사교군**(symplectic group) Sp_n 은 사원수 공간 $\mathbb{H}^n$ 에서 자신으로 가는 사상 중 "사원수 내적"을 보존하는 선형사상들로 이루어져 있는 군이다.

---

[65]이러한 표는 중력, 전자기력, 강력, 약력 등 "자연의 기본 힘"을 서술하는 데 쓰이고, 원자들의 구조를 설명하고 주기율표를 이해하는 데에도 쓰이며 시간과 공간의 대칭성을 말할 수 있게 한다. 오늘날 소립자들의 **표준모형**(standard model)은 $\mathrm{U}_1 \times \mathrm{SU}_2 \times \mathrm{SU}_3$ 의 표현으로 설명하기도 한다.

[66]연결된 위상 공간 X 가 **단순연결**(simply connected)라는 것은 시작점과 도착점이 같은 두 곡선 $\gamma_0, \gamma_1 : [a,b] \to X$ 가 있으면, 양 끝점을 고정하면서 한 곡선을 변형하여 다른 곡선이 되게 할 수 있다는 말이다. 즉 다음 성질을 가지는 연속함수 $\Gamma : [a,b] \times [0,1] \to X$ 가 존재한다는 뜻이다: 모든 $(t,u) \in [a,b] \times [0,1]$ 에 대하여

$$\Gamma(t,0) = \gamma_0(t), \quad \Gamma(t,1) = \gamma_1(t), \quad \Gamma(a,u) = \gamma_0(a), \quad \Gamma(b,u) = \gamma_0(b) .$$

모든 연결된 공간은 단순연결된 공간의 그림자이다.

[67]위상공간 X 가 **옹골**(compact)이라는 것은 "모든 연속함수 $f : X \to \mathbb{R}$ 가 최대값을 가진다"는 것을 뜻한다. 유클리드 공간의 부분 집합일 경우에는 옹골집합은 "유계이고 닫힌 집합"과 같은 뜻이다. 위상수학 책에는 "옹골"을 보통 다음과 같이 설명한다. *X 의 닫힌 집합들로 구성된 집합 K 가 있다고 하다. 이때 K 의 임의의 유한 부분집합 S 에 대하여 $\bigcap S \neq \varnothing$ 이라 하자. 그러면 $\bigcap K \neq \varnothing$ 이다. 특히 $K_1, K_2, \cdots \in K$ 이고, $K_1 \supset K_2 \supset \ldots$ 이면 $\bigcap_{i=1}^{\infty} K_i \neq \varnothing$ 이다.*

[68]이들의 차원은 각각 $n^2 - 1, n(2n+1), n(2n+1), n(2n-1), 78, 133, 248, 52, 14$ 이다.

제 9 절 Hilbert 문제 5번

Lie의 이론에는 변환군의 원소들이 만드는 **무한소변환**, 즉 벡터장이 등장하는데, 현대적인 의미로는 이 군에 “미분 구조”를 가정한 것이다.

국소적으로 Euclid 공간과 위상(topology)이 같은 공간을 **다양체**(manifold)라고 부른다.[69]

어떤 다양체에 “미분 구조가 있다”는 말은 “그 다양체 속을 움직이는 점들의 **속도**벡터를 구하는 방법이 있다”는 뜻이다. 미분 구조가 있는 다양체를 **미분다양체** (differentiable manifold)라 한다.[70]

Hilbert는 “국소적으로 Euclid 공간과 위상이 같은 연속군에 미분 구조가 항상 존재하는가?”라는 질문을 하였고, 이에 대한 긍정적인 답이 1953년에 Gleason과 (Montgomery, Zippin)에 의하여 풀렸다.[71] 하지만 아직도 “쉬운 증명”은 없다. Lie 군에는 미분 구조가 오직 한 가지 존재한다.[72]

9.1 Euclid 공간의 미분 구조

1986년 미국 캘리포니아의 Berkeley에서 열린 세계수학자대회에서 U.C. San Diego 대학의 M. Freedman과 Oxford 대학의 S. Donaldson 및 독일의 G. Faltings가 Fields 상을 수상하였다.

Faltings는 정수 방정식에 관한 Modell 가설을 증명한 공로로 상을 받았다.

Freedman은 단순연결된 옹골 사차원 다양체마다 “대수적 구조”[73]를 대응시키는 방법이 거의 일대일 대응임을 보여, 이러한 공간들의 완벽한 분류를 하였다. 특히 “단순연결된 옹골 사차원 공간의 제2 Betti 수가 0이면 그것은 4차원 구 $\mathbb{S}^4$”라는 (위상적) 사차원 푸앵카레 가설이 참임을 밝혔다.[74]

---

[69]이상한 현상들을 배제하기 위하여 보통 “거리화 가능하다”는 조건을 다양체에 추가한다.

[70]고차원 공간 또는 다양체의 개념은 Riemann의 1854년 강연에서 탄생하여 20세기에 와서 분명하게 확립되었다.

[71]연속군이 옹골(compact)인 경우에는 von Neumann이 1933에 해결하였다 [Kaplanski], [Halmos].

[72]이 구조는 자동으로 해석구조이다.

[73]**교차형식**(intersection form)이라고 부르는 이차형식(quadratic form)인데, 사차원 공간에서 두 곡면들이 몇 개의 점에서 만나는가를 밝히는 방법을 뜻한다.

[74]원래의 **푸앵카레 가설**은 “단순연결된 삼차원 옹골 다양체는 $\mathbb{S}^3$ 뿐이다”라는 것인데, 2002년 러시아의 Grigori Perelman(1966–)은 인터넷에 그 증명을 발표하였다. 그는 더욱 일반적인 William Thurston(1946–2012)의 **기하 가설**(Geometrization Conjecture)에 관한 증명까지 올렸다. 하지만 Perelman은 2006년 Fields 상을 거부하였고, 2010년 Clay 수학연구소가 내건

Donaldson 은 Yang-Mills 방정식을 연구하여 어떤 4차원 위상다양체에는 미분 구조가 존재하지 않는다는 것을 보여서 상을 받았다. "미분 구조"를 다룰 때에는 Freedman 의 대응에 많은 제약이 있음을 알 수 있다. Donaldson 의 결과에서 사차원 Euclid 공간에는 현재 표준으로 사용하고 있는 미분법 외에 다른 종류의 미분법이 불가산수, 즉 연속수만큼 많이 존재한다는 것이 알려졌다.

다른 차원의 Euclid 공간에는 본질적으로 한 가지 미분 구조뿐이다.

하지만 아직도 사차원 구 $\mathbb{S}^4$ 에 이상한 미분 구조가 있는지는 잘 모르고 있다.

참고문헌

황준묵, *복소기하학*, 대한수학회 소식지 **63**, 1999년 1월, 22–25, 46.

A. D. Alexandrov, A. N. Kolmogorov, M. A. Lavrent'ev, *Mathematics, its content, methods, and meaning*, I, II, III, M.I.T. Press, 1963.

N. Bourbaki, *Lie Groups and Lie Algebras*, Elements of Mathematics, 1975, Hermann. (Historical Note, pp. 410–430)

R. Bryant, *An Introduction to Lie groups and Symplectic Geometry*, in Geometry and Quantum Field Theory, IAS/Park City Mathematics Series **1** (1995), 5-184.

———, *Élie Cartan and Geometric Duality*, 1998.

G. Czichowski, *Lie Theory of Differential Equations and Computer Algebra*, Seminar Sophus Lie **1** (1991), 83–91.

K. Devlin, *Mathematics: The New Golden Age*, Penguin Group Ltd., 1988. (허민 옮김, 수학: 새로운 황금시대, 경문사, 1995, 1999)

H.-D. Ebbinghaus, H. Hermes, F. Hirzebruch, M. Koecher, K. Mainzer, J. Neukirch, f A. Prestel, R. Remmert, *Numbers*, Springer, 1991, 1995.

H. Eves, *An Introduction to the History of Mathematics*, Sixth ed., Saunders College Publishing, 1990. (이우영, 신항균 역, 경문사, 1996)

R. V. Gamkrelidze (ed.), *Geomerty I*, Springer-Verlag, 1991.

C. Gottlieb, *The simple and straightforward construction of the regular 257-gon*, The Mathematical Intelligencer **21**, No. 1 (1999), 31–37.

T. Hawkins, *Jacobi and the birth of Lie's theory of groups*, Arch. Hist. Exacte Sci. **42** (1991), 187–278.

S. Helgason, *Differential Geometry, Lie Geoups, and Symmetric Spaces*, Academic Press, 1978.

R. Howe, *A Century of Lie Theory*, Proc. Amer. Math. Soc., Centennial Symposium, 1992.

현상금 100만불도 거부하였다 [Nasar, Gruber].

I. Kaplanski, *Lie Algebras and Locally Compact Groups*, Chicago Univ. Press, Chicago, 1971.

J. Kazdan, *Solving Equations, An Elegant Legacy*, Amer. Math. Monthly **105** (1998), 1–21.

F. Klein, *Lectures on the Icosahedron*, Kegan Paul, London, 1913.

B. Konstant, *The Graph of the Truncated Icosahedron and the Last Letter of Galois*, Notices of Amer. Math. Soc. **42** (1995), 959–958.

M. Livio, *The equation that couldn't be solved*, 2005. (심재관 옮김, *에발리스트 갈루아, 한 수학천재를 위한 레퀴엠*, 살림Math, 2009.

G. Mackey, *Harmonic Analysis as the exploitation of Symmetry–A Historical Survey*, Bull. Amer. Math. Soc., 3 (1980), 543–698.

S. Nasar, D. Gruber, *Manifold Destiny*, The New Yorker, August 28, 2006.

P. Olver, *Applications of Lie Groups to Differential Equations*, Second ed., Springer-Verlag, 1986, 1993.

I. Stewart, *From here to infinity*, Oxford Univ. Press, 1987, 1996.

———, *Galois Theory*, 4th ed. CRC Press, 2015.

G. Strang, *Linear Algebra and its Applications*, fourth ed., Thomson, Brooks/Cole, 2006.

HP7. 무리수와 초월수

$$
\begin{aligned}
e+\pi \quad = \quad & 5.8598744820\,4883847382\,2930854632\,1653819544\,1649307506\\
& 5395941912\,2200318930\,3663975659\,3199417003\,8672834954\\
& 0961447844\,5285366568\,9112582061\,7962580462\,5693703389\\
& 0767481884\,1643132988\,2011868793\,4745037021\,5018140097\\
& 6002645163\,5966356002\,1762558311\,7954292410\,0326625772\\
& 2791336709\,1937760464\,1966720906\,5050114633\,7994133343\\
& 2762897684\,4492184950\,6266103921\,7148741879\,1827566197\\
& 4629703560\,7206592396\,7626421356\,8614843929\,1508217511\\
& 2589408939\,1274700610\,5559582286\,3432239621\,8162072244\\
& 8452478299\,3271751421\,6340658712\,8228648274\,1311074225\\
& 7569851577\,8656558726\,6237287715\,4665119930\,8587353623\\
& 8981310126\,7004322997\,2324165818\,7346813883\,0178848249\\
& 3018063242\,1367970122\,4805609022\,0784728915\,5010198301\\
& 6780243230\,0074632496\,0236488712\,7768153611\,7590701745\\
& 3820183770\,5170712312\,4629229375\,0562090364\,1509899383\\
& 3979357112\,4208680419\,8727329561\,5439301771\,7955956356\\
& 3512019688\,9717353446\,2114551725\,5505675270\,5663011300\\
& 2015631723\,1270491030\,2280794615\,3351680086\,8557854320\\
& 3666499148\,0689606144\,5723111925\,1854609961\,0413570829\\
& 1973528236\,3431254173\,0039889339\,7878350598\,1734552343\ldots
\end{aligned}
$$

자연상수 e 와 원주율 π 는 각각 초월수임이 알려져 있으나, 그들의 합 $e+\pi$ 는 초월수일 것으로 짐작할 뿐 아직 증명이 있는 것은 아니다. 이들의 곱 $e \cdot \pi$ 이나 π^e 등도 마찬가지이다. 하지만 e^π 는 초월수임이 알려져 있다.

잘 알려진 것처럼 복소수는 실수와 허수, 두 가지로 나눌 수 있다. 그리고 실수는 다시 유리수와 무리수로 나눌 수 있다. 복소수를 분류하는 방법은 이 외에도 여러 가지가 있는데, 그중 하나가 복소수를 대수수와 초월수로 나누는 것이다. 실수도 역시 대수수와 초월수로 나뉘며, 이 때 유리수는 대수수에 포함된다. 유명한 Hilbert의 23문제 중에서 7번째 문제가 바로 초월수에 관한 문제이다. 우리는 이 장에서 초월수에 관한 Hilbert의 7번째 문제를 소개하고 이에 대한 알려진 결과들과 미해결 문제들에 대하여 알아보고자 한다.

제 1 절 대수적 구조

독자들은 이미 Lie의 군론(HP5)에서 군을 다루었다. 이 절에서는 군을 비롯한 환, 체, 벡터공간 등 이 책을 읽는 데 필요한 기본적인 대수적 구조들에 대하여 간략히 소개한다. 군이란 간단히 말해서 하나의 이항 연산이 주어져 있는 집합을 뜻한다.

정의 7.1. 집합 S 상의 **이항 연산** (binary operation)이란, 임의의 $a, b \in S$ 에 대하여 S 의 원소를 하나씩 대응시키는 법칙(rule)이다. 앞으로 이항 연산을 그냥 연산이라고 부르기로 한다.

집합 S 상의 연산을 $*$ 라고 할 때, $a, b \in S$ 에 대응되는 S 의 원소를 $a * b$ 로 쓴다. 따라서 $*$ 는 다음과 같은 함수로 이해할 수 있다.[1] 즉,

$$* : S \times S \to S, \quad (a, b) \mapsto a * b \in S, \ \forall a, b \in S.$$

정의 7.2. 연산 $*$ 를 가지고 있는 집합 G 가 다음의 성질 (G1)-(G3)을 만족시킬 때, G 를 $*$ 에 대한 **군** (group)이라고 한다.

(G1) $(a * b) * c = a * (b * c), \ \forall a, b, c \in G.$

(G2) $\exists e \in G \ : \ e * a = a = a * e, \ \forall a \in G.$

[1] 이 경우, 함수 $*$ 의 $(a, b) \in S \times S$ 에서의 함수값 $*(a, b)$ 를 통상 $a * b$ 로 쓴다. 그리고 '$\forall$'는 '임의의'라는 뜻의 논리 기호이다.

(G3) $\forall a \in G,\ \exists a' \in G\ :\ a' * a = e = a * a'$.

(G1)을 **결합법칙**이라고 하고, e를 G의 연산 $*$에 대한 **항등원**이라고 한다.[2] 그리고 a'을 a의 연산 $*$에 대한 **역원**이라고 한다. 군 G가 다음의 성질 (G4)를 만족시킬 때 G를 **가환군** (abelian group)이라고 한다.

(G4) $a * b = b * a,\ \forall a, b \in G$.

연산이 더하기 $+$인 경우 항등원을 0, 그리고 a의 역원을 $-a$로 쓴다. 한편 연산이 곱하기 $\cdot$ 인 경우 항등원을 1, 그리고 a의 역원을 a^{-1}로 쓰고, 많은 경우 연산기호를 생략하여 $a \cdot b$ 대신 ab로 쓴다. 군 G의 항등원은 오직 하나뿐이며, 임의의 원소 a에 대한 역원도 하나뿐이다.

군의 예를 들어보자. $\mathbb{Z}, \mathbb{Q}, \mathbb{R}, \mathbb{C}$ 등은 모두 더하기 연산에 대한 군이다. 한편, $\mathbb{Q}^+, \mathbb{Q}^\times, \mathbb{R}^+, \mathbb{R}^\times, \mathbb{C}^\times$ 등은 모두 곱하기 연산에 대한 군이다. 이들은 모두 가환군임을 쉽게 알 수 있다. 단, 여기서

$$\mathbb{R}^+ := \{\, r \in \mathbb{R} \mid r > 0 \,\}, \quad \mathbb{Q}^+ := \mathbb{Q} \cap \mathbb{R}^+$$

이고,[3] 또 0을 포함하고 있는 임의의 집합 S에 대하여

$$S^\times := S - \{0\}$$

으로 정의한다.

비가환군의 예를 들어보자. 집합 $N = \{\, 1, 2, \cdots, n \,\}$에 대하여 정의역과 치역이 N인 모든 전단사함수의 집합 S_n을 생각하자. S_n은 함수의 합성이라는 연산에 대한 군이 된다. 이를 치환군[4]이라고 하는데, 치환군은 $n \geq 3$이면 비가환군이다. 또한 실수항들로 이루어진 $n \times n$ 가역행렬 전체의 집합 $GL_n(\mathbb{R})$도

---

[2] '∃'는 '존재한다'는 뜻의 논리 기호로서 (G2)는 ' : ' 다음에 제시된 조건을 만족시키는 G의 원소 e가 존재한다는 뜻이다.

[3] ' := '는 '좌변을 우변과 같이 정의한다'는 뜻의 수학 기호이다.

[4] S_n는 원소의 개수는 $n!$이다. 이처럼 유한 개의 원소를 가진 군을 유한군이라고 하고, 무한 개의 원소를 가진 군을 무한군이라고 한다.

행렬곱이라는 연산에 대한 군이 된다. 이를 **일반 선형군**이라고 하며, $n \geq 2$ 이면 비가환군이다.

한편, G가 $*$에 대한 군일 때,

$$G^n = \underbrace{G \times G \times \cdots \times G}_{n\text{개}} := \{(g_1, g_2, \cdots, g_n) \mid g_1, g_2, \cdots, g_n \in G\} \tag{1}$$

은 다음의 연산에 대한 군이 된다. 즉, $(g_1, g_2, \cdots, g_n), (h_1, h_2, \cdots, h_n) \in G^n$ 에 대하여

$$(g_1, g_2, \cdots, g_n) * (h_1, h_2, \cdots, h_n) := (g_1 * h_1,\ g_2 * h_2,\ \cdots,\ g_n * h_n) \in G^n.$$

여기서 같은 $*$로 표시하였지만 좌변의 $*$는 G^n 상에 새로이 정의된 연산이고, 우변의 $*$들은 G 상의 연산이다.

정의 7.3. 연산 $*$에 대한 군 G의 부분집합 H가 연산 $*$에 대하여 여전히 군이 될 때, H를 G의 **부분군** (subgroup)이라고 하고 $H \leq G$로 쓴다.

예를 들어서, 임의의 자연수 n에 대하여

$$n\mathbb{Z} := \{nk \mid k \in \mathbb{Z}\}$$

로 두면, $n\mathbb{Z} \leq \mathbb{Z}$이다. 다음은 정의로부터 자명하다.

$$\begin{aligned}
&\mathbb{Z} && \leq \mathbb{Q} && \leq \mathbb{R} && \leq \mathbb{C}\ , \\
&\mathbb{Q}^+ && \leq \mathbb{Q}^\times && \leq \mathbb{R}^\times && \leq \mathbb{C}^\times, \\
&\mathbb{Q}^+ && \leq \mathbb{R}^+ && \leq \mathbb{R}^\times && \leq \mathbb{C}^\times.
\end{aligned}$$

이제 환에 대하여 알아보자. 환이란 간단히 말해서 두 개의 서로 다른 연산을 가지고 있는 집합이라고 할 수 있다. 통상 하나는 더하기로 다른 하나는 곱하기로 나타내는데 곱하기 연산기호는 생략하는 것이 관례이다.

정의 7.4. 두 개의 연산 $+$와 $\cdot$를 가지고 있는 집합 R이 다음의 성질 (R1)-(R3)을 만족시킬 때, R을 **환** (ring)이라고 한다.

(R1) R은 더하기 연산에 대하여 가환군이다.

(R2) $(ab)c = a(bc), \ \forall\, a, b, c \in R.$

(R3) $(a+b)c = ac + bc, \ a(b+c) = ab + ac, \ \forall\, a, b, c \in R.$

(R2)는 곱연산에 대한 결합법칙에 다름 아니고, (R3)은 **분배법칙**이라고 한다. 환 R이 다음의 성질 (R4)를 만족시킬 때 R을 **가환환** (commutative ring)이라고 한다.

(R4) $ab = ba, \ \forall\, a, b \in R.$

$\mathbb{Z}, \mathbb{Q}, \mathbb{R}, \mathbb{C}$ 등은 모두 더하기 연산과 곱하기 연산에 대한 가환환이다. 한편, 실수항들로 이루어진 $n \times n$ 행렬 전체의 집합 $M_n(\mathbb{R})$도 행렬합과 행렬곱에 대한 환이 되고 $n \geq 2$이면 비가환환이다.

한편, R이 $+$와 $\cdot$에 대한 환일 때,

$$R^n = \underbrace{R \times R \times \cdots \times R}_{n\text{개}} := \{\, (r_1, r_2, \cdots, r_n) \mid r_1, r_2, \cdots, r_n \in R \} \qquad (2)$$

은 다음의 연산에 대한 환이 된다. 즉, $(r_1, r_2, \cdots, r_n)$, $(s_1, s_2, \cdots, s_n) \in R^n$에 대하여

$$(r_1, r_2, \cdots, r_n) + (s_1, s_2, \cdots, s_n) := (r_1 + s_1, r_2 + s_2, \cdots, r_n + s_n) \in R^n,$$
$$(r_1, r_2, \cdots, r_n) \cdot (s_1, s_2, \cdots, s_n) := (r_1 \cdot s_1, \, r_2 \cdot s_2, \, \cdots, \, r_n \cdot s_n) \in R^n.$$

여기서 좌변의 $+, \cdot$는 R^n상에 새로이 정의된 연산이고, 우변의 $+, \cdot$들은 R상의 연산이다.

또한 가환환 R에 대하여, R에서 계수를 가지고 $x_1, x_2, \cdots, x_n$을 변수로 가지는 모든 다항식들의 집합

$$R[x_1, x_2, \cdots, x_n] \qquad (3)$$

도 가환환이 되는데, 이 때의 연산은 통상적인 다항식 사이의 더하기와 곱하기이다.[5] 이러한 환을 **다항식환**이라고 한다.

[5]소위 동류항들을 더하거나 항들을 곱할 때, 계수들 사이의 연산은 R의 연산을 따른다.

집합

$$\mathbb{Z}/n\mathbb{Z} := \{\, 0, 1, 2, \cdots, n-1 \,\} \tag{4}$$

를 생각하자. $\mathbb{Z}/n\mathbb{Z}$의 원소들에 대한 n을 **법**[6]으로 한 더하기와 곱하기는 잘 정의된 연산으로서 $\mathbb{Z}/n\mathbb{Z}$은 이 두 연산에 대하여 가환환이 된다. $\mathbb{Z}/n\mathbb{Z}$는 n을 법으로 한 더하기 연산만 생각하면 더하기에 대한 가환군으로 간주할 수 있으며,

$$(\mathbb{Z}/n\mathbb{Z})^* := \{\, k \in \mathbb{Z}/n\mathbb{Z} \,|\, \gcd(k, n) = 1 \,\} \tag{5}$$

은 n을 법으로 한 곱하기 연산만 생각하면 곱하기에 대한 가환군으로 간주할 수 있다.[7]

정의 7.5. 두 개의 연산 $+$와 $\cdot$에 대한 환 R의 부분집합 S가 두 연산에 대하여 여전히 환이 될 때, S를 R의 **부분환**(subring)이라고 하고 $S \leq R$라고 쓴다.

다음은 정의로부터 자명하다.

$$\mathbb{Z} \leq \mathbb{Q} \leq \mathbb{R} \leq \mathbb{C}.$$

정의 7.6. 가환환 F가 다음의 성질 (F)를 만족시킬 때, F를 **체**(field)라고 한다.

(F) $F^{\times}$는 곱하기 연산에 대하여 가환군이다.

두 개의 연산 $+$와 $\cdot$에 대한 체 F의 부분집합 K가 두 연산에 대하여 여전히 체가 될 때, K를 F의 **부분체**(subfield)라고 하고 $K \leq F$라고 쓴다.

따라서 체 F는 곱하기 연산에 대한 항등원 1을 가지고 있으며, 임의의 0 아닌 원소 a에 대하여 곱하기 연산에 대한 역원 a^{-1}도 가지고 있다. $\mathbb{Q}, \mathbb{R}, \mathbb{C}$

[6] 예를 들어 6을 법으로 한 더하기와 곱하기에서는 $2+3 \equiv 5$, $3+5 \equiv 2$, $2 \cdot 3 \equiv 0$, $3 \cdot 5 \equiv 3$ (mod 6)이 된다. 정수의 더하기, 곱하기와 구별하기 위하여 합동기호 '≡'를 쓰며 '(mod 6)'은 6이 법이라는 것을 뜻한다. (다음 장 1절 참조.) 일상생활에서 사용되는 시, 분, 초는 각각 12, 60, 60을 법으로 운영되고 있다.

[7] $\gcd(k, n)$은 k와 n의 최대공약수를 나타낸다.

등은 모두 더하기 연산과 곱하기 연산에 대한 체이다. 한편, 소수 p에 대하여 $\mathbb{Z}/p\mathbb{Z}$는 (유한)체이다.

다음은 정의로부터 자명하다.

$$\mathbb{Q} \leq \mathbb{R} \leq \mathbb{C}.$$

이제 벡터공간에 대하여 알아보자. 벡터공간을 이해하기 위해서는 스칼라곱이라는 새로운 연산을 도입하여야 한다. F를 체라고 하고, V를 더하기 연산에 대한 가환군이라고 하자. F에도 더하기 연산이 있고 V에도 더하기 연산이 있으나 우리는 두 연산을 구별하지 않고 같이 $+$로 나타내기로 한다. 하지만 F의 더하기 연산으로는 F의 원소들끼리만 더할 수 있고, V의 더하기 연산으로는 V의 원소들끼리만 더할 수 있음에 유의하여야 한다.

정의 7.7. 체 F와 더하기 연산에 대한 가환군 V를 생각하자. F의 V에 대한 **스칼라곱** $\cdot$는 임의의 $a \in F$와 임의의 $v \in V$에 대하여 $a \cdot v \in V$를 대응시키는 법칙으로서 다음의 성질 (S1)-(S4)을 만족시킨다. 1을 F의 곱에 대한 항등원이라고 할 때,

(S1) $1 \cdot v = v, \ \forall v \in V.$

(S2) $(ab) \cdot v = a \cdot (b \cdot v), \ \forall a, b \in F, \ \forall v \in V.$

(S3) $(a + b) \cdot v = a \cdot v + b \cdot v, \ \forall a, b \in F, \ \forall v \in V.$

(S4) $a \cdot (v + w) = a \cdot v + a \cdot w, \ \forall a \in F, \ \forall v, w \in V.$

F의 V에 대한 스칼라곱이 정의되어 있을 때, V를 F상의 **벡터공간**(vector space)이라고 하고, F의 원소를 **스칼라**(scalar), V의 원소를 **벡터**(vector)라고 부른다.

통상 스칼라곱의 연산기호도 생략하여 $a \cdot v$ 대신 av로 쓴다. 따라서 F의 곱하기 연산과 스칼라곱도 문맥을 보고 판단하여야 한다. F의 곱하기 연산은 F의 원소들 사이의 곱이고, 스칼라곱은 F의 원소와 V의 원소 사이의 곱이다. 예를 들어 (S2)의 좌변을 스칼라곱의 연산기호를 생략하여 $(ab)v$로 쓸 때, a와

b 사이에는 F 의 곱하기 연산이 생략된 것이고, (ab) 와 v 사이에는 스칼라곱의 연산이 생략된 것이다. 또,

$$0v = (0+0)v = 0v + 0v \implies 0v = 0$$

에서 맨 끝의 0은 0벡터이고 다른 0들은 모두 스칼라이다. 그리고 첫 번째 +는 스칼라 사이의 더하기이고 두 번째 +는 벡터 사이의 더하기이다.

정의 7.8. V 를 체 F 상의 벡터공간이라고 하고, U 를 가환군 V 의 부분군이라고 하자. U 가 여전히 F 상의 벡터공간이 될 때, U 를 V 의 **부분공간** (subspace) 이라고 하고 $U \leq V$ 로 쓴다.

유한기저[8]를 가지고 있는 벡터공간을 유한차원 벡터공간이라고 하고 무한기저를 가지고 있는 벡터공간을 무한차원 벡터공간이라고 한다. F 상의 유한차원 벡터공간 V 의 모든 기저는 같은 개수의 벡터로 이루어져 있으며 이 개수를 V 의 **차원**이라고 하고 $\dim_F(V)$ 로 쓴다. U 가 유한차원 벡터공간 V 의 부분공간이면,

$$0 \leq \dim_F(U) \leq \dim_F(V) < \infty$$

이다.[9] 자세한 군, 환, 체, 벡터공간 등의 구조와 성질은 [Fraleigh], [Jacob], [Hungerford] 등의 참고문헌을 보라.

[8]기저란 벡터공간의 부분집합으로서 모든 벡터를 생성하는 가장 작은 집합이다([Jacob] 참조).

[9]$U = \{0\}$ 이면 $\dim_F(U) = 0$ 이고, 역도 성립한다.

제 2 절 대수수와 초월수

먼저 대수수와 초월수의 정확한 정의를 알아보자.

정의 7.9. 복소수 α가 유리수 계수를 가지는 0이 아닌 어떤 다항식 $f(x)$의 근일 때, α를 **대수적 수** (algebraic number)[10] 혹은 짧게 **대수수**라고 하고, 대수수가 아닌 복소수를 **초월수** (transcendental number)라고 한다. 즉, $\alpha \in \mathbb{C}$에 대하여[11]

$$\begin{aligned} \alpha : \text{대수수} &\iff \exists f(x) \in \mathbb{Q}[x]^\times \ : \ f(\alpha) = 0, \\ \alpha : \text{초월수} &\iff \nexists f(x) \in \mathbb{Q}[x]^\times \ : \ f(\alpha) = 0. \end{aligned}$$

복소수 중에서 대수수들을 모두 모은 집합을 $\overline{\mathbb{Q}}$(Q-바)라고 쓰고 이를 $\mathbb{Q}$의 **대수적 폐포** (algebraic closure)라고 한다. 즉,

$$\overline{\mathbb{Q}} := \{\, \alpha \in \mathbb{C} \mid \exists\, f(x) \in \mathbb{Q}[x]^\times \ : \ f(\alpha) = 0 \,\} \tag{6}$$

따라서 $\alpha \in \mathbb{C}$에 대하여

$$\begin{aligned} \alpha : \text{대수수} &\iff \alpha \in \overline{\mathbb{Q}}, \\ \alpha : \text{초월수} &\iff \alpha \notin \overline{\mathbb{Q}}. \end{aligned}$$

$\mathbb{Q}$의 대수적 폐포 $\overline{\mathbb{Q}}$는 $\mathbb{Q}$를 포함하고 $\mathbb{C}$에 포함되는 체가 된다. 따라서 대수수들은 덧셈과 뺄셈, 곱셈과 나눗셈에 대하여 닫혀 있다. 즉,

$$\alpha,\ \beta \in \overline{\mathbb{Q}},\ \delta \in \overline{\mathbb{Q}}^\times \implies \alpha \pm \beta,\ \alpha\beta,\ \frac{\alpha}{\delta} \in \overline{\mathbb{Q}}. \tag{7}$$

또한, 대수적 폐포 $\overline{\mathbb{Q}}$는 대수적으로 닫혀 있다는 사실이 알려져 있다. 이것은 $f(x) \in \overline{\mathbb{Q}}[x]^\times$의 복소수 근이 모두 $\overline{\mathbb{Q}}$의 원소가 된다는 뜻이다.[12]

[10] HP1,2 의 2 절 참조.

[11] '$\nexists$'는 '존재하지 않는다'는 뜻의 논리 기호이다

[12] 복소수체 $\mathbb{C}$도 대수적으로 닫혀 있다. 왜냐하면, 모든 $f(x) \in \mathbb{C}[x]$는 $\mathbb{C}$에서 근을 가지기 때문이다. 그러나 실수체 $\mathbb{R}$은 대수적으로 닫혀 있지 않다. 예를 들어 $x^2 + 1 \in \mathbb{R}[x]$는 $\mathbb{R}$에서 해를 가지지 못하기 때문이다.

초월수가 존재한다는 것은 19세기 중반에야 Liouville(1844)이 처음으로 확인하였다. 그 이전에도 초월수가 존재할 것이라고 예상은 하였으나 증명하지는 못하였다. Euler는 e, π 등이 초월수일 것이라는 예상을 하였고, Lambert는 만약 π가 초월수라면 자와 컴퍼스만으로 단위원과 넓이가 같은 정사각형을 작도할 수 없다는 것을 증명하였다. Lambert의 결과는 작도 가능성이라는 기하학적인 문제가 초월성이라는 대수학적인 성질에 의하여 결정된다는 점에서 많은 관심을 끌었다. 19세기까지 발표된 초월수에 관한 중요한 연구결과는 다음과 같다.

- Euler의 예상(1748) : e, π, $\log_a b$는 초월수(?)

  단, $a, b \in \mathbb{Q},\ a, b > 1,\ \log_a b \notin \mathbb{Q}$.

- Lambert(1768) : π가 초월수라면 자와 컴퍼스만으로 단위원과 넓이가 같은 정사각형을 작도할 수 없음을 증명.

- Liouville(1844) : 다음을 증명함으로써 초월수의 존재를 처음으로 확인.

  $$\text{임의의 자연수 } k \geq 2\text{에 대하여 } \sum_{n=1}^{\infty} k^{-n!}\text{은 항상 초월수이다.}$$

- Hermite(1873) : e가 초월수임을 증명.

- Cantor(1874) : 대부분의 복소수는 (혹은 실수는) 초월수임을 증명.[13]

- Lindemann(1882) : π가 초월수임을 증명.

1885년 Weierstrass는 Euler가 예상한 내용보다 훨씬 일반적이고 강력한 정리를 증명함으로써 초월수 연구사에 커다란 발자취를 남기게 된다. 그의 정리를 이해하기 위해서는 다음과 같은 대수적 종속성과 독립성이라는 개념이 필요하다.

정의 7.10. 체 F가 유리수체 $\mathbb{Q}$를 포함하고 복소수체 $\mathbb{C}$에 포함되어 있다고 하자. n개의 복소수 쌍 $(\alpha_1, \alpha_2, \cdots, \alpha_n)$이 F에서 계수를 가지는 0이 아닌

[13] HP1,2의 3절 참조.

어떤 다항식 $f(x_1, x_2, \cdots, x_n)$의 근일 때, $\alpha_1, \alpha_2, \cdots, \alpha_n$을 F 상에서 **대수적 종속**이라고 하고, 대수적 종속이 아닐 때, $\alpha_1, \alpha_2, \cdots, \alpha_n$을 F 상에서 **대수적 독립**이라고 한다. 즉,

$$\begin{aligned} \alpha_1, \alpha_2, \cdots, \alpha_n : \text{대수적 종속} &\iff \exists f(x_1, x_2, \cdots, x_n) \in F[x_1, x_2, \cdots, x_n]^{\times} : \\ &\qquad\qquad f(\alpha_1, \alpha_2, \cdots, \alpha_n) = 0, \\ \alpha_1, \alpha_2, \cdots, \alpha_n : \text{대수적 독립} &\iff \nexists f(x_1, x_2, \cdots, x_n) \in F[x_1, x_2, \cdots, x_n]^{\times} : \\ &\qquad\qquad f(\alpha_1, \alpha_2, \cdots, \alpha_n) = 0. \end{aligned}$$

대수적 종속성 및 독립성의 개념을 선형대수학에서 배운 일차 종속성 및 독립성의 개념과 비교해 보자. 복소수체 $\mathbb{C}$는 F를 포함하므로 $\mathbb{C}$를 F상의 벡터공간[14]으로 간주할 수 있는데, 복소수 $\alpha_1, \alpha_2, \cdots, \alpha_n$이 F 상에서 일차 종속이면 대수적 종속이 되고, 그의 대우로서 $\alpha_1, \alpha_2, \cdots, \alpha_n$이 F 상에서 대수적 독립이면 일차 독립이 됨을 쉽게 알 수 있다. 또한 $n = 1$이고 $F = \mathbb{Q}$일 때, $\alpha = \alpha_1$이 $\mathbb{Q}$ 상에서 대수적 독립임과 α가 초월수임이 서로 동치라는 사실도 정의에 의하여 당연하다.

$\alpha \in \mathbb{C}$가 $\overline{\mathbb{Q}}$ 상에서 대수적 독립이라고 가정하자. 그러면 정의에 의해서 α는 당연히 $\mathbb{Q}$ 상에서도 대수적 독립이고 따라서 초월수이다. 이제 그 역을 살펴보기 위하여 $\alpha \in \mathbb{C}$가 초월수라고 가정하자. 그러면 α는 당연히 $\mathbb{Q}$ 상에서 대수적 독립이다. 만약 α가 $\overline{\mathbb{Q}}$ 상에서는 대수적 종속이라면 정의에 의하여

$$\exists\, f(x) \in \overline{\mathbb{Q}}[x]^{\times} \ : \ f(\alpha) = 0$$

이다. 그런데 $\overline{\mathbb{Q}}$는 대수적으로 닫혀 있다고 했으므로 $\alpha \in \overline{\mathbb{Q}}$가 되는데, 이것은 α가 초월수라는 가정에 모순된다. 따라서 α는 $\overline{\mathbb{Q}}$ 상에서도 대수적 독립이다. 이를 종합하면 다음과 같은 결론을 내릴 수 있다. $\alpha \in \mathbb{C}$에 대하여

$$\begin{aligned} \alpha\text{는 초월수} &\iff \alpha\text{는 } \mathbb{Q} \text{ 상에서 대수적 독립} \\ &\iff \alpha\text{는 } \overline{\mathbb{Q}} \text{ 상에서 대수적 독립.} \end{aligned}$$

[14]마찬가지로 F도 $\mathbb{Q}$상의 벡터공간으로 간주할 수 있다. 이 때 $\dim_{\mathbb{Q}}(F) < \infty$이면 F를 **수체** (number field)라고 한다.

Weierstrass 의 정리를 소개하기 전에, 정의역을 복소수로 확장한 지수함수와 로그함수, 그리고 삼각함수를 다음과 같이 정의하자. 자세한 내용은 [Ahlfors]를 참조하라. $z \in \mathbb{C}$, $a, b \in \mathbb{R}$ 에 대하여

$$e^{a+ib} := e^a(\cos b + i\sin b)\,, \qquad \log(a+ib) := \log|a+ib| + i\arg(a+ib)\,,$$
$$\cos z := \frac{e^{iz}+e^{-iz}}{2}\,, \qquad \sin z := \frac{e^{iz}-e^{-iz}}{2i}\,, \qquad \tan z := \frac{\sin z}{\cos z}\,.$$

단, log 는 자연로그이다.[15]

> **정리 7.11.** (Weierstrass) n 개의 대수수 $\alpha_1, \alpha_2, \cdots, \alpha_n$ 이 $\mathbb{Q}$ 상에서 일차 독립이면 $e^{\alpha_1}, e^{\alpha_2}, \cdots, e^{\alpha_n}$ 은 $\overline{\mathbb{Q}}$ 상에서 대수적 독립이다.

증명. 자세한 증명은 이 책의 수준을 뛰어넘는 것이므로 생략하기로 하고, 대강의 줄거리만 소개하면 다음과 같다. 임의의 $f(x_1, x_2, \cdots, x_n) \in \overline{\mathbb{Q}}[x_1, x_2, \cdots, x_n]^\times$ 와 $\mathbb{Q}$ 상에서 일차 독립인 $\alpha_1,\ \alpha_2,\ \cdots,\ \alpha_n \in \overline{\mathbb{Q}}$ 에 대하여, 적당한 양수 γ, δ 가 존재하여

$$|f(e^{\alpha_1}, e^{\alpha_2}, \cdots, e^{\alpha_n})| > \gamma H(f)^\delta > 0$$

이다. 여기서, $H(f)$ 는 f 의 계수의 절대값 중에서 가장 큰 값[16]이다. 따라서 $e^{\alpha_1}, e^{\alpha_2}, \cdots, e^{\alpha_n}$ 를 해로 가지고 $\overline{\mathbb{Q}}$ 에서 계수를 가지는 0 아닌 다항식은 존재할 수 없다. □

따름정리 7.12. (a) 임의의 $\alpha \in \overline{\mathbb{Q}}^\times$ 에 대하여, e^α 는 초월수이다. 특히, e 는 초월수이다.

(b) π 는 초월수이다.

(c) 임의의 $\alpha \in \overline{\mathbb{Q}}$, $\alpha \neq 0, 1$ 에 대하여, $\log\alpha$ 는 초월수이다.

증명. (a) 정리 7.11 에서 $n = 1$ 이고 $\alpha_1 = 1$ 인 경우이므로 자명하다.

---

[15] log 의 경우, 편각 $\arg(a+ib)$ 의 범위에 대한 적당한 제한이 필요하다.

[16] 이 값 $H(f)$ 를 f 의 **키**(height)라고 한다.

(b) π를 대수수라고 가정하자. i가 대수수이므로 πi도 대수수이고, 따라서 정리 7.11에 의하여 $e^{\pi i}$는 초월수이다. 그러나,

$$e^{\pi i} = \cos\pi + i\sin\pi = -1$$

이므로 모순이다.

(c) $\log\alpha$를 대수수라고 가정하면, 정리 7.11에 의하여 $e^{\log\alpha} = \alpha$가 초월수가 되어야 하므로 모순이다. □

이 절에 관한 자세한 내용은 [Artin], [Browder], [Lang], [Siegel] 등을 참조하라.

제 3 절 Gel'fond-Schneider 정리

이제 Hilbert 의 7 번째 문제를 소개하자. 그는 대수수와 초월수를 구별할 수 있는 일반적인 이론의 필요성을 강조하면서, 구체적으로는 다음의 문제를 제시하였다.

> **HP7.** $\alpha, \beta \in \overline{\mathbb{Q}},\ \alpha \neq 0, 1,\ \beta \notin \mathbb{Q}$ 이면 α^β 가 초월수인가?
> 예를 들어서, $2^{\sqrt{2}}$ 는 초월수인가?

만일 HP7 의 답이 긍정이라면, $2^{\sqrt{2}}$ 는 물론 초월수이다. 뿐만 아니라,

$$e^\pi = i^{-2i}$$

도 초월수가 되고, Euler 가 예상한 바대로 1 보다 큰 두 개의 유리수 a, b 에 대하여도

$$\log_a b \notin \mathbb{Q} \Longrightarrow \log_a b \notin \overline{\mathbb{Q}} \tag{8}$$

가 성립한다. 왜냐하면, $\log_a b$ 가 대수수라고 가정하면, $a^{\log_a b} = b$ 가 초월수가 되는 모순이 생기기 때문이다.

Hilbert 는 HP7 의 증명이 매우 어려울 것으로 생각했다고 전해진다. 그의 제자 Siegel 의 회상에 의하면 Hilbert 는 이 문제를 Riemann 가설 및 Fermat 의 마지막 정리와 비교하면서, Riemann 가설은 그가 죽기 전에, Fermat 의 마지막 정리는 그의 제자들이 죽기 전에 증명을 볼 수 있을 것이나, HP7 의 증명은 그는 물론 그의 제자들도 죽기 전에 증명을 볼 수 없을 것으로 예견했다고 한다.[17] 그러나 역사는 그의 예견과는 정반대로 진행되었다. HP7 은 그가 살아있던 1934 년 Gel'fond 와 Schneider 에 의하여 해결되었고, Fermat 의 마지막 정리는 1995년 Wiles 가 증명이 하였으나 그의 제자들은 이미 모두 세상을 떠난 후였다. 그리고, 그가 죽기 전에 증명될 것으로 생각했던 Riemann 가설은

[17] 힐버트 - 수학과 삶, C. Reid 지음 - 이일해 옮김.

아직도 미해결인 채로 남아 있다. Hilbert가 살아 있을 당시에 증명됨으로써 그를 놀라게 했던 Gel'fond-Schneider 정리는 다음과 같다.

> **정리 7.13.** (Gel'fond-Schneider) (a) $\alpha, \beta \in \overline{\mathbb{Q}},\ \alpha \neq 0, 1,\ \beta \notin \mathbb{Q}$ 이면 α^{β} 는 초월수이다.
>
> (b) $\alpha, \beta \in \overline{\mathbb{Q}},\ \alpha, \beta \neq 0, 1,\ \log_{\alpha}\beta \notin \mathbb{Q}$ 이면 $\log_{\alpha}\beta$ 는 초월수이다.
>
> (c) $\alpha, \beta \in \overline{\mathbb{Q}}^{\times}$ 이고 $\log\alpha, \log\beta$ 가 $\mathbb{Q}$ 상에서 일차 독립이면 $\log\alpha, \log\beta$ 는 $\overline{\mathbb{Q}}$ 상에서도 일차 독립이다.

증명. (a) 의 증명은 이 책의 수준을 훨씬 뛰어넘는 것이므로 생략하기로 한다. 한편, (b) 와 (c) 는 (a) 로부터 쉽게 증명할 수 있다. (b) 의 증명은 연습문제로 남겨두고, 여기서는 (c) 를 증명해보자.

(c) $\log\alpha, \log\beta$ 가 $\mathbb{Q}$ 상에서 일차 독립이므로 $\log\alpha, \log\beta \neq 0$ 이고, 따라서 $\alpha, \beta \neq 1$ 이다. 이제 $\log\alpha, \log\beta$ 가 $\overline{\mathbb{Q}}$ 상에서 일차 종속이라고 가정하자. 즉,

$$\exists\, a, b \in \overline{\mathbb{Q}}^{\times} \ :\ a\log\alpha + b\log\beta = 0.$$

그러면

$$\log_{\alpha}\beta = \log\beta / \log\alpha = -a/b \in \overline{\mathbb{Q}}^{\times}.$$

한편, $\log\alpha, \log\beta$ 가 $\mathbb{Q}$ 상에서 일차 독립이므로 $\log_{\alpha}\beta \notin \mathbb{Q}$ 이다. 따라서 (a) 에 의하여 $\alpha^{\log_{\alpha}\beta} = \beta$ 는 초월수가 된다. 그러나 이것은 β 가 대수수라는 가정에 모순이다. □

정리의 (c) 에 의하면, $\alpha, \beta \in \overline{\mathbb{Q}}^{\times}$ 이고 $\log\alpha, \log\beta$ 가 $\mathbb{Q}$ 상에서 일차 독립일 때, 모든 $a, b \in \overline{\mathbb{Q}},\ (a, b) \neq (0, 0)$ 에 대하여

$$a\log\alpha + b\log\beta \tag{9}$$

꼴의 복소수는 항상 초월수임을 알 수 있다.

정리 7.13 의 (a) 로서 Hilbert 의 7 번째 문제는 완전히 해결되었다. 그러나 대수수와 초월수를 구별하는 일반적인 이론에 대하여는 아직 알려진 것이 거의 없다고 해도 과언이 아니다. 대부분의 경우 주어진 복소수가 대수수인지

초월수인지 모른다. 예를 들어서, 소위 Euler 상수

$$\gamma := \lim_{n\to\infty}(1+\frac{1}{2}+\cdots+\frac{1}{n}-\log n) = 0.5772156649015328606065 1209\cdots$$

가 대수수인지 초월수인지 아직 밝혀지지 않고 있다. 실은 γ가 유리수인지 무리수인지조차 알려져 있지 않다.

한편, 1966년 Baker는 Gel'fond-Schneider의 정리에서 (c)를 일반화하여 1970년 영예로운 필즈상(Fields Medal)을 수상한다. 그의 정리는 다음과 같다.

정리 7.14. (Baker) $\alpha_1, \alpha_2, \ldots, \alpha_n \in \overline{\mathbb{Q}}^\times$ 이고 $\log\alpha_1, \log\alpha_2, \ldots, \log\alpha_n$ 이 $\mathbb{Q}$ 상에서 일차 독립이면 $\log\alpha_1, \log\alpha_2, \ldots, \log\alpha_n$ 은 $\overline{\mathbb{Q}}$ 상에서도 일차 독립이다.

이 정리에 의하면, $\alpha_1, \alpha_2, \cdots, \alpha_n \in \overline{\mathbb{Q}}^\times$ 이고 $\log\alpha_1, \log\alpha_2, \cdots, \log\alpha_n$ 이 $\mathbb{Q}$ 상에서 일차 독립일 때, $a_1, a_2, \cdots, a_n \in \overline{\mathbb{Q}}$, $(a_1, a_2, \cdots, a_n) \neq (0, 0, \cdots, 0)$ 에 대하여

$$a_1\log\alpha_1 + a_2\log\alpha_2 + \cdots + a_n\log\alpha_n \tag{10}$$

꼴의 복소수는 항상 초월수임을 알 수 있다.

위에서 열거한 결과들 이외에도 Siegel, Mahler 등이 초월수 연구사에 커다란 업적을 남겼으나 이들의 업적을 소개하기 위해서는 많은 준비가 필요하기 때문에 소개를 생략하고, 여기서는 비교적 간단히 소개할 수 있는 Chudnovskii와 Apéry의 결과를 소개하기로 한다. 이들의 결과를 이해하기 위해서는 먼저 다음과 같은 두 개의 매우 특별하고 중요한 함수를 알아야 한다.

$$\begin{aligned} \Gamma(s) &:= \textstyle\int_0^\infty e^{-t}t^{s-1}dt\,, \quad s > 0. \\ \zeta(s) &:= \textstyle\sum_{n=1}^\infty \frac{1}{n^s}\,, \qquad\quad s > 1. \end{aligned} \tag{11}$$

$\Gamma(s)$를 **Γ-함수**, $\zeta(s)$를 **ζ-함수**라고 부른다. Γ(감마)-함수는

$$s = 0, -1, -2, \cdots$$

을 제외한 복소평면 전체를 정의역으로 하는 해석적 함수로 확장될 수 있으며, ζ(제타)-함수는 $s = 1$을 제외한 복소평면 전체를 정의역으로 하는 해석적 함수로 확장될 수 있다.[18] Γ-함수는 모든 $s > 0$에 대하여 잘 정의되며

$$\Gamma(s+1) = s\Gamma(s), \quad \Gamma(1) = 1$$

을 만족시키므로 s가 자연수이면 $\Gamma(s+1) = s!$이 된다. 이러한 이유 때문에 Γ-함수를 **계승함수** (factorial function)라고도 한다. Weierstrass는 Γ-함수를 다음과 같이 쓸 수 있음을 보였다.[19]

$$\Gamma(s) = \frac{1}{se^{\gamma s}} \prod_{n=1}^{\infty} \frac{e^{s/n}}{1+s/n}, \quad s > 0. \tag{12}$$

단, γ는 앞에서 이미 소개한 Euler 상수이다. 한편, ζ-함수는 $s > 1$에 대하여 항상 수렴한다. Euler는 다음과 같은 곱공식을 증명하였다.

$$\zeta(s) = \sum_{n=1}^{\infty} \frac{1}{n^s} = \prod_{p} \left(1 - \frac{1}{p^s}\right)^{-1}, \quad s > 1. \tag{13}$$

단, 우변의 곱은 모든 소수 p에 대한 곱이다. 이는 자연수의 소인수분해 정리와 $(1-1/p^s)^{-1}$이 무한등비급수 $1 + 1/p^s + 1/p^{2s} + \cdots$의 합이라는 사실로부터 쉽게 유도된다. 이러한 Γ-함수와 ζ-함수에 대하여

$$\Gamma(1/2) = \sqrt{\pi}, \quad \zeta(2) = \frac{\pi^2}{6}, \quad \zeta(4) = \frac{\pi^4}{90}, \cdots$$

등은 모두 초월수이다.

1975년 Chudnovskii는

$$\boxed{\Gamma(1/3),\ \Gamma(1/4)\ :\ \text{초월수}}$$

임을 증명함으로써 세상을 놀라게 하였다. 한편, 자연수 $n \neq 1$에 대하여 $\zeta(n)$은 n이 짝수인 경우 항상 초월수임이 알려져 있으나, n이 홀수인 경우 초월수는 고사하고 무리수인지조차 알려져 있지 않다. 1981년 Apéry가

[18] 이 확장성에 대하여는 다음 장 5절에서 자세히 다룬다.

[19] Weierstrass의 공식 (12)는 $s = 0, -1, -2, \cdots$를 제외한 복소평면 전체에서 유효하다.

$$\boxed{\zeta(3) : \text{무리수}}$$

임을 밝힌 것이 고작이다.

대수수와 초월수에 대한 상세한 내용은 [Artin], [Baker], [Browder], [Gel'fond], [Lang], [Siegel] 등을 참조하라.

연습문제

1. 군의 항등원은 오직 하나뿐이며, 임의의 원소에 대한 역원도 하나뿐임을 보이라.

2. (1) $\mathbb{Z}, \mathbb{Q}, \mathbb{R}, \mathbb{C}$가 각각 더하기 연산 $+$에 대한 군임을 보이고,

$$\mathbb{Z} \leq \mathbb{Q} \leq \mathbb{R} \leq \mathbb{C}$$

임을 증명하라.

(2) $\mathbb{Q}^+, \mathbb{Q}^\times, \mathbb{R}^+, \mathbb{R}^\times, \mathbb{C}^\times$ 가 각각 곱하기 연산 $\cdot$에 대한 군임을 보이고,

$$\mathbb{Q}^+ \leq \mathbb{Q}^\times \ ; \ \mathbb{Q}^+ \leq \mathbb{R}^+ \leq \mathbb{R}^\times \ ; \ \mathbb{Q}^\times \leq \mathbb{R}^\times \leq \mathbb{C}^\times$$

임을 증명하라.

3. $\mathbb{Z}, \mathbb{Q}, \mathbb{R}, \mathbb{C}$가 각각 더하기 연산 $+$과 곱하기 연산 $\cdot$에 대한 가환환임을 보이고,

$$\mathbb{Z} \leq \mathbb{Q} \leq \mathbb{R} \leq \mathbb{C}$$

임을 증명하라.

4. S_n이 함수의 합성을 연산으로 하는 군임을 보이고, $n \geq 3$이면 S_n이 비가환군임을 증명하라.

5. (1) 실수항들로 이루어진 모든 $n \times n$ 가역행렬의 집합 $GL_n(\mathbb{R})$이 행렬곱 연산에 대한 군임을 보이고, $n \geq 2$이면 $GL_n(\mathbb{R})$이 비가환군임을 증명하라.

(2) $SL_n(\mathbb{R})$을 $GL_n(\mathbb{R})$의 원소 중에서 행렬식이 1인 것들로 이루어진 $GL_n(\mathbb{R})$의 부분집합일 때, $SL_n(\mathbb{R}) \leq GL_n(\mathbb{R})$임을 보이라.

(3) 실수항들로 이루어진 $n \times n$ 행렬 전체의 집합 $M_n(\mathbb{R})$이 행렬합과 행렬곱에 대한 환임을 보이고, $n \geq 2$이면 $M_n(\mathbb{R})$이 비가환환임을 보이라.

6. (1) $\mathbb{Q}, \mathbb{R}, \mathbb{C}$가 각각 더하기 연산 $+$과 곱하기 연산 $\cdot$에 대한 체임을 보이고,

$$\mathbb{Q} \leq \mathbb{R} \leq \mathbb{C}$$

임을 증명하라.

(2) 소수 p에 대하여 $\mathbb{Z}/p\mathbb{Z}$가 유한 체임을 증명하라.

7. F가 체이고 $K \leq F$일 때, F가 K 상의 벡터공간임을 증명하라.

8. 체 F 와 자연수 n 에 대하여 F^n 을 생각하자. F 가 가환환이므로 F^n 도 가환환이 된다. 이 때, $n \geq 2$ 이면 F^n 이 체가 될 수 없음을 보이라.

9. e^π 가 초월수임을 보이라.

10. 정리 7.13 의 (b) 를 (a) 를 이용하여 증명하라.

11. 본문 3 절의 (9)를 증명하라.

참고문헌

C. Reid(지음) - **이일해**(옮김), *힐버트 - 수학과 삶*, 대우학술총서 번역 **19**, 민음사, 1989.

L. V. Ahlfors, *Complex Analysis*, 3rd ed., McGraw-Hill, Inc., 1979.

E. Artin, *Algebraic Numbers and Algebraic Functions*, Gorden and Breach, 1967. (2nd printing, 1984.)

A. Baker, *Transcendental Number Theory*, Cambridge Univ. Press, 1975.

F. E. Browder (ed.), *Mathematical developments arising from HILBERT PROBLEMS*, Proc. Symposia in PURE MATHEMATICS **XXVIII** - Part 1,2, Amer. Math. Soc., 1976. (2nd printing 1977.)

J. B. Fraleigh, *A First Course in Abstract Algebra*, , 6th ed., Addison-Wesley, 1999.

A. Gel'fond, *Transcendental and Algebraic Numbers*, English ed., Dover, 1952.

T. W. Hungerford, *Algebra*, Springer, 1974. (5th printing, 1989.)

A. Ivić, *The Riemann Zeta-Function*, John Wiley & Sons, 1985.

B. Jacob, *Linear Algebra*, W. H. Freeman and Co., 1990.

S. Lang, *Introduction to Transcendental Numbers*, Addison-Wesley, 1966.

C. L. Siegel, *Transcendental Numbers*, Annals of Mathematics Studies **16**, Princeton Univ. Press, 1949.

HP8. 소수

$$2^{82589933} - 1$$

2018 년 12 월에 발견된 이 소수는 지금까지 알려진 소수 중 가장 큰 것이다. 이 수는 24,862,048 자릿수로서 한 쪽에 5,000자씩 들어가는 책으로 펴낸다면 약 5,000 쪽이 된다.

소수는 정수의 성질을 이해하는 가장 중요한 열쇠라고 할 수 있다. 소수를 정수의 곱에 대하여 더 이상 분해되지 않는 가장 작은 단위로 이해하면 소수가 정수환 $\mathbb{Z}$의구조를 결정할 것이라는 짐작을 어렵지 않게 할 수 있다. 소수에 관한 연구는 Diophantus 방정식에 관한 연구와 함께 Pythagoras 이래 약 2500 년간 정수론의 가장 중요한 연구 주제로 간주되어 왔다. 이러한 맥락에서 Hilbert 가 소수에 관한 문제들을 그의 23 문제 중 한 문제(8 번째 문제)로 제시한 것은 당연한 일이라 할 수 있다. Hilbert 는 소수에 관한 질문을 Riemann ζ-함수에 관한 Riemann 가설을 중심으로 던지고 있다. 우리는 이 장에서 소수에 관한 더욱 광범위한 내용을 다루고자 한다. 먼저 소수에 관해 이미 알려진 유명한 정리들을 알아본 다음, 쌍둥이 소수 예상, Goldbach 예상, Riemann 가설 등 여러 가지 미해결 문제들과 최근 각광을 받고 있는 소수의 성질을 응용한 암호체계를 소개하고자 한다.

제 1 절 소수의 성질

소수를 정의하기 전에 먼저 정수환 $\mathbb{Z}$ 에서의 약수와 배수의 개념을 알아보자. 잘 알려진 바와 같이 정수환 $\mathbb{Z}$ 에서는 다음과 같은 Euclid 알고리즘이 성립한다.

Euclid 알고리즘. 임의의 정수 b와 자연수 a에 대하여 다음의 성질을 만족시키는 정수 q와 r이 각각 유일하게 정해진다.

$$b = qa + r, \quad 0 \le r < a.$$

이처럼 Euclid 알고리즘이 성립하는 환을 Euclid 환이라고 하며, 그 대표적인 예가 정수환 $\mathbb{Z}$ 이다.

정의 8.1. $a, b \in \mathbb{Z}$에 대하여 $b = ac$를 만족시키는 $c \in \mathbb{Z}$가 존재하면 b를 a의 **배수**, 혹은 a를 b의 **약수**라고 부르고, 기호로는 $a \mid b$로 표시한다.

a가 자연수이고 b가 정수일 경우 $a \mid b$는 Euclid 알고리즘에서 $r = 0$임과 동치이다. 정수 a, b와 자연수 n에 대하여 $n \mid (a - b)$일 때

$$a \equiv b \pmod{n}$$

이라고 쓰고, a, b가 n을 법으로 같다고(혹은 합동이라고) 한다.

이제 소수를 정의하자.

정의 8.2. 자연수 $p \neq 1$에 대하여 p의 양의 약수가 1과 p뿐일 때, p를 **소수**라고 한다. 1과 소수가 아닌 자연수를 **합성수**라고 한다.

$2, 3, 5, 7, 11, \cdots$ 등이 소수다. 소수의 여러 가지 다양한 성질 중에서 가장 중요한 것 중의 하나는 다음의 성질이다.

$$p : \text{소수},\ a, b \in \mathbb{Z},\ p \mid ab \implies p \mid a \text{ 또는 } p \mid b.$$

이 성질과 수학적 귀납법을 이용하면 소인수 분해 정리를 증명할 수 있다.

소인수 분해 정리. 모든 자연수는 소수들의 곱으로 표시되며, 곱하는 순서를 무시하면 그 표시방법은 유일하다.

소수가 무한히 많다는 것은 이미 Euclid에 의하여 증명된 바 있다. 그의 증명을 간략히 소개하면 다음과 같다. 소수가 유한 개 존재한다고 가정하고 그것들을 $p_1, p_2, \cdots, p_n$라고 하자. 그러면, $p_1p_2\cdots p_n + 1$을 소인수 분해할 수 없으므로 모순을 얻는다. 한편, Euler는 소수가 무한히 많다는 것을 다음의 등식을 증명함으로써 확인하였다.

$$\sum_p \frac{1}{p} = \infty. \tag{1}$$

여기서 좌변의 합은 모든 소수 p에 대한 합이다.

지금까지 알려진 소수 중에서 가장 큰 것은 2018년 12월에 발견된

$$2^{82589933} - 1 \tag{2}$$

로서 무려 24,862,048 자릿수이다. 두 번째와 세 번째는 각각 2018년과 2016년에 발견된

$$2^{77232917} - 1,\quad 2^{74207281} - 1$$

로서 각각 23,249,425 자릿수, 22,338,618 자릿수이다.[1]

[1]큰 소수에 관한 정보는 https://primes.utm.edu/largest.html 에서 찾을 수 있다.

정의 8.3. 자연수 n 에 대하여, n 보다 작고 n 과 서로 소인 자연수의 개수를 $\phi(n)$ 으로 표시한다.

예를 들면,

$$\phi(1) = 1,\ \phi(2) = 1,\ \phi(3) = 2,\ \phi(4) = 2,\ \phi(5) = 4,\ \cdots$$

이고, 특히 n 이 소수이면

$$\phi(n) = n - 1$$

이다. 자연수 전체의 집합 $\mathbb{Z}^+$ 를 정의역으로 하는 함수를 **산술함수**라고 하는데, ϕ 가 바로 이러한 산술함수의 대표적인 예로서 **Euler ϕ-함수**라고 불린다. ϕ-함수는 승법함수 (multiplicative function)이다. 즉,

$$m, n : \text{서로 소} \implies \phi(mn) = \phi(m)\phi(n)$$

을 만족시킨다. 이 성질을 이용하면 임의의 자연수 n 에 대하여

$$\phi(n) = n \prod_{p|n} \left(1 - \frac{1}{p}\right) \tag{3}$$

임을 알 수 있다. 특히, 서로 다른 소수 $p_1, p_2, \cdots, p_t$ 와 자연수 $e_1, e_2, \cdots, e_t$ 에 대하여 $n = p_1^{e_1} p_2^{e_2} \cdots p_t^{e_t}$ 일 때,

$$\boxed{\phi(n) = \prod_{i=1}^{t} p_i^{e_i - 1}(p_i - 1).}$$

이제 소수에 관한 몇 가지 유명한 정리들을 알아보자. 1837 년 Dirichlet 는 다음과 같은 무한등차수열에 나타나는 소수가 무한히 많음을 증명하였다.

정리 8.4. (Dirichlet) 서로 소인 두 개의 자연수 a, d 에 대하여 초항이 a 이고 공차가 d 인 무한등차수열

$$a,\ a + d,\ a + 2d,\ a + 3d,\ \cdots, a + nd, \cdots$$

에는 무한히 많은 소수가 포함되어 있다.

이 정리는 두 개의 자연수 a, d가 서로 소이면

$$dk + a$$

꼴의 소수, 즉 d로 나누었을 때 나머지가 a인 소수가 무한히 많다는 것을 말하고 있다. 또한 Dirichlet는 이러한 꼴의 소수가 전체 소수의 약 $1/\phi(d)$ 만큼 된다는 것도 증명하였다. 예를 들면, $10k+1$꼴의 소수는 전체 소수의 약 $1/\phi(10) = 1/4$ 정도를 차지하고 있다. 마찬가지로 $10k+3,\ 10k+7,\ 10k+9$꼴의 소수들도 각각 전체 소수의 1/4 정도씩을 차지하고 있다. 10으로 나누었을 때 나머지가 1, 3, 7, 9중 하나가 아닌 소수는 2와 5뿐이므로 위의 주장에 영향을 미치지 못한다.

1896년 Poussin과 Hadamard는 다음과 같은 소수 정리의 증명을 각자 독립적으로 발표하여 세상을 놀라게 하였다.

> **정리 8.5.** (Hadamard-Poussin) 실수 x에 대하여 $\pi(x)$를 x 이하인 소수의 개수라고 하면,
>
> $$\pi(x) \sim \frac{x}{\log x}$$
>
> 이다.[2]

소수를 크기 순서로 2부터 차례로

$$p_1 = 2,\quad p_2 = 3,\quad p_3 = 5,\quad p_4 = 7,\quad p_5 = 11,\ \cdots$$

이라고 쓰자. 그러면 정리 8.5에 의하여

$$n = \pi(p_n) \sim \frac{p_n}{\log p_n}$$

이고, 따라서

$$p_n \sim n \log p_n \sim n \log(n \log p_n) = n \log n + n \log(\log p_n)$$

으로부터

$$p_n \sim n \log n. \tag{4}$$

[2]두 실함수 $f(x)$와 $g(x)$에 대하여 $f(x) \sim g(x)$라는 기호는 $\lim_{x\to\infty} f(x)/g(x) = 1$이라는 뜻이다.

을 얻는다.[3]

소수의 분포와 관련하여 다음의 사실은 무척 흥미롭다. 자연수를 작은 것부터 차례로 쓰다보면 연속하여 합성수가 나오는 경우가 있는데, 얼마나 길게 연속하여 합성수가 나올 수 있는가를 생각해 보자. 놀랍게도 임의로 주어진 자연수 n에 대하여 다음과 같은 n개의 연속한 합성수를 쉽게 발견할 수 있다.

$$(n+1)!+2,\quad (n+1)!+3,\quad (n+1)!+4,\quad \cdots,\quad (n+1)!+n+1. \tag{5}$$

반대로 1852년 Tschebycheff에 의하여 증명된 Bertrand 예상은 연속한 두 소수가 그리 멀리 떨어져 있지 않음을 말해준다.

Bertrand 예상 - Tschebycheff 정리. 임의의 자연수 $n \geq 2$에 대하여 n과 $2n$ 사이엔 반드시 소수가 존재한다. 즉,

$$\exists p : p\text{는 소수이고 } n < p < 2n.$$

Tschebycheff 정리로부터 다음을 알 수 있다.

$$\begin{aligned} n \geq 2 \quad &\Longrightarrow \quad \pi(2n) - \pi(n) \geq 1, \\ n \geq 1 \quad &\Longrightarrow \quad p_n < p_{n+1} < 2p_n. \end{aligned}$$

[3] $\lim_{n\to\infty} n\log(\log p_n)/p_n = \lim_{n\to\infty} n\log(\log p_n)/n\log p_n = 0.$

제 2 절 쌍둥이 소수 예상

소수에 관련된 미해결 문제 중에서 가장 오래되고 유명한 문제가 바로 쌍둥이 소수 예상이라고 할 수 있다. 이 절에서는 쌍둥이 소수 예상과 보다 일반적인 Polignac 의 예상, 그리고 Hilbert 의 예상을 소개하고 알려진 결과들을 다룬다.

차이가 2 인 두 소수를 **쌍둥이 소수** (twin prime)라고 한다. 3 과 5, 5 와 7, 11 과 13, 17 과 19 등이 쌍둥이 소수이다. 알려진 가장 큰 쌍둥이 소수는 2016 년에 발견된

$$2996863034895 \cdot 2^{1290000} \pm 1 \tag{6}$$

로서 388342 자리 수이다. 그 다음은

$$3756801695685 \cdot 2^{666669} \pm 1, \quad 65516468355 \cdot 2^{333333} \pm 1$$

으로 각각 200700, 100355 자리 수이다.

쌍둥이 소수 예상. 쌍둥이 소수는 무한히 많다 (?)

이렇게 간단한 질문이 2000 년이 넘도록 미해결인 채로 남아 있다는 사실이 경이롭다. 쌍둥이 소수에 대한 중요한 연구결과들을 나열하면 다음과 같다.

- Clements(1949) : n 과 $n+2$ 가 쌍둥이 소수임과 다음의 조건은 서로 동치이다. 즉,

  $$4[(n-1)!+1] \equiv -n \pmod{n(n+2)}.$$

- Sergusov(1971), Leavitt-Mullin(1981) : n 과 $n+2$ 가 쌍둥이 소수임과 다음의 조건은 서로 동치이다. 즉,

  $$\phi(n(n+2))\sigma(n(n+2)) = [n(n+2)-3][n(n+1)-1].$$

  단, ϕ 는 Euler ϕ-함수이고, $\sigma(m)$ 은 자연수 m 의 양의 약수의 합을 나타내는 산술함수이다. 즉,

  $$\sigma(m) := \sum_{d\,|\,m} d \tag{7}$$

  이다. 여기서 $\sum_{d\,|\,m}$ 은 m 의 모든 양의 약수 d 에 대한 합을 나타낸다.[4]

[4] 서로 다른 소수 $p_1, p_2, \cdots, p_t$ 와 자연수 $e_1, e_2, \cdots, e_t$ 에 대하여 $m = p_1^{e_1} p_2^{e_2} \cdots p_t^{e_t}$ 일 때, $\sigma(m) = \prod_{i=1}^{t} (1 + p_i + \cdots + p_i^{e_i})$ 이다.

- Brun(1919) 은 다음과 같이 정의된 무한급수가 수렴함을 증명하여 세상을 놀라게 하였다.
$$B = \sum_{p,\, p+2} \left(\frac{1}{p} + \frac{1}{p+2}\right) < \infty. \tag{8}$$
단, 합은 모든 쌍둥이 소수 $p, p+2$ 에 대한 합이다. Shanks-Wrench(1974), Brent(1976) 등에 의하여
$$B = 1.90216054\cdots$$
임이 증명되었으며, 지금은 B 를 **Brun 상수**라고 부른다.

- Bombieri-Davenport(1966) : 주어진 실수 $x > 0$ 에 대하여 둘 중 작은 것이 x 이하인 쌍둥이 소수들의 개수를 $\pi_2(x)$ 라고 정의할 때,
$$\pi_2(x) \le C_1\, C_2\, \frac{x}{(\log x)^2} \left[1 + O\left(\frac{\log\log x}{\log x}\right)\right]$$
임을 증명하였다.[5] 여기서 상수 C_1 은 2 일 것으로 예상되고 있으며,[6] **쌍둥이 소수 상수**라고 불리는 C_2 는 다음과 같이 정의되며 약 0.66016 임이 알려져 있다.
$$C_2 = \prod_p \left(1 - \frac{1}{(p-1)^2}\right)$$
단, 곱은 $p > 2$ 인 모든 소수에 대한 곱이다. 이와 관련하여 Brun 은 1920년에
$$\pi_2(x) \le \frac{100x}{(\log x)^2}$$
임을 보인 바 있으며, Bombieri-Davenport 의 결과는 Brun 의 이 결과를 발전시킨 것이다. 한편, Brent 는 1976 년에
$$\pi_2(10^{11}) = 224376048$$
임을 계산하였다.

쌍둥이 소수 예상과 관련하여, 1978 년에 Chen 이 놀라운 결과를 발표하였다. $\mathbb{P}_k$ 를 k 개 이하의 소수의 곱으로 표시할 수 있는 자연수들의 집합이라고 하자.

[5]실함수 $f(x)$ 에 대하여 $g(x) = O(f(x))$ 로 쓰는 것은 $g(x)$ 가 $\lim_{x\to\infty} \ |g(x)|/|f(x)| < \infty$ 를 만족시키는 실함수라는 뜻이다.

[6]Hardy-Littlewood 가 $C_1 = 2$ 를 예상하였으며, 1986 년 Friedlander-Iwanieć 가 $C_1 \le 7$ 임을 보였다.

정리 8.6. (Chen, 1978) $p+2 \in \mathbb{P}_2$ 를 만족시키는 소수 p 는 무한히 많다.

Chen 의 결과는 p 는 소수이고, $p+2$ 는 소수이거나 또는 두 개의 소수의 곱이 되는, 그러한 p 가 무한히 많다는 것이다. 발표는 1978 년에 되었지만 실은 1966년 중국의 문화혁명 당시 수용소에서 연구한 내용임이 알려지면서, 북경대학의 수학교수였던 Chen 의 학문적 열정과 집념에 전세계 수학자들은 다시 한 번 놀라며 경의를 표하였다.

그후 쌍둥이 소수 예상은 별다른 진전이 없었으나 최근에 Zhang 이 완전히 새로운 돌파구를 열어 세상을 놀라게 하였다.

정리 8.7. (Zhang, 2013) 차이가 7 천만 이하인 두 소수의 쌍은 무한히 많다.

Zhang의 발표 이후, 차이가 246 이하인 두 소수의 쌍이 무한히 많음까지 증명되었다. 한편 Polignac(1849) 과 Hilbert 는 쌍둥이 소수 예상을 다음과 같이 일반화하였다.

Polignac 의 예상. 임의의 자연수 k 에 대하여 p 는 소수이고, $p+2k$ 는 바로 다음의 소수가 되는, 그러한 p 가 무한히 많다(?)[7]

Polignac 의 예상에 대하여는 거의 아는 것이 없다고 해도 과언이 아니다. 실은 임의의 짝수 $2k$ 에 대하여 차이가 $2k$ 가 되는 두 개의 소수가 항상 존재하는지조차 아직 모르고 있다. $\pi_{2k}(x)$ 를 p, $p+2k$ 가 연속한 두 소수가 되는 소수 $p \le x$ 의 개수라고 하면, k 에 의하여 결정되는 적당한 상수 $C(k) > 0$ 가 존재하여

$$\pi_{2k}(x) \le C(k)\frac{x}{(\log x)^2}$$

임이 알려져 있다.

Hilbert 의 예상. 주어진 세 정수 a, b, c 에 대하여 a 와 b, b 와 c, c 와 a 가 각각 서로 소이면 $ap+bq=c$ 를 만족시키는 소수 p 와 q 가 무한히 많다(?)[8]

[7] $k=1$ 인 경우에는 쌍둥이 소수 예상이 된다.

[8] $a=1, b=-1, c=2$ 인 경우에는 쌍둥이 소수 예상이 되고, $a=1$, $b=-1$, $c=2k$ 인

제 3 절 Mersenne 소수와 Fermat 소수

이 절에서는 몇몇 특별한 꼴의 소수를 소개하고자 한다. 먼저 Mersenne 소수에 대하여 알아보자. Mersenne는 자연수 m에 대하여 $2^m - 1$ 꼴의 소수를 찾고자 하였다. $2^m - 1$이 소수가 되려면 m도 소수가 되어야 함은 쉽게 알 수 있다. 따라서 $2^m - 1$ 꼴의 소수를 찾기 위해서는 m이 소수인 경우만 생각하면 된다. 물론 m이 소수라고 해서 $2^m - 1$이 항상 소수가 되는 것은 아니다.

정의 8.8. 소수 p에 대하여 $M_p = 2^p - 1$을 **Mersenne 수**라고 한다. M_p가 소수일 때 M_p를 **Mersenne 소수**라고 한다.

예를 들어

$$M_2 = 3,\ M_3 = 7,\ M_5 = 31,\ M_7 = 127,\ M_{13} = 8191,\ \cdots$$

등은 Mersenne 소수이다. 하지만

$$M_{11} = 2047 = 23 \times 89,$$
$$M_{23} = 8388607 = 47 \times 178481$$

등은 합성수이다. Mersenne 수에 관한 많은 의문들이 아직 미해결 문제로 남아있다. 그 중 중요한 몇 가지를 소개하면 다음과 같다.

- Mersenne 소수는 무한히 많은가?

  대부분의 수학자들은 Mersenne 소수가 무한히 많을 것으로 추측하고 있다. 그러나 2021 년 2 월 현재까지 발견된 Mersenne 소수는 51 개이다. 1 절에서

  $$2^{82589933} - 1$$

  가 현재까지 알려진 소수 중에서 가장 큰 소수임을 소개한 바 있다. 이 소수는 51 번째로 발견된 Mersenne 소수이다. 사실은 알려진 모든 소수를 크기 순서로 따졌을 때, 1 등부터 8 등까지가 모두 Mersenne 소수이다. 이처럼 알려진 가장 큰 소수보다 더 큰 소수를 찾기 위해 경쟁을 벌이고 있는 이들에게는 Mersenne 소수가 보물창고라고 할 수 있다. 한편, 발견된 Mersenne 소수가 51 개라는 것이 $2^2 - 1$ 부터 $2^{82589933} - 1$ 까지 Mersenne 소수가 51 개밖에 없다는 이야기는 물론

경우에는 Polignac 의 예상이 된다.

아니다. 단지, 가장 큰 소수를 찾기 위해서 가능하면 큰 소수 p에 대하여 M_p가 소수인지 여부를 확인해온 것뿐이다.

- Mersenne 합성수는 무한히 많은가? 즉, M_p가 합성수인 소수 p가 무한히 많은가?

이것도 역시 대부분의 수학자들은 참일 것으로 추측하고 있다. 이와 관련하여 다음의 성질은 흥미롭다.

> $p \equiv 3 \pmod 4$ 인 소수 p에 대하여,
> $2p+1$ 이 소수이면 $(2p+1) \mid M_p$.

이것은 $2p+1$ 이 소수이면 $m^2 \equiv 2$ (mod 2p+1) 를 만족하는 정수 m 이 존재한다는 사실로부터 간단히 증명할 수 있다. 일반적으로 소수 p에 대하여

$$G_p := 2p+1 \tag{9}$$

꼴의 소수를 **Sophie Germain 소수**라고 하는데, $p \equiv 3 \pmod 4$ 인 소수 p에 대한 Sophie Germain 소수가 무한히 많다면 Mersenne 합성수가 무한히 많다는 결론을 내릴 수 있다. 그러나

Sophie Germain 소수가 무한히 많은가?

라는 질문도 아직 해결되지 못한 상태이다. 한편, Fermat 의 마지막 정리와 관련하여 p가 Sophie Germain 소수이면

$$x^p + y^p = z^p, \ p \nmid xyz \tag{10}$$

를 동시에 만족시키는 정수 x, y, z가 존재할 수 없다는 사실을 Sophie Germain 자신이 증명하였다.[9]

- Mersenne 수는 항상 무승수[10]인가?

[9](10)을 Fermat 의 마지막 정리의 첫 번째 경우라고 하고 $x^p + y^p = z^p$, $p \mid xyz$를 두 번째 경우라고 한다. 두 번째 경우가 훨씬 더 어려운 것으로 알려져 있다.

[10]무승수란 소수의 제곱을 약수로 가지지 않는 1 아닌 정수이다.

Rotkiewics는 소수 p에 대하여 p^2이 어떤 Mersenne 수를 나누면 그 소수는

$$2^{p-1} \equiv 1 (\mathrm{mod}\ p^2) \tag{11}$$

를 만족시킨다는 사실을 증명하였다. 이러한 소수를 **Wieferich 소수**라고 한다. Wieferich 소수도 Fermat의 마지막 정리와 다음과 같이 밀접하게 관련되어 있음을 1909년 Wieferich 자신이 증명하였다. 즉, 소수 p가 Wieferich 소수가 아니면 (10)을 만족시키는 정수 x, y, z가 존재할 수 없다는 것이다. Wieferich 소수는 매우 드물게 나타나는데, Wieferich 소수가 얼마나 많은 지도 역시 밝혀지지 않고 있다.

- Catalan의 예상 : $C_1 := M_2$, $C_2 := M_{C_1} = M_3$, $C_3 := M_{C_2} = M_7$, $C_4 := M_{C_3} = M_{127}$, $\cdots$, $C_{n+1} := M_{C_n}$, $\cdots$ 등은 모두 소수인가?

Catalan의 예상과 비슷한 문제로

M_p가 Mersenne 소수이면 M_{M_p}도 Mersenne 소수인가?

라는 문제가 있었으나, 다음과 같은 반례가 발견되었다. 즉, $M_{13} = 8191$은 Mersenne 소수이지만 $M_{M_{13}} = 2^{8191} - 1$은 합성수[11]이다. Catalan의 예상에 대하여는 그러나 아직 반례가 발견되지 않고 있다.

한편, Mersenne 소수는 완전수(perfect number)와 밀접하게 관련되어 있다. 이 관련성을 알아보기 위하여 먼저 완전수를 정의하자.

정의 8.9. 자연수 n의 양의 약수의 합이 $2n$이 될 때, n을 **완전수**라고 한다.

따라서 자연수 n이 완전수임과 다음은 동치이다. 즉,

$$\sigma(n) = \sum_{d|n} d = 2n. \tag{12}$$

완전수의 예로는

$$6,\ 28,\ 496,\ 8128,\ \cdots$$

[11] $338193759479 \mid (2^{8191} - 1)$.

등이 있다. 그런데

$$6 = 2 \cdot 3 = 2^{2-1} \cdot (2^2 - 1), \ \cdots,$$
$$8128 = 64 \cdot 127 = 2^{7-1} \cdot (2^7 - 1), \ \cdots$$

에서 알 수 있는 것처럼 모든 짝수인 완전수는 적당한 Mersenne 소수 M_p 에 대하여

$$E_p := 2^{p-1} M_p$$

꼴로 쓸 수 있으며, 역으로 모든 Mersenne 소수 M_p 에 대하여 E_p 는 짝수인 완전수이다. 다시 말하면, Mersenne 소수들과 짝수인 완전수들은 정확히 다음과 같은 일대일 대응관계이다.

$M_p = 2^p - 1$: Mersenne 소수
$\Longleftrightarrow \quad E_p = 2^{p-1}(2^p - 1)$: 짝수인 완전수.

따라서 지금까지 발견된 38 개의 Mersenne 소수에 대응되는 51 개의 짝수인 완전수가 알려져 있으며, 가장 큰 것은

$$E_{82589933} = 2^{82589932}\,(2^{82589933} - 1) \tag{13}$$

이다. 한편 홀수인 완전수는 아직 하나도 찾지 못하고 있으며, 그 존재여부조차 미해결 문제로 남아 있다.

Mersenne 가 $2^m - 1$ 꼴의 소수를 찾고자 하였다면 Fermat 는 $2^m + 1$ 꼴의 소수를 찾고자 하였다. $2^m + 1$ 이 소수가 되려면 m 은 2^n 꼴이 되어야 함을 쉽게 알 수 있다. 따라서 $2^m + 1$ 꼴의 소수를 찾기 위해서는 $m = 2^n$, $n = 0, 1, 2, \cdots$ 인 경우만 생각하면 된다. 물론 $m = 2^n$ 꼴이라고 해서 $2^m + 1$ 이 항상 소수가 되는 것은 아니다.

정의 8.10. 음 아닌 정수 n 에 대하여 $F_n = 2^{2^n} + 1$ 을 **Fermat 수**라고 한다. F_n 이 소수일 때, F_n 을 **Fermat 소수**라고 한다.

예를 들어

$$F_0 = 3, \ F_1 = 5, \ F_2 = 17, \ F_3 = 257, \ F_4 = 65537, \ \cdots$$

등은 Fermat 소수이다. 한편

$$F_5 = 641 \times 6700417,$$
$$F_6 = 274177 \times 67280421310721$$

등은 합성수이다. Fermat 수에 관하여도 Mersenne 소수의 경우와 비슷한 의문들이 아직 미해결 문제로 남아 있다.

- Fermat 소수는 무한히 많은가?

사실, Fermat는 F_0, F_1, F_2, F_3, F_4의 다섯 개가 모두 소수임을 확인하고는 모든 Fermat 수가 Fermat 소수일 것으로 예상하였었다. 그러나 Euler가 F_6은 합성수라는 것을 밝힘으로써 그의 예상은 빗나갔다. 그런데 문제는 지금까지 발견된 Fermat 소수는 Fermat가 발견한 다섯 개뿐이라는 것이다. 1844년에 Eisenstein은

$$F_0 = 2+1, \quad F_1 = 2^2+1, \quad F_2 = 2^{2^2}+1,$$
$$F_4 = F_{2^2} = 2^{2^{2^2}}+1, \quad F_{16} = F_{2^{2^2}} = 2^{2^{2^{2^2}}}+1, \quad \cdots$$

들이 모두 Fermat 소수일 것으로 예상하였으나 1953년 Selfridge가 F_{16}이 합성수임을 보임으로써 Eisenstein의 예상이 잘못된 것임을 밝혔다. 한편 1958년에 Sierpinski는

$$S_m = m^m + 1, \ \forall\, m = 1, 2, 3, \cdots \tag{14}$$

꼴의 소수[12]를 생각하였다. 그는 S_m이 소수이면 $m = 1$이거나 적당한 $n \geq 0$에 대하여 $m = 2^{2^n}$ 꼴임을 보였다. $m = 1$이면 $S_1 = 2$이고, $m = 2^{2^n}$이면

$$S_m = F_{n+2^n}$$

이 된다. 지금까지 알려진 $m^m + 1$ 꼴의 소수는

$$S_1 = 2, \quad S_2 = F_1 = 5, \quad S_4 = F_3 = 257$$

뿐이다.

[12]**Sierpinski 소수**.

- Fermat 합성수는 무한히 많은가?

  Fermat 합성수가 무한히 많은지는 아직 모르고 있다. F_n 이 합성수인 경우 그 약수들이 어떤 꼴인지에 대한 다음과 같은 결과가 알려져 있을 뿐이다. F_n 의 모든 약수는 적당한 자연수 k 에 대하여

$$k \times 2^{n+2} + 1$$

  꼴임이 알려져 있다. F_n 이 합성수일 경우에는, 이 사실을 이용하여 F_n 의 약수를 찾을 수 있다. 예를 들면

$$(5 \times 2^7 + 1) \mid F_5, \quad (1071 \times 2^8 + 1) \mid F_6, \quad (3150 \times 2^{18} + 1) \mid F_{16}, \ \cdots$$

  을 비롯하여

$$(19 \times 2^{9450} + 1) \mid F_{9448}, \quad (5 \times 2^{23473} + 1) \mid F_{23471}, \ \cdots$$

  등이다.

- Fermat 수는 항상 무승수인가?

  Mersenne 수의 경우와 마찬가지로 소수 p 에 대하여 p^2 이 어떤 Fermat 수를 나누면 그 소수는 Wieferich 소수가 된다는 것이 알려져 있다. Fermat 수들은 모두 서로 소이기 때문에 만약 무승수가 아닌 Fermat 수가 무한히 많다면 Wieferich 소수가 무한히 많다는 결론을 내릴 수 있게 된다.

잠깐 이야기의 주제를 자와 컴퍼스만을 이용한 작도 문제로 바꾸어 보자. $n \geq 3$ 인 자연수에 대하여 정 n 각형을 자와 컴퍼스만을 이용하여 작도하고자 할 때, 어떤 n 에 대하여 이것이 가능하고, 또 어떤 n 에 대하여 불가능한가? 예를 들면 정 3 각형, 정 4 각형, 정 5 각형, 정 6 각형, 정 8 각형 등은 자와 컴퍼스만을 이용하여 작도하는 것이 가능하다. 하지만, 정 7 각형, 정 9 각형, 정 11 각형 등은 자와 컴퍼스만을 이용하여 작도하는 것이 불가능하다. Gauss 는 이 질문에 대한 완전한 답을 제공하여 세상을 놀라게 하였다. 소수라는 대수적인 성질과 작도라는 기하적인 성질을 연결하는 숨은 고리를 밝혀낸 Gauss 의 이 정리는 수학의 아름다움을 이야기할 때 자주 인용되곤 한다. 그리고 그 숨은 고리가 바로 Fermat 소수이다.

정리 8.11. $n \geq 3$ 인 자연수 n 에 대하여 정 n 각형이 자와 컴퍼스만을 이용하여 작도 가능할 필요충분조건은

$$n = 2^k p_1 p_2 \cdots p_t \geq 3$$

이다. 단 $k, t \geq 0$ 이고 $p_1, p_2, \cdots, p_t$ 는 모두 서로 다른 Fermat 소수이다.[13]

따라서 정 n 각형이 자와 컴퍼스만을 이용하여 작도 가능한 것은

$$n = 3, 4, 5, 6, 8, 10, 12, 15, 16, 17, 20, 24, 30, 32, 34, 40, \cdots$$

등일 때이다.[14]

이 외에도 일로된 소수, Wilson 소수 등이 있다. **일로된 소수**(repunit)는 자연수 n 에 대하여

$$R(n) = \frac{10^n - 1}{9} \tag{15}$$

꼴의 소수, 즉, 자릿수가 모두 1 인 n-자리 소수를 일컫는다.

$$R(2) = 11,\ R(19) = \underbrace{1111111111111111111}_{19\,\text{개}},$$
$$R(23),\ R(317),\ R(1031),\ \cdots$$

등이 지금까지 발견된 일로된 소수이다. 일로된 소수가 무한히 많은지 여부도 아직 미해결 문제이다. **Wilson 소수**는 소수 p 에 대하여

$$W(p) = \frac{(p-1)! + 1}{p} \tag{16}$$

꼴의 소수이다. Wilson 정리[15] 에 의하여 $W(p)$ 가 정수임을 알 수 있다.

$$W(5) = 5,\ W(13) = 36846277,\ W(563),\ \cdots$$

등이 Wilson 소수이며 Wilson 소수가 얼마나 많은지 역시 밝혀지지 않고 있다.

[13] 이 증명은 '현대대수학 2'에서 배우는데, 그 핵심은 Galois 이론이라는 체에 관한 이론이다.
[14] Gauss 는 19 살 때 자와 컴퍼스만으로 정 17 각형을 작도하였다고 한다.
[15] p: 소수 $\Longrightarrow$ $(p-1)! \equiv -1 \pmod p$. Wilson정리의 역도 참이다.

제 4 절 Goldbach 의 예상

1742 년 Euler 에게 보낸 편지에서 Goldbach 는

> 5 보다 큰 모든 자연수는 세 개의 소수의 합으로 쓸 수 있는 것 같다

고 추측하였다. Euler 는 답장에서 그것이 사실이라면 다음과 동치임을 증명하였다.

> **Goldbach 의 예상.** 4 이상의 모든 짝수는 두 개의 소수의 합이다(?)

즉, 임의의 자연수 $n \geq 2$에 대하여 $2n = p + q$를 만족시키는 소수 p와 q가 존재한다는 것이다. 이것이 지금은 Goldbach 의 예상이라고 알려진 유명한 미해결 문제이다.[16] 1965 년 M. Stein 과 P. Stein 은 Goldbach 의 예상이 10^8 까지 성립함을 보인 바 있다.

Euler 의 동치 증명은 다음과 같다. 먼저 모든 4 이상의 짝수는 두 개의 소수의 합이라고 가정하자. 그러면, 5 보다 큰 자연수 m에 대하여, m이 짝수이면 $m-2$는 4 이상의 짝수이므로 $m-2 = p+q$를 만족시키는 소수 p와 q가 존재하고 따라서 $m = 2+p+q$ 로서 세 개의 소수의 합이다. m이 홀수인 경우에도 $m-3$은 4 이상의 짝수이므로 $m-3 = p+q$를 만족시키는 소수 p와 q가 존재하고 따라서 $m = 3+p+q$ 로서 세 개의 소수의 합이 된다. 역으로 모든 5 보다 큰 자연수는 세 개의 소수의 합이라고 가정하자. $2n$을 4 이상의 짝수라고 하면 $2n+2$는 6 이상의 수이므로 세 개의 소수 p, q, r 의 합이고, 가장 작은 것을 r이라고 하면 r은 2 이다. 따라서 $2n = p+q$ 이다.

이제 Goldbach 예상과 관련된 몇 가지 중요한 결과들을 살펴보자.

- Hardy-Littlewood(1923), Vinogradov(1937) : 자연수 n_0 가 존재하여 n_0 이상의 모든 홀수 n은 세 개의 소수의 합이다.[17]

[16] HP1,2 의 5 절 참조

[17] 적당한 n_0 의 값을 구체적으로 구할 수 있으며, $n_0 = 3^{3^{15}}$ 정도로 잡으면 된다는 것이 알려져 있다.

Hardy-Littlewood는 이 결과를 다음 절에서 소개할 Riemann 가설을 이용하여 증명하였으며, Vinogradov는 Riemann 가설을 이용하지 않고 증명하는 데 성공하였다.

- Schnirelmann(1930) : 자연수 S가 존재하여 충분히 큰 모든 자연수는 S개의 소수의 합으로 표시된다.

Schnirelmann의 결과를 이용하면 자연수 S_0가 존재하여 모든 1보다 큰 자연수를 S_0개 이하의 소수의 합으로 표시할 수 있음을 알 수 있다. Schnirelmann은 $S \leq 800000$을 보였고 지금은 $S \leq 6$까지 발전하였다(Vaughan, 1976). 한편, S_0에 대하여는 $S_0 \leq 19$까지 증명되었다(Riesel-Vaughan, 1983). 물론 Goldbach의 예상이 맞는다면 $S_0 = 3$이다.

이제 4 이상의 실수 x에 대하여 $G(x)$를 x 이하의 자연수 중에서 짝수이고 두 개의 소수의 합으로 표시할 수 없는 것들의 개수라고 정의하자. 그러면 Goldbach의 예상은 $G(x) = 1$과 동치이다. 1930년대 후반 Estermann 등이

$$\lim_{x\to\infty} \frac{G(x)}{x} = 0 \tag{17}$$

임을 증명하였다.

- Montgomery-Vaughan(1975) : $G(x) \leq x^{1-\alpha}, \quad 0 < \alpha \leq 1.$

1983년 Chen이 $\alpha = 1/25$인 경우를 증명하였으며 α의 값이 조금씩 커지고 있으나 Goldbach 예상에 도달하려면 $\alpha = 1$인 경우를 증명하여야 하므로 아직은 갈 길이 멀다고 하겠다. Goldbach 예상 관한 가장 근접한 결과는 역시 Chen의 다음의 결과이다.

정리 8.12. (Chen, 1978) 모든 충분히 큰 짝수는 소수 p와 두 개 이하의 소수의 곱으로 표시되는 자연수 q의 합으로 표시할 수 있다.[18] 즉, $n \gg 0$이면

$$2n = p + q, \quad p\text{는 소수}, \quad q \in \mathbb{P}_2.$$

[18]이러한 종류의 결과는 1919년 Brun이 $n \gg 0$이면 $2n = p + q, \; p, q \in \mathbb{P}_9$를 증명하면서부터 시작되었다.

여기서, $n \gg 0$는 n이 충분히 크다는 뜻의 기호이다. 즉, 어떤 상수 $c > 0$가 존재하여 $n \geq c$라는 의미이다.[19]

$1 \sim 4$절에서 다룬 소수의 기본 성질을 비롯한 쌍둥이 소수 예상과 Hilbert 예상, Mersenne 소수와 Fermat 소수, Goldbach 예상 등에 관한 자세한 내용은 [Dickson I], [Guy], [Hardy-Wright], [Hua], [Niven-Zuckerman-Montgomery], [Ribenboim] 등을 참조하라.

[19] 경우에 따라서는 그러한 상수 c가 존재한다는 사실은 알지만 그 값을 짐작조차 할 수 없을 수도 있다.

제 5 절 Riemann 가설

Riemann 가설은, 가장 유명한 미해결 문제라는 타이틀을 두고 서로 다투던 Fermat 의 마지막 정리가 1995 년에 Wiles 에 의하여 증명된 지금, 현존하는 가장 유명한 미해결 문제라는데 이의를 제기할 사람이 많지 않을 것이다. 이 절에서는 여전히 많은 수학자들이 연구하고 있는 Riemann 가설에 대하여 알아보기로 한다. 먼저 $s > 1$ 인 실수 s 에 대하여 정의된 다음 함수를 생각하자.

$$\zeta(s) = \sum_{n=1}^{\infty} \frac{1}{n^s}, \quad s > 1. \tag{18}$$

ζ-함수라고 불리는 이 함수는 소수의 분포를 연구하기 위하여 고안되었으며, 실은 $s \in \mathbb{C}$, $\mathrm{Re}(s) > 1$ 에서 수렴한다.

Euler 는 소인수 분해정리를 이용하여 다음의 등식을 증명하였다.[20]

$$\zeta(s) = \prod_{p} \left(1 - \frac{1}{p^s}\right)^{-1}, \quad s \in \mathbb{C},\ \mathrm{Re}(s) > 1. \tag{19}$$

Euler 의 곱공식이라고 알려진 이 등식으로부터 $\mathrm{Re}(s) > 1$ 이면 $\zeta(s) \neq 0$ 임을 쉽게 알 수 있다.

특정한 $s \in \mathbb{C}$ 에 대한 ζ-함수의 값을 알아보기 위하여 먼저 Bernouille 수에 대하여 간략히 살펴보자. 음이 아닌 정수 n 에 대하여 n 번째 Bernouille 수 B_n 은 다음과 같이 실함수 $x/(e^x - 1)$ 의 $x = 0$ 에서의 Taylor 급수를 이용하여 정의한다. 즉,

$$\frac{x}{e^x - 1} = \sum_{n=0}^{\infty} \frac{B_n}{n!} x^n. \tag{20}$$

정의로부터

$$B_0 = 1,\ B_1 = -\frac{1}{2},\ B_{2n+1} = 0,\ \forall\, n = 1, 2, \cdots,$$

$$B_2 = \frac{1}{6},\ B_4 = -\frac{1}{30},\ B_6 = \frac{1}{42},\ B_8 = -\frac{1}{30},\ B_{10} = \frac{5}{66},\ \cdots$$

등을 계산할 수 있다. 이 Bernouille 수들은 모든 자연수 n 에 대하여 다음과 같은 조합 등식을 만족시킨다.[21]

$$\binom{n+1}{1} B_n + \binom{n+1}{2} B_{n-1} + \cdots + \binom{n+1}{n} B_1 + \binom{n+1}{n+1} B_0 = 0. \tag{21}$$

---

[20] HP7 의 (13) 참조.

[21] $B_0 = 1$ 로 두고 조합등식 (21)을 이용하여 B_n 을 차례로 정의할 수도 있다.

이제 Bernouille 수를 이용하여 $s = 2, 4, 6, \cdots$ 에서의 ζ-함수의 함수값을 정확히 나타낼 수 있다.

정리 8.13. (Euler) 임의의 자연수 n 에 대하여,

$$\zeta(2n) = (-1)^{n+1}\,\frac{(2\pi)^{2n} B_{2n}}{2\,(2n)!}.$$

이 정리로부터 수학에서 가장 아름답고도 놀라운 공식 중의 하나로 여겨지는 다음의 공식을 얻는다.

$$\zeta(2) = 1 + \frac{1}{2^2} + \frac{1}{3^2} + \cdots = \frac{\pi^2}{6}. \tag{22}$$

또한 $B_{2n} \in \mathbb{Q}$ 로부터 $\zeta(2n)$ 이 초월수임을 알 수 있다. 즉,

$$\zeta(2n) \notin \overline{\mathbb{Q}},\ \forall\, n = 1, 2, \cdots.$$

그러나 자연수 n 에 대하여 $\zeta(2n+1)$ 의 초월성 여부는 전혀 알려진 바가 없다. $\zeta(3)$ 가 무리수임을 1981 년에 Apéry 가 증명한 것이 고작이다.

다시 Riemann 가설로 돌아가자. ζ-함수는 $s = 1$ 을 제외한 복소평면 전체에서 정의된 해석적 함수로 확장할 수 있다. **해석적 함수**(analytic function)란 함수가 정의된 각 점 근방에서 수렴하는 멱급수로 전개할 수 있는 함수를 뜻한다.[22]

이렇게 ζ-함수의 정의역을 $\{\, s \in \mathbb{C} \,|\, \mathrm{Re}(s) > 1 \,\}$ 에서 $\mathbb{C} - \{1\}$ 로 확장하여 얻은 해석적 함수를 Riemann ζ-함수라고 부르고 $\zeta(s)$ 로 표시한다. (단, $s \neq 1$.) 이러한 해석적 확장(analytic continuation) 과정을 자세히 설명하기는 쉽지 않지만 이해를 돕기 위하여 정의역을

$$\mathbb{H} = \{\, s \in \mathbb{C} \,|\, \mathrm{Re}(s) > 0,\ s \neq 1 \,\}$$

까지만 확장해 보자. $\mathrm{Re}(s) > 1$ 인 복소수 s 에 대하여

$$\begin{aligned}\sum_{n=1}^{\infty} \frac{(-1)^{n-1}}{n^s} &= \zeta(s) - 2\sum_{n=1}^{\infty}\frac{1}{(2n)^s} \\ &= \zeta(s) - 2^{1-s}\zeta(s) = (1 - 2^{1-s})\zeta(s)\end{aligned}$$

가 성립하므로

$$\zeta(s) = \frac{1}{1 - 2^{1-s}} \sum_{n=1}^{\infty} \frac{(-1)^{n-1}}{n^s}$$

[22]따라서 해석적 함수는 당연히 C^{∞}-함수이다. 물론 그 역은 일반적으로 성립하지 않는다.

을 얻는다. 그런데 우변이 $\text{Re}(s) > 0$, $s \neq 1$ 인 복소수 s 에 대하여 수렴하므로 $\zeta(s)$ 의 정의역을 $\mathbb{H}$ 로 확장할 수 있다. 물론 이렇게 확장된 정의역을 가지는 ζ-함수는 원래의 ζ-함수와 다른 모습을 하고 있지만 $\text{Re}(s) > 1$ 인 복소수 s 에 대하여는 같은 함수가 된다. 이렇게 확장된 ζ-함수에 대하여

$$\text{Re}(s) = 1,\ s \neq 1 \implies \zeta(s) \neq 0$$

임이 알려져 있다.

이제부터는 $\mathbb{C} - \{1\}$ 로 확장된 Riemann ζ-함수를 생각하기로 한다. 한편, $s > 1$ 인 실수 s 에 대하여

$$\Gamma(s) = \int_0^\infty e^{-t} t^{s-1} dt \tag{23}$$

로 정의된 Γ-함수도 $s = 0, -1, -2, \cdots$ 를 제외한 복소평면 전체를 정의역으로 하는 해석적 함수로 확장될 수 있다. 앞 장에서 소개한 바와 같이 Weierstrass 는 이 확장된 Γ-함수에 대하여 다음과 같은 등식을 증명하였다.

$$\Gamma(s) = \frac{1}{se^{\gamma s}} \prod_{n=1}^{\infty} \frac{e^{s/n}}{1 + s/n}, \quad s \in \mathbb{C},\ s \neq 0, -1, -2, \cdots. \tag{24}$$

여기서, γ 는 Euler 상수이다.

정의 8.14. 복소수 s_0 와 그 근방에서 정의된 함수 $f(s)$ 에 대하여 $f(s_0) = 0$ 일 때 s_0 를 f 의 **근**(zero)이라고 한다. 자연수 m 에 대하여

$$\lim_{s \to s_0} \frac{f(s)}{(s - s_0)^{m-1}} = 0, \quad \lim_{s \to s_0} \frac{f(s)}{(s - s_0)^m} = \ell \in \mathbb{C}^\times$$

일 때 s_0 를 f 의 m-**중근**이라고 하고, 특히 $m = 1$ 일 때 s_0 를 f 의 **단순근**이라고 한다. 한편, 복소수 t_0 를 제외한 근방에서 정의된 함수 $g(t)$ 에 대하여 $\lim_{t \to t_0} g(t) = \infty$ 일 때 t_0 를 g 의 **극**(pole)이라고 한다. 자연수 m 에 대하여

$$\lim_{t \to t_0} (t - t_0)^{m-1} g(t) = \infty, \quad \lim_{t \to t_0} (t - t_0)^m g(t) = \ell \in \mathbb{C}^\times$$

일 때 t_0 를 g 의 m-**중극**이라고 하고, 특히 $m = 1$ 일 때 t_0 를 g 의 **단순극**이라고 한다.

Riemann ζ-함수의 극은 $s = 1$ 뿐이며 단순극이다. 한편, Γ-함수의 극은 정확히 $s = 0, -1, -2, \cdots$ 들이며 역시 모두 단순극이다. Γ-함수는 그러나 복소평면상에서 근을 가지지 않는다. 즉,

$$\Gamma(s) \neq 0, \quad \forall\ s \in \mathbb{C}.$$

그러면 Riemann ζ-함수의 근은 어떤 것들인가? 이 질문에 대한 부분적인 답이 Riemann 의 위대한 업적 중 하나로 꼽히는 다음의 항등식에 들어 있다.

$$\pi^{-s/2}\Gamma\left(\frac{s}{2}\right)\zeta(s) = \pi^{-(1-s)/2}\Gamma\left(\frac{1-s}{2}\right)\zeta(1-s). \tag{25}$$

이제 자연수 n 에 대하여 $s=-2n$ 인 경우를 생각해보자.

$$\Gamma\left((2n+1)/2\right) \neq 0, \quad \zeta(2n+1) \neq 0$$

이므로 (25)의 우변은 0 아닌 유한 값을 취하고 따라서 좌변도 0 아닌 유한 값을 취해야 한다. 그런데 좌변에서 $s=-2n$ 은 $\Gamma(s/2)$ 의 단순극이므로 좌변이 유한 값을 취할 수 있는 방법은 $s=-2n$ 이 $\zeta(s)$ 의 단순근이 되는 것이다.

한편, $\mathrm{Re}(s) \geq 1$ 인 모든 $s \neq 1$ 에 대하여 $\zeta(s) \neq 0$ 이므로 위의 항등식에 의하면 $\mathrm{Re}(s) \leq 0,\ s \neq -2,-4,-6,\cdots$ 인 모든 s 에 대하여도 $\zeta(s) \neq 0$ 임을 알 수 있다. $s=0$ 에서는 (25)의 양변이 모두 단순극을 가지게 되므로 $\zeta(0) \neq 0$ 임을 알 수 있다.[23]

이상을 종합하면 $\mathrm{Re}(s) \leq 0$ 또는 $\mathrm{Re}(s) \geq 1$ 인 영역에 있는 Riemann ζ-함수의 근은

$$s = -2,-4,-6,\cdots$$

뿐이라는 결론을 내릴 수 있으며 이들을 Riemann ζ-함수의 **자명근** (trivial zero) 이라고 한다. 그러면, Riemann ζ-함수의 **비자명근**(nontrivial zero)은 어떤 것들인가? 위에서 논한 바에 의하여 Riemann ζ-함수의 비자명근 s가 존재한다면 그들은 모두 $0 < \mathrm{Re}(s) < 1$를 만족하여야 함은 당연하다. 즉,

$$\zeta(s)=0,\ s \neq -2,-4,-6,\cdots \implies 0 < \mathrm{Re}(s) < 1. \tag{26}$$

복소평면에서 Riemann ζ-함수의 비자명근이 들어 있을 수 있는 부분

$$\mathrm{CS} := \{\, s \in \mathbb{C} \mid 0 < \mathrm{Re}(s) < 1 \,\} \tag{27}$$

을 Riemann ζ-함수의 **임계띠** (critical strip)라고 한다. Riemann ζ-함수의 비자명근이 무한히 많음은 알려져 있다. 그들은 모두 Riemann ζ-함수의 임계띠 CS 안에 들어 있음은 물론이다. 이제 1859 년에 발표된 Riemann 가설을 소개하겠다. 직선

$$\mathrm{CL} := \left\{ s \in \mathbb{C} \;\middle|\; \mathrm{Re}(s) = \frac{1}{2} \right\} \tag{28}$$

[23] $s \to 0$ 일 때 양변의 극한을 비교하면 $\zeta(0) = -1/2$ 임을 얻을 수 있다.

을 Riemann ζ-함수의 **임계선** (critical line)이라고 하자.

Riemann 가설. 복소수 s가 Riemann ζ-함수의 비자명근이면

$$\mathrm{Re}(s) = \frac{1}{2}$$

이다. 즉, Riemann ζ-함수의 비자명근은 모두 임계선 CL 상에 있다.

앞서 밝힌 바와 같이 이것이 바로 현존하는 가장 유명한 미해결 문제라고 해도 과언이 아닌 Riemann 가설이다. 복소수 $s = \sigma + i\tau$ 에 대하여 s의 켤레 복소수를 $\overline{s}$ 라고 하면

$$\zeta(s) = \overline{\zeta(\overline{s})}$$

이므로 Riemann ζ-함수의 비자명근 $s = \sigma + i\tau$ 를 구할 때 $\tau > 0$ 이라고 가정해도 된다. 양수 T 에 대하여 $N(T)$ 를 $0 < \tau < T$ 인 Riemann ζ-함수의 비자명근 $s = \sigma + i\tau$ 의 개수라고 하고 $N_0(T)$ 를 그 중에서 $\sigma = 1/2$ 인 것들의 개수라고 하자. 이제 Riemann 가설에 대한 중요한 몇 가지 결과들을 나열해보자.

- Mangoldt(1905) : $N(T) = \dfrac{T}{2\pi}\left(\log\dfrac{T}{2\pi} - 1\right) + O(\log T)$.

  Mangoldt 의 결과로부터 Riemann ζ-함수의 임계띠 CS 안에 무한히 많은 Riemann ζ-함수의 비자명근이 존재함을 알 수 있다. $N(T)$ 와 관련하여는

  $$N(T+1) - N(T) \le 2\log T$$

  임도 알려져 있다.

- Hardy(1914) : $T \gg 0 \implies N_0(T) > CT,\ \ C > 0$ 는 상수.

- Selberg(1942) : $T \gg 0 \implies N_0(T) > C\dfrac{T}{2\pi}\log\dfrac{T}{2\pi},\ \ C > 0$ 는 상수.

- Levinson(1974): 1/3 이상의 비자명근이 임계선 CL 상에 있음을 증명.

이것은 1989 년 Conrey 에 의하여 2/5 까지 향상되었다. 1986 년에 Riele 등은 슈퍼 컴퓨터를 이용하여 임계띠 CS 안에 들어 있는 비자명근 중 허수부분 $\tau > 0$ 가 작은 것부터 차례로 무려 1,500,000,001 개까지를 계산한 결과 이들이 모두 임계선 CL 상에 있음을 확인하였다.

한편, 지금까지 발견된 비자명근은 모두 단순근임이 확인되었다. 이에 따라 모든 비자명근이 단순근일 것이라고 예상되고 있으나, 이 예상도 미해결인 상태이다. 이와 관련하여 Montgomery 는 1973 년에 Riemann 가설이 사실이라면 2/3 이상의 비자명근이 단순근임을 증명하였다. 이처럼 Riemann 가설을 가정하고 다른 결과를 증명한 논문만도 수천 편에 이를 정도로 대부분의 수학자들이 Riemann 가설은 사실일 것으로 믿고 있으나 아직 그 증명은 발견되지 않았다.

Riemann 가설에 대한 자세한 내용은 [Hardy-Wright], [Ivić], [Ribenboim], [Titchmarsh] 등을 보라.

제 6 절 소수와 암호

지금까지 소수의 성질에 대한 여러 가지 알려진 정리와 미해결 문제들에 대하여 알아보았다. 이 절에서는 이러한 소수에 대한 연구가 실생활에 어떻게 응용되는가에 대하여 알아보고자 한다. 그리스 시대의 소수에 대한 연구는 다분히 철학적인 동기에서 출발하였다. 그리고 그 후에는 학문적 호기심이 소수에 대한 연구의 원동력이었다고 할 수 있다. 그러나 20세기 후반에 소수를 이용한 암호체계의 출현으로 소수의 연구는 새로운 전기를 맞게된다. 특히 전자상거래에 필수적인 암호체계를 소수를 이용하여 개발하는 벤처기업이 생겨나는 등, 철학적인 동기 혹은 학문적 호기심에서 출발한 소수에 대한 연구가 고부가가치를 창출하는 벤처상품화되고 있는 것이다. 소수를 이용한 암호체계를 설명하기 전에 먼저 다음과 같은 거듭제곱의 합동식 계산에 관한 몇 가지 유명한 정리를 소개한다.

정리 8.15. (Fermat) 소수 p에 대하여, a가 p와 서로 소인 정수이면

$$a^{p-1} \equiv 1 \pmod p$$

이다. 따라서 임의의 정수 b에 대하여 $b^p \equiv b \pmod p$가 성립한다.

증명. $p\,|\,(a^{p-1}-1)$ 임을 보이면 된다. $A = \{a, 2a, \cdots, (p-1)a\}$의 원소들은 $(\text{mod } p)$로 서로 다르고, 또 모두 다 p와는 서로 소이므로, 집합 A의 원소들을 $(\text{mod } p)$로 보면 $1, 2, \cdots, p-1$를 순서를 바꾸어 나열한 것으로 볼 수 있다. 따라서

$$a \cdot 2a \cdots (p-1)a \equiv 1 \cdot 2 \cdots (p-1) \pmod p$$

이다. 즉,

$$p\,|\,(p-1)!(a^{p-1}-1).$$

그런데 $(p-1)!$은 p와 서로 소이므로, $p\,|\,(a^{p-1}-1)$ 이다. 이로부터 임의의 정수 b에 대하여 $b^p \equiv b \pmod p$ 임은 당연하다. □

이 정리를 Fermat의 작은 정리라고 한다. Euler는 Fermat의 작은 정리를 다음과 같이 일반화하였다.

정리 8.16. (Euler) 자연수 n에 대하여, a가 n과 서로 소인 정수이면

$$a^{\phi(n)} \equiv 1 \pmod n$$

이다. 여기서, ϕ는 Euler ϕ-함수이다.

Euler의 정리에서 n 대신 소수 p를 대입하면 Fermat의 작은 정리가 됨을 알 수 있다.

한편, 자연수 n에 대하여, a가 n과 서로 소인 정수이면

$$ab \equiv 1 \pmod{n}$$

을 만족시키는 정수 b가 존재하며 이러한 정수 b를 $a^*(n)$으로 나타내고, 이것을 법 n에 대한 a의 역수라고 한다. 예를 들어,

$$5^*(7) \equiv 3 \pmod{7}, \quad 4^*(23) \equiv 6 \pmod{23}, \quad 3^*(100) \equiv 67 \pmod{100}.$$

a와 n이 서로 소이면, a를 유한 군 $(\mathbb{Z}/n\mathbb{Z})^*$의 원소[24]로 볼 수 있으며, 이렇게 보면 $a^*(n)$은 이 유한 군에서의 a의 역원에 다름 아니다. 따라서, $a^*(n)$은 $(\text{mod } n)$으로 유일하게 결정되며 n보다 작은 자연수 중에는 정확히 한 개가 존재한다. 한편, 정리 8.16에 의하면

$$a^*(n) \equiv a^{\phi(n)-1} \pmod{n}$$

임을 알 수 있다.

Fermat의 작은 정리와 Euler의 정리는 거듭제곱의 합동식 계산에 매우 유용하다. 예를 들어

$$\phi(100) = \phi(2^2 \cdot 5^2) = 2(2-1) \cdot 5(5-1) = 40$$

이므로[25]

$$3^{1999} \equiv 3^{40\times 49+39} \equiv (3^{40})^{49} \times 3^{39} \equiv 3^*(100) \equiv 67 \pmod{100}.$$

암호는 갑이 숫자화된 평문(plain text) P를 암호화 열쇠(enciphering key) e를 이용하여 암호화한 암호문(cipher text) C를 을에게 송신하고, 을은 수신된 암호문 C를 복호화 열쇠(deciphering key) d를 이용하여 평문 P로 복호화하는 두 가지 과정으로 이루어진다. 송신 과정에서 제 3자가 암호문 C를 훔쳐도 복호화 열쇠 d가 없으면 P를 알아내기 어렵도록 고안하여 송수신 당사자인 갑과 을이 안전하게 비밀정보를

[24] HP7의 (5) 참조.
[25] 1절 (3) 참조.

교환할 수 있도록 하는 것이 암호의 목적이다. 암호화 과정을 함수 f로 보면, 복호화 과정은 그 역함수 f^{-1}에 해당한다. 1978년 Pohlig와 Hellman은 다음과 같이 소수의 성질을 이용한 암호체계를 제안하여 그 동안 수학의 이론적 뒷받침 없이 적당히 만들어 사용해 오던 암호를 암호학이라는 수학의 한 분야로 발전시켰다.

Pohlig-Hellman 암호체계. 홀수인 소수 p에 대하여, 자연수 e를 $p-1$과 서로 소라고 하고 d를 법 $p-1$에 대한 e의 역수 $e^*(p-1)$이라고 하자. 단, $0 < e, d < p-1$.

암호화: 평문 P, $0 < P < p$에 대하여,

$$C \equiv P^e \pmod p, \quad 0 < C < p$$

를 만족시키는 C를 계산하여 암호문으로 송신한다. (e : 암호화 열쇠.)

복호화: 수신된 암호문 C에 대하여,

$$C^d \equiv (P^e)^d \pmod p$$

를 계산하여 평문 P를 복구한다. (d : 복호화 열쇠.)

복호화 과정에서 $ed \equiv 1 \pmod{p-1}$이므로 적당한 정수 k에 대하여

$$ed = (p-1)k + 1$$

이다. 따라서

$$C^d \equiv (P^e)^d \equiv P^{ed} \equiv P^{(p-1)k+1} \equiv (P^{p-1})^k \times P \equiv P \pmod p.$$

마지막 합동식은 Fermat의 작은 정리를 적용하여 얻는다. □

이 암호체계의 핵심은 복호화 열쇠 d가 없으면 C로부터 P를 복호화하는 것이 어렵다는 것이다. 암호화(복호화) 열쇠를 가지고 암호화(복호화)하는데 소요되는 연산횟수는 $O((\log p)^3)$ 정도로서 입력 사이즈 $\log p$에 대한 다항함수이지만 복호화 열쇠 없이 복호화하는 데 소요되는 연산횟수는 현재까지 알려진 가장 빠른 방법이 $\log p$에 대한 준-지수함수인 것으로 알려져 있다.[26]

[26] n를 2진법 수로 바꾸면 자릿수의 개수가 $(1 + \lfloor \log_2 n \rfloor) \sim \log_2 n = \log n / \log 2$이다. 통상 연산횟수를 따질 때 입력 사이즈를 $\log n$으로 간주하여 이에 대한 함수로 나타낸다. 입력 사이즈 $\log n$에 대한 **준-지수함수**란 적당한 상수 $c > 0$와 $0 < s < 1$인 실수 s에 대하여 $O\left(\exp\left(c(\log n)^s(\log\log n)^{1-s}\right)\right)$인 함수를 뜻한다.

같은 해에 발표된 RSA[27] 공개 열쇠 암호체계(public key cryptosystem)는 암호의 개념을 획기적으로 바꾸었다. 함정함수[28](trapdoor function)의 개념을 도입하여 암호화 열쇠를 공개하고 복호화 열쇠만 비밀로 하는 이 암호체계는 전자상거래시대를 맞아 그 중요성이 더욱 강조되고 있다.

RSA 공개 열쇠 암호체계. 여러 명의 사용자가 각자 두 개의 비슷한 크기의 소수 p_i 와 q_i 를 선택하여 $n_i = p_i q_i$ 를 계산한다. 또한

$$\phi(n_i) = (p_i - 1)(q_i - 1)$$

과 서로 소인 e_i 를 선택한 후, n_i 와 e_i 를 공개한다. 그런 다음 법 $\phi(n_i)$ 에 대한 e_i 의 역수

$$d_i \equiv e_i^*(\phi(n_i)) \pmod{\phi(n_i)}$$

를 계산하여 비밀로 간직한다. 단, $0 < e_i, d_i < \phi(n_i)$ 이다.

암호화: 누구든 i 번째 사용자에게 $0 < P < n$ 인 평문 P 를 보내고자 할 경우,

$$C_i \equiv P^{e_i} \pmod{n_i}, \qquad 0 < C_i < n_i$$

를 만족시키는 C_i 를 계산하여 암호문으로 송신한다. (e_i : 암호화 열쇠.)

복호화: 수신된 암호문 C_i 에 대하여,

$$C_i^{d_i} \equiv (P^{e_i})^{d_i} \pmod{n_i}$$

를 계산하여 평문 P 를 복구한다. (d_i : 복호화 열쇠.)

복호화 과정에서 $e_i d_i \equiv 1 \pmod{\phi(n_i)}$ 이므로 적당한 정수 k 에 대하여

$$e_i d_i = \phi(n_i)k + 1$$

이다. 따라서

$$C_i^{d_i} \equiv (P^{e_i})^{d_i} \equiv P^{e_i d_i} \equiv P^{\phi(n_i)k+1} \equiv (P^{\phi(n_i)})^k \times P \equiv P \pmod{n_i}.$$

[27] Rivest-Shamir-Adleman 에 의하여 발표됨.

[28] 복호화 열쇠를 이용하면 역함수 계산이 쉽지만 복호화 열쇠가 없으면 역함수계산이 매우 어려운 함수

마지막 합동식은 Euler 의 정리를 적용하여 얻는다. □

이 암호체계의 핵심은 n_i 의 인수분해 p_iq_i 를 모르면 복호화 열쇠 d_i 를 계산하는 것이 어렵다는 것이고 n_i 의 인수분해는 매우 어려운 것으로 알려져 있다. 암호화(복호화) 열쇠를 가지고 암호화(복호화)하는 데 소요되는 연산횟수는 $O((\log n_i)^3)$ 정도로서 입력 사이즈 $\log n_i$ 에 대한 다항함수이지만 인수분해에 소요되는 연산횟수는 현재까지 알려진 가장 빠른 방법이 적당한 상수 $c > 0$ 에 대하여 $s = 1/3$ 인 준-지수함수인 것으로 알려져 있다. 즉,

$$O(\exp(c\sqrt[3]{\log n_i\,(\log(\log n_i))^2}\,)$$

이다.

RSA 공개 열쇠 암호체계에서 평문 P가 n_i와 서로 소가 아닌 경우에도 똑같은 복호화 과정으로 P를 복원할 수 있음을 확인할 수 있다. 임의의 P가 n_i와 서로 소가 아닐 확률은

$$\frac{1}{p_i} + \frac{1}{q_i} - \frac{1}{p_iq_i}$$

로서 매우 낮다. (통상 p_i, q_i 로 $150 \sim 200$ 자리 소수들을 찾아 사용한다.) 물론 P와 n_i가 서로 소인지 아닌지는 Euclid 호제법을 사용하여 직접 확인할 수 있다.

RSA 공개 열쇠 암호체계는 뛰어난 안전성과 실용성을 바탕으로 이미 실용화되어 가장 많이 사용되는 암호체계이다. 뿐만 아니라 전자서명 및 인증 기능 등 전자상거래에서 요구하는 다양한 기능을 갖추고 있다. 공개 열쇠 암호체계는 RSA 암호체계 외에도 여러 가지 암호체계가 실용화되어 있다. 암호론에 대한 자세한 내용은 [Koblitz], [Stinson] 등을 참조하라.

제 7 절 Miller 의 소수 판정법

앞 절에서, RSA 공개 열쇠 암호체계에서 사용하는 소수들은 통상 100 ~ 150 자리 수들임을 언급한 바 있다. 이에 대하여 다음과 같은 의문이 생길 수 있다.

100 ~ 150 자리 소수를 찾는 것은 쉬운가?

예를 들어서 임의의 100 자리 홀수를 선택하였을 때 그것이 소수일 확률의 근사값을 구해 보자. 소수 정리를 이용하면 그 확률은 대강

$$\left(\frac{10^{100}}{\log 10^{100}} - \frac{10^{99}}{\log 10^{99}}\right) \div \left(\frac{10^{100} - 10^{99}}{2}\right) \approx \frac{1}{115}$$

임을 알 수 있다. 이것은 임의로 선택한 약 230 개의 100 자리 홀수 중에 소수가 두 개 정도 있다는 것이다.

한편, 이처럼 임의로 선택한 홀수가 소수인지 아닌지는 어떻게 판단하는가? 이와 관련해서는 매우 효과적인 소수 판정법들이 개발되어 사용되고 있다. 이 절에서는 이러한 판정법 중 하나인 Miller 의 소수 판정법을 소개하고자 한다. Miller 의 소수 판정법을 소개하기 위하여 먼저 다음의 사실을 관찰하자. 주어진 자연수 n 과 정수 b 에 대하여, 만약 n 이 소수이면 $b^n \equiv b \pmod{n}$ 이다. 물론 b 가 n 과 서로 소이면 $b^{n-1} \equiv 1 \pmod{n}$ 로서 이것은 Fermat 의 작은 정리에 다름 아니다. 또한 이 사실의 대우로서 $b^n \not\equiv b \pmod{n}$ 이고 n 과 서로 소인 정수 b 가 존재하면 (혹은 $\gcd(b, n) = 1$, $b^{n-1} \not\equiv 1 \pmod{n}$ 인 정수 b 가 존재하면) n 은 합성수이다. 그러나 $b^n \equiv b \pmod{n}$ (혹은 $b^{n-1} \equiv 1 \pmod{n}$)이라고 해서 n 이 소수라는 결론을 내릴 수는 없다. 예를 들면, $n = 341$ 은 $b = 2$ 에 대하여

$$2^{340} \equiv 1 \pmod{341}, \qquad 2^{341} \equiv 2 \pmod{341}$$

를 만족시키지만 $n = 11 \times 31$ 로서 합성수이다.

정의 8.17. 자연수 b 에 대하여, $\gcd(b, n) = 1$, $b^{n-1} \equiv 1 \pmod{n}$ 을 만족시키는 홀수인 합성수 $n > 0$ 을 b 에 대한 **유사소수** (pseudo-prime)라고 한다.

따라서 341 은 2 에 대한 유사소수이다. 실은 341 은 2 에 대한 유사소수 중에서 가장 작은 것이다. 2 에 대한 유사소수는 무한히 많지만, 소수에 비하면 그 수가 현저하게 적다. 예를 들어서 100 억 이하의 소수가 455,052,512 개인데 비하여 100 억 이하의 2 에 대한 유사소수는 14,884 개뿐이다.

정의 8.18. $\gcd(b,n)=1$인 모든 정수 b에 대하여 $b^{n-1}\equiv 1 \pmod n$을 만족시키는 홀수인 합성수 $n>0$을 **Carmichael 수**라고 한다.

예를 들어, $561=3\times 11\times 17$은 가장 작은 Carmichael 수이다.[29] 이제 Miller의 소수 판정법을 소개하자.

Miller의 소수 판정법. 홀수인 자연수 n에 대하여, $n-1=2^s t$로 놓자. 단 $s\geq 1$이고 t는 홀수이다. $\gcd(b,n)=1$인 자연수 b에 대하여,

$$b^t \equiv 1 \pmod n$$

혹은 $0\leq i\leq s-1$인 i가 존재하여

$$b^{2^i t}\equiv -1 \pmod n$$

일 때, n이 b에 대한 Miller의 소수 판정법 MPT[b]를 통과했다고 한다.

물론 n이 어떤 b에 대하여 Miller의 소수 판정법 MPT[b]를 통과했다고 해서 n이 소수라는 결론을 내릴 수는 없다. 그러나, n이 소수일 확률은 매우 높아진다. 먼저 $n=p$가 홀수인 소수이면 p는 $\gcd(b,p)=1$인 임의의 자연수 b에 대하여 Miller의 소수 판정법을 통과함을 보이자.

먼저 $k=0,1,2,\cdots s$에 대하여

$$x_k = b^{(n-1)/2^k} = b^{2^{s-k}t}$$

로 놓자. Fermat의 작은 정리에 의하면 $x_0=b^{p-1}\equiv 1 \pmod p$이다.

$$x_1^2 = x_0 \equiv 1 \pmod p$$

로부터

$$x_1\equiv 1 \pmod p \qquad \text{또는} \qquad x_1\equiv -1 \pmod p.$$

만약 $x_1=b^{2^{s-1}t}\equiv -1 \pmod p$이면 p는 MPT[b]를 통과한다. 따라서 $x_1\equiv 1 \pmod p$인 경우만 생각하면 된다. 만약 $s=1$이면 $x_1=b^t\equiv 1 \pmod p$이므로 p는 MPT[b]를 통과한다. 따라서 $s>1$이라고 가정할 수 있다. 그러면

$$x_2^2 = x_1 \equiv 1 \pmod p$$

[29] Carmichael 수도 무한히 많다는 것이 알려져 있다.

로부터

$$x_2 \equiv 1 \pmod p \quad \text{또는} \quad x_2 \equiv -1 \pmod p.$$

만약 $x_2 = b^{2^{s-2}t} \equiv -1 \pmod p$ 이면 p는 MPT[b]를 통과한다. 따라서 $x_2 \equiv 1 \pmod p$ 인 경우만 생각하면 된다. 만약 $s = 2$ 이면 $x_2 = b^t \equiv 1 \pmod p$ 이므로 p는 MPT[b]를 통과한다. 따라서 $s > 2$ 라고 가정할 수 있다. 이렇게 계속하면, 결국 $x_s = b^t$ 에 대하여

$$x_s \equiv 1 \pmod p \quad \text{또는} \quad x_s \equiv -1 \pmod p$$

라는 결론에 도달하므로, 어떤 경우든 소수 p는 MPT[b]를 통과한다. □

앞에서 언급한 것처럼 합성수도 Miller의 소수 판정법을 통과할 수 있다. 한 가지 분명한 것은 어떤 합성수가 b에 대한 Miller의 소수 판정법을 통과하였다면 그 합성수는 b에 대한 유사소수라는 것이다. 그렇지만 b에 대한 유사소수가 모두 b에 대한 Miller의 소수 판정법을 통과하지는 못한다. 실은 많은 유사소수가 Miller의 소수 판정법을 통과하지 못하며, 따라서 Miller의 소수 판정법을 통과한 자연수가 소수일 확률은 점점 더 높아지는 것이다. 우리는 b에 대한 Miller의 소수 판정법을 통과하는 합성수를 b에 대한 **악성 유사소수** (strong pseudo-prime)라고 한다.

$2047 = 23 \times 89$ 는 2에 대한 악성 유사소수 중에서 가장 작은 것이다. 따라서 2047 보다 작은 자연수는 2에 대한 Miller의 소수 판정법 MPT[2]를 통과하면 소수라는 결론을 내릴 수 있다. 2, 3에 대한 악성 유사소수 중에서 가장 작은 것은

$$1373653;$$

2, 3, 5에 대한 악성 유사소수 중에서 가장 작은 것은

$$25326001;$$

2, 3, 5, 7에 대한 악성 유사소수 중에서 가장 작은 것은

$$3251031751$$

이다. 그리고, 2, 3, 5, 7, 11에 대한 악성 유사소수 중에서 가장 작은 것과 그 다음 것은

$$2152302898747, \quad 3474749660383$$

이며 10^{13} 보다 작은 2, 3, 5, 7, 11에 대한 악성 유사소수는 이 둘뿐이다. 따라서 이 두 수가 아닌 10^{13} 보다 작은 자연수는 2, 3, 5, 7, 11에 대한 Miller의 소수 판정법을 통과하면 소수라는 결론을 내릴 수 있다.

한편, Rabin 은 홀수인 합성수 n 은 많아야 $(n-1)/4$ 개의 $1 \le b \le n-1$ 인 b 에 대하여 Miller 의 소수 판정법 MPT[b]를 통과할 수 있음을 증명하였다. 따라서 홀수인 합성수 n 이 k 개의 $1 \le b \le n-1$ 인 b 에 대하여 Miller 의 소수 판정법 MPT[b]를 통과할 확률은 $(1/4)^k$ 보다 작음을 알 수 있다. 예를 들어, $k = 10$ 이면 그 확률은 $(1/4)^{10} < 1/10^6$ 로서 매우 작아진다.

Miller 의 소수 판정법 외에도 소수를 판정하는 여러 가지 효율적인 알고리즘들이 있다. 그러나 임의로 주어진 자연수 n 을 소인수 분해하는 효율적인 알고리즘은 아직 알려진 바가 없다. 여기서 효율적인 알고리즘이라 함은 연산회수를 $\log n$ 에 대한 다항함수로 나타낼 수 있는 알고리즘을 뜻한다.

다양한 소수 판정법과 소인수 분해법에 대하여는 [Koblitz], [Riesel], [Stinson] 등을 보라.

연습문제

1. p는 소수, $a, b \in \mathbb{Z}$, $p \mid ab \implies p \mid a$ 또는 $p \mid b$임을 보이라.

2. 소인수 분해 정리를 증명하라.

3. 다음을 증명하라.
$$\sum_{p\,:\,\text{소수}} \frac{1}{p} = \infty.$$

4. 다음을 증명하라.
$$\phi(n) = n \prod_{p \mid n} \left(1 - \frac{1}{p}\right).$$

5. n과 $n+2$가 쌍둥이 소수임과 다음의 조건이 서로 동치임을 보이라.
$$4[(n-1)! + 1] \equiv -n \pmod{n(n+2)}.$$

6. 자연수 n에 대하여 $2^n - 1$이 소수이면 n도 소수임을 보이라. 그 역도 성립하는가?

7. $p \equiv 3 \pmod 4$인 소수 p에 대하여 $2p+1$이 소수이면 $2p+1$은 $2^p - 1$의 약수임을 보이라.

8. 모든 짝수인 완전수는 적당한 Mersenne 소수 $M_p = 2^p - 1$에 대하여 $E_p = 2^{p-1} M_p$ 꼴로 쓸 수 있으며, 역으로 모든 Mersenne 소수 M_p에 대하여 E_p는 짝수인 완전수임을 보이라.

9. 자연수 m에 대하여 $2^m + 1$이 소수이면 $m = 2^n$ 꼴임을 보이라. 단 n은 음 아닌 정수이다.

10. p가 소수일 때 $(p-1)! \equiv -1 \pmod p$ 임을 보이라.

11. 자연수 n에 대하여, a가 n과 서로 소인 정수이면
$$a^{\phi(n)} \equiv 1 \pmod n$$
임을 보이라. 단, ϕ는 Euler ϕ-함수이다.

12. 임의의 자연수 k가 $n = pq$와 서로 소가 아닐 확률이
$$\frac{1}{p} + \frac{1}{q} - \frac{1}{pq}$$
임을 보이라. 단, p, q는 서로 다른 소수이다.

13. 홀수인 자연수 n이 2에 대한 유사소수이면 $2^n - 1$도 2에 대한 유사소수임을 보이라.

14. (1) $341 = 11 \times 31$가 2에 대한 유사소수임을 보이라.

    (2) $561 = 3 \times 11 \times 17$이 Carmichael 수임을 보이라.

    (3) $2047 = 23 \times 89$이 2에 대한 악성 유사소수임을 보이라.

참고문헌

F. E. Browder (ed.), *Mathematical developments arising from HILBERT PROBLEMS*, Proc. Symposia in PURE MATHEMATICS **XXVIII** - Part 1,2, Amer. Math. Soc., 1976. (2nd printing 1977.)

L. E. Dickson, *History of the Theory of Numbers* **I,II,III**, G. E. Stechert & Co., 1934.

R. K. Guy, *Unsolved Problems in Number Theory*, 2nd edition, Springer-Verlag, 1994.

G. H. Hardy and E. M. Wright, *An Introduction to the Theory of Numbers*, 5th ed., Clarendon Press · Oxford, 1979. (Reprinted with corrections, 1984.)

L. K. Hua, *Introduction to Number Theory*, Springer-Verlag, 1982.

A. Ivić, *The Riemann Zeta-Function*, John Wiley & Sons, 1985.

N. Koblitz, *A Course in Number Theory and Cryptography*, 2nd edition, Springer-Verlag, 1994.

I. Niven, H. S. Zuckerman, and H. L. Montgomery, *An Introduction to the Theory of Numbers*, 5th ed., John Wiley & Sons, 1991.

P. Ribenboim, *The Book of Prime Number Records*, 2nd ed., Springer-Verlag, 1989.

H. Riesel, *Prime Numbers and Computer Methods for Factorization*, Progress in Math. **57**, Birkhäuser, 1985. (Revised 2nd printing, 1987.)

D. R. Stinson, *Cryptography - Theory and Practice*, CRC Press Inc., 1995.

E. C. Titchmarsh, *The Theory of the Riemann Zeta-Function*, 2nd ed., Clarendon Press · Oxford, 1986. (Revised by D. R. Heath-Brown.)

HP10. Diophantus 방정식

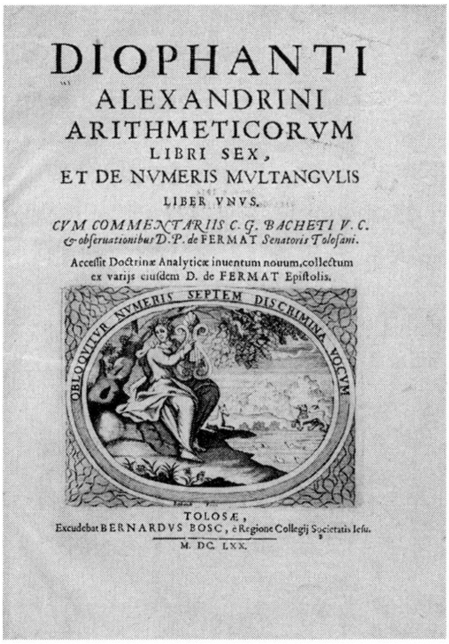
DIOPHANTI
ALEXANDRINI
ARITHMETICORVM
LIBRI SEX,
ET DE NVMERIS MVLTANGVLIS
LIBER VNVS.
CVM COMMENTARIIS C. G. BACHETI V. C.
& obseruationibus D. P. de FERMAT Senatoris Tolosani.
Accessit Doctrinæ Analyticæ inuentum nouum, collectum
ex varijs eiusdem D. de FERMAT Epistolis.

TOLOSÆ,
Excudebat BERNARDVS BOSC, e Regione Collegij Societatis Iesu.
M. DC. LXX.

Diophantus 의 *Arithmetika* 는 Euclid 의 원론처럼 열세 권으로서 알렉산드리아의 도서관에 보관되어 있었으나 그리스도 교도들과 이슬람 교도들의 번갈은 침략으로 일곱 권은 소실되고 여섯 권만 남아 있다. 위 사진은 1621 년 발간된 Bachet 의 라틴어 번역본이다.

Diophantus는 서기 250년경 알렉산드리아 지방에서 활약한 수학자이다. 그는 특히 정수 계수를 가진 다항방정식의 정수해를 구하는 문제에 관심을 가지고 연구하였으며 후세의 수학자들은 그의 뛰어난 업적을 기리는 뜻에서 이러한 방정식들을 **Diophantus 방정식**(Diophantine equations)이라고 부른다. 그는 평생의 연구 결과를 모아서 *'Arithmetika'*라는 책을 출판하였는데, 이 책은 후에 Euclid의 *'Elements'*와 함께 문예부흥기의 유럽에서 수학교과서 역할을 하게 된다.

Diophantus 방정식은 정수 계수를 가진 다항방정식으로서 변수의 개수와 차수에는 제한이 없으며 그 정수해를 구하는 것이 목표이다. 기나긴 정수론의 역사는 크게 소수에 대한 연구의 역사와 Diophantus 방정식에 대한 연구의 역사로 분류할 수 있을 정도로 Diophantus 방정식은 많은 수학자들에 의하여 연구되어 왔다. 소위 Fermat 방정식[1]

$$x^n + y^n = z^n, \quad n \geq 3$$

이나, Pell 방정식

$$x^2 - dy^2 = 1,$$

그리고 타원방정식[2]

$$y^2 = x^3 + ax + b$$

등이 별도의 이름을 지닌 Diophantus 방정식의 예이며, 이처럼 별도의 이름을 지닌 Diophantus 방정식들만도 무수히 많다.

이러한 맥락에서 Hilbert가 Diophantus 방정식에 대한 문제를 자신의 23문제 중 하나로 포함시킨 것은 당연한 일이다. 그런데, 보통 Diophantus 방정식과 관련된 문제는 그 정수해를 연구하는 문제인 데 반하여 Hilbert의 10 번째 문제는 임의의 Diophantus 방정식에 대하여 정수해가 있는지 없는지를 판정하는 알고리즘이 존재하는가에 관한 문제로서 정수론이라기보다는 수리논리학의 문제이다. 또한 수학자들의 추상적이지만 명확한 지적 추론으로부터 얻어지는 경이로운 결과들을 맛볼 수 있는 문제이기도 하다.

---

[1] $n = 2$일 때는 Pythagoras 방정식.

[2] 타원 방정식을 만족시키는 점 (x, y)의 집합을 **타원곡선**(elliptic curve)이라고 한다.

제 1 절 Matijasevič 정리

Hilbert 의 10 번째 문제는 다음과 같다.

> **HP10.** 임의의 Diophantus 방정식에 대하여 정수해가 있는지 없는지를 판정하는 알고리즘이 존재하는가?

알고리즘이라는 것은 유한 번의 연산으로 이루어진 풀이 과정으로 이해하면 된다. 이해를 돕기 위하여 이 문제를 컴퓨터와 관련지어서 설명하면 다음과 같다. 즉, 임의의 Diophantus 방정식을 컴퓨터에 입력하면 그 Diophantus 방정식이 정수해를 가지는지 여부를 유한한 시간 내에 판정하여 '예/아니오'라는 답을 출력하는 컴퓨터 프로그램을 만들 수 있는가?

Hilbert 는 유리수 계수를 가지는 다항방정식의 유리수해의 존재 여부에 대하여도 같은 질문을 하였는데, 이 문제는 아직 미해결 상태이다. HP10 과 관련하여 우리는 편의상 정수해 대신 음이 아닌 정수해를 생각하기로 한다. 즉,

HP10$'$. 임의의 Diophantus 방정식에 대하여 음이 아닌 정수해가 있는지 없는지를 판정하는 알고리즘이 존재하는가?

이 질문에 대한 답은 '없다'이다.[3] 물론 특정한 Diophantus 방정식들에 대하여는 그러한 알고리즘이 존재할 수도 있다. 예를 들어, 정수 계수를 가지는 모든 이차방정식

$$ax^2 + bx + c = 0, \quad a \neq 0$$

들이 정수해를 가지는지 여부를 판정하는 알고리즘은 존재한다.[4] 이와 관련된 유명하고 깊이 있는 결과로는 다음과 같은 것들이 있다.

- 변수가 하나인 임의의 Diophantus 방정식(차수에 대한 제한은 없음)에 대하여 (음이 아닌) 정수해가 있는지 없는지를 판정하는 알고리즘이 존재한다.

[3] HP10 에 대한 대답도 '없다'이며 이것은 HP10$'$ 의 대답으로부터 곧바로 유도된다. 한편, HP10$'$ 에서 '음이 아닌 정수해의 존재 여부' 대신에 '자연수해의 존재 여부'로 바꾸어도 같은 문제가 된다.

[4] 이차방정식의 근의 공식을 이용하면 된다.

- 차수가 2 인 임의의 Diophantus 방정식(변수의 개수에 대한 제한은 없음)에 대하여 (음이 아닌) 정수해가 있는지 없는지를 판정하는 알고리즘이 존재한다.

그러나 모든 Diophantus 방정식에 대하여는 그러한 알고리즘이 있을 수 없음을 증명할 수 있다. 이제 그 대강의 증명을 이해하기 위하여 몇 가지 기본적인 정의와 정리들을 소개하자. $\mathbb{Z}[x_1, x_2, \cdots, x_n]$ 은 $x_1, x_2, \cdots, x_n$ 을 변수로 하고 정수 계수를 가지는 다항식환이다. 그리고 모든 음이 아닌 정수들의 집합을 $\mathbb{Z}_0$ 으로 표시하자. 즉,

$$\mathbb{Z}_0 := \{0, 1, 2, \cdots\}.$$

정의 10.1. $P(x, y_1, y_2, \cdots, y_n) \in \mathbb{Z}[x, y_1, y_2, \cdots, y_n]$ 이라고 하자. 즉, 다항식 P 는 정수 계수를 가지는 $n+1$ 개의 변수 $x, y_1, y_2, \cdots, y_n$ 에 대한 다항식이다. 방정식

$$P(x, y_1, y_2, \cdots, y_n) = 0 \tag{1}$$

에 대하여 집합 $S = S_P \subseteq \mathbb{Z}_0$ 을 다음과 같이 정의하자:

> $a \in \mathbb{Z}_0$ 에 대하여, 방정식 $P(a, y_1, y_2, \cdots, y_n) = 0$ 가 음이 아닌 정수해를 가지면 (즉, $b_1, b_2, \cdots, b_n \in \mathbb{Z}_0$ 이 존재하여 $P(b_1, b_2, \cdots, b_n) = 0$ 이면) $a \in S$, 그리고 방정식 $P(a, y_1, y_2, \cdots, y_n) = 0$ 가 음이 아닌 정수해를 가지지 않으면 $a \notin S$.

이 때, 방정식 (1)을 S 의 **Diophantus 정의**(Diophantine definition)라고 한다. 또한 S 처럼 어떤 Diophantus 방정식에 의하여 정의되는 집합을 **Diophantus 집합**(Diophantine set)이라고 한다.

정의가 약간 복잡하지만 조금만 인내심을 가지고 들여다 보면 간단한 개념임을 금방 알 수 있다. (집합 S 가 방정식 (1)에 의하여 완전히 결정됨을 주목하라.) 방정식 (1)의 모든 음이 아닌 정수해 $(a, b_1, b_2, \cdots, b_n)$ 의 첫 번째 변수의 값 a 들의 집합이 바로 S 이다.

정의 10.2. $S \subseteq \mathbb{Z}_0$ 이라고 하자. 집합 S 의 원소들을 하나도 빠짐없이 다 나열할 수 있는 방법이 있을 때, S 를 **나열 가능한 집합**(listable set)이라고 한다. (모든 원소를 다 나열하기 위해서는 무한히 많은 단계(step)가 필요할 수도 있다.)

나열 가능한 집합의 예는 얼마든지 많다. 모든 음이 아닌 정수의 집합 $\mathbb{Z}_0$, 모든 소수의 집합, 모든 제곱수의 집합 등이 다 나열 가능한 집합이다. 물론 나열 가능하지

않은 집합이 존재한다. 그러나 그러한 집합을 찾는 것은 매우 어려운 것으로 알려져 있다.

정리 10.3. 모든 Diophantus 집합은 나열 가능하다.

증명. 집합 S를 Diophantus 집합이라고 하고 $P(x, y_1, y_2, \cdots, y_n) = 0$을 S의 Diophantus 정의라고 하자. 집합

$$\mathbb{Z}_0^{n+1} = \{\, (a, b_1, b_2, \cdots, b_n) \mid a, b_i \in \mathbb{Z}_0 \,\}$$

의 원소들에 적당한 번호를 매긴 후 (예를 들어, $a + b_1 + b_2 + \cdots + b_n$의 합이 작은 순서로 하되 합이 같은 경우 첫 번째 좌표가 작은 순서로, 첫 번째 좌표도 같으면 두 번째 좌표가 작은 순서로, $\cdots$) 그 번호순으로 방정식의 해가 되는지를 판정하여, 해가 될 경우 첫 번째 좌표 a를 S에 포함시킨다. 이런 방법으로 계속하면 (무한히 많은 단계가 필요할 수도 있지만) S의 모든 원소를 나열할 수 있음은 당연하다. 따라서 임의의 Diophantus 집합은 나열 가능하다. □

Hilbert의 10번째 문제는 1970년대에 Matijasevič가 정리 10.3의 역이 성립한다는 경이로운 사실을 증명함으로써 완전히 해결되었다.

정리 10.4. (Matijasevič) 모든 나열 가능한 집합은 Diophantus 집합이다.

실제로 Matijasevič는 주어진 나열 가능한 집합 S의 원소를 나열하는 방법으로부터 S의 Diophantus 정의에 해당하는 Diophantus 방정식

$$P_S(x, y_1, y_2, \cdots, y_n) = 0 \tag{2}$$

을 구할 수 있는 구체적인 방법을 제시하였다.

정의 10.5. $S \subseteq \mathbb{Z}_0$이라고 하자. 임의의 $a \in \mathbb{Z}_0$에 대하여 $a \in S$ 인지 $a \notin S$ 인지를 판정하는 알고리즘이 존재할 때, S를 **계산 가능한 집합**(computable set)이라고 한다.

다음의 정리는 쉽게 증명할 수 있다.

정리 10.6. $S \subseteq \mathbb{Z}_0$ 이라고 하자. 그러면

$$S : \text{계산 가능} \iff S, \mathbb{Z}_0 - S : \text{나열 가능}.$$

나열 가능하지만 계산 가능하지 않은 집합 L 이 존재함은 이미 잘 알려진 사실이다. $L \subseteq \mathbb{Z}_0$ 이 나열 가능하지만 계산 가능하지 않다는 것은 L 은 나열 가능하지만 $\mathbb{Z}_0 - L$ 이 나열 가능하지 않다는 것과 동치이다. 따라서 나열 가능하지만 계산 가능하지 않은 집합 L 의 예를 찾으면 $\mathbb{Z}_0 - L$ 은 나열 가능하지 않은 집합의 예가 된다. 이러한 집합의 예는 뒤에 간략히 소개하기로 하자.

정리 10.7. 나열 가능하지만 계산 가능하지 않은 집합 $L \subseteq \mathbb{Z}_0$ 이 존재한다.[5]

정리 10.4 와 10.7 로부터 Hilbert 의 10 번째 문제에 대한 답을 얻을 수 있다.

$L \subseteq \mathbb{Z}_0$ 을 나열 가능하지만 계산 가능하지 않은 집합이라고 하자. L 은 나열 가능하므로 Diophantus 집합이다. L 의 Diophantus 정의를

$$P_L(x, y_1, y_2, \cdots, y_n) = 0$$

라고 하면 $a \in \mathbb{Z}_0$ 에 대하여

$$a \in L \iff \exists\, b_1, b_2, \cdots, b_n \in \mathbb{Z}_0 \,:\, P_L(a, b_1, b_2, \cdots, b_n) = 0.$$

따라서 a 를 매개변수로 하는 Diophantus 방정식

$$P_L(a, y_1, y_2, \cdots, y_n) = 0,\ a \in \mathbb{Z}_0 \tag{3}$$

들에 대하여 음이 아닌 정수해가 있는지 없는지를 판정하는 알고리즘이 존재할 수 없음을 알 수 있다. 왜냐하면, 만약 그러한 알고리즘이 존재한다면, L 이 계산 가능한 집합이 되기 때문이다.

정리 10.8. 임의의 Diophantus 방정식에 대하여 음이 아닌 정수해가 있는지 없는지를 판정하는 알고리즘은 존재하지 않는다.

[5] 이 정리도 Matijasevič 에 의한 것임.

증명. 임의의 Diophantus 방정식에 대하여 음이 아닌 정수해가 있는지 없는지를 판정하는 알고리즘이 존재한다면, 그 알고리즘은 $a \in \mathbb{Z}_0$ 을 매개변수로 하는 (3)의 모든 Diophantus 방정식들에 대하여도 음이 아닌 정수해가 있는지 없는지를 판정하는 알고리즘이 되므로 모순이다. □

Hilbert 의 10 번째 문제는 원래 정수해의 존재 여부를 판정하는 알고리즘에 관한 것이었다. (3)의 변수 y_i 들을 각각 네 개의 변수의 제곱의 합으로 바꾸면 모든 음이 아닌 정수는 네 개의 정수의 제곱의 합[6]으로 표시되므로, 임의의 Diophantus 방정식에 대하여 음이 아닌 정수해의 존재 여부를 판정하는 알고리즘이 존재하지 않는다는 정리 10.8 로부터 정수해의 존재 여부를 판정하는 알고리즘도 존재하지 않는다는 사실이 쉽게 증명된다.

변수의 개수나 차수를 제한한 Diophantus 방정식에 대하여 음이 아닌 정수해(혹은 정수해)를 가지는지 여부를 판정하는 알고리즘에 대하여 알려진 몇 가지 사실을 소개하면 다음과 같다.

- Jones(1982) : 변수가 9 개인 임의의 Diophantus 방정식(차수에 대한 제한은 없음)에 대하여 음이 아닌 정수해가 있는지 없는지를 판정하는 알고리즘은 존재하지 않는다.
- Matijasevič, Robinson : 변수가 21 개인 임의의 Diophantus 방정식(차수에 대한 제한은 없음)에 대하여 정수해가 있는지 없는지를 판정하는 알고리즘은 존재하지 않는다.
- Davis(1973) : 차수가 4 인 임의의 Diophantus 방정식(변수의 개수에 대한 제한은 없음)에 대하여 음이 아닌 정수해(혹은 정수해)가 있는지 없는지를 판정하는 알고리즘은 존재하지 않는다.

HP10 과 관련하여 보다 자세한 내용은 [Browder], [Davis], [Klee-Wagon] 등을 보라.

[6]Lagrange 의 네 제곱 정리, HP11 참조.

제 2 절 Matijasevič 정리의 응용

Hilbert 의 10 번째 문제는 해결하는 데 결정적이 역할을 한 Matijasevič 의 결과는 그러나 (음이 아닌) 정수해를 가지는 Diophantus 방정식들을 구체적으로 찾는 데에는 별로 도움이 되지 못한다. 그럼에도 불구하고 그의 결과는 수학의 여러 분야에 광범위하게 응용되어 경이로운 결과들을 생산하였다. 소위 소수생성함수가 그러한 결과들 중 하나이다. 이것은 Putnam 의 다음과 같은 간단한 관찰의 결과이다.

$S \in \mathbb{Z}_0$ 을 나열 가능한 집합이라고 하고 $P_S(x, y_1, y_2, \cdots, y_n) = 0$ 을 S 의 Diophantus 정의라고 하자. 이제 다항함수

$$Q_S(x, y_1, y_2, \cdots, y_n) := (x+1)(1 - P_S\,(x, y_1, y_2, \cdots, y_n)^2) - 1 \tag{4}$$

의 치역을 R 이라고 하고 $R_0 = R \cap \mathbb{Z}_0$ 을 생각하자. [7] $a \in S$ 이면

$$\exists\, b_1, b_2, \cdots, b_n \in \mathbb{Z}_0 \;:\; P_S(a, b_1, b_2, \cdots, b_n) = 0$$

이므로

$$Q_S(a, b_1, b_2, \cdots, b_n) = a \geq 0$$

이고, 역으로 $a, b_1, b_2, \cdots, b_n \in \mathbb{Z}_0$ 에 대하여

$$Q_S(a, b_1, b_2, \cdots, b_n) = c \geq 0 \implies P_S(x, y_1, y_2, \cdots, y_n)^2 < 1$$

이므로

$$P_S(a, b_1, b_2, \cdots, b_n)^2 = 0 = P_S(a, b_1, b_2, \cdots, b_n) \implies a \in S.$$

따라서 다항함수 Q_S 의 음이 아닌 치역 R_0 은 정확히 집합 S 와 일치한다. 이상을 정리하면 다음의 정리를 얻는다.

정리 10.9. $S \subseteq \mathbb{Z}_0$ 을 임의로 주어진 나열 가능한 집합이라고 하자. 그러면 음이 아닌 치역 R_0 이 정확히 S 와 일치하는 다항함수

$$Q_S(x, y_1, y_2, \cdots, y_n) \in \mathbb{Z}\,[x, y_1, y_2, \cdots, y_n]$$

가 존재한다.

[7] 정의역은 $\mathbb{Z}_0^{n+1}$ 이다.

이제 소수 전체의 집합을 $\mathbb{P}$라고 하자. $\mathbb{P}$는 나열 가능한 집합이므로 음이 아닌 치역이 정확히 $\mathbb{P}$와 일치하는 정수 계수의 다항식이 존재한다. 1976년 Jones, Sato, Wada, Wiens는 양의 치역이 정확히 $\mathbb{P}$와 일치하는 아래와 같은 정수 계수의 다항함수를 발표하였다.

$$
\begin{aligned}
(k+2)\Bigg[1 - \Bigg\{ & [wz+h+j-q]^2 \\
+ & [(gk+2g+k+1)(h+j)+h-z]^2 \\
+ & \left[16(k+1)^3(k+2)(n+1)^2+1-f^2\right]^2 \\
+ & [2n+p+q+z-e]^2 \\
+ & \left[e^3(e+2)(a+1)^2+1-o^2\right]^2 \\
+ & \left[(a^2-1)y^2+1-x^2\right]^2 \\
+ & \left[16r^2y^4(a^2-1)+1-u^2\right]^2 \\
+ & \left[\left((a+u^2(u^2-1))^2-1\right)(n+4dy)^2+1-(x+cu)^2\right]^2 \\
+ & \left[(a^2-1)\ell^2+1-m^2\right]^2+[ai+k+1-\ell-i]^2 \\
+ & [n+l+v-\ell]^2 \\
+ & \left[p+\ell(a-n-1)+b(2an+2a-n^2-2n-2)-m\right]^2 \\
+ & \left[q+y(a-p-1)+s(2ap+2a-p^2-2p-2)-x\right]^2 \\
+ & \left[z+p\ell(a-p)+t(2ap-p^2-1)-pm\right]^2 \Bigg\}\Bigg].
\end{aligned}
$$

이 다항함수를 Q라고 하면 Q는 26개의 변수를 가진 25차 다항함수이고, 함수 Q_+를

$$Q_+ := 2 + \frac{|Q-2|+(Q-2)}{2} \tag{5}$$

로 정의하면, 함수 Q_+의 치역은 정확히 소수 전체의 집합 $\mathbb{P}$와 일치한다!

또 다른 나열 가능한 집합의 예로서 Fibonacci수 전체의 집합 $\mathbb{F}$를 생각해보자.

$$
\begin{aligned}
\mathbb{F} = \; & = \{\, u_n \,|\, u_1 = 1, u_2 = 2, u_{n+2} = u_n + u_{n+1},\, n = 1,2,3,\cdots\} \\
& = \{\, 1,2,3,5,8,13,\cdots\}.
\end{aligned}
$$

$\mathbb{F}$도 나열 가능하므로 음이 아닌 치역이 정확히 $\mathbb{F}$와 일치하는 다항함수가 존재한다. 아래의 2변수 5차 다항함수 Q는 정의역이 $\mathbb{Z}^2$로서 양의 치역이 정확히 Fibonacci수 전체의 집합 $\mathbb{F}$와 일치한다.

$$Q(x,y) := x\left[2-(x^2-xy-y^2)^2\right]. \tag{6}$$

한편, Matijasevič 에 의한 HP10 의 해결은 수학의 가장 근본적인 문제, 즉 수학적 공리체계의 불완전성 문제와도 밀접하게 관련되어 있다. 조금 더 정확하게 서술하면, 위에서 설명한 HP10 에 대한 부정적인 대답으로부터 유명한 Gödel 의 '공리체계의 불완전성'을 실증하는 구체적이고도 자연스러운 예를 유도할 수 있다는 것이다. 먼저 Gödel 의 '공리체계의 불완전성'을 소개하자. 사실은 Hilbert 의 2 번째 문제가 바로 공리체계의 완전성(혹은 불완전성)에 관한 문제이다. [8] 이에 대한 보다 자세한 내용은 [Boolos], [Brwoder], [Gödel], [Hofstadter] 등을 참조하라.

정리 10.10. (Gödel 의 공리체계의 불완전성 정리) 어떠한 공리체계에서도, 주어진 공리들만 이용해서는 증명도 반증도 할 수 없는 명제가 존재한다.

공리, 증명 등의 용어를 정확하게 정의하지 않은 상태에서 이 정리의 의미를 정확히 이해하는 것은 어려운 일이지만 대강의 뜻을 짐작할 수는 있을 것이다. [9] 1931년 Gödel 의 공리체계의 불완전성 정리가 발표된 후, Gödel 을 비롯한 수리논리학자들은 이 정리를 뒷받침하는 여러 가지 예들을 만들어냈으나 매우 작위적인 것들이었다. 그러나 HP10 에 대한 부정적인 대답으로부터 유도된 예는 다름 아닌 정수해를 가지지 않는 Diophantus 방정식으로서, 실제로 많은 수학자들이 연구해 오던 문제가 바로 주어진 공리들만 이용해서는 정수해가 없다는 사실을 증명도 반증도 할 수 없는 그러한 문제인 것으로 밝혀졌다는 점에서 매우 충격적이라고 하겠다.

정리 10.11. 연산을 할 수 있는 어떤 공리체계가 주어졌다고 할 때, 정수해를 가지지 못하는, 그러나 주어진 공리들만 이용해서는 정수해를 가지지 못함을 증명할 수 없는 Diophantus 방정식이 존재한다.

엄격한 증명은 생략하고 간단한 줄거리만 짚어보면, 정수해를 가지지 못하는 모든 Diophantus 방정식들에 대하여 그들이 정수해를 가지지 못함을 증명할 수 있다면 결국 임의의 Diophantus 방정식에 대하여 정수해를 가지는지 여부를 판정하는 알고리즘이 존재하게 된다는 것이다.

[8] HP1,2 의 7 절 참조.

[9] HP1,2 의 6 절 참조.

Matijasevič 를 비롯한 여러 수학자들의 HP10 에 대한 연구 결과는 Fermat 의 마지막 정리라든가, Goldbach 예상, Riemann 가설 등 유명한 문제들을 특정한 Diophantus 방정식들의 정수해의 존재 여부를 밝히는 문제들로 바꿀 수 있음을 보여주었다. Fermat 의 마지막 정리를 예로 들어 설명해보자.

Fermat 의 마지막 정리. 모든 자연수 $n \geq 3$ 에 대하여,

$$x^n + y^n = z^n, \quad xyz \neq 0. \tag{7}$$

을 동시에 만족시키는 정수해는 존재하지 않는다.[10]

임의의 3 이상의 자연수 n 에 대하여 방정식 (7)이 비자명 정수해를 가지지 않는다는 것이다. [11] 실은 방정식 (7)이 자연수해를 가지지 않음을 보이면 된다. 먼저 아래의 (8)의 조건을 만족하는 Diophantus 방정식

$$F\,(r, x, n, u_1, \cdots, u_k) = 0$$

을 생각하자. [12] 즉, 음이 아닌 정수 a, b, c 에 대하여

$$a = b^c \iff \exists\, d_1, \cdots, d_k \in \mathbb{Z}_0 \ : \ F\,(a, b, c, d_1, \cdots, d_k) = 0. \tag{8}$$

이제

$$\begin{aligned} F\,(r, x+1, n+3, u_1, \cdots, u_k)^2 + \ & F\,(s, y+1, n+3, v_1, \cdots, v_k)^2 \\ & + F\,(r+s, z+1, n+3, w_1, \cdots, w_k)^2 = 0 \end{aligned}$$

를 생각해보자. Diophantus 방정식 (9)가 음이 아닌 정수해를 가질 수 없음과 모든 3 이상의 자연수 n 에 대하여 방정식 (7)이 자연수해를 가질 수 없음이 동치이다.

끝으로 소위 '보편 Diophantus 방정식'(universal Diophantine equation)을 소개하자. 이것은 모든 Turing 연산기(Turing machine)가 할 수 있는 계산을 모두 다 할 수 있는 하나의 Turing 연산기, 즉 '보편 Turing 연산기'에 해당하는 개념이다.

[10]Fermat 의 마지막 정리는 1995 년 A. Wiles 가 증명하였다. Fermat 는 Bachet 가 번역한 Arithmetika 를 들고 다니면서 자신의 연구 결과를 그 책의 여백에 써 두곤 하였다. 이 결과도 그중 하나인데 그는 책의 여백이 좁아서 증명은 생략한다고 하였다. 1637 년의 일이다.

[11]여기서 자명해란 물론 x, y, z 중 적어도 하나가 0 인 정수해를 뜻한다.

[12](8)의 성질은 가진 방정식의 존재성은 Matijasevič 가 증명하였으며, Matijasevič 의 방법을 이용하여 구체적으로 찾은 것은 Ruohnen 이 처음이다.

보편 Diophantus 방정식 정리. 아래의 (10)의 조건을 만족하는 Diophantus 방정식

$$U(x, n, y_1, \cdots, y_k) = 0 \tag{9}$$

이 존재한다. 즉, 임의의 Diophantus 집합 D에 대하여 자연수 d가 존재하여

$$a \in D \iff \exists b_1, \cdots, b_k \in \mathbb{Z}_0 \,;\, U(a, d, b_1, \cdots, b_k) = 0. \tag{10}$$

방정식 (9)를**보편 Diophantus 방정식**이라고 한다. 이 정리도 Matijasevič의 정리 10.4로부터 유도되는 결과이다. 이제 U를 이용하여 나열 가능하지만 계산 가능하지 않은 집합 L을 만들어보자.

$$L = L_U := \{ \ell \in \mathbb{Z}_0 \mid \exists b_1, \cdots, b_k \in \mathbb{Z}_0 \,:\, U(\ell, \ell, b_1, \cdots, b_k) = 0 \}$$

라고 하면 L는 Diophantus 집합이므로 나열 가능하다. $M = \mathbb{Z}_0 - L$이 Diophantus 집합이라고 가정하자. 그러면 방정식 (9)가 보편 Diophantus 방정식이므로 적당한 d가 존재하여

$$a \in M \iff \exists b_1, \cdots, b_k \in \mathbb{Z}_0 \,:\, U(a, d, b_1, \cdots, b_k) = 0.$$

하지만

$$d \in M \iff \exists b_1, \cdots, b_k \in \mathbb{Z}_0 \,:\, U(d, d, b_1, \cdots, b_k) = 0 \iff d \in L$$

이므로 모순이다. 그러므로 M은 Diophantus 집합이 아니다. 즉, $\mathbb{Z}_0 - L$은 나열 가능하지 않은 집합이다. 따라서 L은 계산 가능하지 않은 집합이다.

수리 논리학에 관한 자세한 내용은 [Enderton], [Keisler] 등을 참조하라. 또한 Matijasevič의 결과의 다양한 응용에 대하여는 [Browder], [Ribenboim] 등을 참조하라.

연습문제

1. 주어진 다항함수 P에 대하여 다음을 만족시키는 다항함수 Q를 구하라.

$$P = 0 \text{ 가 자연수해를 가진다} \iff Q = 0 \text{ 가 음이 아닌 정수해를 가진다.}$$

2. 주어진 다항함수 P에 대하여 다음을 만족시키는 다항함수 Q를 구하라.

$$P = 0 \text{ 가 음이 아닌 정수해를 가진다} \iff Q = 0 \text{ 가 자연수해를 가진다.}$$

3. 주어진 다항함수 P에 대하여 다음을 만족시키는 다항함수 Q를 구하라.

$$P = 0 \text{ 가 음이 아닌 정수해를 가진다} \iff Q = 0 \text{ 가 정수해를 가진다.}$$

4. 본문에서 Diophantus 방정식 (5)가 음이 아닌 정수해를 가질 수 없음과 모든 3 이상의 자연수 n에 대하여 방정식 (3)이 자연수해를 가질 수 없음이 동치임을 보이라.

5. 정의역이 $\mathbb{Z}^2$인 다항함수 $Q(x, y) = x\left[2 - (x^2 - xy - y^2)^2\right]$의 양의 치역이 Fibonacci 수 $u_1, u_2, \cdots, u_{10}$을 포함하고 있음을 확인하라.

참고문헌

G. Boolos, *The Unprovability of Consistency*, Cambridge Univ. Press, 1979.

F. E. Browder (ed.), *Mathematical developments arising from HILBERT PROBLEMS*, Proc. Symposia in PURE MATHEMATICS **XXVIII** - Part 1,2, Amer. Math. Soc., 1976. (2nd printing 1977.)

M. Davis, *Computability and Unsolvability*, MaGraw-Hill, 1958.

H. B. Enderton, *A Mathematical Introduction to Logic*, Academic Press, 1972.

K. Gödel, *On Formally Undecidable Propositions of Principia Mathematica and Related Systems*, Basic Books Inc., 1962.

D. Hofstadter, *Gödel, Escher, Bach: An Eternal Golden Braid*, Basic Books, Inc., 1979.

H. J. Keisler, *Mathematical Logic and Computability*, McGraw-Hill, 1996.

V. Klee and S. Wagon, *Old and New Unsolved Problems in Plane Geometry and Number Theory*, The Dolciani Math. Expositions **11**, Math. Assoc. America, 1991.

Y. Matijasevič, Soviet Math. Doklady **11** (1970), 354-357 ; ibid. **12** (1971), 770-773 ; Russian Math. Surveys **27** (1972), 124-164 ; Proc. 4th Int. Congress Logic, Method. and Phil. Sci., North-Holland, 1973, 89-110 ; Zap Nauk Sem. Leningrad, LOMI **40** (1974), 77-93 (Russian).

P. Ribenboim, *The Book of Prime Number Records*, 2nd ed., Springer-Verlag, 1989.

HP11. 이차형식

$$X^2 + Y^2 + 10Z^2 = n$$

인도가 낳은 천재수학자 Srinivasa Ramanujan(1887–1920)은 이 방정식이 열여덟 가지를 제외한 모든 자연수 n 에 대하여 정수해를 가진다고 주장하였다. Gupta는 Ramanujan이 제외한 것 외에도 정수해가 없는 n 을 하나 더 발견하였다. 최근 Ono는 Riemann 가설이 참이라는 가정 아래 이들 열아홉 가지를 제외한 모든 자연수 n 에 대하여 위 방정식이 정수해를 가진다는 것을 증명하였다. $X^2+Y^2+10Z^2$ 을 Ramanujan 이차형식이라 한다.

이차형식은 동차 이차 다항함수(homogeneous polynomial of degree two) 를 뜻한다. 이차형식은 대칭행렬로 이해할 수 있으며 또한 벡터공간상의 대칭 이중 선형 형식으로 이해할 수도 있다. 이러한 이유 때문에 이차형식 이론은 오랫동안 수학의 다양한 분야에서 광범위하게 연구되어 왔다. Hilbert 가 자신의 23 문제 중 이차형식에 관한 문제를 두 문제(11 번과 17 번)나 포함시킨 것도 이러한 이차형식 이론의 역사성과 중요성을 반영한 것이라 할 수 있다. 최근에는 이차형식 이론과 암호 및 부호 이론과의 밀접한 관련성이 밝혀져 새로운 관심과 연구의 대상이 되고 있다. 별도의 언급이 없는 한 우리는

$$R = \mathbb{Q} \text{ 또는 } R = \mathbb{Z}$$

로 가정한다.

제 1 절 이차형식의 정의

정의 11.1. 동차 이차 다항함수

$$f(x_1, x_2, \cdots, x_m) = \sum_{1 \le i,j \le m} a_{ij} x_i x_j, \quad a_{ij} = a_{ji} \in R \tag{1}$$

을 R 상의 m 변수 **이차형식**(quadratic form)이라고 한다.

$a_{ij} = a_{ji} \in R$ 이므로

$$f(x_1, x_2, \cdots, x_m) = \sum_{i=1}^{m} a_{ii} x_i^2 + \sum_{1 \le i < j \le m} 2a_{ij} x_i x_j$$

로 쓸 수 있다. 이제 또 다른 R 상의 n 변수 이차형식

$$g(y_1, y_2, \cdots, y_n) = \sum_{1 \le i,j \le n} b_{ij} y_i y_j, \quad b_{ij} = b_{ji} \in R \tag{2}$$

을 생각하자.

정의 11.2. 각 $i = 1, 2, \cdots, n$ 와 각 $j = 1, 2, \cdots, m$ 에 대하여 $c_{ij} \in R$ 이 존재하여

$$g(y_1, y_2, \cdots, y_n) = f\left(\sum_{i=1}^{n} c_{i1} y_i, \sum_{i=1}^{n} c_{i2} y_i, \cdots, \sum_{i=1}^{n} c_{im} y_i\right)$$

일 때, R 상에서 f 가 g 를 **표현** (f represents g over R)한다고 하고

$$g \to_R f$$

로 쓴다. R상에서 f가 g를 표현하지 않을 때는 $g \not\rightarrow_R f$로 쓴다.

문맥상 R이 혼동의 여지없이 분명할 때에는 R을 생략한다.

정의 11.3. $g \rightarrow_R f$이고 $f \rightarrow_R g$일 때, R상에서 f와 g가 **동형** (isometric over R)이라고 하고

$$g \cong_R f$$

로 쓴다. R상에서 f와 g가 동형이 아닐 때는 $g \not\cong_R f$로 쓴다.

$g \cong_R f$이면 $f \cong_R g$이고, 그 역도 성립하는 것은 당연하다. 물론 이 경우 f의 변수의 개수 m과 g의 변수의 개수 n이 같아야 한다. R상에서 f와 동형인 모든 이차형식의 집합을 f의 **동류** (class)라고 하고,

$$\mathrm{cls}_R(f)$$

로 쓴다. 서로 동형인 이차형식들은 다른 이차형식을 표현하거나 또는 다른 이차형식에 의하여 표현되는 성질이 정확히 같다.

Hilbert는 자신의 23문제 중에서 11번째 문제로 R상의 이차형식 f, g가 주어졌을 때 $g \rightarrow_R f$ 혹은 $g \cong_R f$ 여부를 판정할 수 있는 이론의 개발을 제안하였다. 사실 Hilbert는 R이 보다 일반적인 수체 K 또는 그것의 정수환 $\mathcal{O}_K$인 경우를 망라하는 이론의 개발을 원하였다. 그러나 우리는 주로 $R = \mathbb{Q}$ 또는 $\mathbb{Z}$인 경우에 대하여 다루고자 한다.

> **HP11.** 임의로 주어진 R상의 이차형식 f와 g 사이의 표현 및 동형 관계를 규명하는 방법은 무엇인가?

서두에서 잠깐 언급한 것과 같이 이차형식과 대칭행렬은 일대일 대응관계에 있다. 이 대응관계에 대하여 자세히 알아보기로 하자. (1)의 이차형식 f에 대하여 f의 계수 a_{ij}들로 이루어진 $m \times m$ 대칭행렬

$$M = (a_{ij}) = \begin{pmatrix} a_{11} & a_{12} & \cdots & a_{1m} \\ a_{21} & a_{22} & \cdots & a_{2m} \\ \cdots & \cdots & \cdots & \cdots \\ a_{m1} & a_{m2} & \cdots & a_{mm} \end{pmatrix} \tag{3}$$

을 대응시킬 수 있다. 물론 M 의 항들은 모두 R 의 원소들이다. 역으로, $X = (x_1\ x_2\ \cdots\ x_m)$ 에 대하여

$$XMX^t = \sum_{1\le i,j\le m} a_{ij}x_ix_j = f(x_1, x_2, \cdots, x_m)$$

이 되므로 (3)의 대칭행렬 M 으로부터 (1)의 f 를 복원할 수 있다. 단, X^t 는 X 의 전치행렬이다.

이제 (2)의 이차형식 g 에 대응되는 $n \times n$ 대칭행렬을

$$N = (b_{ij}) = \begin{pmatrix} b_{11} & b_{12} & \cdots & b_{1n} \\ b_{21} & b_{22} & \cdots & b_{2n} \\ \cdots & \cdots & \cdots & \cdots \\ b_{n1} & b_{n2} & \cdots & b_{nn} \end{pmatrix}$$

이라고 하자. $g \to_R f$ 이면 정의 11.2 에 나오는 R 의 원소 c_{ij} 들로 이루어진 $n \times m$ 행렬

$$C = (c_{ij}) = \begin{pmatrix} c_{11} & c_{12} & \cdots & c_{1m} \\ c_{21} & c_{22} & \cdots & c_{2m} \\ \cdots & \cdots & \cdots & \cdots \\ c_{n1} & c_{n2} & \cdots & c_{nm} \end{pmatrix}$$

에 대하여

$$N = CMC^t \tag{4}$$

가 성립한다. 그리고 $g \cong_R f$ 이면 $m = n$ 이고

$$C \in GL_m(R) \tag{5}$$

이 된다. 여기서 $GL_m(R)$ 은 R 의 원소들로 이루어진 $m \times m$ 가역행렬 중에서 그 역도 R 의 원소들로 이루어진 $m \times m$ 가역행렬이 되는 것들을 모두 모아 놓은 집합으로서 $GL_m(R)$ 은 행렬곱 연산에 대한 군이 된다.[1]

보기 11.4. 두 개의 이차형식

$$f = x_1^2 + 2x_1x_2 + 2x_2^2 + x_3^2, \quad g = y_1^2 + 6y_1y_2 + 14y_2^2$$

를 생각해 보자. 이들은 $\mathbb{Z}$ 상의 이차형식인 동시에 $\mathbb{Q}$ 상의 이차형식이다.

$$x_1 = y_1 + y_2\,,\ x_2 = 2y_2\,,\ x_3 = y_2$$

[1] HP7 의 1 절 참조.

를 f 에 대입하여 계산하면 g 를 얻는다. 즉,

$$f(y_1+y_2, 2y_2, y_2) = g(y_1, y_2).$$

따라서 $g \to_{\mathbb{Z}} f$ 임을 알 수 있다. 물론 $g \to_{\mathbb{Q}} f$ 도 성립한다. 한편 f, g 에 대응되는 대칭행렬 M, N 과 C 는 다음과 같다.

$$M = \begin{pmatrix} 1 & 1 & 0 \\ 1 & 2 & 0 \\ 0 & 0 & 1 \end{pmatrix}, \quad N = \begin{pmatrix} 1 & 3 \\ 3 & 14 \end{pmatrix}, \quad C = \begin{pmatrix} 1 & 0 & 0 \\ 1 & 2 & 1 \end{pmatrix}.$$

이들을 이용하여 계산하면

$$CMC^t = \begin{pmatrix} 1 & 0 & 0 \\ 1 & 2 & 1 \end{pmatrix} \begin{pmatrix} 1 & 1 & 0 \\ 1 & 2 & 0 \\ 0 & 0 & 1 \end{pmatrix} \begin{pmatrix} 1 & 1 \\ 0 & 2 \\ 0 & 1 \end{pmatrix} = \begin{pmatrix} 1 & 3 \\ 3 & 14 \end{pmatrix} = N$$

이 되어 (4)가 성립함을 확인할 수 있다.

보기 11.5. 세 개의 이차형식

$$f = x_1^2 + 2x_1x_2 + 2x_2^2, \quad g = y_1^2 + y_2^2, \quad h = 4z_1^2 + 4z_2^2$$

을 생각하자. 이들도 모두 $\mathbb{Z}$ 상의 이차형식인 동시에 $\mathbb{Q}$ 상의 이차형식이다.

$$x_1 = y_1 - y_2\,, \ x_2 = y_2$$

를 f 에 대입하여 계산하면 g 를 얻는다. 즉,

$$f(y_1 - y_2, y_2) = g(y_1, y_2).$$

따라서 $g \to_{\mathbb{Z}} f$ 임을 알 수 있다. 물론 $g \to_{\mathbb{Q}} f$ 도 성립한다. 역으로

$$y_1 = x_1 + x_2\,, \ y_2 = x_2$$

를 g 에 대입하여 계산하면 f 를 얻는다. 즉,

$$g(x_1 + x_2, x_2) = f(x_1, x_2).$$

따라서 $f \cong_{\mathbb{Z}} g$ 임을 알 수 있다. 물론 $f \cong_{\mathbb{Q}} g$ 도 성립한다. 이번에는

$$y_1 = 2z_1\,, \ y_2 = 2z_2$$

를 g에 대입하여 계산하면 h를 얻는다. 즉,

$$g(2z_1, 2z_2) = h(z_1, z_2).$$

따라서 $h \to_{\mathbb{Z}} g$임을 알 수 있다. 물론 $h \to_{\mathbb{Q}} g$도 성립한다. 하지만 이 경우에는 $g \to_{\mathbb{Q}} h$는 성립하지만 $g \to_{\mathbb{Z}} h$는 성립하지 않음을 주목하라.[2] 한편 f, g에 대응되는 대칭행렬 M, N과 C는 다음과 같다.

$$M = \begin{pmatrix} 1 & 1 \\ 1 & 2 \end{pmatrix}, \quad N = \begin{pmatrix} 1 & 0 \\ 0 & 1 \end{pmatrix}, \quad C = \begin{pmatrix} 1 & 0 \\ -1 & 1 \end{pmatrix}.$$

이들을 이용하여 계산하면

$$CMC^t = \begin{pmatrix} 1 & 0 \\ -1 & 1 \end{pmatrix}\begin{pmatrix} 1 & 1 \\ 1 & 2 \end{pmatrix}\begin{pmatrix} 1 & -1 \\ 0 & 1 \end{pmatrix} = \begin{pmatrix} 1 & 0 \\ 0 & 1 \end{pmatrix} = N$$

이 되어 역시 (4)가 성립함을 확인할 수 있다. 또한 $\det C = 1 \neq 0$이므로 C는 가역행렬이고 $C^{-1} = \begin{pmatrix} 1 & 1 \\ 0 & 1 \end{pmatrix}$이다. 따라서

$$C \in GL_2(\mathbb{Z}) \subset GL_2(\mathbb{Q})$$

이므로 (5)도 성립한다. 또 h에 대응되는 대칭행렬

$$H = \begin{pmatrix} 4 & 0 \\ 0 & 4 \end{pmatrix}, \quad D = \begin{pmatrix} 2 & 0 \\ 0 & 2 \end{pmatrix}$$

에 대하여 DND^t를 계산하면 H가 된다. 그런데 D는 $\mathbb{Q}$상에서는 가역행렬이지만[3] $\mathbb{Z}$상에서는 가역행렬이 아니다. 즉,

$$D \in GL_2(\mathbb{Q}) - GL_2(\mathbb{Z})$$

이다.[4] 따라서, $g \to_{\mathbb{Q}} h, \quad g \not\to_{\mathbb{Z}} h$임을 알 수 있다.

이차형식의 정의와 기본 성질에 관하여는 [Cassels], [Dickson], [Kitaoka], [Milnor-Husemoller], [O'Meara], [Serre], [Watson] 등을 참조하라.

---

[2] 정의에 의하면, $i = 1, 2$에 대하여 z_i를 $y_i/2$로 치환하는 것이 $\mathbb{Q}$상에서는 허용되지만, $\mathbb{Z}$상에서는 허용되지 않는다.

[3] $\mathbb{Q}$상에서 $D^{-1} = \begin{pmatrix} 1/2 & 0 \\ 0 & 1/2 \end{pmatrix} \in GL_2(\mathbb{Q})$.

[4] $GL_2(\mathbb{Z})$는 $GL_2(\mathbb{Q})$의 부분군이다. 즉, $GL_2(\mathbb{Z}) \leq GL_2(\mathbb{Q})$

제 2 절 이차형식 공간과 이차형식 격자

이제 이차형식의 기하학적 의미를 알아보자. V를 $\mathbb{Q}$ 상의 m 차원 벡터공간이라고 하자. 그리고 $\{v_1, v_2, \cdots, v_m\}$을 V의 기저라고 하자.

정의 11.6. 함수 $B : V \times V \to \mathbb{Q}$가 다음의 성질 (B1)-(B3)를 만족시킬 때 B를 V 상의 **대칭 이중 선형형식** (symmetric bilinear form)이라고 한다.

(B1) $B(v, w) = B(w, v), \ \forall v, w \in V.$

(B2) $B(v + v', w) = B(v, w) + B(v', w), \ \forall v, v', w \in V.$

(B3) $B(av, w) = aB(v, w), \ \forall a \in \mathbb{Q}, \ \forall v, w \in V.$

대칭 이중 선형형식이 정의된 $\mathbb{Q}$-벡터공간을 **이차형식 $\mathbb{Q}$-공간** (quadratic $\mathbb{Q}$-space) 또는 짧게 **$\mathbb{Q}$-공간**이라고 한다.

다음의 성질들이 성립함은 정의로부터 자명하다.

(B2′) $B(v, w + w') = B(v, w) + B(v, w'), \ \forall v, w, w' \in V.$

(B3′) $B(v, bw) = bB(v, w), \ \forall b \in \mathbb{Q}, \ \forall v, w \in V.$

임의의 $v \in V$에 대하여

$$Q(v) = B(v, v) \in \mathbb{Q} \tag{6}$$

로 정의하자. Q를 V 상의 **이차사상** (quadratic map)이라고 한다. 또, $v \in V$에 대하여 $Q(v)$를 v의 **크기**(norm) 라고 한다.

$$\begin{aligned} Q(v + w) = B(v + w, v + w) = Q(v) + 2B(v, w) + Q(w), \\ Q(av) = B(av, av) = a^2 Q(v) \end{aligned} \tag{7}$$

임은 정의로부터 쉽게 유도된다. 또한 첫 번째 등식으로부터

$$B(v, w) = \frac{Q(v + w) - Q(v) - Q(w)}{2} \tag{8}$$

임을 알 수 있다. 따라서 V 상의 대칭 이중 선형형식들과 이차사상들은 일대일 대응관계이다.

각 $1 \le i, j \le m$에 대하여 $B(v_i, v_j) = a_{ij} \in \mathbb{Q}$라고 하자. 임의의

$$v = x_1 v_1 + x_2 v_2 + \cdots + x_m v_m \in V, \ x_i \in \mathbb{Q}, \ 1 \le i \le m$$

에 대하여 $Q(v)$를 계산하면

$$\begin{aligned} Q(v) &= Q(x_1v_1 + x_2v_2 + \cdots + x_mv_m) \\ &= B(x_1v_1 + x_2v_2 + \cdots + x_mv_m, x_1v_1 + x_2v_2 + \cdots + x_mv_m) \\ &= \sum_{1\le i,j\le m} B(v_i, v_j)x_ix_j = f(x_1, x_2, \cdots, x_m) \end{aligned}$$

을 얻는다. $x_1, x_2, \cdots, x_m$을 $\mathbb{Q}$상의 변수로 간주하면 맨 끝의 f는 (1)의 f와 같아진다. 따라서 V상의 대칭 이중 선형형식으로부터 이차형식을 유도할 수 있고, 역으로 이차형식 f가 (1)로 주어지면 각 i, j에 대하여

$$B(v_i, v_j) := a_{ij}$$

로 정의함으로써 V상의 대칭 이중 선형형식을 얻을 수 있다. 물론 V상의 대칭 이중 선형형식으로부터 (3)의 대칭행렬 $M = (B(v_i, v_j))$도 직접 유도할 수 있고, 역으로 M으로부터 V상의 대칭 이중 선형형식 B를 유도할 수도 있다. 한편,

$$\operatorname{disc} V := \det(B(v_i, v_j)) \tag{9}$$

를 V의 **판별식**(discriminant)이라고 한다. 우리는 항상

$$\operatorname{disc} V \neq 0 \tag{10}$$

를 가정하기로 한다.[5]

한 가지 유의할 점은 V의 기저를 다르게 잡으면 그에 대응되는 대칭행렬이나 이차형식의 모습이 달라진다는 것이다. 그러나 모습만 다를 뿐 동형임을 쉽게 증명할 수 있다.

지금까지 $\mathbb{Q}$-공간이 $\mathbb{Q}$상의 이차형식에 대응되는 개념임을 보았다. 그렇다면 $\mathbb{Z}$상의 이차형식에 대응되는 기하학적인 개념은 무엇인가?

정의 11.7. V를 m차원 $\mathbb{Q}$-공간이라고 하고 B, Q를 각각 V상의 대칭 이중 선형형식, 이차사상이라고 하자. V의 부분군 L이 다음의 (L1)-(L2)를 만족시킬 때, L을 **이차형식 격자**(quadratic lattice) 또는 짧게 **$\mathbb{Z}$-격자**라고 한다.

(L1) $\exists v_1, v_2, \cdots, v_m \in L$: $\mathbb{Q}$상에서 일차독립이고,

[5] V의 기저를 다르게 잡아도 판별식은 0 아닌 유리수의 제곱을 곱한 만큼만 달라지므로 여전히 0이 아니다.

$$L = \{ a_1v_1 + a_2v_2 + \cdots + a_mv_m \mid a_1, a_2, \cdots, a_m \in \mathbb{Z} \}.$$

(L2) $B(v, w) \in \mathbb{Z}, \ \forall v, w \in L.$

조건 (L1)의 $\{ v_1, v_2, \cdots, v_m \}$를 L의 $\mathbb{Z}$-기저라고 하고

$$L = \mathbb{Z}v_1 + \mathbb{Z}v_2 + \cdots + \mathbb{Z}v_m$$

으로도 쓴다. 물론 $\{ v_1, v_2, \cdots, v_m \}$는 V의 기저도 된다. 그러나 V의 기저가 언제나 L의 $\mathbb{Z}$-기저가 되는 것은 아니다. $\mathbb{Z}$-격자에 $\mathbb{Z}$상의 이차형식과 정수항으로 이루어진 대칭행렬이 대응됨은 자명하다. $\mathbb{Z}$-격자 L에 대하여도 판별식을 다음과 같이 정의한다.

$$\operatorname{disc} L := \det(B(v_i, v_j)) \neq 0. \tag{11}$$

L의 $\mathbb{Z}$-기저를 다른 것으로 바꾸어도 $\operatorname{disc} L$은 변하지 않는다는 것을 쉽게 보일 수 있다.

정의 11.8. U, V를 각각 n차원, m차원 $\mathbb{Q}$-공간이라고 하고, B_U, B_V를 U, V상의 대칭 이중 선형형식이라고 하자. 선형사상 $\sigma : U \to V$가

$$B_U(u_1, u_2) = B_V(\sigma(u_1), \sigma(u_2)), \ \forall u_1, u_2 \in U$$

를 만족시킬 때, σ를 **등장사상** (isometry)이라고 한다. 등장사상 $\sigma : U \to V$가 존재할 때, V가 U를 **표현** (V represents U)한다고 하고

$$U \to V$$

로 쓴다. 이 등장사상이 전단사함수일 때, U와 V가 **동형** (isometric)이라고 하고

$$U \cong V$$

로 쓴다. K, L을 각각 U, V에 있는 $\mathbb{Z}$-격자라고 하자. 등장사상 $\sigma : U \to V$가 존재하여 $\sigma(K) \subseteq L$일 때, L이 K를 **표현** (L represents K)한다고 하고

$$K \to L$$

로 쓴다. 또 $\sigma(K) = L$일 때, K와 L이 **동형** (isometric)이라고 하고

$$K \cong L$$

로 쓴다.[6]

(10)의 가정 disc $\neq 0$ 으로부터 등장사상은 항상 단사함수임을 보일 수 있다. 정의 11.8은 정의 11.2 및 11.3의 기하학적 번역에 지나지 않는다.

정의 11.9. m 차원 $\mathbb{Q}$-공간 V 에 대하여

$$Q(v) > 0,\ \forall v \in V^{\times}$$

일 때 V 를 **양 공간** (positive definite quadratic sapce)이라고 한다.

$$Q(v) < 0,\ \forall v \in V^{\times}$$

일 때는 V 를 **음 공간**이라고 하고, V 가 양 공간도 아니고 음 공간도 아닐 때, V 를 **부정 공간** (indefinite quadratic space)이라고 한다.

V 가 양(또는 음) 공간이라는 것과 그에 대응되는 대칭행렬의 고유값들이 모두 양(또는 음)이라는 것은 동치이다. 임의의 $(a_1, \ldots, a_m) \neq (0, \ldots, 0)$ 에 대하여 $f(a_1, \ldots, a_m) > 0$ (또는 $f(a_1, \ldots, a_m) < 0$) 일 때, 이차형식 f 를 양(또는 음) 이차형식이라 한다. 또, V 가 부정 공간이라는 것과 $Q(v) = 0$ 인 벡터 $v \in V^{\times}$ 가 존재한다는 것은 동치이다.

보기 11.10 U, W 를 2차원 $\mathbb{Q}$-공간, V 를 3차원 이차형식 공간이라고 하고, 편의상 대칭 이중 선형형식을 모두 B 라고 쓰자. K, T, L 을 각각 U, W, V 에 있는 $\mathbb{Z}$-격자라고 하고. $\{u_1, u_2\}$, $\{w_1, w_2\}$, $\{v_1, v_2, v_3\}$ 를 각각 K, T, L 의 $\mathbb{Z}$-기저라고 하자. 그리고 이들 기저에 대하여 B 의 값이

$$\begin{aligned} &B(u_1, u_1) = 1,\ B(u_1, u_2) = 3,\ B(u_2, u_2) = 14\,; \\ &B(w_1, w_1) = 21,\ B(w_1, w_2) = 17,\ B(w_2, w_2) = 14\,; \\ &B(v_1, v_1) = B(v_1, v_2) = B(v_3, v_3) = 1, \\ &B(v_2, v_2) = 2,\ B(v_1, v_3) = B(v_2, v_3) = 0 \end{aligned}$$

로 주어져 있다고 하자. 그러면

$$\sigma : \begin{cases} u_1 \mapsto w_1 - w_2, \\ u_2 \mapsto w_2 \end{cases}$$

[6]물론, U, V 사이의 표현 및 동형은 $\mathbb{Q}$ 상의 표현 및 동형이고, K, L 사이의 표현 및 동형은 $\mathbb{Z}$ 상의 표현 및 동형이다.

는 전단사 등장사상이고, $\sigma(K) = T$ 이므로

$$U \cong W, \quad K \cong T$$

이다. 한편

$$\tau : \begin{cases} u_1 \mapsto v_1, \\ u_2 \mapsto v_1 + 2v_2 + v_3 \end{cases}$$

도 등장사상이고, $\tau(K) \subset L$ 이므로

$$U \to V, \quad K \to L$$

이다. $U \cong W,\ K \cong T$ 로부터 $W \to V,\ T \to L$ 임은 당연하다.

보기 11.11. $V = \mathbb{Q}^m$ 을 이차형식 공간이라고 하고,

$$\{\, e_1 = (1, 0, \cdots, 0),\ e_2 = (0, 1, \cdots, 0),\ \cdots,\ e_m = (0, 0, \cdots, 1)\,\}$$

을 V 의 표준기저라고 하자. 대칭 이중 선형형식 B 가

$$B(e_i, e_j) = \delta_{ij} = \begin{cases} 1 & \text{if } i = j \\ 0 & \text{if } i \neq j \end{cases} \qquad 1 \le i, j \le m$$

로 주어졌다면 V 의 임의의 두 벡터

$$\begin{aligned} v &= (a_1, a_2, \cdots, a_m) = a_1e_1 + a_2e_2 + \cdots + a_me_m, \\ w &= (b_1, b_2, \cdots, b_m) = b_1e_1 + b_2e_2 + \cdots + b_me_m \end{aligned}$$

에 대하여

$$B(v, w) = a_1b_1 + a_2b_2 + \cdots + a_mb_m$$

으로서 대칭 이중 선형형식 B 는 V 의 내적(inner product)과 일치한다. 또

$$Q(v) = B(v, v) = a_1^2 + a_2^2 + \cdots + a_m^2$$

으로서 이차사상 Q 는 벡터의 길이의 제곱이 된다.

이처럼 $\mathbb{Q}$-공간상의 대칭 이중 선형형식 B 는 내적의 개념이 일반화된 것으로 볼 수 있으며, 양 공간의 경우 이차사상의 제곱근은 길이의 개념이 일반화된 것으로 볼 수 있다. 일반적인 $\mathbb{Q}$-공간은 직교기저를 가지는데, 이 사실은 내적공간의 직교기저를 구하는 Gram-Schmidt 방법으로 증명할 수 있다.

정리 11.12. V를 m차원 $\mathbb{Q}$-공간이라고 하고, B, Q를 각각 V 상의 대칭 이중 선형형식, 이차사상이라고 하면, V는 직교기저, 즉

$$B(v_i, v_j) = 0, \quad \forall i, j\,,\; i \neq j\,,\; 1 \leq i, j \leq m$$

를 만족시키는 기저 $\{\, v_1, v_2, \cdots, v_m \,\}$를 가진다. 이 때,

$$V \cong (Q(v_1)) \perp (Q(v_2)) \perp \cdots \perp (Q(v_m)) = (Q(v_1), Q(v_2), \cdots, Q(v_m))$$

으로 쓰기도 한다.[7]

일반적으로 $\mathbb{Z}$-격자는 이러한 성질을 가지고 있지 않다. 예를 들어, 대응되는 대칭행렬이

$$\begin{pmatrix} 2 & 1 \\ 1 & 2 \end{pmatrix}$$

인 2차원 $\mathbb{Z}$-격자는 직교기저를 가질 수 없다. 그럼에도 불구하고 어떤 $\mathbb{Z}$-격자 L이 직교기저 $\{\, v_1, v_2, \cdots, v_m \,\} \subset L$을 가지는 경우에는,

$$L \cong \langle Q(v_1)\rangle \perp \langle Q(v_2)\rangle \perp \cdots \perp \langle Q(v_m)\rangle \cong \langle Q(v_1), Q(v_2), \cdots, Q(v_m)\rangle \tag{12}$$

으로 쓰기도 한다. 이차형식 공간과 격자에 대하여 보다 자세한 내용은 [Conway-Sloane], [Milnor-Husemoller], [O'Meara] 등을 참조하라.

[7] V에 대응되는 대칭행렬 $(B(v_i, v_j))$가 대각행렬이 됨은 당연하다.

제 3 절 국소-광역 원리

Hasse가 개발한 국소 이론은 $\mathbb{Q}$상의 이차형식의 표현 및 분류 문제를 완전히 해결하는 데 결정적인 역할을 하였으며 $\mathbb{Z}$상의 이차형식의 표현 및 분류 연구에도 유용한 도구가 되어왔다. 국소 이론을 설명하기 위해서는 먼저 소수 p에 대한 p-진 정수와 p-진 유리수를 알아야 한다. p-진 정수의 개념은 디오판투스 방정식의 해를 구할 때, 모든 자연수 k에 대하여 p^k를 법으로 한 합동방정식들을 동시에 들여다보기 위하여 고안되었다.

디오판투스 방정식

$$f(x_1, x_2, \cdots, x_m) = 0 \tag{13}$$

을 생각해 보자. 만약 이것이 정수해 $(a_1, a_2, \cdots, a_m)$을 가진다면, 모든 자연수 n에 대하여 $f(a_1, a_2, \cdots, a_m) \equiv 0 \pmod n$이다. 따라서 모든 자연수 n에 대하여 합동방정식

$$f(x_1, x_2, \cdots, x_m) \equiv 0 \pmod n$$

이 해를 가져야 한다. 그리고 이것은 중국인의 나머지 정리에 의해서 모든 자연수 k와 모든 소수 p에 대하여 합동방정식

$$f(x_1, x_2, \cdots, x_m) \equiv 0 \pmod{p^k} \tag{14}$$

이 해를 가진다는 것과 동치이다. 그러므로 만약 어떤 자연수 k와 소수 p에 대하여 p^k를 법으로 합동방정식 (14)가 해를 가지지 않으면 방정식 (13)의 정수해가 없다는 결론을 내릴 수 있다. 하지만 모든 p^k를 법으로 합동방정식 (14)가 해를 가진다고 해도 방정식 (13)이 정수해를 가진다는 결론을 내릴 수 있는 것은 아니다.

보기 11.13. 디오판투스 방정식

$$x_1^2 - 4x_2^2 = 2$$

는 정수해가 없다. 정수해 a, b를 가진다고 가정하면 $a^2 \equiv 2 \pmod 4$가 된다. 그러나 정수의 제곱은 4를 법으로 2가 될 수 없기 때문에 모순이다.

한편 모든 자연수 k와 모든 소수 p에 대하여 합동방정식

$$x_1^2 + 2x_2^2 + 5x_3^2 + 5x_4^2 \equiv 15 \pmod{p^k}$$

가 해를 가지지만 방정식

$$x_1^2 + 2x_2^2 + 5x_3^2 + 5x_4^2 = 15$$

는 정수해를 가지지 못한다는 것을 쉽게 확인할 수 있다.

정의 11.14. 소수 p에 대하여

$$\mathbb{Z}_p := \{\, a_0 + a_1 p + a_2 p^2 + \cdots \mid 0 \le a_i \le p-1,\ \forall i = 0, 1, 2, \cdots \}$$

로 정의하고, 이것을 p**-진 정수환** (p-adic ring)이라고 하며 $\mathbb{Z}_p$ 의 원소를 p**-진 정수** (p-adic integer)라고 한다.

p-진 정수환 $\mathbb{Z}_p$ 에

$$|\, p\,|_p := \frac{1}{p} < 1$$

이 되는 소위 p-진 절대값이라고 불리는 새로운 절대값 $|*|_p$ 을 도입함으로써 무한급수로 정의된 p-진 정수들의 수렴성을 보장하게 된다. $\mathbb{Z}_p$ 가 환이 되는 것은 쉽게 확인할 수 있다.

정의 11.15. 소수 p에 대하여

$$\mathbb{Q}_p := \{\, a_r p^r + a_{r+1} p^{r+1} + \cdots \mid 0 \le a_i \le p-1,\ \forall i = r, r+1, \cdots,\ r \text{은 정수} \}$$

로 정의하고, 이것을 p**-진 유리수체** (p-adic field)라고 하며 $\mathbb{Q}_p$ 의 원소를 p**-진 유리수** (p-adic rational number)라고 한다.

p-진 유리수체가 p-진 정수환을 포함하고 있음은 자명하다. 그리고 정수환 $\mathbb{Z}$ 는 $\mathbb{Z}_p$ 의 부분환으로, 유리수체 $\mathbb{Q}$ 는 $\mathbb{Q}_p$ 의 부분체로 간주할 수 있다. 한편, $\mathbb{Q} \le \mathbb{R}$ 임은 당연하다. $\mathbb{Z}_p$ 들을 통칭하여 $\mathbb{Z}$ 의 **국소환** (local ring)이라고 하고, $\mathbb{R}$ 과 함께 $\mathbb{Q}_p$ 들을 $\mathbb{Q}$ 의 **국소체** (local field)라고 한다.[8]

정의 11.1 에서 R 이 $\mathbb{Z}_p$ 나 $\mathbb{Q}_p$, 또는 $\mathbb{R}$ 이 될 수 있도록 하면 $\mathbb{Z}_p$ 상의 이차형식, $\mathbb{Q}_p$ 상의 이차형식, 또는 $\mathbb{R}$ 상의 이차형식들이 정의되는데 이것들은 이차형식의 계수를 확장한 것으로 이해할 수 있다. 한편 스칼라를 $\mathbb{Q}$ 에서 $\mathbb{Q}_p$ 나 $\mathbb{R}$ 로, 또는 $\mathbb{Z}$ 에서 $\mathbb{Z}_p$ 로 확장시킴으로써 $\mathbb{Q}_p$ -공간이나 $\mathbb{R}$ -공간, 또는 $\mathbb{Z}_p$ -격자를 정의할 수 있다. 뿐만 아니라

[8] $\mathbb{Q}_\infty := \mathbb{R}$ 로 정의하기도 한다.

정의 11.8 도 $\mathbb{Q}_p$-공간 사이나 $\mathbb{R}$-공간 사이, 또는 $\mathbb{Z}_p$-격자 사이의 표현 및 동형 관계로 자연스럽게 확장할 수 있다.

한편, 주어진 $\mathbb{Q}$-공간이나 $\mathbb{Z}$-격자를 $\mathbb{Q}_p$-공간이나 $\mathbb{Z}_p$-격자로 스칼라를 확장할 수 있음을 주목하라. $\mathbb{Q}$-공간 V가 $\mathbb{Q}_p$-공간으로 스칼라 확장되었을 때, 이것을 V_p로 쓰고 V의 p에 대한 **국소화**(localization)라고 부른다. $\mathbb{Q}$-공간이 $\mathbb{R}$-공간으로 스칼라 확장되었을 때는 V_∞로 쓰고 V의 ∞에 대한 국소화라고 한다.[9] 마찬가지로 $\mathbb{Z}$-격자 $L \subset V$이 $\mathbb{Z}_p$-격자로 스칼라 확장되었을 때, 이것을 $L_p \subset V_p$로 쓰고 L의 p에 대한 국소화라고 부른다. 무한 소수 ∞에 대한 L의 국소화 L_∞는 $\mathbb{R}$-공간 V_∞로 정의한다.[10]

$\mathbb{Z}$-격자 L의 스칼라를 $\mathbb{Q}$로 확장하면 $\mathbb{Q}$-공간 V가 됨은 자명하다. 또 V의 스칼라를 $\mathbb{R}$로 확장하면 $\mathbb{R}$-공간 V_∞가 된다. 따라서 $\mathbb{Z}$-격자 L은 $\mathbb{Q}$-공간 V의 격자일 뿐만 아니라 $\mathbb{R}$-공간 V_∞의 격자이기도 하다.

이제 $\mathbb{Q}$-공간 사이의 표현 및 동류 관계에 관한 유명한 Hasse의 국소-광역 정리를 소개하자.

정리 11.16. (Hasse, 1923/24) U, V를 각각 n, m차원 $\mathbb{Q}$-공간이라고 하자. 단, $1 \le n \le m$이다. $\Omega = \{p \,|\, p\text{는 소수 또는 } \infty\}$라고 할 때,

(1) $U_p \to V_p,\ \forall p \in \Omega \iff U \to V.$

(2) $U_p \cong V_p,\ \forall p \in \Omega \iff U \cong V.$

따라서, 주어진 $\mathbb{Q}$-공간 U, V에 대하여 각각의 국소화 사이의 표현 및 분류를 이해하면 U, V 사이의 표현 및 분류를 이해할 수 있게 된다. 정리에는 ∞를 포함한 무한히 많은 소수 p에 대한 국소화를 모두 비교해야 하는 것으로 되어 있지만, 실제로는 유한 개의 p에 대하여만 비교해 보면 된다. 뿐만 아니라 국소 이차형식 공간 사이의 분류 및 표현은 매우 간단하다. 임의의 유리수 a, b와 $p \in \Omega$에 대하여

$$\left(\frac{a,b}{p}\right) := \begin{cases} 1 & a\alpha^2 + b\beta^2 = 1 \text{ 인 } \alpha, \beta \in \mathbb{Q}_p \text{ 가 존재할 때,} \\ -1 & a\alpha^2 + b\beta^2 = 1 \text{ 인 } \alpha, \beta \in \mathbb{Q}_p \text{ 가 존재하지 않을 때} \end{cases}$$

[9] 이런 맥락에서 ∞를 무한 소수라고 부르고 다른 소수들을 유한 소수라고 부르기도 한다.
[10] 즉, $L \subset V$일 때, $L_\infty := V_\infty$로 정의된다.

라고 정의하자. 이 부호는 Hilbert가 처음 고안한 것으로 **Hilbert 부호**라고 하는데 다음과 같은 곱셈공식

$$\prod_{p\in\Omega}\left(\frac{a,b}{p}\right)=1 \tag{15}$$

을 만족시킨다.

정의 11.17. B, Q를 각각 m차원 $\mathbb{Q}$-공간 V 상의 대칭 이중 선형형식, 이차사상이라고 하자. 또 $\{v_1, v_2, \cdots, v_m\}$을 V의 직교기저, 각 $1 \le i \le m$에 대하여 $a_i = Q(v_i) \in \mathbb{Q}$, $d_i = a_1a_2\cdots a_i$ 라고 하고

$$V \cong (a_1, a_2, \cdots, a_m)$$

으로 쓰자. 임의의 $p \in \Omega$에 대하여

$$S_p(V) := \prod_{i=1}^{n}\left(\frac{a_i, d_i}{p}\right)$$

를 V의 p에 대한 **Hasse 부호**라고 한다.

다음과 같은 Hasse 부호의 곱셈공식은 Hilbert 부호의 곱셈공식으로부터 쉽게 얻을 수 있다.

$$\prod_{p\in\Omega} S_p(V) = 1. \tag{16}$$

이제 국소 이차형식 공간 사이의 분류 및 표현에 관한 Hasse의 정리를 소개하자.

정리 11.18. (Hasse, 1923/24) $p \in \Omega - \{\infty\}$에 대하여, U_p, V_p를 각각 n, m차원 $\mathbb{Q}_p$-공간이라고 하자. 단, $1 \le n \le m$이다.

(1) $U_p \cong V_p \iff n = m,\ \mathrm{disc}(U_p) = \mathrm{disc}(V_p),\ S_p(U_p) = S_p(V_p).$

(2) $U_p \to V_p \iff \begin{cases} U_p \cong V_p & n = m \text{ 일 때},\\ U_p \perp \langle d_1d_2\rangle \cong V_p & n = m-1 \text{ 일 때},\\ U_p \perp H_p \cong V_p & n = m-2 \text{ 이고 } d_1 = -d_2 \text{ 일 때},\\ \text{조건 없음} & \text{기타의 경우}. \end{cases}$

여기서, $d_1 = \mathrm{disc}(U_p)$, $d_2 = \mathrm{disc}(V_p)$이고, H_p는 $\mathrm{disc}(H_p) = -1$인 2차원 $\mathbb{Q}_p$-공간이다.

정리에서 $\mathbb{Q}_p$-공간의 판별식과 Hasse 부호는 $\mathbb{Q}$-공간의 경우와 같이 정의하면 된다. 한편, 무한 소수 ∞에 대한 국소 이차형식 공간은 $\mathbb{R}$-공간으로서 그 표현이나 분류는

훨씬 더 간단하다. 일반적인 m 차원 $\mathbb{R}$-공간 V_∞ 는 다음과 같이 쓸 수 있다.

$$V_\infty \cong \underbrace{\langle 1\rangle \perp \cdots \langle 1\rangle}_{r\text{개}} \perp \underbrace{\langle -1\rangle \perp \cdots \langle -1\rangle}_{s\text{개}}. \tag{17}$$

단, $0 \le r, s \le m$, $r + s = m$ 이다. 이 때, (r, s) 를 V 의 **부호** (signature)라고 한다.

정리 11.19. $1 \le n \le m$ 일 때, U_∞, V_∞ 를 각각 n, m 차원 $\mathbb{R}$-공간이라고 하고 (r_n, s_n), (r_m, s_m) 을 각각 U_∞, V_∞ 의 부호라고 하면

$$\begin{aligned} U_\infty \cong V_\infty \quad &\Longleftrightarrow \quad r_n = r_m,\ s_n = s_m, \\ U_\infty \to V_\infty \quad &\Longleftrightarrow \quad r_n \le r_m,\ s_n \le s_m. \end{aligned}$$

$\mathbb{Q}$-공간 사이의 표현 또는 분류 문제를 완전히 해결한 국소-광역 원리가 $\mathbb{Z}$-격자 사이의 표현 또는 분류에는 일반적으로 적용되지 않는다. 따라서 $\mathbb{Z}$-격자 사이의 표현 또는 분류 문제는 아직 해결되지 못하고 있다. 먼저 국소-광역 원리가 성립하지 않는 예를 살펴보자.

보기 11.20. (1) 두 개의 $\mathbb{Z}$-격자 $L \cong \langle 1, 55\rangle$, $K \cong \langle 5, 1\rangle$ 은 $\mathbb{Z}$ 상에서 서로 동형이 아니다. 하지만 임의의 $p \in \Omega$ 에 대하여 $\mathbb{Z}_p$ 상에서는 서로 동형이다. 즉,

$$K_p \cong L_p, \forall p \in \Omega \ \text{ 이지만 } \ K \not\cong L.$$

(2) $\mathbb{Z}$-격자 $L \cong \langle 1, 2, 5, 5\rangle$ 은 $\mathbb{Z}$-격자 $K \cong \langle 15\rangle$ 를 $\mathbb{Z}$ 상에서 표현하지 못한다.[11] 하지만 임의의 $p \in \Omega$ 에 대하여 $\mathbb{Z}_p$ 상에서는 표현한다. 즉,

$$K_p \to L_p, \forall p \in \Omega \ \text{ 이지만 } \ K \not\to L.$$

이처럼 국소-광역 원리가 성립하지는 않지만, $\mathbb{Z}$-격자의 표현과 분류 문제에서 국소 이론은 여전히 매우 강력한 도구이다. 국소 격자의 표현 및 분류 이론은 1960 년대와 70 년대에 O'Meara 와 Riehm 등이 거의 완성하였다. 그러나 이들의 이론을 여기서 소개하는 것은 어렵다. 그 대신에 국소-광역 원리가 성립하지 않는 근본적인 이유를 간략히 소개하고자 한다.

정의 11.21. $\mathbb{Z}$-격자 L 에 대하여,

$$\text{gen}(L) = \{\, K : \mathbb{Z}\text{-격자} \mid K_p \cong L_p,\ \forall p \in \Omega \,\}$$

[11] 보기 11.13 참조.

을 L 의 **동종**(genus)이라고 하고,

$$\mathrm{cls}(L) = \{\, K \,:\, \mathbb{Z}\text{-격자} \mid K \cong L \,\}$$

을 L 의 **동류**(class)라고 한다.

L 과 동형인 $\mathbb{Z}$-격자들은 물론 모두 L 의 동종에 포함된다. 그러나 그 역은 일반적으로 성립하지 않는다. 즉,

$$\mathrm{cls}(L) \subseteq \mathrm{gen}(L). \tag{18}$$

다음의 두 정리는 $\mathbb{Z}$-격자 사이의 표현 및 분류에서는 국소-광역 원리가 성립하지 않는 이유를 명확히 보여준다.

정리 11.22. 임의의 $\mathbb{Z}$-격자 L 에 대하여, $\mathrm{gen}(L)$ 은 유한 개의 동류들로 이루어져 있다. L 의 동종에 포함된 동류의 개수를 L 의 **동류수**(class number)라고 하고 $h(L)$ 로 쓴다.[12]

정리 11.23. 임의의 $\mathbb{Z}$-격자 K, L 에 대하여, $K_p \to L_p$, $\forall p \in \Omega$ 이면[13]

$$\exists L' \in \mathrm{gen}(L) \,:\, K \to L'.$$

물론 $L' \cong L$ 일 수도 있으며, 이런 경우 $K \to L$ 이 된다. 그러나 이러한 것이 일반적인 현상은 아니다. 만약 $h(L) = 1$ 이라면 $\mathrm{gen}(L) = \mathrm{cls}(L)$ 이고 따라서 정리 11.23 에 의하여 국소-광역 원리가 성립한다. 이와 같이 국소광역 원리가 성립하는 $\mathbb{Z}$-격자를 **정규 격자**(regular lattice)라고 한다. 그러나 $h(L) > 1$ 인 경우, 국소-광역 원리는 일반적으로 성립하지 않는다. $K \to \mathrm{gen}(L)$ 이고 $h(L) > 1$ 인 경우 K 가 L 의 동종에 들어 있는 $h(L)$ 개의 동류 중 어떤 것에 의하여 표현되는지를 설명할 수 있는 이론은 아직 전무한 실정이다. 국소-광역 원리에 대한 보다 자세한 내용은 [Browder], [Cassels], [O'Meara] 등을 보라.

[12] $\mathrm{cls}(L) = \mathrm{gen}(L) \iff h(L) = 1.$

[13] $K \to \mathrm{gen}(L)$ 라고 쓰기도 한다.

제 4 절 보편 격자

$\mathbb{Z}$-격자 사이의 표현 및 분류 문제를 완전히 해결할 수 있는 이론은 아직 개발되지 않았지만 다양한 흥미로운 결과들이 알려져 있다. 이 절에서는 그러한 결과들 가운데 하나인 보편 격자(혹은 $\mathbb{Z}$상의 보편 이차형식)를 소개하고자 한다. 이 절에서 다루는 모든 $\mathbb{Z}$-격자는 양 격자라고 가정한다. 즉, 그 격자가 들어앉아 있는 $\mathbb{Q}$-공간이 양 공간이라고 가정한다.

보편 격자의 개념은 다음의 '네 제곱 정리'로부터 시작되었다.

정리 11.24. (Lagrange, 1770) 임의의 자연수는 네 개의 정수의 제곱의 합으로 표시할 수 있다. 즉, 방정식

$$x_1^2 + x_2^2 + x_3^2 + x_4^2 = n \tag{19}$$

이 임의의 자연수 n에 대하여 정수해를 가진다.

이 정리를 이차형식의 관점에서 보면 $\mathbb{Z}$상의 4 변수 양 이차형식

$$x_1^2 + x_2^2 + x_3^2 + x_4^2$$

이 임의의 $\mathbb{Z}$상의 1 변수 양 이차형식 ny_1^2를 표현한다[14]는 것이고, 격자의 관점에서 보면 4차원 $\mathbb{Z}$-격자

$$I_4 \cong \langle 1, 1, 1, 1 \rangle$$

이 임의의 1 차원 $\mathbb{Z}$-격자 $\langle n \rangle$을 표현한다는 것이다.[15] 이처럼 모든 1 차원 $\mathbb{Z}$-격자 $\langle n \rangle$을 표현하는 $\mathbb{Z}$-격자를 **보편 격자** (universal lattice)라고 한다. Ramanujan과 Willerding은 Lagrange의 네 제곱 정리를 다음과 같이 확장하였다.

정리 11.25. (1) (Ramanujan, 1917) 4차원 보편 격자 중에서 대각인 것(즉, 직교기저를 가지는 것)은 정확히 54개 있다.

(2) (Willerding, 1947) 4차원 보편 격자 중에서 비대각인 것(즉, 직교기저를 가지지 않는 것)은 정확히 124개 있다.

---

[14]방정식 (19)의 정수해가 a_1, a_2, a_3, a_4이면 좌변의 x_1, x_2, x_3, x_4에 $a_1y_1, a_2y_1, a_3y_1, a_4y_1$을 대입하여 ny_1^2을 얻을 수 있다.

[15]n은 물론 자연수이다.

정리에서의 개수는 물론 서로 다른 동류의 개수를 뜻한다. Ramanujan과 Willerding은 178개의 4차원 보편 격자를 모두 찾았다. 그들 중에서 대각인 것은

$$\langle 1,1,1,1\rangle,\ \langle 1,1,1,2\rangle,\ \langle 1,1,2,2\rangle,\ \cdots,\ \langle 1,1,2,14\rangle,\ \langle 1,2,4,14\rangle$$

등이다. 실제로 Ramanujan은 55개를 찾았으나, 후에 Dickson이 그중 하나가 잘못된 것임을 발견하여 54개가 된 것이다.[16]

한편 Conway와 Schneeberger는 최근에 보편 격자를 판정하는 소위 '15-정리'를 발표하여 세상을 놀라게 하였다.

정리 11.26. (Conway-Schneeberger, 1995) $\mathbb{Z}$-격자 L이 다음과 같은 9개의 1차원 $\mathbb{Z}$-격자

$$\langle 1\rangle,\ \langle 2\rangle,\ \langle 3\rangle,\ \langle 5\rangle,\ \langle 6\rangle,\ \langle 7\rangle,\ \langle 10\rangle,\ \langle 14\rangle,\ \langle 15\rangle$$

를 표현하면, L은 모든 1차원 $\mathbb{Z}$-격자를 표현한다. 즉, L은 보편 격자이다.

정리의 역은 당연히 성립한다. 정리에 의하면 $\mathbb{Z}$-격자 L에 크기(norm)가 $1,2,3,5,6,7,10,14,15$인 벡터들이 있다는 것만 확인하면, 임의의 자연수 n에 대하여 크기 n인 벡터가 L에 있다는 결론을 내릴 수 있다는 것이다.[17]

이러한 보편 격자의 개념을 Mordell은 다음과 같이 확장하였다.

정리 11.27. (Mordell, 1930) $\mathbb{Z}$-격자 $I_5 \cong \langle 1,1,1,1,1\rangle$은 모든 2차원 $\mathbb{Z}$-격자를 표현한다.

이 정리를 Mordell의 '다섯 제곱 정리'라고 한다. 이처럼 모든 2차원 $\mathbb{Z}$-격자를 표현하는 $\mathbb{Z}$-격자를 **2-보편 격자**라고 한다. 보다 더 일반적으로, 모든 k차원 $\mathbb{Z}$-격자를 표현하는 $\mathbb{Z}$-격자를 **k-보편 격자**라고 한다. 따라서 정리 11.25와 11.26의 보편 격자는 실은 1-보편 격자이다.[18]

---

[16] $\langle 1,2,5,5\rangle$, 보기 11.20을 참조하라. '보편'이라는 용어를 처음 사용한 사람도 바로 Dickson이다.

[17] 이것을 이차형식의 관점에서 보면, 방정식 (19)가 $n = 1,2,3,5,6,7,10,14,15$에 대하여 정수해를 가지면 모든 자연수 n에 대하여 정수해를 가진다는 결론을 내릴 수 있다는 것이다.

[18] 이 절에서 $\mathbb{Z}$-격자는 모두 양 격자라고 가정하였음을 상기하라.

정리 11.28 (C. Ko, 1937) I_6, I_7, I_8 은 각각 3, 4, 5-보편 $\mathbb{Z}$-격자이다.

다음의 정리는 1-보편 격자에 관한 정리 11.25 와 11.26 의 2 차원 확장이다.

정리 11.29. (1) 5 차원 2-보편 격자는 정확히 11 개뿐이다. 그중에서 5 개가 대각이고 나머지 6 개는 비대각이다.
(2) $\mathbb{Z}$-격자 L 이 6 개의 2 차원 $\mathbb{Z}$-격자

$$\langle 1,1\rangle,\ \langle 2,3\rangle,\ \langle 3,3\rangle,\ \begin{pmatrix} 2 & 1 \\ 1 & 2 \end{pmatrix},\ \begin{pmatrix} 2 & 1 \\ 1 & 3 \end{pmatrix},\ \begin{pmatrix} 2 & 1 \\ 1 & 4 \end{pmatrix}$$

를 표현하면, L 은 모든 2 차원 $\mathbb{Z}$-격자를 표현한다. 즉, L 은 2-보편 격자이다.[19]

참고로 2-보편 격자 중에서 대각인 것 다섯 개는 다음과 같다.

$$\langle 1,1,1,1,1\rangle,\ \langle 1,1,1,1,2\rangle,\ \langle 1,1,1,1,3\rangle,\ \langle 1,1,1,2,2\rangle,\ \langle 1,1,1,2,3\rangle.$$

보편 격자와 관련하여 최근에 두 개의 흥미로운 정리가 발표되었다. 첫 번째 정리는 정리 11.26과 11.29를 일반화한 보편 격자의 유한성 정리이다.

정리 11.30. (Kim-Kim-Oh, 2005) S 를 k-차원 $\mathbb{Z}$-격자들로 이루어진 무한 집합이라 하면, 다음의 성질을 만족하는 S 의 유한 부분 집합 S_0 이 존재한다 : $\mathbb{Z}$-격자 L 이 S_0 에 속한 격자들을 모두 표현하면 표현하면, L 은 S 에 속한 모든 격자들을 표현한다.

위의 정리에서처럼 $\mathbb{Z}$-격자 L 이 S 에 속한 모든 격자를 표현할 때, L 을 S-mybf 보편 격자라고 한다. 정의에 의하면 임의의 양의 정수 k 에 대하여, 모든 k-보편 격자는 k-정규 격자임이 자명하다. 물론 그 역은 성립하지 않는다. 두 번째 정리는 대부분의 경우 그 역이 성립한다는 사실을 규명한 놀라운 정리이다.

정리 11.31. (Oh, 2007) $k \geq 27$ 이면, 모든 k-정규 격자는 k-보편 격자이다.

보편 격자에 대한 자세한 내용은 [Dickson], [Grosswald], [Kim], [Watson] 등을 참조하라.

[19]증명을 비롯한 보다 자세한 내용은 [Kim] 참조.

제 5 절 θ-급수

$\mathbb{Z}$ 상의 m 변수 양 이차형식 f 에 대하여 θ-급수라고 불리는 복소함수를 대응시킬 수 있다. M 을 f 의 계수들로 이루어진 $m \times m$ 대칭행렬이라고 하자. $\tau \in \mathcal{H} := \{z \in \mathbb{C} \mid \mathrm{Im}(z) > 0\}$ 에 대하여

$$\theta_f(\tau) := \sum_{X \in M_{1\times m}(\mathbb{Z})} e^{2\pi i (XMX^t)\tau} \tag{20}$$

로 정의된 복소함수를 f 에 대응되는 **θ-급수**(theta-series)라고 한다. 임의의 자연수 n 에 대하여 행렬 방정식

$$XMX^t = n$$

을 만족시키는 정수해 $X \in M_{1\times m}(\mathbb{Z})$ 의 개수를 생각하자. f 가 양 이차형식이면 이러한 정수해 X 의 개수가 유한하다는 것이 알려져 있다. 이러한 정수해의 개수를 $r_f(n)$ 으로 쓸 때, f 에 대응되는 θ-급수에서 XMX^t 를 n 으로 치환하면

$$\theta_f(\tau) = \sum_{n=0}^{\infty} r_f(n) e^{2\pi i n\tau} = \sum_{n=0}^{\infty} r_f(n) q^n, \quad q = e^{2\pi i\tau} \tag{21}$$

를 얻는다. 놀라운 것은 이 무한급수의 계수들이 모든 음이 아닌 정수 n 에 대하여 행렬 방정식 $XMX^t = n$ 의 정수해의 개수, 즉 방정식

$$f(x_1, x_2, \cdots, x_m) = n$$

의 정수해의 개수를 나타낸다는 점이다. 물론 $r_f(n) > 0$ 이면 f 가 양 이차형식 ny_1^2 을 표현한다는 것이고, 그 역도 성립한다. 이와 같이 θ-급수는 표현 여부를 넘어서 표현하는 방 법의 수에 관한 모든 정보를 담고 있다.

이러한 θ-급수는 소위 보형형식(modular form)이라고 하는 일반적인 복소함수의 한 예이다. 보형형식 이론은 이차형식 이론뿐만 아니라, 타원곡선 이론, 대수적 표현 이론, 대수기하학 등 수학의 광범위한 분야에 걸쳐 매우 강력한 해석적 도구로 각광받고 있는 이론으로서, Hilbert 의 22 번째 문제가 바로 보형형식 이론에 관한 문제이다. 또한, 최근 Fermat 의 마지막 정리를 증명한 Wiles 가 증명에 사용한 여러 도구 중에서 가장 핵심적인 역할을 한 것도 보형형식 이론이다.

보형형식을 통한 이차형식 이론의 연구를 이차형식의 해석적 연구라고 하는데, 이와 관련한 기본적인 내용은 [Gunning], [Kitaoka], [Serre] 등을 보라. 이차형식의 산술적 연구에 대하여는 [Cassels], [Conway-Sloane], [Gauss], [Serre], [Watson] 등을, 그리고 이차형식의 대수적 연구에 대하여는 [Lam]을 보라.

연습문제

1. 본문 2 절의 (B2′), (B3′)와 (7)의 등식을 증명하라.

2. 두 이차형식 $\mathbb{Q}$-공간에 대하여 $\sigma : V_1 to V_2$ 를 등장사상이라고 하자. $\mathrm{disc} V_1, \mathrm{disc} V_2 \neq 0$ 이면 σ 가 단사함수임을 보이라.

3. 부정 이차형식 $\mathbb{Q}$-공간 V 에는 $Q(v) = 0, v \neq 0$ 를 만족시키는 $v \in V$ 가 존재함을 보이라. 단, Q 는 V 상에 정의된 이차사상이다.

4. 방정식 $x_1^2 + 2x_2^2 + 5x_3^2 + 5x_4^2 = 15$ 가 정수해를 가지지 못함을 보이라.

5. 두 개의 $\mathbb{Z}$-격자 $L \cong \langle 1, 55 \rangle$, $K \cong \langle 5, 1 \rangle$ 은 $\mathbb{Z}$ 상에서 서로 동형이 아님을 보이라.

참고문헌

R. Baeza *et al.* **(ed.)**, *Algebraic and Arithmetic Theory of Quadratic Forms*, Contemporary Math. **344**, Amer. Math. Soc., 2004.

F. E. Browder (ed.), *Mathematical developments arising from HILBERT PROBLEMS*, Proc. Symposia in PURE MATHEMATICS **XXVIII** - Part 1,2, Amer. Math. Soc., 1976. (2nd printing 1977.)

J. W. S. Cassels, *Rational Quadratic Forms*, Academic Press, 1978.

J. Conway and N. Sloane, *Sphere Packings, Lattices and Groups*, Springer-Verlag, 1988.

L. E. Dickson, *History of the Theory of Numbers* **I,II,III**, G. E. Stechert & Co., 1934.

C. F. Gauss, *Disquisitiones Arithmeticae*, Springer-Verlag, 1986.

E. Grosswald, *Representations of Integers as Sums of Squares*, Springer-Verlag, 1985.

R. C. Gunning, *Lectures in Modular Forms*, Princeton Univ. Press, 1962.

M.-H. Kim *et al.* **(ed.)**, *Integral Quadratic Forms and Lattices*, Contemporary Math. **249**, Amer. Math. Soc., 1999.

Y. Kitaoka, *Arithmetic of Quadratic Forms*, Cambridge Tracts in Math. **106**, Cambridge Univ. Press, 1993.

T. Y. Lam, *The Algebraic Theory of Quadratic Forms*, W. A. Benjamin Inc., 1973.

J. Milnor and D. Husemoller, *Symm. Bilinear Forms*, Springer-Verlag, 1973.

O. T. O'Meara, *Introduction to Quadratic Forms*, Springer-Verlag, 1973.

J. P. Serre, *A Course in Arithmetic*, Springer-Verlag, 1973.

G. L. Watson, *Integral Quadratic Forms*, Cambridge Univ. Press, 1970.

HP13. 방정식의 해법

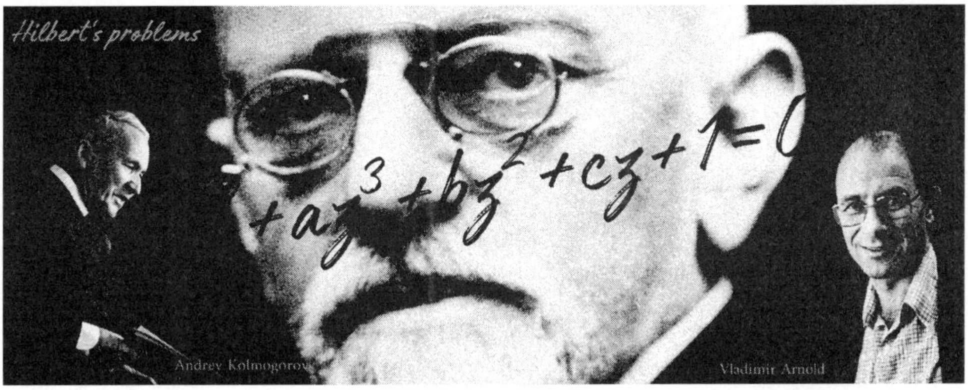

방정식의 풀이는 수학의 역사만큼이나 오래되었고 대수학의 출발점이라고 할 수 있다. 스마트폰으로 길을 찾거나 맛있는 음식을 검색할 때마다 중앙처리장치들은 쉴새없이 방정식을 풀고 있다. Hilbert의 13번째 문제는 방정식의 해법에 관한 것이다.

제 1 절 방정식과 4칙 연산

가장 간단한 방정식은 물론 1차 방정식이다. 1변수 1차 방정식

$$ax + b = 0, \quad a \neq 0 \tag{1}$$

의 근은 $x = -b/a$임을 초등학생들도 배운다. 그런데 여기서 a, b는 무엇인가? 실수나 유리수이면 이 풀이법에 아무 문제 없다. 즉 우리가 다루는 수들의 집합에 두 수의 덧셈, 뺄셈, 곱셈, 그리고 0이 아닌 수로 나누는 나눗셈이 가능하다면 - 즉 체가 된다면 - 이 해법은 유효하며 임의의 1차 방정식 (1)은 유일한 근을 갖고 4칙 연산만 사용하여 정확히 찾아낼 수 있다.

1차 방정식들로만 이루어진 연립방정식도 가우스 소거법으로 - 초등학생들이 배우는 것처럼 방정식 하나에 변수를 하나씩 소거해 나가 결국 1변수 1차 방정식의 경우 (1)로 귀착시키어 - 해결할 수 있다.

Hilbert의 13번째 문제는 n차 1변수 방정식

$$x^n + a_1x^{n-1} + a_2x^{n-2} + \cdots + a_{n-1}x + a_n = 0 \tag{2}$$

의 해법에 관한 것이다. 여기서 계수들인 $a_1, \cdots, a_n$은 실수들이나 복소수들인데, 앞에서 HP7을 공부한 사람은 - 유한인 부분체를 포함하지 않는 - 임의의 체의 원소들로 생각해도 된다. 실수 근만 구하려고 하더라도 계산과정에서 반드시 복소수를 사용하게 되므로 처음부터 계수들이 모두 복소수 - 또는 대수적으로 닫힌 체의 원소들 - 라고 해두는 것이 편리하겠다.

Hilbert의 13번째 문제를 설명하려면 방정식 (2)의 해법을 살펴봐야 한다. 먼저 $n = 2$인 경우, 즉 2차 방정식 $x^2 + a_1x + a_2 = 0$부터 풀어보자. 새로운 변수 y를 $y = x + a_1/2$로 두면 $x = y - a_1/2$를 대입하여

$$y^2 - (a_1^2/4 - a_2) = 0$$

을 얻고

$$x = \pm\sqrt{a_1^2/4 - a_2} - a_1/2$$

임을 안다. 따라서 4칙 연산과 제곱근 $\sqrt{-}$만 사용할 수 있다면 모든 2차 방정식을 풀 수 있다.

이제 $n \geq 3$의 경우를 생각하자. 위의 HP5에서 이미 3차와 4차 방정식의 해법을 하나씩 배웠는데 사실 3차와 4차 방정식의 풀이법은 다양하게 많다.

수학에서 중요한 트릭 중의 하나는 **문제를 복잡하게 만들어서 풀이를 쉽게 만드는 기술**이다. 변수의 수를 늘리면 문제가 복잡해지는 것처럼 보이지만 그렇게 해서 차수를 낮출 수 있다면 유리한 방향으로 움직인 것이다.

3차와 4차 방정식의 기하학적 풀이를 생각해 보자. 3차 방정식

$$x^3 + a_1x^2 + a_2x + a_3 = 0 \tag{3}$$

은 $x = y - a_1/3$의 변수 변환에 의해

$$y^3 + ay + b = 0$$

꼴이 된다. 변수를 늘리기 위해 $y = u + v$라고 두자. 이를 대입하면

$$y^3 + ay + b = u^3 + v^3 + b + (u + v)(3uv + a)$$

가 되어 두 곡선

$$u^3 + v^3 = -b, \quad uv = -a/3$$

의 교점을 구하면 된다.

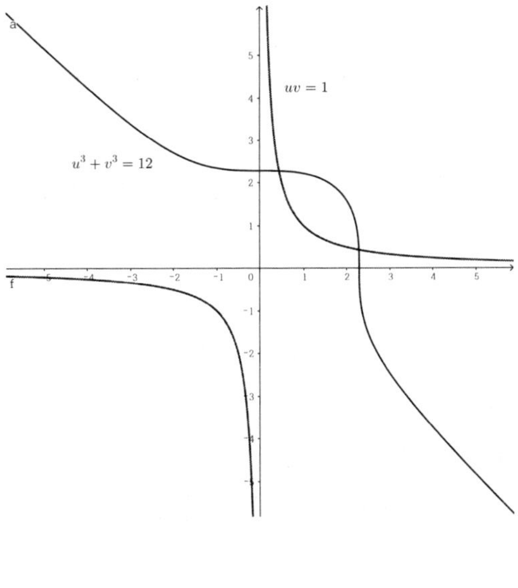

근과 계수의 관계에 의해 u^3, v^3은 2차 방정식

$$t^2 + bt - a^3/27 = 0$$

의 두 근이 되고 세제곱근을 취해 u, v를 찾고 $y = u + v$를 구할 수 있다. 다시 $x = y - a_1/3$으로부터 (3)의 근을 얻는다.

1변수 4차 방정식

$$x^4 + 2ax^3 + bx^2 + 2cx + d = 0 \tag{4}$$

을 푸는 것은 동차 - 모든 항의 차수가 같은 - 다항식

$$x^4 + 2ax^3y + bx^2y^2 + 2cxy^3 + dy^4 \tag{5}$$

을 1차식의 곱으로 인수분해하는 것과 같다. 즉 (4)의 네 근을 α_1, α_2, α_3, α_4 라고 두면 (5)는

$$(x - \alpha_1 y)(x - \alpha_2 y)(x - \alpha_3 y)(x - \alpha_4 y)$$

와 같이 인수분해된다. 역으로 이런 인수분해를 얻으면 $y = 1$로 두어 (4)의 네 근을 얻는다.

이제 $x^2 = u$, $xy = v$, $y^2 = w$라 두면 4차 방정식 (4)를 푸는 것은 2차 연립방정식

$$u^2 + 2auv + bv^2 + 2cvw + dw^2 = 0, \quad uw = v^2 \tag{6}$$

을 푸는 것과 같다. 이는 다시 $v = 1$(또는 $w = 1$이나 $u = 1$)로 두면 평면 상의 두 개의 2차 곡선의 교점을 구하는 문제가 된다.

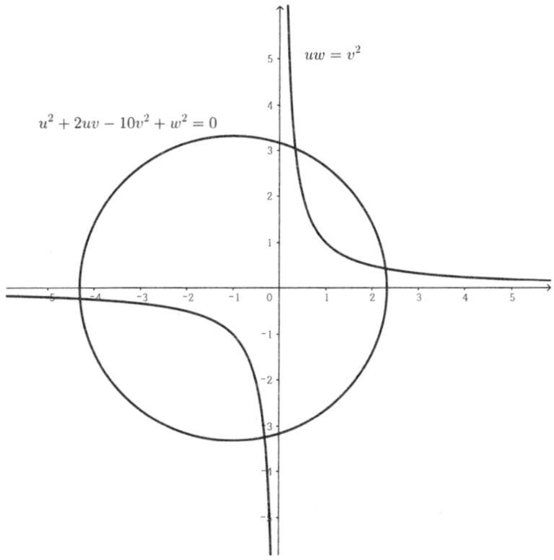

평면 상의 두 개의 2차 곡선의 교점은 항상 찾을 수 있다. 그 이유는 2차 곡선을 정의하는 두 개의 2차 다항식들의 일차결합(linear combination)들 중에서 1차식 2개의 곱으로 인수분해되는 것들을 3차 방정식을 풀어서 찾을 수 있기 때문이다. 왜 그런지는 다음의 풀이를 보면 알 수 있다.

연립방정식 (6)은 다시 임의의 상수 t에 대해 연립방정식

$$u^2 + 2auv + bv^2 + 2cvw + dw^2 - t(uw - v^2) = 0, \quad uw = v^2 \tag{7}$$

을 푸는 것과 같다. 첫번째 식은 행렬의 곱을 사용하여

$$\begin{pmatrix} u & v & w \end{pmatrix} \begin{pmatrix} 1 & a & -t/2 \\ a & b+t & c \\ -t/2 & c & d \end{pmatrix} \begin{pmatrix} u \\ v \\ w \end{pmatrix} = 0 \tag{8}$$

인데 여기 나오는 3×3 행렬을 A라 둘때 $A^t = A$를 만족한다. 여기서 A^t는 행렬 A의 전치행렬 - 즉 A^t의 i행 j열 원소가 A의 j행 i열 원소와 같다 - 을 말한다. 선형대수학(부록 참조)을 통해 좌표변환을 하여 A를 대각행렬(즉 $i \neq j$이면 $A_{ij} = 0$)로 대체할 수 있고, A의 행렬식의 값이 0이면 (8)이 1차식의 곱으로 인수분해됨을 보일 수 있다.

이제 3차 방정식

$$\det\begin{pmatrix} 1 & a & -t/2 \\ a & b+t & c \\ -t/2 & c & d \end{pmatrix} = d(b+t) - act - t^2(t+b)/4 - c^2 - a^2d = 0$$

을 풀어 근을 찾자. 한 근 t에 대해 (7)의 첫 방정식은 1차식의 곱으로 인수분해되고, 그 인수인 1차 방정식과 2차 방정식 $uw = v^2$을 연립하여 풀어서 (7)의 공통근들을 찾을 수 있다. 이 근들은 다시 (4)의 근을 준다.

5차 이상의 방정식을 이와 같이 풀 수 있겠는가? 지금까지 우리가 풀 수 있는 것은 1차 연립방정식, 4차 이하의 1변수 방정식 1개, 또는 2차 이하의 2변수 방정식 2개로 이루어진 연립방정식뿐이다. 3개 이상의 2차 방정식들의 공통근은 해법이 알려져 있지 않으며 이 사실을 사용해 양자컴퓨터를 사용한 공격에 안전한 암호체계를 설계하기도 한다. (HP8에서 소개한 RSA 암호체계는 Shor 알고리즘과 양자컴퓨터를 사용한 공격에 취약함이 알려져 있다.)

다음 절에서 5차 이상의 1변수 방정식을 살펴 볼텐데 그전에 질문, 방정식을 푼다는 것은 무슨 뜻인가? 방정식 $x^2 = 2$를 풀라고 하면 대부분의 학생들은 즉각 $x = \pm\sqrt{2}$라고 쓰고 말 것이다. 그런데 $\sqrt{2}$는 제곱해서 2가 되는 양수가 정의이므로 논리적으로 보면 이 풀이는 동어반복일 뿐이다. 풀이로서 의미를 가지려면 $\sqrt{2}$에 관한 다른 성질을 말해야 하는데, 가령 $1.41421356237309\cdots$와 같이 근사값을 줄 수 있음을 얘기하는 것이다. 만약 거듭제곱근처럼 근사값을 쉽게 구할 수 있는 **좋은** 함수가 있다면 방정식의 해를 구하는데 쓰일 수 있다는 말이다.

방정식을 푼다는 것을 함수로 해석해 볼 수도 있다. 일반적인 n차 방정식 (2)의 근들을 $\alpha_1, \cdots, \alpha_n$이라고 두면 등식

$$(x-\alpha_1)(x-\alpha_2)\cdots(x-\alpha_n) = x^n + a_1x^{n-1} + \cdots + a_{n-1}x + a_n$$

으로부터 얻는 근과 계수의 관계가 근들로부터 계수들로 가는 함수

$$(\alpha_1, \cdots, \alpha_n) \mapsto (a_1, \cdots, a_n) \tag{9}$$

을 준다. 여기서

$$a_1 = -\sum_{i=1}^{n} \alpha_i, \quad a_2 = \sum_{1\le i<j\le n} \alpha_i\alpha_j, \ \cdots\cdots \ , a_n = (-1)^n \alpha_1\alpha_2\cdots\alpha_n$$

이다. 방정식 (2)의 해법이란 함수 (9)의 역함수[1]를 **좋은** 함수들 - 이를 테면 4칙 연산과 거듭제곱근들 - 의 합성으로 표현해 보라는 말이다.

[1]함수 (9)는 일대일대응이 아니므로 전체에서 역함수는 존재하지 않는다. 하지만 $\sqrt{x}$가 $x \neq 0$인데서 국소적으로는 x^2의 역함수가 되는 것처럼 국소적으로는 역함수를 생각할 수 있다.

제 2 절 Tschirnhaus 변환

이제는 5차 이상일 때도 적용될 수 있는 해법을 살펴보자. 설명을 위해 $n = 3$ 일때

$$x^3 + a_1x^2 + a_2x + a_3 = 0 \tag{10}$$

을 풀어보자.

2차 방정식의 경우처럼 $x = y - a_1/3$이라 두면 2차항이 없어지고

$$y^3 + ay + b = 0 \tag{11}$$

의 꼴인 3차 방정식을 얻는다. 이 방정식을 풀 수 있으면 그 근들에서 $a_1/3$을 빼서 원래 방정식의 근을 얻는다. 만약 $a = 0$이면 $y^3 = -b$가 되므로 $y = -\sqrt[3]{b}$가 (11)의 근이 된다. 따라서 이제부터는 $a \neq 0$라고 하자.

1683년 발견된 Tschirnhaus 변환이라는 것을 해볼 텐데 잘 보면 전혀 어렵지 않으니 한 번에 배워보자. 위의 방정식 (11)의 세 근을 α_1, α_2, α_3라 두면,

$$y^3 + ay + b = (y - \alpha_1)(y - \alpha_2)(y - \alpha_3)$$

를 전개하고 양변을 비교하여 근과 계수의 관계

$$\alpha_1 + \alpha_2 + \alpha_3 = 0, \quad \alpha_1\alpha_2 + \alpha_2\alpha_3 + \alpha_3\alpha_1 = a, \quad \alpha_1\alpha_2\alpha_3 = -b \tag{12}$$

를 얻는다. 이제 결정적인 트릭이 나온다.

수학에서는 종종 문제를 어렵게 만들어야 쉽게 풀린다. 어렵게 만들기 위해 2차 함수

$$T(y) = y^2 + py + q$$

를 세 근에 작용하여 얻는 (p, q는 잠시후 결정할 것이다.)

$$\beta_1 = T(\alpha_1), \quad \beta_2 = T(\alpha_2), \quad \beta_3 = T(\alpha_3)$$

를 생각하자. 이들을 더하면

$$\begin{aligned}\beta_1 + \beta_2 + \beta_3 &= T(\alpha_1) + T(\alpha_2) + T(\alpha_3) \\ &= (\alpha_1^2 + p\alpha_1 + q) + (\alpha_2^2 + p\alpha_2 + q) + (\alpha_3^2 + p\alpha_3 + q) \\ &= (\alpha_1^2 + \alpha_2^2 + \alpha_3^2) + p(\alpha_1 + \alpha_2 + \alpha_3) + 3q \\ &= (\alpha_1 + \alpha_2 + \alpha_3)^2 - 2(\alpha_1\alpha_2 + \alpha_2\alpha_3 + \alpha_3\alpha_1) \\ &\quad + p(\alpha_1 + \alpha_2 + \alpha_3) + 3q\end{aligned}$$

이고 (12)를 적용하면

$$\beta_1 + \beta_2 + \beta_3 = -2a + 3q \tag{13}$$

를 얻는다. 같은 방법으로

$$\beta_1\beta_2 + \beta_2\beta_3 + \beta_3\beta_1 = ap^2 + 3bp + 3q^2 - 4aq + a^2 \tag{14}$$

을 얻는다. 또 $\beta_1\beta_2\beta_3$도 a, b, p, q의 다항식으로 쓸 수 있는데 이를 간단히 t라고 두자.

계수 a, b는 주어진 수들이고 p, q는 우리가 마음껏 고를 수 있는 수들이다. 특별히 $q = 2a/3$라 두고 2차 방정식

$$ap^2 + 3bp + (3q^2 - 4aq + a^2) = ap^2 + 3bp - \frac{a^2}{3} = 0$$

을 풀어 근이 되는 p를 고르자. 두 식 (13), (14)와 근과 계수의 관계로부터 β_1, β_2, β_3를 근으로 갖는 3차 방정식은

$$z^3 - t = 0 \tag{15}$$

이고, β_1, β_2, β_3는 t의 3중근들 $\sqrt[3]{t}$, $\sqrt[3]{t}e^{\frac{2\pi \mathbf{i}}{3}}$, $\sqrt[3]{t}e^{-\frac{2\pi \mathbf{i}}{3}}$이다. 정의로부터

$$\alpha_i^2 + p\alpha_i + q = \beta_i, \quad i = 1, 2, 3$$

이므로 2차 방정식을 풀어 (11)의 근 α_i들을 찾을 수 있다. 다시 이들에서 $a_1/3$을 빼면 주어진 3차 방정식 (10)의 근을 얻는다.

위에서 $n = 3$일때 (10)으로부터 (15)의 경우로 환원되고, 이 경우와 2차 이하의 방정식을 풀 수 있으면 모든 3차 방정식을 풀 수 있음을 보았다. 같은 방법으로 $n \geq 4$이면 Tschirnhaus 변환

$$T(y) = y^{n-1} + b_1 y^{n-2} + \cdots + b_{n-2} y + b_{n-1}$$

을 통해 일반적인 n차 방정식 (2)는

$$z^n + c_4 z^{n-4} + c_5 z^{n-5} + \cdots + c_n = 0 \tag{16}$$

꼴로 환원할 수 있다. 따라서 (16)과 $n-1$차 이하의 방정식을 풀 수 있으면 모든 n차 방정식을 다 풀 수 있다. 특히 $n = 4$일 때, 3차 이하의 방정식과 2항 방정식

$$z^4 - t = 0$$

을 풀 수 있으면 모든 4차 방정식을 풀 수 있다. 그러므로, 4칙 연산과 거듭제곱근들을 통해 4차 이하의 방정식을 모두 풀 수 있다.

앞절의 끝에서 방정식을 푼다는 말의 의미를 생각해 봤는데 고전적으로 방정식을 푼다는 것은 다음 질문에 답하는 것이다.

> **질문**. 임의의 n차 방정식 (2)의 계수들 $a_1, a_2, \cdots, a_n$으로부터 4칙 연산과 거듭제곱근 $\sqrt[m]{-}$들만을 써서 (2)의 근을 구할 수 있겠는가?

위에서 $n \leq 4$이면 이 질문의 답이 예임을 확인했다. HP5를 설명한 장에서 언급했듯이 1824년 아벨은 5차 이상의 방정식에 대해서는 이 질문에 대한 답이 아니오임을 증명했고, 1832년 갈로와는 정확히 어떤 방정식이 이와 같은 방식으로 풀 수 있는지 밝혔다. 일반적인 5차 이상의 방정식의 근들은, 계수들로부터 4칙 연산과 제곱근들만으로 얻을 수 있는 수들의 집합에 포함되지 않는다. 예를 들어, 실근을 3개만 갖고 유리수 위에서 더 이상 인수분해가 되지 않는 5차 방정식

$$2x^5 - 5x^4 + 5 = 0$$

은 계수들로부터 4칙 연산과 거듭제곱근들만을 통해서는 근을 구할 수 없다.

제 3 절 Hilbert 13번째 문제

이것이 끝인가? **좋은 문제는 한번 풀리지 않는다.** 하나의 답은 다른 질문들을 낳고 이들에 답하는 과정에서 또 다른 질문을 낳고, 이 문제를 답하는 과정에서 원래 문제를 새로운 관점에서 볼 수 있게 되어 질문을 심화시키고 일반화시키는 선순환 과정을 만들어내는 것이 좋은 문제의 특징이다. 먼저 떠오르는 질문이 있다. 왜 거듭제곱근만 사용하는가?

우선 떠오르는 대답은 2항 방정식 $z^m = t$의 근 $\sqrt[m]{t}$는 뉴턴의 방법으로 근사값을 쉽게 구할 수 있다는 것이다. 아무 수나 x_1을 고르고 $(x_1, x_1^m - t)$에서 그래프 $y = x^m - t$에의 접선을 그리고 이 직선의 x-절편 x_2를 구한다. 다시 $(x_2, x_2^m - t)$에서 접선을 그리고 그 x-절편을 x_3라고 하자. 이를 반복하여 얻는 수열 $\{x_n\}$은 근 $\sqrt[m]{t}$로 빠르게 수렴한다.

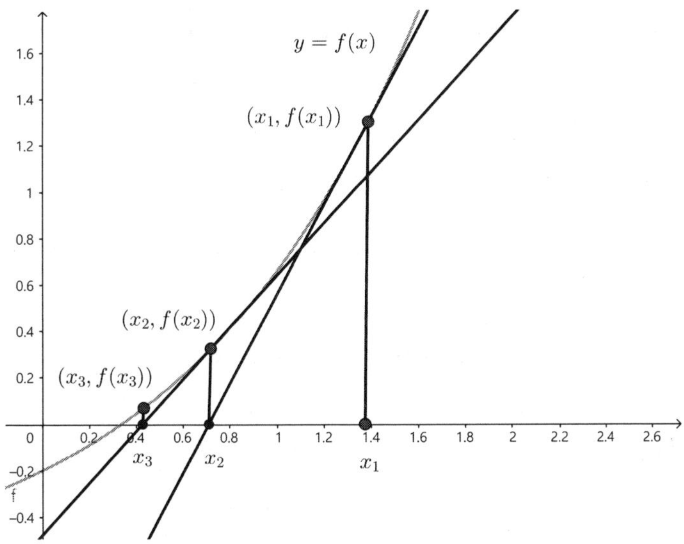

하지만 뉴턴의 방법으로 근사해를 구할 수 있는 방정식은 2항 방정식 말고도 많다. 예를 들어

$$x^5 + x - t = 0 \tag{17}$$

꼴의 방정식도 그렇다. 이를 Bring 방정식이라고 부르는데 그 해인 Bring 근호

(radical) $B(t)$는 테일러 전개

$$B(t) = \sum_{k \geq 0} \binom{5k}{k} \frac{(-1)^k t^{4k+1}}{4k+1} \tag{18}$$

까지 알고 있으므로 근사값을 구하기에 좋다. 위에서 소개한 Tschirnhaus 변환을 통해, 임의의 5차 방정식을

$$z^5 + az + b = 0 \tag{19}$$

꼴로 환원할 수 있고 따라서 이 방정식의 근과 4칙 연산, 거듭제곱근들만 있다면 모든 5차 방정식을 풀 수 있음을 안다. 다시 변환 $z = \sqrt[4]{a}u$를 작용하면 (19)는 Bring 방정식 (17)이 되어 (18)을 사용해 풀 수 있다. 따라서 4칙 연산, 거듭제곱근 $\sqrt[m]{-}$에다 Bring 근호 $B(t)$까지 사용할 수 있다면 임의의 5차 방정식을 풀 수 있다. 거듭제곱근 $t \mapsto \sqrt[m]{t}$와 Bring 근호 $t \mapsto B(t)$, 둘 다 1변수 함수이므로 임의의 5차 방정식은 4칙 연산과, 1변수 함수들만을 써서 풀 수 있다.

이제는 6차 방정식을 생각해 보자. 1836년 Hamilton은 위에서 소개한 Tschirnhaus 변환

$$T(y) = y^{n-1} + b_1 y^{n-2} + \cdots + b_{n-2}y + b_{n-1} \tag{20}$$

을 통해 임의의 6차 방정식과 7차 방정식은 각각

$$z^6 + az^2 + bz + 1 = 0, \quad z^7 + az^3 + bz^2 + cz + 1 = 0 \tag{21}$$

꼴로 환원될 수 있음을 보였다.

미적분학 시간에 배우는 음함수 정리를 사용하자.

음함수 정리. 다항식 $f(z, a_1, a_2, \cdots, a_r)$에 대해

$$f(\zeta, \alpha_1, \alpha_2, \cdots, \alpha_r) = 0 \neq \frac{\partial f}{\partial z}(\zeta, \alpha_1, \cdots, \alpha_r)$$

이면 $(\alpha_1, \cdots, \alpha_r)$의 근방 U에서 정의된 해석적 함수 $z = g(a_1, \cdots, a_r)$이 존재하여 $\zeta = g(\alpha_1, \cdots, \alpha_r)$과

$$f(g(a_1, \cdots, a_r), a_1, a_2, \cdots, a_r) = 0, \quad \forall (a_1, \cdots, a_r) \in U$$

이 성립한다.

여기서 해석적 함수란 테일러 전개가 가능한 함수 - 즉 다항식들의 극한으로 얻는 함수 - 를 말한다. 예를 들어 $\sqrt[m]{t}$는 0이 아닌 점 근방에서 해석적 함수이다.

음함수 정리에 의해 방정식 (21)의 (중근이 아닌) 근들은 국소적으로 각각 해석적 함수

$$z = H_6(a, b), \quad z = H_7(a, b, c)$$

로 주어진다. 특히 이렇게 다항식의 근으로 주어지는 해석적 함수를 **대수적 함수**라고 부른다. 따라서 임의의 6차 방정식은 4칙 연산, 거듭제곱근 함수들 $t \mapsto \sqrt[m]{t}$와 1변수 대수적 함수 $B(t)$, 2변수 대수적 함수 $H_6(a, b)$만을 사용하여 풀 수 있다.

같은 이유로 임의의 7차 방정식은 4칙 연산, 거듭제곱근 함수들 $\sqrt[m]{t}$와 각각 1, 2, 3변수 대수적 함수 $B(t)$, $H_6(a, b)$, $H_7(a, b, c)$만을 사용하여 풀 수 있다. 여기서 Hilbert가 1900년 세계수학자대회에서 행한 기념비적 연설을 통해 제시한 23개의 문제 중 13번째 문제와 1927년 후속논문 [Hilbert]에서 제시한 추측들이 나온다.

먼저 6차 방정식에 대해서 Hilbert는 2변수 대수적 함수 $H_6(a, b)$가 반드시 필요한지 묻는다.

> **Hilbert의 6차 방정식 추측** (1927). 임의의 6차 방정식을 4칙 연산과 1변수 대수적 함수들만으로 푸는 해법(알고리즘)은 존재하지 않는다.

마찬가지로 7차 방정식에 대해서 3변수 대수적 함수 $H_7(a, b, c)$가 반드시 필요한지도 묻는다.

> **Hilbert의 13번째 문제** (1900). 임의의 7차 방정식을 4칙 연산과 1변수 또는 2변수 대수적 함수들만으로 푸는 해법은 존재하지 않는다.

같은 이유로 8차 방정식의 풀이에 4변수 대수적 함수가 반드시 필요한지 묻는 것도 자연스럽다.

Hilbert의 8차 방정식 추측 (1927). 임의의 8차 방정식을 4칙 연산과, 1변수 또는 2변수 또는 3변수 대수적 함수들만으로 푸는 해법은 존재하지 않는다.

이 세 문제 모두 현재까지 완전히 미해결이다.

4칙 연산과 k개 이하 변수의 대수적 함수들만으로 일반적인 n차 방정식 (2)의 근을 찾을 수 있는, 가장 작은 자연수 k를 **분해 차수**(resolvent degree) 라고 부른다. 기호로는

$$RD(n) = k$$

라고 쓴다.

위에서 우리가 확인한 해법으로부터 $2 \le n \le 5$이면 1변수 대수적 함수들만 써서 근을 찾을 수 있으므로

$$RD(2) = RD(3) = RD(4) = RD(5) = 1$$

이다. 또한 6차 방정식은 1변수 함수들 $\sqrt[m]{t}$, $B(t)$와 2변수 함수 $H_6(a, b)$를 써서 근을 찾을 수 있으므로

$$RD(6) \le 2$$

임을 알 수 있다. Hilbert의 6차 방정식 추측이 참이라면 1변수 대수적 함수들만으로 임의의 6차 방정식을 풀 수는 없으므로 $RD(6) \le 1$일 수 없다. 그러므로 Hilbert 6차 방정식 추측은

$$RD(6) = 2$$

와 동등하다. 같은 이유에서 Hilbert의 13번째 문제와 Hilbert의 8차 방정식 추측은

$$RD(7) = 3, \quad RD(8) = 4$$

임과 동등하다.

Tschirnhaus 변환 (20)을 사용하여 임의의 n차 방정식 (2)는

$$z^n + c_4 z^{n-4} + c_5 z^{n-5} + \cdots + c_{n-1} z + 1 = 0$$

꼴의 방정식으로 환원된다고 했으므로 분해 차수의 상한값

$$RD(n) \leq n-4, \quad \forall n \geq 5$$

를 얻는다. 즉 방정식의 해법을 찾으면 분해 차수의 상한값을 얻는다.

분해 차수의 하한값을 얻는 방법은 아직까지 알려져 있지 않다. 관련하여 n이 커질 때 분해 차수가 무한대로 발산하는지도 알려져 있지 않다.

분해 차수 극한 추측.

$$\lim_{n\to\infty} RD(n) = \infty.$$

Hilbert의 추측들과 분해 차수가 중요한 이유는 그 자체로 흥미롭기도 하면서, 기하학과 수론에서 제기되는 자연스러운 문제들과 밀접히 연관되어있다는 점에 있다. Hilbert의 추측들과 동등한 기하학 문제들과 수론 문제들의 목록은 논문 [Farb & Wolfson]에 정리되어 있다. 20세기 후반 발달한 대수기하학과 보형 함수의 이론을 통해, Hilbert의 추측들과 동등한 다른 명제들은 많이 발견되었으나 아무도 Hilbert의 추측 자체는 해결하지 못하고 있다.

제 4 절 Kolmogorov-Arnold 정리와 신경망 모델

Hilbert가 1900년 23개의 문제를 제시할 당시, 13번째 문제를 해결하는 방법으로 다음과 방법을 제안했다. 앞에서 임의의 7차 방정식은 4칙 연산, 거듭제곱근 함수들 $\sqrt[m]{-}$과 대수적 함수 $B(t)$, $H_6(a,b)$, $H_7(a,b,c)$만을 써서 풀 수 있다고 했으므로, Hilbert의 13번 문제는 3변수 대수적 함수 $H_7(a,b,c)$를 1변수 또는 2변수 대수적 함수들의 합성으로 표현할 수 있는지 물어보는 것이 된다. Hilbert는 이것이 불가능하다고 믿었는데 심지어 더 너그럽게 대수적 함수뿐만 아니라 연속함수들을 사용해도 안 될 것이라고 생각했다.

놀랍게도 1957년 모스크바의 수학자 Kolmogorov와 Arnold는 임의의 다변수 연속함수를 1변수 연속함수들과 덧셈의 합성으로 쓸 수 있음을 증명하였다. 하지만 $H_7(a,b,c)$를 1변수 또는 2변수 **대수적** 함수들의 합성으로 쓸 수 있는지는 아직까지도 알려져 있지 않으므로 Hilbert의 13번째 문제가 해결된 것은 아니다.

Kolmogorov-Arnold 정리.
임의의 n변수 연속함수 $f:[0,1]^n \to \mathbb{R}$에 대해 유한 개의 1변수 연속함수

$$\{\phi_i : \mathbb{R} \to \mathbb{R}\}_{0\le i\le 2n}, \quad \{\psi_{i,j} : \mathbb{R} \to \mathbb{R}\}_{0\le i\le 2n, 1\le j\le n}$$

가 존재하여,

$$f(x_1, \cdots, x_n) = \sum_{i=0}^{2n} \phi_i \left(\sum_{j=1}^{n} \psi_{i,j}(x_j) \right) \tag{22}$$

가 성립한다.

여기서 $[0,1]$은 0이상 1이하 실수들의 집합이고, $\psi_{i,j}$는 f와 무관하다. 1변수 연속함수들의 공간을 $\mathcal{C}(\mathbb{R})$이라고 두고, $[0,1]^n$에서 정의된 n변수 연속함수들의 공간을 $\mathcal{C}([0,1]^n)$이라고 둘 때, (22)가 정의하는 사상

$$\mathcal{C}(\mathbb{R})^{2n+1} \longrightarrow \mathcal{C}([0,1]^n), \quad (\phi_0, \cdots, \phi_{2n}) \mapsto \sum_{i=0}^{2n} \phi_i \left(\sum_{j=1}^{n} \psi_{i,j}(x_j) \right)$$

이 전사 - 공역과 치역이 같다 - 라는 말이다.

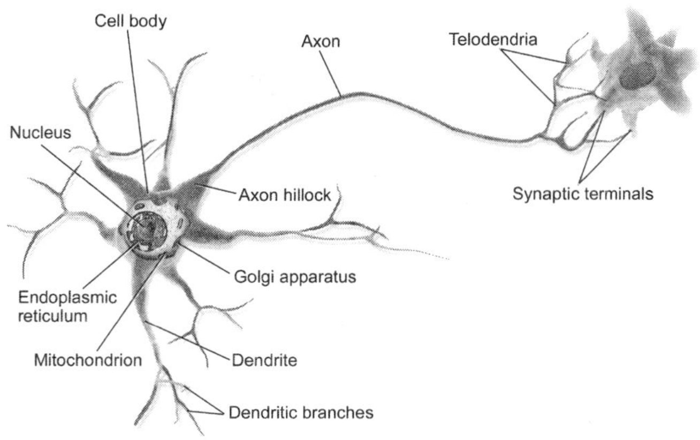

신경 세포. (그림 출처: wikipedia.com)

Kolmogorov와 Arnold의 결과는 간단한 함수들을 합성하고 4칙 연산을 작용하는 것을 반복하여 엄청나게 큰 함수 공간을 건설할 수 있음을 보여주는 충격적인 사실이다. 알파고와 자율주행을 포함하여, 최근 딥러닝(deep learning)을 통한 인공 지능(artificial intelligence) 기술이 큰 성공을 거두고 있는데 그 근간을 이루는 사실은 선형 함수(4칙 연산)와 간단한 비선형함수 하나를 합성하는 것을 반복하여 얻는 신경망 모델이 모든 연속함수들을 얼마든지 가깝게 근사시킬 수 있다는 정리이다.

신경망(neural network) 모델은 인간의 신경계를 모델로 함수 공간을 건설한 것이다. **활성화 함수**(activation function)라고 불리는 비선형 함수 $g(z)$를 고정하자. 대표적으로 시그모이드 함수와 ReLU 함수

$$\sigma(z) = (1 + e^{-z})^{-1}, \quad R(z) = \max\{0, z\}$$

를 가장 많이 사용한다.

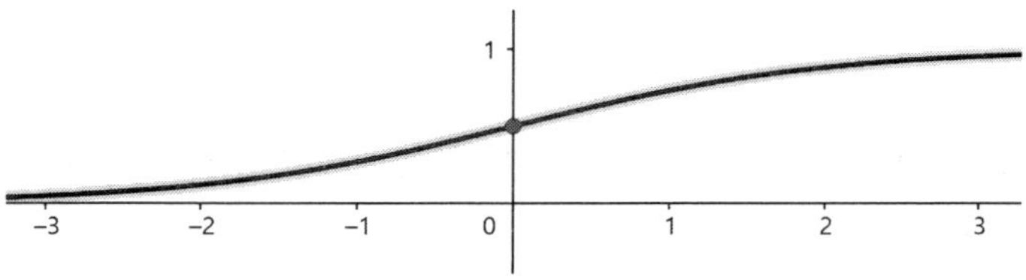

Sigmoid 함수

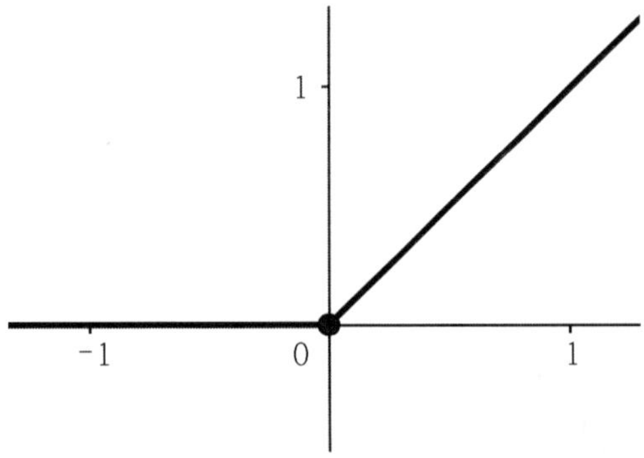

ReLU 함수

먼저 입력값은 n차원 벡터

$$x_0 = (x_0(1), x_0(2), \cdots, x_0(n))$$

이다. 행렬 $(w_1(i,j))_{1\le i,j\le n}$을 x_0에 곱하고 벡터 $b_1 = (b_1(1), \cdots, b_1(n))$을 더한 후, 각 성분에 활성화 함수를 작용하여

$$x_1(i) = g\left(\sum_{j=1}^{n} w_1(i,j)x_0(j) + b_1(i)\right)$$

를 얻는다. 귀납적으로

$$x_k(i) = g\left(\sum_{j=1}^{n} w_k(i,j)x_{k-1}(j) + b_k(i)\right)$$

라고 정의하자. 이를 r번 반복하여 얻는

$$x_r = (x_r(1), x_r(2), \cdots, x_r(n))$$

이 출력값이다. 이렇게 함수

$$F_{w,b}(x_0) = x_r$$

을 얻는데 $n \times n$ 행렬들 $w_1, \cdots, w_r$과 벡터들 $b_1, \cdots, b_r$에 의해 결정된다. 이렇게 얻는 함수들의 공간

$$\{F_{w,b}\}, \quad w = (w_1, \cdots, w_r) \in (M^{n\times n})^r, b = (b_1, \cdots, b_r) \in (M^{n\times 1})^r$$

이 바로 신경망 모델이고 그 매개변수 공간의 차원은 $r(n^2+n)$이다. 여기서 $M^{p\times q}$는 $p \times q$ 행렬들의 집합을 말한다. 함수 공간 $\{F_{w,b}\}$를 얻는 과정을 그림으로 표현한 것이 인공지능을 말할 때 흔히 볼 수 있는 다음 그림이다.

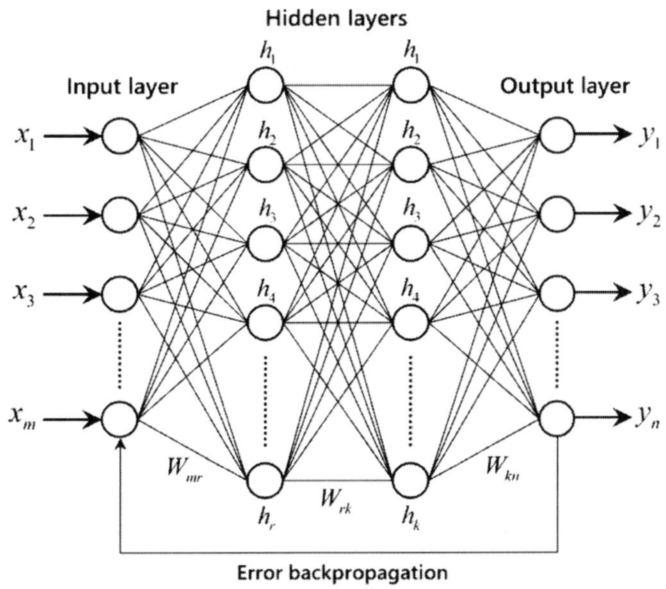

신경망 모델. 각 원은 신경 세포를, 선분은 신경 세포 사이의 연결을 추상화한다.

인공 지능 또는 기계 학습(machine learning)의 목적은 미지의 함수를 데이터로부터 알아내는 것이다. 기계 학습에서 신경망 모델의 놀라운 성공 비결은 2가지이다.

1. 신경망 모델 함수들의 공간 $\{F_{w,b}\}$은 충분히 커서 임의의 연속함수를 원하는 만큼 근사시킬 수 있다. 따라서 미지의 함수가 주어졌을때 이 함수 공간에서 충분히 가까운 근사 함수를 찾을 수 있다.

2. 근사 함수를 찾을 때 오차를 점차 줄여나가는 방법을 쓰는데, 오차의 그래디언트 반대 방향으로 움직이는 것이 가장 효율적이다. 이 함수들 $F_{w,b}$는 연쇄법칙을 통해 미분의 계산이 쉬워서 오차를 빨리 줄여나갈 수 있다.

두번째 성공비결을 생각해보면, 구성하는 함수들인 선형 함수와 활성화 함수들이 간단하여 연쇄법칙을 통해 미분을 쉽게 계산할 수 있음을 알 수 있다. 첫번째 성공비결을 보장해 주는 것이 다음의 정리이다.

Universal approximation theorem [Goodfellow, Bengio & Courville]. r이나 n이 충분히 크다고 하자. 임의의 (보렐 가측) 함수를 $F_{w,b}$ 꼴의 함수로 원하는 만큼 근사시킬 수 있다.

보렐 가측(Borel measurable) 함수란 연속함수를 포함하는 상당히 포괄적인 함수 개념으로 우리가 일상적으로 생각하는 대부분의 함수는 보렐 가측 함수이다.

Hilbert의 13번째 문제의 잔향은 대수학을 넘어 인공지능에 이르기까지 진한 베이스음으로 울리고 있다.

참고문헌

M. Artin, *Algebra*, Prentice Hall, 1991.

B. Farb and J. Wolfson, *Resolvent degree, Hilbert's 13th problem and geometry*, L'Enseignement Mathematique, Vol. 65 (2019), Issue 3/4, 303-376.

I. Goodfellow, Y. Bengio and A. Courville, *Deep learning*, MIT Press, 2016.

D. Hilbert, *Uber die Gleichung neunten Grades*, Math. Ann. 97 (1927), no. 1, 243–250.

S. Mukai, *Introduction to Invariants and Moduli*, Cambridge University Press, 2003.

S. Ornes, *Mathematicians Resurrect Hilbert's 13th Problem*, Quanta Magazine, 2021년 1월.

HP14. 불변량 이론과 유리함수

갈다는 것은 무슨 말인가? 과학의 몇몇 근본적인 발전은 이 질문에 답하는 과정에서 얻어진 것이다. 17세기 라이프니츠는 **그 자체를 봐서 분별할 수 없으면** (indiscernable when each is considered by itself) 같은 것이라고 말했다. 라이프니츠의 해석을 인공 지능에 적용하면 튜링 테스트를 얻는데, 정체를 가리고 대화해 봐서 인간과 구분할 수 없다면 지능을 가진 것으로 봐야한다는 주장이다. 앞 장에서는 다항식에 의해 주어진 방정식의 해법에 관한 Hilbert의 13번째 문제를 생각해 보았다. Hilbert의 14번째 문제도 다항식과 관련된 것이지만 더 심오하다.

제 1 절 Hilbert의 14번째 문제

문제를 설명하기 위해 유리함수의 정의를 알아야 하는데

$$\frac{x^3 + 3xy^2 + z^5}{y^6 z + xyz + 6}$$

과 같이 다항식을 다항식으로 나눠서 얻어지는 식을 **유리함수**라고 부른다. 물론 함수로서는 분모가 0이 안 되는 점들에서만 정의된다.

Hilbert의 14번째 문제. 자연수 m, n에 대해, m개의 n변수 다항식

$$f_1(x_1, x_2, \cdots, x_n), f_2(x_1, x_2, \cdots, x_n), \cdots, f_m(x_1, x_2, \cdots, x_n)$$

이 주어졌다고 하자. 계수는 모두 유리수라고 하자. m변수 다항식 $g(y_1, y_2, \cdots, y_m)$에 다항식

$$y_1 = f_1(x_1, \cdots, x_n), \cdots, y_m = f_m(x_1, \cdots, x_n)$$

을 대입하면 당연히 $x_1, \cdots, x_n$에 관한 다항식이 된다. 그런데 경우에 따라 $g(y_1, y_2, \cdots, y_m)$이 다항식이 아닌 유리함수일 때도

$$g(f_1(x_1, \cdots, x_n), \cdots, f_m(x_1, \cdots, x_n))$$

이 $x_1, \cdots, x_n$에 관한 다항식이 되기도 한다. 이것이 다항식이 되는 m변수 유리함수 $g(y_1, y_2, \cdots, y_m)$들의 집합

$$S = \{g(y_1, \cdots, y_m) : g(f_1(x_1, \cdots, x_n), \cdots, f_m(x_1, \cdots, x_n))\text{은 다항식}\}$$

을 생각을 생각하자. 집합 S에 유한 개의 원소가 있어서 다른 모든 원소를 이들로부터 상수, 덧셈, 곱셈만을 써서 얻을 수 있겠는가?

예. 2변수 다항식

$$f_1(x_1, x_2) = x_1, \quad f_2(x_1, x_2) = x_1 x_2$$

를 생각하면 $g(y_1, y_2) = y_2/y_1$은 다항식은 아니지만,

$$y_1 = x_1, \quad y_2 = x_1 x_2$$

를 대입하면

$$g(f_1(x_1, x_2), f_2(x_1, x_2)) = x_2$$

여서 x_1, x_2에 관한 다항식이 된다. 이 경우 사실 집합 S는 두 개의 유리함수 $y_1, y_2/y_1$으로부터 상수, 덧셈, 곱셈만으로 모두 만들어 낼 수 있다. 왜냐면 S의 임의의 원소 $g(y_1, y_2)$에 대해 $g(y_1, y_2) = g(x_1, x_1x_2)$가 x_1, x_2의 다항식이므로 이를 $h(x_1, x_2)$라고 두면

$$g(y_1, y_2) = h(x_1, x_2) = h(y_1, y_2/y_1)$$

이어서 유리함수 g를 y_1, y_2/y_1으로부터 상수, 덧셈, 곱셈만을 써서 얻을 수 있음을 알 수 있다. 즉 S의 원소는 무한히 많지만 단 두 개의 유리함수로부터 다 얻을 수 있다.

물론 Hilbert의 14번째 문제가 그 자체로 다항식과 유리함수에 관한 흥미로운 문제이기는 하지만, 이 문제의 진정한 중요성은 불변량 이론(invariant theory)과의 관계를 통해서 더욱 확연히 드러난다. 사실 불변량 이론의 근본 문제를 쉬운 문제로 번역한 것이 Hilbert의 14번째 문제라고 할 수 있다.

Hilbert를 유망한 젊은 수학자에서 하루아침에 세계적 유명스타로 변화시킨 것은 1890년 불과 28세의 나이에 출판한 불변량 이론에 관한 논문이다. 19세기 수학의 정점에 놓여있던 분야가 바로 불변량 이론이고, 당대의 대표적인 수학자들, Cayley부터 Clebsch, Gordan, Klein에서 Hilbert, Weyl까지 불변량 이론을 자기 수학의 홈그라운드로 삼았다. 불변량 이론의 관점과 기법은 20세기 이후 수학 및 이론물리학의 근간을 이루었는데, 추상대수학, 대수기하학, 표현론, 보형형식론, 미분기하학, 리군론 그리고 Noether의 보존 정리부터 초끈이론에 이르기까지 불변량 이론의 영향은 한계를 지을 수 없을 만큼 광범위하다. 도대체 불변량 이론은 무엇인가?

제 2 절 대칭군과 불변량

같다는 것은 무슨 말인가라는 질문으로 이 장을 시작했는데 수학이나 과학에서 같다는 말을 표현하는 단어는 대칭(symmetry)이다. 갈릴레오가 주장하는 상대성은 물리법칙들이 평행이동에 대해 대칭 또는 불변이라는 말이다. 정삼각형은 6개의 대칭을 갖는데 2개의 회전변환과 3개의 대칭변환, 그리고 항등변환이다.

이러한 대칭들은 합성하면 다시 대칭이 되고, 역변환도 대칭이고, 항등변환은 대칭이다. HP5를 다룬 장에서 보았듯이, 어떤 집합에서 자신으로 가는 함수들의 모임이 이러한 3가지 성질을 만족하면 변환군 또는 대칭군(symmetry group)이 주어졌다고 말한다. 대표적인 예로 벡터 공간 V에서 자신으로 가는 가역 선형사상(invertible linear transformation)들의 집합은 대칭군이고 이를 $\mathrm{GL}(V)$로 표기하며 **일반 선형군**(general linear group)이라고 부른다. 특히 $V = \mathbb{R}^n$이면 $\mathrm{GL}(V)$를 $\mathrm{GL}_n(\mathbb{R})$이라고 쓰는데 이는 가역인 $n \times n$ 행렬들의 집합으로 볼 수 있다. 행렬식의 값이 1인 두 행렬을 곱해도 행렬식의 값은 1이므로 행렬식의 값이 1인 선형사상들의 집합도 대칭군이고 이를 $\mathrm{SL}_n(\mathbb{R})$이라고 표기하며 **특수 선형군**(special linear group)이라고 부른다. 전치 행렬이 역행렬 $A^t = A^{-1}$이 되는 행렬을 직교행렬이라고 하는데, 행렬의 곱의 성질

$$(AB)^t = B^t A^t, \quad (AB)^{-1} = B^{-1}A^{-1}, \quad (A^t)^{-1} = (A^{-1})^t$$

에 의해 직교행렬들의 곱도 직교행렬이고 역행렬도 직교행렬이므로 직교행렬들의 집합 $\mathrm{O}_n(\mathbb{R})$은 대칭군인데, 이를 **직교군** (orthogonal group)이라고 부른다. 또한

$$\mathrm{SO}_n(\mathbb{R}) = \mathrm{O}_n(\mathbb{R}) \cap \mathrm{SL}_n(\mathbb{R})$$

도 $\mathbb{R}^n$의 대칭군이다.

HP5를 다룬 장에서 살펴 보았듯이 거리를 보존하는 $\mathbb{R}^n$의 Euclid 운동군 E_n은 평행이동들이 이루는 대칭군 $\mathbb{R}^n$과 직교행렬들이 이루는 직교군 $\mathrm{O}_n(\mathbb{R})$의 곱집합으로 주어진다. 대칭군을 아는 것이 무슨 도움이 될까? 수학에서 대칭군은 종종 변수의 수를 줄여 해를 쉽게 찾도록 도와준다. 물리학에서 거리와 속도, 가속도에만 의존하는 모든 물리 법칙은 대칭군 E_n에 불변이어야 한다. 역학에서 Noether의 정리는 각각의 대칭이 보존되는 물리량을 결정함을 말해주는데,

예를 들어 평행이동은 운동량, 회전이동은 각운동량, 시간이동은 에너지 보존의 법칙을 준다. 양자물리까지 포괄해서 말하자면 대칭군들이 우주를 구성하는 입자들과 그들의 변화를 설명한다 [Schwichtenberg].

어떤 집합 X에 대칭군 G가 주어졌다고 하자. 집합 X의 두 원소 x, y가 동등하다함은 대칭군 G의 원소 g가 있어서, $y = g(x)$가 성립함을 말한다. 종종 $g(x) = g{\cdot}x$로 나타내고 x와 동등한 점들의 집합을 x의 **궤도**(orbit)라고 부른다.

예. 좌표평면 $\mathbb{R}^2$의 회전변환군

$$\mathrm{SO}_2(\mathbb{R}) = \left\{ \begin{pmatrix} \cos\theta & -\sin\theta \\ \sin\theta & \cos\theta \end{pmatrix} : \theta \in \mathbb{R} \right\}$$

을 생각하면 원점을 중심으로하는 원들이 궤도가 된다.

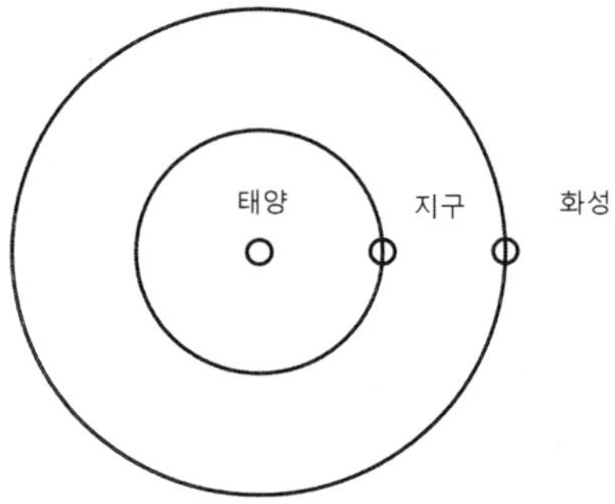

집합 X의 대칭군 G가 주어졌을때, X에서 정의된 함수 f가 **불변** (invariant)이라 함은 G의 임의의 원소 g와 X의 임의의 원소 x에 대해

$$f(g \cdot x) = f(x)$$

라는 말이다. 즉 동등한 점들에 대해서 같은 값을 주는 함수라는 뜻이다.

모든 함수가 유용하기는 하나 가장 기본이 되는 함수들은 좌표 공간 $\mathbb{R}^n$의 좌표들에 관해 다항식으로 주어지는 함수들이다. 수학이나 과학에서 우리가 관심을 갖는 대부분의 함수들은 다항식이거나 다항식들로 근사시킬 수 있는 것들이기 때문이다. 불변인 다항식을 **불변량**이라고 부른다.

예. 좌표평면 $\mathbb{R}^2$의 회전 변환군 $SO_2(\mathbb{R})$을 생각하자. x, y에 관한 다항식 중에서 $SO_2(\mathbb{R})$에 불변인 것을 모두 찾아보자. 정의에 의해 다항식 f가 불변일 필요충분 조건은 모든 $\theta \in \mathbb{R}$에 대해

$$f(x\cos\theta - y\sin\theta, x\sin\theta + y\cos\theta) = f(x, y) \tag{1}$$

가 만족되는 것이다. 자명한 계산에 의해 $x^2 + y^2$은 불변인 다항식이고, 1변수 다항식 $g(z)$에 대해 $g(x^2 + y^2)$ 꼴로 주어지는 다항식은 모두 $SO_2(\mathbb{R})$에 대해 불변인 다항식들이다. 모든 불변 다항식들이 이렇게 주어짐을 보이자.

정수 $r, s \geq 0$에 대해

$$(x\cos\theta - y\sin\theta)^r(x\sin\theta + y\cos\theta)^s$$

는 x, y에 관한 $r + s$차 다항식이므로 $SO_2(\mathbb{R})$은 차수를 보존함을 알 수 있다. 따라서 불변인 다항식 f를 차수가 같은 항끼리 묶어

$$f = f_0 + f_1 + \cdots + f_m, \quad f_r(tx, ty) = t^r f_r(x, y), \quad \forall t \in \mathbb{R}$$

로 쓸 수 있고 각각의 동차 다항식 - 모든 항의 차수가 같은 다항식 - f_r은 모두 불변인 다항식들이다. 그러므로 불변인 동차 다항식들을 모두 찾으면 이들의 합으로 모든 불변 다항식을 표현할 수 있다.

이제 f가 차수가 m인 불변 동차 다항식이라고 하자. f의 모든 항이 차수 m을 가지므로, 등식 $f(tx, ty) = t^m f(x, y)$를 t에 대해 미분하고 $t = 1$을 대입하여 오일러 공식

$$x\frac{\partial f}{\partial x} + y\frac{\partial f}{\partial y} = mf \tag{2}$$

를 얻는다. 또 f가 불변이므로 (1)을 θ에 대해 미분하고 $\theta = 0$을 대입하여

$$y\frac{\partial f}{\partial x} = x\frac{\partial f}{\partial y} \tag{3}$$

를 얻는다. (2)과 (3)으로부터

$$mxf = (x^2 + y^2)\frac{\partial f}{\partial x}, \quad myf = (x^2 + y^2)\frac{\partial f}{\partial y}$$

를 얻는다. 따라서 x^2+y^2이 f를 나눈다. 이제 $f(x,y)=(x^2+y^2)g(x,y)$라고 두면 g도 불변인 동차 다항식이다. 귀납법에 의해 모든 불변인 동차 다항식은

$$f(x,y)=a(x^2+y^2)^r$$

꼴로 주어지고 임의의 불변인 다항식은 x^2+y^2의 다항식임을 안다.

예. 대수적인 예를 살펴보자. 임의의 실수 p에 대해 함수

$$x^2+ax+b \mapsto (x+p)^2+a(x+p)+b = x^2+(a+2p)x+b+ap+p^2$$

은 2차 다항식들의 집합

$$X=\{x^2+ax+b\,:\,a,b\in\mathbb{R}\}$$

에서 자신으로 가는 사상이다. 계수만 따로 생각하면

$$p:\mathbb{R}^2\longrightarrow\mathbb{R}^2,\quad p\cdot(a,b)=(a+2p,b+ap+p^2)$$

인데

$$(p+p')\cdot(a,b)=p\cdot(p'\cdot(a,b)),\quad 0\cdot(a,b)=(a,b)$$

이므로 실수 집합과 덧셈이 이루는 군 $(\mathbb{R},+)$이 X의 대칭군이 됨을 알 수 있다.

두 점 (a,b), (a',b')이 같은 궤도에 있을 필요충분 조건은 $p\in\mathbb{R}$가 존재하여

$$a'=a+2p,\quad b'=b+ap+p^2$$

인데 두번째 식에 $p=(a'-a)/2$를 대입하면

$$a'^2-4b'=a^2-4b$$

임을 얻는다. 따라서 판별식

$$\Delta=a^2-4b$$

는 불변인 a,b의 다항식이다. 역으로 임의의 불변 다항식 $f(a,b)$가 주어지면 b 대신 $(a^2-\Delta)/4$를 대입하고 a에 대해 오름차순 정리하여

$$f(a,b)=g_0(\Delta)+g_1(\Delta)a+g_2(\Delta)a^2+\cdots+g_m(\Delta)a^m$$

꼴로 쓸 수 있고

$$f(p\cdot(a,b)) = g_0(\Delta)+g_1(\Delta)(a+2p)+g_2(\Delta)(a+2p)^2+\cdots+g_m(\Delta)(a+2p)^m$$

이 p에 무관해야 하므로 $f(a,b) = g_0(\Delta)$임을 알 수 있다. 따라서 불변인 다항식은 판별식으로부터 상수, 덧셈과 곱셈만 써서 다 얻을 수 있다.

불변인 다항식을 찾았더니 판별식이 나왔다. 이를 해석해 보면, 평행이동에 대한 2차 다항식의 근들의 상대적 위치에 관한 정보는 판별식이 모두 갖고 있다는 말이다.

19세기 중반 Cayley는 위 예를 3차 이상의 다항식으로 확장하여 다항식의 근들의 상대적 위치를 계수로부터 알아내고자 했다. 방정식

$$a_0x^n + a_1x^{n-1} + \cdots + a_{n-1}x + a_n = 0, \quad a_0 \neq 0 \tag{4}$$

의 근들을 $\alpha_1, \cdots, \alpha_n$이라고 두면

$$a_0x^n + a_1x^{n-1} + \cdots + a_{n-1}x + a_n = a_0(x-\alpha_1)(x-\alpha_2)\cdots(x-\alpha_n) \tag{5}$$

이고 인수분해

$$a_0x^n+a_1x^{n-1}y+\cdots+a_{n-1}xy^{n-1}+a_ny^n = a_0(x-\alpha_1 y)(x-\alpha_2 y)\cdots(x-\alpha_n y)$$

를 얻는다. 따라서 (4)의 근을 구하는 것은 동차 다항식

$$f(x,y) = a_0x^n + a_1x^{n-1}y + \cdots + a_{n-1}xy^{n-1} + a_ny^n$$

을 1차식의 곱으로 인수분해하는 것과 같다. 중근 포함 여부와 같이 근들의 상대적 위치에 관심 있다면 변환

$$\begin{pmatrix} \alpha & \beta \\ \gamma & \delta \end{pmatrix}^{-1} \cdot f(x,y) = f(\alpha x+\beta y, \gamma x+\delta y), \quad \begin{pmatrix} \alpha & \beta \\ \gamma & \delta \end{pmatrix} \in \mathrm{SL}_2(\mathbb{C})$$

를 생각하는 것이 자연스럽다.

> **Cayley의 문제**. 자연수 m에 대해 m차 동차 다항식들의 집합
>
> $$S_m = \{a_0x^m + a_1x^{m-1}y + \cdots + a_{m-1}xy^{m-1} + a_my^m \ : \ a_i \in \mathbb{C}\}$$
>
> 에 작용하는 대칭군 $G = \mathrm{SL}_2(\mathbb{C})$의 불변 다항식 $g(a_0, a_1, \cdots, a_n)$을 모두 찾아라. 특히 유한 개의 불변 다항식으로부터 나머지 모두를 상수, 덧셈, 곱셈만을 써서 만들어낼 수 있겠는가?

여기서 $\mathrm{SL}_2(\mathbb{C})$는 행렬식의 값이 1인 복소수 성분을 갖는 2×2 행렬들이 이루는 군을 말한다.

예를 들어, 위에서 살펴본 것처럼 $m = 2$일때 2차 다항식의 불변량은 판별식 $a_1^2 - 4a_0a_2$가 모두 만들어낸다.

$m = 3$일때도 3차 다항식의 판별식

$$3a_1^2a_2^2 + 6a_0a_1a_2a_3 - 4a_1^3a_3 - 4a_2^3a_0 - a_0^2a_3^2$$

은 불변량이다. n차 방정식 (4)의 판별식은 (5)를 통해

$$\Delta = a_0^n \prod_{i<j}(\alpha_i - \alpha_j)^2$$

으로 정의된다. 우변은 $\alpha_1, \cdots, \alpha_n$에 관한 대칭 다항식이므로 근과 계수와의 관계에 의해 Δ는 $a_0, \cdots, a_n$의 다항식으로 쓸 수 있다.

$m = 4$일때는 계수 $a_0, \cdots, a_4$에 관한 2차 다항식 1개와 3차 다항식 1개로부터 상수, 덧셈과 곱셈만으로 모든 불변 다항식을 만들어낼 수 있다.

제 3 절 불변량 이론의 근본 문제

Cayley의 문제를 일반화하여 다음과 같은 문제를 생각하자.

> **불변량 이론의 근본 문제**. 유한 차원 벡터 공간 V와 $\mathrm{GL}(V)$의 부분집합으로 주어지는 대칭군 G에 대해, V의 좌표들에 관한 다항식들 중 불변인 것들의 집합 S는 유한 생성인가? 즉 S에서 유한개의 다항식만 골라 이들로부터 상수, 덧셈, 곱셈만 써서 다른 모든 불변인 다항식을 얻을 수 있는가?

왜 이런 질문을 던지는가? 두가지 이유만 들자. 첫째, 불변량들은 판별식과 같이 중요한 의미를 갖는 다항식들이다. 보형형식이나 복비(cross ratio)와 같은 함수들은 모두 불변량으로 주어진다. X가 기하학적 공간이고 G가 X의 대칭군이면 그 불변량들은 기하학적 의미를 갖는다.

예. 평면 상의 3점들의 집합

$$X = \{((a_1, b_1), (a_2, b_2), (a_3, b_3)) \,:\, a_i, b_i \in \mathbb{R}\} = \mathbb{R}^6$$

를 생각하면 Euclid 운동군[1] E_2는

$$g \cdot ((a_1, b_1), (a_2, b_2), (a_3, b_3)) = (g \cdot (a_1, b_1), g \cdot (a_2, b_2), g \cdot (a_3, b_3)), \quad g \in \mathrm{E}_2$$

에 의해 X의 대칭군으로 볼 수 있다. X에서 정의된 2차 다항식

$$f(a_1, a_2, a_3, b_1, b_2, b_3) = \det \begin{pmatrix} 1 & 1 & 1 \\ a_1 & a_2 & a_3 \\ b_1 & b_2 & b_3 \end{pmatrix}$$

은 대칭군 E_2에 대해 불변 다항식이다. 기하학적으로

$$f(a_1, a_2, a_3, b_1, b_2, b_3) = 0 \iff (a_1, b_1), (a_2, b_2), (a_3, b_3)\text{가 동일 직선 상}$$

[1]HP5를 다룬 장에서 살펴 보았듯이 거리를 보존하는 사상 $\mathbb{R}^2 \to \mathbb{R}^2$들의 집합 E_2는 회전운동군 $\mathrm{O}_2(\mathbb{R})$과 평행이동군 $\mathbb{R}^2$로부터 합성을 통해 얻어진다.

임을 금방 확인할 수 있다.

이처럼 불변량들은 기하학적 의미를 갖는다. 대칭군과 불변량을 통해 기하학을 공부하자는 것이 Klein의 Erlangen 프로그램의 핵심이다.

둘째, 불변인 함수가 주어지면 두 점이 동일한 궤도에 속하는지 아닌지 판별할 수 있다. 불변임의 정의에 의해 불변인 함수 f에 대해 $f(v) \neq f(w)$이면 두 점 v와 w는 동일 궤도에 속할 수 없다. 이 판별법을 제대로 쓰려면 모든 불변인 함수에 대해 확인해 보아야 한다. 하지만 불변인 다항식들의 집합이 유한 생성이라면 그들을 생성하는 유한개의 다항식에 대해서만 판별해 보면 끝난다. (왜 그런가?)

예. $\mathbb{R}^2$의 대칭군 $G = \{\pm 1\}$을 생각하자. 연산은 곱셈이고 사상

$$\pm 1 : \mathbb{R}^2 \longrightarrow \mathbb{R}^2, \quad (\pm 1) \cdot (x, y) = (\pm x, \pm y)$$

에 의해 $\mathbb{R}^2$의 대칭군이다. 다항식 $f(x, y)$가 G에 대해 불변일 필요충분 조건은 $f(x, y)$가 짝수차 단항식만 포함하는 것이다. 2변수 다항식들의 집합 $\mathbb{R}[x, y]$에서 G에 대해 불변인 다항식들의 집합

$$\mathbb{R}[x, y]^G = \mathbb{R}[x^2, xy, y^2] \cong \mathbb{R}[u, v, w]/\langle uw - v^2 \rangle$$

은 유한 생성이다. 여기서 $u = x^2$, $v = xy$, $w = y^2$이다.

대칭군 G가 유한 개의 원소를 갖는 대칭군이거나 $\mathrm{GL}(V)$, $\mathrm{SL}(V)$와 같이 소위 고전적 대칭군인 경우 불변량 이론의 근본 문제에 대한 답이 예임이 알려져 있다. 물론 자명한 것은 결코 아니고 각각의 경우들이 사실 기념비적인 성과이다. 예를 들어 1890년 Hilbert의 논문은 $\mathrm{SL}(V)$의 경우를 해결한 것이다.

Hilbert의 14번째 문제와 불변량 이론의 근본 문제는 무슨 관계일까? 결론만 말하자면 대칭군 G가 $\mathrm{SL}(V)$처럼 익숙한 군(예를 들어 semisimple)이라면 Hilbert의 14번째 문제의 긍정적인 답은 자동으로 불변량 이론의 근본 문제의 긍정적인 답을 준다.[2] 하지만 역은 성립하지 않는다.

[2]좀 전문적인 내용이지만 논의의 완결성을 위해 설명해보자. 유리함수들의 집합 L은 4칙 연산에 대해 닫혀있고 체(field)이다. 불변인 유리함수들의 집합 K는 부분체(subfield)를 이루는데 유한 생성된 체인 L에 포함되므로 자신도 체로서 유한 생성이다. (이는 대수학 교과서에 나오는

1958년 Nagata는 Hilbert의 14번째 문제와 불변량 이론의 근본 문제의 답이 모두 아니오임을 보여주는 유명한 반례를 만들어 내었다. ([Nagata] 참조.) 16차원 벡터 공간에 작용하는 13차원 대칭군을 구체적으로 찾아 불변인 다항식들의 집합이 유한 생성일 수 없음을 보였다.

이것으로 끝인가? 당연히 아니다. 좋은 문제는 한번 풀리지 않는다. 모두에 대해서 참은 아니라면, 대체 어떤 대칭군에 대해서는 불변량 이론의 근본 문제의 답이 예인가 하고 물어야 한다. 1950년대부터 1970년대까지 이어진 연구에서 기하학적으로 중요한 대부분의 대칭군에 대해서는 – 보다 정확히는 reductive 군들에 대해서는 – 불변량 이론의 근본 문제의 답이 예임이 증명되었다.

1965년 Mumford는 불변량 이론을 기하학적으로 해석하여 기하학적 불변량 이론을 확립했는데,[3] 이는 대수적 공간 X의 대칭군 G가 주어졌을때 그 궤도들의 집합 X/G에 대수적 구조를 체계적으로 줄 수 있게 해준다. 대수적 공간을 매개화하는 공간[4]을 건설하고자 할때 - 문제를 더 어렵게 만들어야 쉬워진다 - 매개화하고자 하는 대상을 더 추가하여 복잡하게 만들면 더 쉽게 매개변수 공간을 만들 수 있고 추가된 구조를 제거하기 위해 군의 궤도들의 공간을 취한다. 예를 들어, 4차원 벡터 공간에 포함되는 2차원 부분공간들을 매개화할때 먼저 2차원 공간과 함께 그 기저 벡터를 함께 생각하면 계수가 2인 2×4 행렬들의 집합 X가 이를 매개화한다. 기저의 선택을 없애려면 $G = \mathrm{GL}_2$에 의한 궤도들의 집합 X/G를 생각하는 것으로 충분하고, 기하학적 불변량 이론이 X/G에 대수적 구조를 준다.

이러한 방법으로 곡선, 곡면 같은 기하학적 대상들을 매개화하는 공간들이 건설되었고 이는 다시 1990년대 이래 초끈 이론에 다양한 기하학적 응용을

표준적인 정리이다.) 대칭군 G가 $G = [G, G]$를 만족하면 생성원들의 분자와 분모는 불변인 다항식일 수밖에 없다. 따라서 유한 개의 불변인 다항식 $f_1, \cdots, f_m$이 K를 생성한다. 정의에 의해 K의 원소 중 다항식인 것들이 불변량이므로, 불변 다항식(불변량)들의 집합 $S \subset K$는 유한 생성이다. 그러므로 Hilbert의 14번째 문제의 답이 예이면 불변량 이론의 근본 문제의 답이 예가 된다.

[3] 이 공로로 1974년 필즈상을 수상했다.

[4] 예를 들어 n차원 벡터 공간에 포함되는 1차원 부분공간들은 사영공간이 매개화한다. 사영공간에 대해서는 HP16 참고.

제공하는 발판이 되었다.

최근 양자계산과 양자정보 이론에서도 불변량 이론이 흥미롭게 응용되고 있다. 양자역학을 사용하여 고전적 컴퓨터의 게이트를 양자게이트로 대체하고 회로를 구성하여 양자컴퓨터를 만들 수 있다. 2019년 말 보통 컴퓨터로 만년이 거릴 계산을 양자컴퓨터가 불과 100초만에 끝내 양자우월성(quantum supremacy)이 확립되었다. 즉 특정한 계산은 양자컴퓨터를 쓸때 놀랄만큼 빠른 속도로 끝낼 수 있다는 말이다. 양자컴퓨팅에서 양자정보의 오염 여부를 불변량을 통해 판별할 수 있다. 양자상태들의 궤도를 분류하는 것과 이들의 불변량에 대한 연구도 흥미롭게 진행되고 있다.

이상하게도 Hilbert 14번째 문제에 대해서는 불변량 이론의 근본 문제와 같은 후속연구가 없었다. 다항식 $f_1, \cdots, f_m$에 어떤 조건을 주어야 S가 유한 생성인가?

참고문헌

J. Dieudonne, *Invariant theory, old and new*, Academic Press, 1970.

M. Nagata, *On the fourteenth problem of Hilbert*, International Congress of Mathematicians, Edinburgh, 1958.

S. Mukai, *Introduction to Invariants and Moduli*, Cambridge University Press, 2003.

D. Mumford, J. Fogarty and F. Kirwan, *Geometric invariant theory*, 3rd edition, Springer.

J. Schwichtenberg, *Physics from Symmetry*, Springer, 2015.

HP15. Schubert 계산법

룬샷(loon shots)은 "제안자를 나사 빠진 사람으로 취급하며, 다들 무시하고 홀대하는 프로젝트, 그러나 전쟁, 의학, 비즈니스의 판을 바꾼 아이디어"를 말한다 [바칼]. 정말 혁신적인 아이디어는 의심받고 거부당하기 쉽다. "적어도 세 번은 죽었다가 살아나야" 인정을 받지만 결국엔 커다란 변화를 이끌어내는 아이디어나 프로젝트가 룬샷이다. 평화롭고 질서 있는 수학의 세계에는 안 어울리는 표현처럼 들리지만, 이제 살펴볼 Schubert 계산법과 같이 받아들여지는데 200년이 걸리고 그 과정을 통해 위상수학, 대수기하학, 물리학에 걸쳐 빛나는 성취들을 엮어낸 기념비적인 룬샷도 있다.

제 1 절 연속성 원리

주어진 1변수 n차 방정식은 (중근을 감안하여 세면) n개의 (복소수) 근을 갖는다. 정확히 근들을 구할 수는 없지만 근의 개수는 말할 수 있다. 왜 그런가? 대수학의 기본 정리는 1변수 n차 다항식 $f(x)$의 근이 복소수 집합에서 반드시 존재함을 보장한다. 이제 근 하나를 α라고 하면 주어진 다항식은

$$f(x) = (x - \alpha)g(x)$$

꼴로 인수분해되는데 $g(x)$는 차수가 하나 낮으므로 수학적 귀납법에 의해 이미 $n-1$개의 근을 갖는다고 말할 수 있다. 여기에 α를 보태면 n차 다항식 $f(x)$는 n개의 근을 가짐을 알 수 있다. 이와 같이 정확히 해들을 찾을 수는 없더라도 그 개수는 알아낼 수 있는 경우들이 많이 있다.

질문 1. 평면 상에 주어진 일반적인 m차 곡선과 n차 곡선은 몇 개의 점에서 만나는가?

여기서 m차 곡선이란 m차 다항식에 의해 주어진 곡선을 말한다. 예를 들어 원은 2차 다항식 $x^2 + y^2 - 1$을 0으로 만드는 점들의 집합이므로 2차 곡선이다. 타원이나 포물선, 쌍곡선도 모두 2차 곡선이다. 또

$$y^2 = x(x^2 - 1), \quad x^4 + y^4 = 7$$

을 만족하는 점들의 집합은 각각 3차와 4차 곡선이다. 1687년 출판된 "자연철학의 수학적 원리"에서 뉴턴이 적었듯이 질문 1의 답은 mn이다. 예를 들어 2개의 타원이 만나는 것을 생각해보자.

$$\epsilon x^2 + y^2 = 1 \ (\epsilon \to 0)$$
$$x^2 + y^2 = 4$$

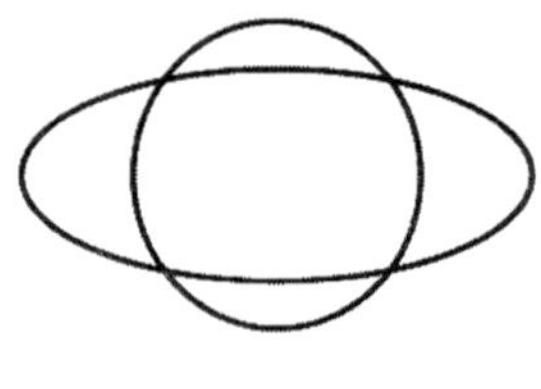

4점에서 만나는 두 타원

이 타원 중 하나는 그대로 두고 다른 하나의 방정식의 계수들을 아주 조금 바꾸면 어떻게 되겠는가? 위 그림에서 첫 타원의 계수 ϵ을 0으로 보내자. 타원은 아주 조금만 움직일 것이고 두 타원의 교점들도 아주 조금 움직이되 그 개수는 변하지 않을 것이다. 교점들이 연속적으로 변하되 교점의 개수가 불변이도록, 아주 조금씩 타원의 방정식의 계수들을 계속 움직여서 원래의 2차 다항식이 1차 다항식 둘의 곱으로 인수분해 되게 할 수 있다.

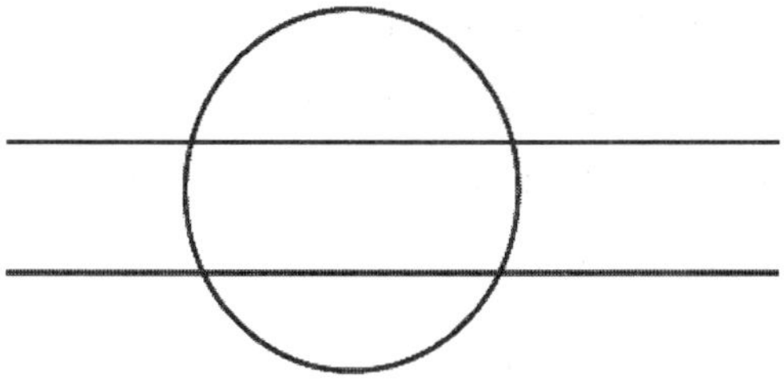

한 타원을 변형시켜 두 직선의 합집합으로 만들었다.

이제 둘째 타원의 방정식도 연속적으로 변화시켜 1차식의 곱으로 분해되게 하자.

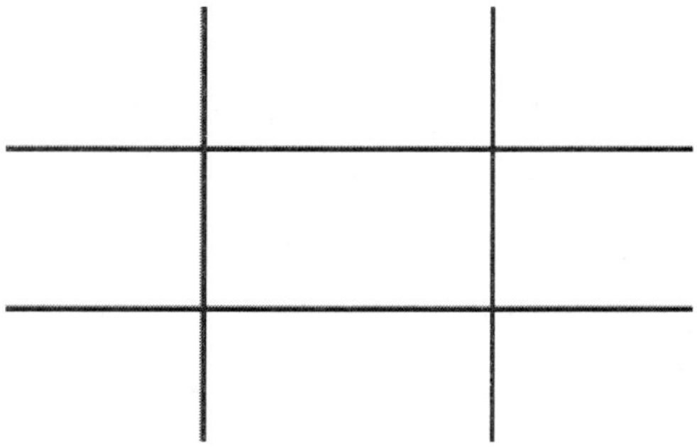

다른 타원도 변형시켜 두 직선의 합집합으로 만들었다.

결국 2개의 직선과 2개의 직선이 만나는 상황이 되고 그 과정에서 만나는 점의 수는 바뀌지 않는다. 같은 방법으로 m차 곡선과 n차 곡선은 연속적으로 변화시켜 m개의 직선과 n개의 직선으로 바꿀 수 있고 그 과정에서 만나는 점의 수는 불변이도록 할 수 있다. (일단 믿자.) 물론 m개의 직선과 n개의 직선은 mn개의 점에서 만나므로 질문 1의 답은 mn이 된다.

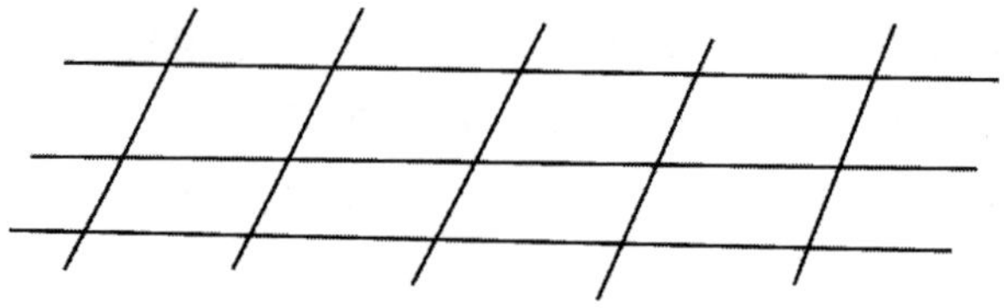

m차 곡선을 변형하여 m개 직선의 합집합으로, n차 곡선을 변형하여 n개 직선의 합집합으로 만들면 이들은 mn개의 점에서 만난다.

1823년 Poncelet가 연속성 원리(principle of continuity)라고 부른 이 방법을 엄밀히 정당화하려면 사실 상당한 노력이 필요하고 1930년대에 와서야 필요한 수학적 장치 - 호몰로지(homology)와 교차 이론(intersection theory) - 들이 완비되어 가능하게 되었다.

공간에서의 기하학적인 문제도 생각해보자.

> **질문** 2. 3차원 공간에 4개의 직선이 주어졌다. 이 넷과 모두 만나는 직선은 몇 개인가?

물론 4개의 직선 $\ell_1, \ell_2, \ell_3, \ell_4$가 모두 동일 평면에 놓여있는 경우처럼 주어진 4개의 직선과 만나는 직선이 무한히 많은 특수한 경우는 배제하고, 유한 개의 직선만 네 직선과 모두 만나는 상황을 생각하는 것이다. 4개의 직선들과 모두 만나는 직선이 몇 개 있는 것을 머릿속에 상상해 보자. 이제 4개의 직선들을 연속적으로 조금씩 움직여 보자. 이 네 직선과 모두 만나는 직선도 함께 연속적으로 움직인다. 즉 이들의 수는 변하지 않는다. (연속성 원리: 일단 믿음으로 받아들이자.) ℓ_1이 ℓ_2와 만나고 ℓ_3가 ℓ_4와 만날 때까지 계속 움직이자.

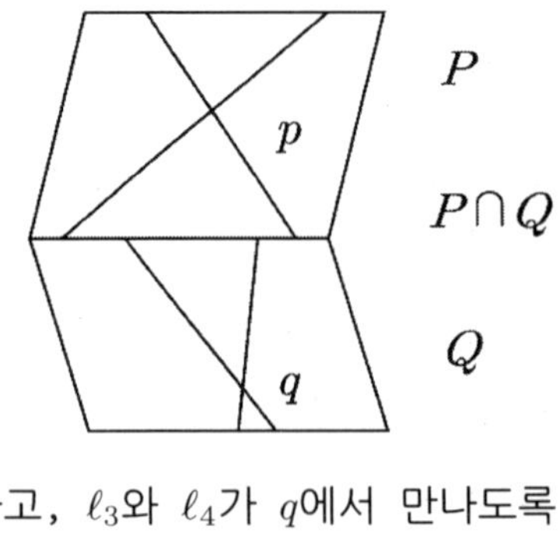

ℓ_1과 ℓ_2가 p에서 만나고, ℓ_3와 ℓ_4가 q에서 만나도록 연속적으로 변형했다.

이제 ℓ_1과 ℓ_2를 포함하는 평면을 P, ℓ_3와 ℓ_4를 포함하는 평면을 Q, $\ell_1 \cap \ell_2 = p$, $\ell_3 \cap \ell_4 = q$라고 두면, 네 직선 ℓ_1, ℓ_2, ℓ_3, ℓ_4와 모두 만나는 직선은 p, q를 잇는 직선 $\overline{pq}$와 두 평면의 교집합 $P \cap Q$뿐으로, 정확히 2개임을 알 수 있다.

주어진 조건을 만족하는 기하학적 대상의 수를 세는 문제를 연구하는 분야를 **셈기하학(enumerative geometry)**이라고 부른다. 예를 들어 질문 2를 일반화한 다음과 같은 정리가 대표적이다.

> **정리**. (Schubert) d차원 공간에 일반적인 $2d-2$개의 $d-2$차원 평면들이 주어졌다. 이들과 모두 만나는 직선의 개수는 Catalan 수
>
> $$C_{d-1} = \frac{1}{d}\binom{2d-2}{d-1}$$
>
> 과 같다.

증명은 Schubert 계산법을 통해서 Grassmann 다양체의 차수를 계산하면 되는데 대수기하학을 조금은 배워야 가능하다.

위와 같은 Poncelet의 연속성 원리는 엄밀한 수학적 토대가 부족하였으므로 많은 공격을 받았다. 1848년 Steiner는 아폴로니우스의 문제를 - 평면 상의 3개의 원이 주어졌을 때 이들과 모두 접하는 원은 몇 개인가?[1] - 확장하여 다음과 같은 질문을 던졌다.

> **질문** 3. 평면 상의 2차 곡선 중에서 주어진 5개의 2차 곡선과 모두 접하는 것은 몇 개인가?

왜 4개도 아니고 6개도 아닌, 5개의 2차 곡선인가? 4개의 2차 곡선과 모두 접하는 2차 곡선은 무한히 많고 일반적인 6개의 2차 곡선과 모두 접하는 2차 곡선은 없기 때문이다. 그 이유는 2차 곡선들의 집합이 5차원이고 접하는 조건 하나마다 차원을 하나씩만 떨어뜨리기 때문이다.

[1] 3개의 원 각각에 내접 또는 외접할 수 있으므로 $2^3 = 8$개다.

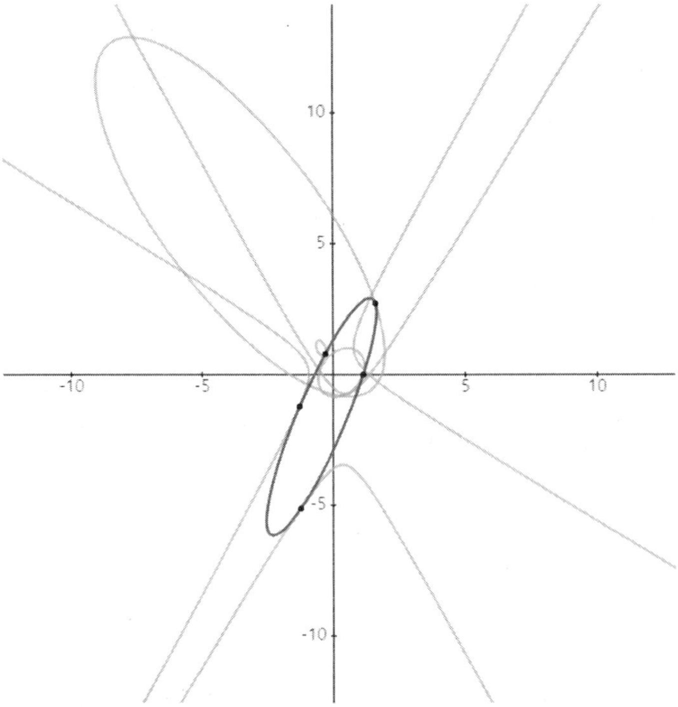

5개의 2차 곡선과 모두 접하는 2차 곡선

5차원이라 함은 2차 곡선을 하나 결정하는데 5개의 자유 변수를 고정해야 한다는 말이다. 기하적으로 생각해보면, 평면 상의 타원은 그 중심 (a, b), 장축이 x축과 이루는 각도 θ와 장축, 단축의 길이 ℓ_1, ℓ_2, 모두 5개의 자유 변수가 결정하므로 이들을 매개화하는 집합은 5차원임을 알 수 있다. 대수적으로 생각해보면, 2차 곡선들은 2차 방정식

$$ax^2 + bxy + cy^2 + dx + ey + f = 0$$

을 만족하는 점들의 집합인데 6개의 계수들 a, b, c, d, e, f가 결정한다. 이 계수들에 0이 아닌 (동일한) 상수를 곱해도 같은 2차 곡선을 결정한다. 따라서 2차 곡선들의 집합은 5차원 사영공간

$$\mathbb{P}^5 = (\mathbb{C}^6 - \{(0,0,0,0,0,0)\})/\mathbb{C}^*$$

이다.[2] Steiner는 주어진 한 개의 2차 곡선에 접하는 2차 곡선들의 집합이 6

[2]사영공간에 대해서는 다음 장에서 좀더 자세히 다룬다.

차 방정식이 결정하는 6차 초곡면[3]임을 보였다. 질문 3은 이러한 초곡면 5개의 교집합의 원소 중에서 매끈한 2차 곡선에 대응되는 것이 몇개인지 묻는 것이다.

연속성 원리를 사용하면, 6차 초곡면은 6개의 초평면들의 합집합으로 대체할 수 있고, 따라서 일반적인 5개의 6차 초곡면은

$$6^5 = 7776$$

개의 점에서 만난다. 따라서 1848년 Steiner는 질문 3의 답이 7776이라고 제시했다.

안타깝게도 Steiner의 풀이는 잘못되었고 답도 틀렸다. 5개의 일반적인 6차 초곡면들의 교집합의 원소의 수는 Steiner의 답이 맞지만, 주어진 2차 곡선에 접하는 2차 곡선들이 이루는 6차 초곡면은 일반적인 초곡면이 아니다. 이들은 모두 1차식의 제곱으로 주어지는 2차 곡선(이중 직선)들의 자취를 포함하고 있다. 올바른 답을 위해서는 이런 자취를 피해야 하는데, 1864년 Chasles는 올바른 답 3264를 얻었다. 다음 절에서 살펴 보겠지만, 그 계산 방법이 놀랍도록 흥미진진하다.

[3]1개의 다항식을 0으로 만드는 점들의 집합을 초곡면이라고 부른다.

제 2 절 Steiner의 2차 곡선 문제

18세기까지만 해도 복소수를 거부하는 수학자들이 대부분이었고 복소수는 가상의 대상 또는 계산 중간에 필요한 트릭 정도로 여겨졌다. 하지만 De Moivre (1667-1754), Euler (1707-1783)와 Gauss (1777-1855)가 복소수를 전면적으로 받아들여 놀라운 공식들을 발견하고 기하학적 의미도 부여하면서, 19세기에는 복소수가 수학자들의 큰 관심을 끌었다. 19세기 Cauchy (1789-1857)와 Riemann (1826-1866)에 의해 복소수 함수들의 미적분이 개발되었고, 20세기 초에는 양자 역학의 토대를 제공했다.

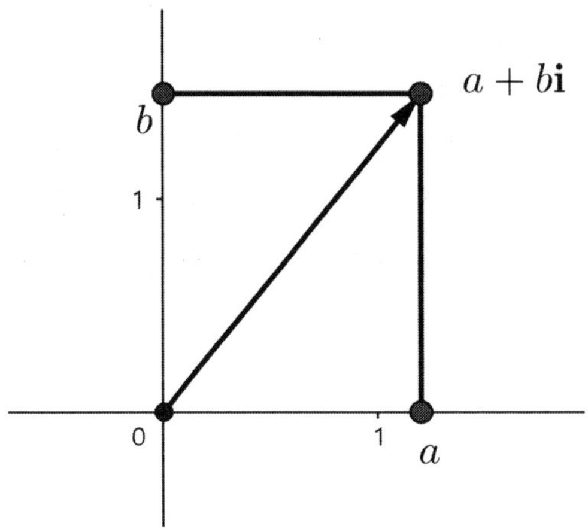

복소평면

복소수가 실수의 일반화된 대상라면 이를 더 일반화하려는 시도는 자연스러운 것이다. 1843년 Hamilton (1805-1865)은 복소수를 확장하여 사원수 (quaternion)를 발견했다. 제곱해서 -1이 되는 복소수는 $\pm\mathbf{i}$의 2개뿐이지만, 4원수들의 집합

$$\{a + b\mathbf{i} + c\mathbf{j} + d\mathbf{k} \,:\, a, b, c, d \in \mathbb{R}\}$$

에서는

$$\mathbf{i}^2 = \mathbf{j}^2 = \mathbf{k}^2 = -1, \quad \mathbf{ij} = \mathbf{k} = -\mathbf{ji}$$

를 사용하여

$$b\mathbf{i} + c\mathbf{j} + d\mathbf{k}, \quad b^2 + c^2 + d^2 = 1$$

꼴의 사원수는 모두 제곱해서 -1이 됨을 알 수 있다. 즉 제곱해서 -1이 되는 4원수는 무한히 많고 이들의 집합은 기하학적으로 2차원 구를 이룬다. 1844년 Grassmann은 텐서 대수 (tensor algebra)와 외부 대수 (exterior algebra)를 발견했는데, 텐서 곱은 양자 역학에서 합성계를 설명해주고, 외부 대수는 페르미온 입자의 물리학을 설명하는 Pauli 배타 원리(exclusion principle)의 수학적 기초가 되었다. 반복해서 나타난 패턴은 Wigner가 말한 "수학의 놀라운 효율성"인데, 순수히 수학적인 동기에서 개발된 대수적 구조들이 시간이 흘러 물리학이나 자연과학, 공학 등에서 마치 주문제작된 것처럼 딱 맞는 응용이 발견되는 것이다.

The Unreasonable Effectiveness of Mathematics in the Natural Sciences

Richard Courant Lecture in Mathematical Sciences delivered at New York University, May 11, 1959

EUGENE P. WIGNER
Princeton University

"and it is probable that there is some secret here which remains to be discovered." (*C. S. Peirce*)

There is a story about two friends, who were classmates in high school, talking about their jobs. One of them became a statistician and was working on population trends. He showed a reprint to his former classmate. The reprint started, as usual, with the Gaussian distribution and the statistician explained to his former classmate the meaning of the symbols for the actual population, for the average population, and so on. His classmate was a bit incredulous and was not quite sure whether the statistician was pulling his leg. "How can you know that?" was his query. "And what is this symbol here?" "Oh," said the statistician, "this is π." "What is that?" "The ratio of the circumference of the circle to its diameter." "Well, now you are pushing your joke too far," said the classmate, "surely the population has nothing to do with the circumference of the circle."

Wigner의 논문. (Communications on Pure and Applied Mathematics, 1960)

이와 같이 19세기 중반 수학자들에게는 새로운 대수적 구조의 발견이 대유행이었다. 이 위대한 대수적 구조 발견의 시대에 Boole (1815-1864)은 논리적인 추론 과정을 and, or, not 등을 기본 단위로 하는 대수(algebra) - 여기서 대수란 넓은 의미로 해석하여 연산이 정의된 집합을 말한다 - 로 표현할 수 있음을 발견하였다. 모든 수학의 흥미로운 발견들이 그렇듯 순수한 학문적 호기심에서 출발한 Boole 대수는 뜻하지 않은 부산물을 낳았는데, Boole 대수를 전기회로로 구현한 것이 현대적인 컴퓨터이며 이를 통해 3차와 4차 산업혁명이 촉발된 것은 주지의 사실이다.

Chasles (1793-1880)는 이러한 대수적 구조 발견의 시대를 살고 있었다. 그는 기하학적 조건 또는 이를 만족하는 부분집합들의 대수를 생각했는데 이들의 합집합은 덧셈, 교집합은 곱셈, 연속적으로 변화시켜 얻는 것들에는 같은 기호를 대응시켜 대수적 연산으로 질문 3의 답을 구하고자 하였다. 그 풀이를 살펴보자.

2차 다항식이 인수분해가 되면 1차 다항식의 곱이므로 대응되는 2차 곡선은 2개의 직선의 합집합이다. 먼저 연속성 원리를 믿고 사용하여 5개의 2차 곡선이 각각 직선의 쌍 $\ell_i \cup \ell_i'$ $(i = 1, 2, \cdots, 5)$인 경우만 생각하면 된다. $\ell_i \cap \ell_i' = \{p_i\}$라고 두자.

2차 곡선 중 주어진 한 직선에 접하는 것들의 집합을 기호 μ, 한 점을 지나는 것들의 집합을 기호 ν라고 쓰자. $\ell_i \cup \ell_i'$에 접한다는 것은 ℓ_i에 접하던지 ℓ_i'에 접하던지 p_i를 지나던지, 이 셋 중 하나를 만족시킨다는 뜻이다. Chasles는 이를 기호로 $2\mu + 2\nu$라고 썼다. 접해야 하는 직선이 ℓ_i와 ℓ_i'의 2개이므로 μ의 계수가 2인 것은 자명하지만, 지나야 하는 점이 p_i 1개뿐인데도 ν의 계수가 2인 것은 쌍대 공간과 가우스 사상을 통해 설명할 수 있으나[4] 대수기하학의 지식이 필요하므로 지금은 그저 받아들이자.

교집합은 곱셈임을 기억하자. 5개의 2차 곡선에 접해야 하므로 $2\mu + 2\nu$로 표현된 집합들의 교집합을 생각해야 하고 기호로는

$$(2\mu + 2\nu)^5 = 32(\mu^5 + 5\mu^4\nu + 10\mu^3\nu^2 + 10\mu^2\nu^3 + 5\mu\nu^4 + \nu^5)$$

이다. 그 다음 각각의 항을 직관과 경험에 의해 계산하여

$$\mu^5 = \nu^5 = 1, \quad \mu^4\nu = \mu\nu^4 = 2, \quad \mu^3\nu^2 = \mu^2\nu^3 = 4$$

[4] 쌍대 곡선의 차수가 2라는 사실로부터 얻는다.

임을 찾았다.[5] 예를 들어 ν^5은 일반적으로 주어진 5개의 점을 모두 지나는 2차 곡선의 수로서 1이고,[6] $\mu\nu^4$는 주어진 4개의 점을 지나며 1개의 직선에 접하는 2차 곡선의 수로서 2이다.[7] 이로부터 질문 3의 답

$$(2\mu + 2\nu)^5 = 32(1 + 5 \cdot 2 + 10 \cdot 4 + 10 \cdot 4 + 5 \cdot 2 + 1) = 32 \times 102 = 3264$$

를 얻었다.

지금은 명확한 의미가 있는 엄밀한 계산이지만 당시로서는 이러한 신비로운 계산은 수학적 근거가 부족한 것이었고 당대에 맹렬한 비난을 피할 수 없었다. 하지만 그 마력은 거부하기 어려웠는데, 다른 방법으로 접근도 못하는 문제들에 대해 신비로운 계산법이 착착 답을 주었기 때문이었다. 왜 작동하는지 아무도 엄밀하게 설명하지는 못하지만 답은 착착 내놓는데 그 유혹을 어찌 이겨낸단 말인가?

---

[5]여기서 μ, ν 사이의 대칭성은 사영평면과 쌍대 평면 사이의 쌍대성에 따라 나온다.

[6]2차식 $ax^2 + bxy + cy^2 + dx + ey + f = 0$이 정의하는 2차 곡선이 주어진 점을 지나기를 요구하는 것은 계수들에 관한 1차식으로 표현된다. 일반적인 5개의 1차식을 연립하여 유일한 근을 찾을 수 있다.

[7]4개의 주어진 점을 지나는 2차 곡선들의 집합은 직선인데 2차식 $ax^2 + bxy + cy^2 + dx + ey + f = 0$의 계수를 모두 1변수 t의 1차식으로 쓸 수 있다. 이것이 다시 직선에 접하려면 판별식이 2차이므로 2개의 t 값만 가능하다.

제 3 절 Schubert 계산법

Chasles의 신비로운 풀이의 마법에 빠져버린 Schubert (1848-1911)는 이 방법을 다양한 상황으로 확대하고 또 효율적인 계산법도 정립하였다. Schubert의 계산법은 두가지로 요약된다.

1. 기하학적 조건들이 정의하는 부분집합들에 기호를 주고, 연속적으로 변형되는 것들은 같은 기호를 사용한다. 교집합은 곱셈, 합집합은 덧셈으로 대수적 연산을 정의하여 가환환(commutative ring)을 얻는다.

2. 직선, 평면과 같이 1차식만에 의해 정의되는 기하학적 대상들의 집합 - Grassmann 다양체라고 불린다 - 의 경우 (1)에서 생각한 가환환의 연산을 효율적으로 수행할 수 있는 조합론적 공식을 찾는다.

현대적으로 표현하면 Grassmann 다양체의 코호몰로지 환의 구조를 계산한 것이다. 예를 들어 가장 간단한 Grassmann 다양체인 복소수상의 사영공간의 코호몰로지 환 구조는

$$H^*(\mathbb{P}^n, \mathbb{Z}) = \mathbb{Z}[\beta]/\langle \beta^{n+1} \rangle$$

이고[8] 여기서 d차 초곡면은 $d\beta$로, 점은 β^n으로 표현된다. 이를 통해 일반적인 n개의 초곡면들 $X_1, \cdots, X_n$의 차수를 각각 $d_1, \cdots, d_n$이라 둘 때,

$$\prod_{i=1}^{n} d_i\beta = (d_1 d_2 \cdots d_n)\beta^n$$

이므로, 이들의 교점의 수는

$$\#(X_1 \cap \cdots \cap X_n) = d_1 d_2 \cdots d_n \tag{1}$$

임을 얻는다(Bezout 정리).

[8] $\mathbb{Z}[\beta]$는 정수 계수 다항식들 $a_0\beta^m + a_1\beta^{m-1} + \cdots + a_{n-1}\beta + a_n$의 집합을 말하고 $\langle \beta^{n+1} \rangle$로 나눈 것은 $\beta^{n+1} = 0$으로 보라는 말이다. 예를 들어

$$(1+\beta)(2+\beta^{n-1}-\beta^n) = 2+\beta^{n-1}-\beta^n+2\beta+\beta^n-\beta^{n+1} = 2+2\beta+\beta^{n-1}$$

와 같이 보통 다항식 연산처럼 계산한 후 β의 차수가 n보다 큰 항은 지우면 된다.

예. 질문 2의 답을 Schubert의 계산법으로 찾아보자. 3차원 공간의 모든 직선들의 집합은 5차원 사영공간에 들어 있는 2차 초곡면 Q와 같다.[9] 주어진 직선과 만나는 직선들의 집합은 초평면 H와 Q의 교집합으로 주어진다. 따라서 주어진 4개의 직선과 모두 만나는 직선들의 집합은 4개의 초평면 $H_1, \cdots, H_4$와 Q의 교집합

$$Q \cap H_1 \cap H_2 \cap H_3 \cap H_4$$

가 되며 (1)에 의해 교점의 수는 2가 된다.

Schubert의 방법을 쓰면, 예를 들어 3차 곡면은 - 3차식에 의해 정의되는 곡면 - 반드시 27개의 직선을 포함한다던지, 2차 곡면 중에서 주어진 9개의 2차 곡면에 모두 접하는 것은 666,841,048개 있다던지 하는 식의 계산을 할 수 있다. Schubert는 맨손으로 계산하여, 3차원 공간에 포함된 3차 유리 곡선(twisted cubic curves)[10] 중에서 주어진 12개의 2차 곡면에 접하는 것은 정확히

$$5,819,539,783,680$$

개 있음을 얻었고 – 이 결과로 1875년 덴마크 왕립 아카데미로부터 금메달을 수상했다 - 이는 100여 년이 지난 1980년대 말에 와서야 엄밀한 수학으로 확인되었다.

Hilbert의 15번째 문제는 바로 이러한 Schubert의 마법을 수학의 영역으로 끌어올리라는 것이다.

> **Hilbert의 15번째 문제**. Schubert가 연속성 원리에 기반하여 얻은 기하학적 수들을 엄밀히 입증하고 그의 계산법의 유효성과 한계를 확립하라.

연속성 원리는 Poincare와 Lefschetz가 위상수학을 창안하는 동기를 부여했는데 Lefschetz는 말년에 "위상수학의 작살을 대수기하학의 고래 몸통에 꽂아 넣는 것이 나의 운명이었음을 이제야 안다"라고 썼다[Lefschetz]. Van der

[9]직선은 두 점이 결정하고 사영공간 $\mathbb{P}^3$의 점은 4개의 좌표가 결정하므로 두 점의 좌표들로 이루어진 2×4 행렬이 직선을 결정한다. 이 행렬의 2×2 부분행렬의 행렬식의 값들(플뤼커 좌표)이 5차원 사영공간 $\mathbb{P}^5$의 점을 결정하며 이들은 2차 초곡면 상의 점들이 된다 (플뤼커 관계식).

[10]함수 $t \mapsto (t, t^2, t^3)$의 이미지와 선형적으로 동등한 곡선을 3차 유리 곡선이라고 부른다.

Waerden은 1930년대에 Chasles와 Schubert의 기호들을 Lefschetz의 코호몰로지 류(cohomology classes)로 해석하고 이들에 관한 엄밀한 이론을 발전시킴으로써, 기호로 기하학적 대상의 수를 세는 대수적 방법의 수학적 정당성을 확보했다. 이후 Ehresmann과 Hodge는 - Grassmann 다양체의 코호몰로지 환의 구조를 밝혀 - Schubert의 효율적인 계산법을 정밀한 수학의 품에 안겼다.

여기서 끝인가? 1940년대 이래 대수기하학의 엄밀한 토대가 Weil, Chow, Zariski, Serre, Grothendieck 등에 의해 확립되었고 대수적인 호몰로지 이론이 발견되었다. 이를 바탕으로 1978년 Fulton과 MacPherson이 위상수학을 추방하고 완전히 대수적으로 Chasles와 Schubert의 계산법을 정립하였다. 18세기초 Poncelet가 제안한 연속성 원리에 기반한 19세기의 룬샷인 Schubert 계산법이 20세기 말에 와서 화려하게 수학의 본류로 자리잡게된 것이며 그 과정에서 발달된 모듈라이 이론과 교차 이론은 현대수학의 가장 위대한 성취 중의 하나로 손꼽힌다.

위상수학으로 해결했으면 됐지 왜 대수기하학 이론이 필요했을까 궁금하지 않은가? 그 답은 1990년대부터 30년을 이어오는 초끈이론과 대수기하학의 환상적인 교류를 보면 알 수 있다. 대수기하학의 장점 중의 하나는 특이점을 잘 다룬다는데 있다. 초끈이론에서 필요로 하는 모듈라이 공간들은 대부분 극도로 복잡한 특이점을 지니는데 대수기하학적 방법이 아니면 접근할 도리가 없다. Fulton과 MacPherson의 교차이론은 가상교차이론으로 업그레이드됐고 그 과정을 통해 다시 대수기하학 내에서 이전에는 꿈도 못 꾸던 문제들이 잇달아 해결되었다 [Kiem]. 이는 또 최근 K-이론, 코보디즘, 모티빅 코호몰로지, 유도범주 등의 상황으로 계속 업그레이드되는 중이며 맹렬한 연구가 이루어지고 있다.

Hilbert의 15번째 문제의 시제는 여전히 현재진행형이다.

제 4 절 대수기하학이란?

이 장에서 대수기하학 문제를 다루었다. 대수기하학이란 대수학과 기하학의 상호작용이라고 정의할 수 있다. 원과 직선의 교점을 원의 방정식과 직선의 방정식을 연립하여 풀어서 찾는 것처럼 기하 문제를 대수 문제로 바꾸어서 해결할 수 있고, 대수 문제를 기하 문제로 바꾸어 풀 수도 있다.

예를 들어, 고대 그리스인들은 방정식 $x^3 = 2$를 풀기 위해 포물선

$$y^2 = 2x, \quad x^2 = y$$

를 작도하여 교점을 구해 $\sqrt[3]{2}$를 찾았다. 직선 상의 4점이 뫼비우스 변환을 통해 동등한지 - 같은 궤도에 놓여 있는지 - 복비(cross ratio)를 계산해 판별할 수 있다.

대수기하학의 근본적인 연구 대상은 대수다양체(algebraic variety)이다.

정의. (아핀) 대수다양체란 유한 개의 n변수 다항식 $f_1, \cdots, f_m$을 모두 0으로 만드는 점들의 집합

$$V(f_1, \cdots, f_m) = \{(a_1, \cdots, a_n) \mid f_i(a_1, \cdots, a_n) = 0 \;\; \forall 1 \leq i \leq m\}$$

을 말한다.

즉 유한 개의 다항식에 의해 주어진 방정식들을 만족하는 공통근들이 집합이다. 원, 타원, 포물선, 쌍곡선을 포함하여 우리에게 익숙한 대부분의 기하학적 대상은 대수다양체이다.

대수다양체에 관한 가장 단순하면서 근본적인 질문은 다음과 같다.

질문 4. $V(f_1, \cdots, f_m)$이 몇 개의 점을 포함하는가? 언제 공집합이 아니고, 언제 유한 집합인가?

다항식의 공통근은 수학 전반에서 사용되므로 이러한 질문에 대해 기하학적 통찰로 엄밀한 답을 줄 수 있다면 큰 파급효과가 있을 것임은 분명하다.

이 질문에 답을 하기 위해 차수(degree), Hilbert 함수, 특성류(characteristic class), 교차 이론(intersection theory)과 같은 대수기하학의 핵심적인 주제들이 개발되었다.

Steiner의 문제처럼 셈기하학에서 세고자 하는 대수다양체 C들은 다시 모듈라이(moduli) 공간이라고 불리는 대수다양체 M에 의해 매개화되는데 주어진 조건들은 만족하는 대수다양체 C들의 집합은 M의 부분다양체로서 유한개의 다항식을 0으로 만드는 점들로 주어진다. 결국 질문 4로 귀착되는 것이다.

17세기 사영공간과 사영기하학의 도입으로 체계적인 이론을 전개할[11] 수 있게 되었고 19세기 복소수의 도입으로 대수적 접근이 용이해졌다.[12]

20세기 초 Hilbert의 추상대수학을 사용해 엄밀한 대수기하학의 토대가 놓였는데, 특히 Hilbert의 영점 정리(Nullstellensatz)는 대수다양체에 대한 기하학적 탐구와 환과 아이디얼에 관한 대수적 탐구가 동일함을 보여 현대적 대수기하학의 새 장을 열었다.

Hilbert 영점 정리. 대수적으로 닫힌 체 $\mathbf{k}$ 상에서 정의된 아핀 대수다양체 $X \subset \mathbf{k}^n$에 대해 X상의 모든 점에서 0이 되는 다항식들의 집합

$$I(X) = \{f \mid f(p) = 0 \ \forall p \in X\} \subset \mathbf{k}[x_1, \cdots, x_n]$$

을 생각하자. 함수

$$(a_1, \cdots, a_n) \in X \mapsto \langle x_1 - a_1, \cdots, x_n - a_n \rangle$$

은 X의 점들과 $I(X)$를 포함하는 $\mathbf{k}[x_1, \cdots, x_n]$의 최대(maximal) 아이디얼 사이의 일대일 대응이다.

즉, 대수다양체에 대한 탐구와 다항식환의 아이디얼에 대한 탐구가 완전히

[11]좌표평면은 옹골 집합이 아니어서 불편한 상황이 많다. 예를 들어 두 직선의 교점의 수가 대부분 1이지만 평행하면 0이 된다. 좌표평면과 좌표공간을 열린 부분집합으로 포함하는 옹골 집합이 사영평면과 사영공간인데, 사영평면에서 서로 다른 두 직선은 항상 1개의 점에서 만난다. 이처럼 사영공간에서의 기하학은 세부적인 상황으로 분류할 필요 없이 체계적으로 전개할 수 있다.

[12]대수적으로 닫힌 체를 사용해야 기하학적 직관과 대수적 이론이 잘 맞아 떨어진다.

동등하다는 말이다. 이 정리를 통해 기하학적인 문제를 추상대수학의 문제로, 역으로 추상대수학의 문제를 기하학 문제로 바꿀 수 있게 되었다. Hilbert 이후 추상적 대수다양체의 개념과 대수적 사상, 부분다양체, 쉬프 코호몰로지, 교차 이론 등이 차례로 자리잡게 되었다. 기하학과 대수학의 결합은 1960년대 Grothendieck이 scheme 이론을 발명함으로써 완전해졌다. 즉 대수적 명제 — 가환환과 아이디얼, 모듈에 관한 명제— 는 모두 기하적 명제— 다양체, 부분다양체, 쉬프에 관한 명제—로 일대일 번역이 가능해진 것이다. 이를 기반으로 20세기 후반에는 수론, 위상수학, 미분기하학, 사교기하학, 범주이론, 수리물리와의 활발한 교류를 통해 눈부시게 성장했고 대수기하학은 수학의 핵심으로 확고히 자리잡았다. 아울러 질문 4에 관한 계산적인 접근으로 Groebner 기저를 통한 계산 대수기하학도 인기를 끌고 있다.

참고문헌

사피 바칼, 룬샷, 흐름출판, 2020.

P. Breiding, B. Sturmfels and Sascha Timme, *3264 Conics in a Second*, arXiv:1902.05518.

D. Eisenbud and J. Harris, *3264 and all that*, Cambridge University Press, 2016.

W. Fulton, *Intersection theory*, Springer.

J. Harris, *Algebraic geometry, a first course*, Springer.

Y.-H. Kiem, *Enumerative geometry, before and after string theory*, KIAS Expositions, 2021. (http://expositions.kias.re.kr/2021.1-1.p01.pdf)

S. Kleiman, *Intersection theory and enumerative geometry*, Proceedings of Symposia in Pure Mathematics, Vol. 46 (1987), 321-370.

S. Lefschetz, *A page of mathematical autobiography*, Bull. Amer. Math. Soc. 74 (1968), 854-879.

HP16. 곡선의 모양

르네상스 시대 유명 화가들이 수학자들이었던 것은 원근법을 통해 사실적인 묘사가 가능하기 때문이었다. 실제로 원근법을 체계적으로 완성한 것은 17세기의 수학자 Desargues였으며 그 기반은 사영 기하학에 있었다.

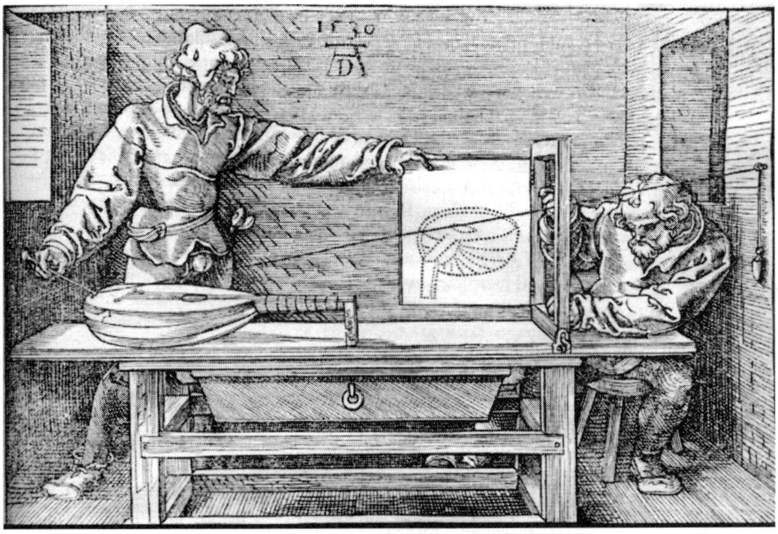

뒤러의 원근법

Hilbert의 16번째 문제는 사영평면 속의 곡선에 관한 질문이므로 이를 이해하려면 사영평면과 익숙해져야 한다.

제 1 절 사영평면

캔버스가 평면 $z = 1$에 놓여 있다고 하고 눈이 원점에 있다고 하자. 직선

$$\{(ta, tb, t) \mid t \in \mathbb{R}\}$$

상의 모든 점들은 캔버스의 점 $(a, b, 1)$로 찍히는데 z좌표인 1을 무시하면 좌표평면 상의 점 $(a, b) \in \mathbb{R}^2$와 동일시할 수 있다.

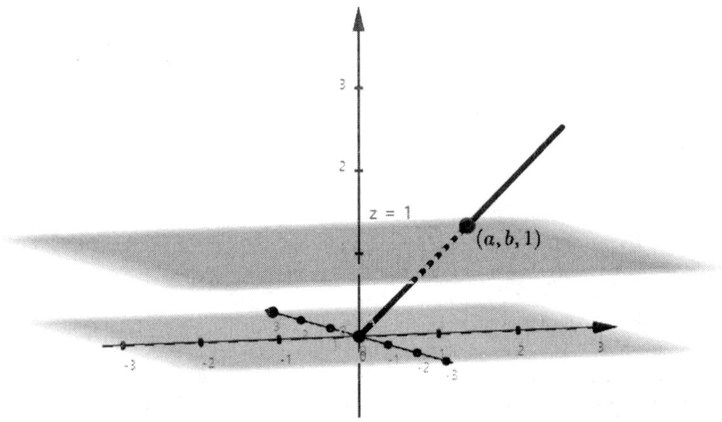

원점을 지나는 직선 중 xy평면에 포함되지 않는 것들의 집합은 평면 $z = 1$과 일대일 대응된다.

원점이 아닌 $\mathbb{R}^3$의 한 점 (a, b, c)가 있을때 이 점과 원점을 잇는 직선을 $[a, b, c]$라고 쓰면

$$[a, b, c] = [ta, tb, tc], \quad t \in \mathbb{R}^*$$

임을 알 수 있다. 사영평면은 좌표 공간 $\mathbb{R}^3$에서 원점 O를 지나는 직선들의 집합

$$\mathbb{RP}^2 = \{[a, b, c] \mid (a, b, c) \neq O \in \mathbb{R}^3\}$$

을 말한다. xy-평면에 포함되지 않는 직선은 평면 $z = 1$과 유일한 점에서 만나므로 $[a, b, 1]$로 유일한 방법으로 쓸 수 있고 다시 이는 $\mathbb{R}^2$ 상의 점 (a, b)와

동일시 할 수 있다. 이 동일시에 의해 좌표평면 $\mathbb{R}^2$는 사영평면 $\mathbb{RP}^2$의 부분집합으로 생각할 수 있고 그 여집합은 xy-평면에 포함되면서 원점을 지나는 직선들의 집합

$$\mathbb{RP}^1 = \{[a,b] \,|\, (a,b) \neq (0,0)\} = \{[a,b,0] \,|\, a \neq 0 \text{ 또는 } b \neq 0\}$$

이다. 이를 무한대 직선(line at infinity)이라고 부른다. 즉

$$\mathbb{RP}^2 = \mathbb{R}^2 \sqcup \mathbb{RP}^1$$

이다. 사영평면에서는 두 직선이 항상 한 점에서 만나는데, 예를 들어 좌표평면에서 두 직선이 평행하고 기울기가 m이라면 두 직선의 교점은 무한대 직선의 한 점 $[1,m,0]$이다.

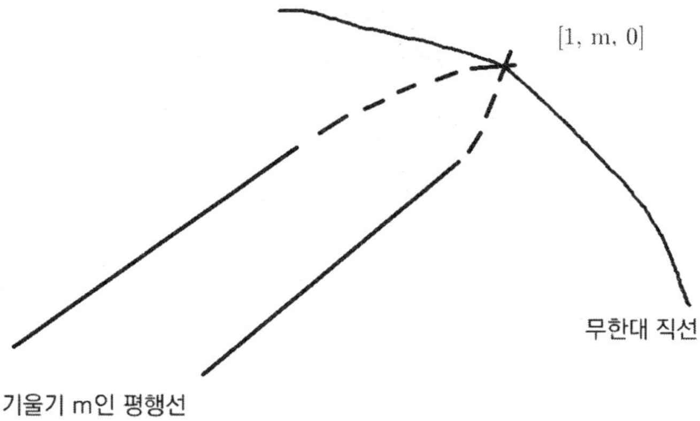

좌표평면에서 평행한 두 직선은 무한대 직선에서 만난다.

원점을 지나는 직선은 단위 구

$$S^2 = \{(a,b,c) \in \mathbb{R}^3 \,|\, a^2+b^2+c^2=1\}$$

와 두 점에서 만나는데 이 두 점 p,q는 서로 원점에 대칭($p=-q$)이다. 따라서 북반구의 점들

$$S^2_+ = \{(a,b,c) \in \mathbb{R}^3 \,|\, a^2+b^2+c^2=1,\ c \geq 0\}$$

로 모든 원점을 지나는 직선을 표현할 수 있는데, 적도의 점은 그 대척점과 동일시하면 원점을 지나는 직선들의 집합인 사영평면

$$\mathbb{RP}^2 = S^2_+/\sim,$$

$$(a,b,c) \sim (a',b',c') \iff \begin{cases} a = a', b = b', c = c' & \text{if } c \neq 0 \\ a = \pm a', b = \pm b', c' = 0 & \text{if } c = 0 \end{cases}$$

가 된다.

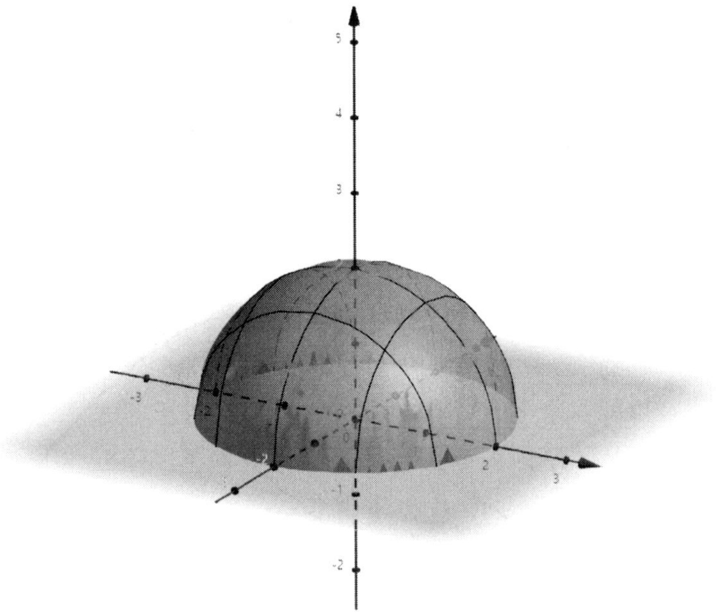

사영평면은 북반구를 생각하고 적도의 점들을 대척점과 동일시하여 얻을 수 있다.

이 관점에서 좌표평면 $\mathbb{R}^2$는 $S^2_{>0}$, 즉 $c > 0$인 부분 - 적도를 뺀 북반구 - 과 일대일 대응이고 그 여집합을 생각하면 무한대 직선(line at infinity)으로

$$\mathbb{RP}^1 = S^1/\sim,$$

즉 단위원의 대척점들을 동일시하여 얻어진다. 또한 좌표평면 $\mathbb{R}^2$에 포함되는 원판 D를 하나 잘라내면 $\mathbb{RP}^2 - D$는 뫼비우스의 띠가 되고 따라서 오른손 법칙을 일관되게 줄 수 있는 유향(orientable) 곡면이 아니다.

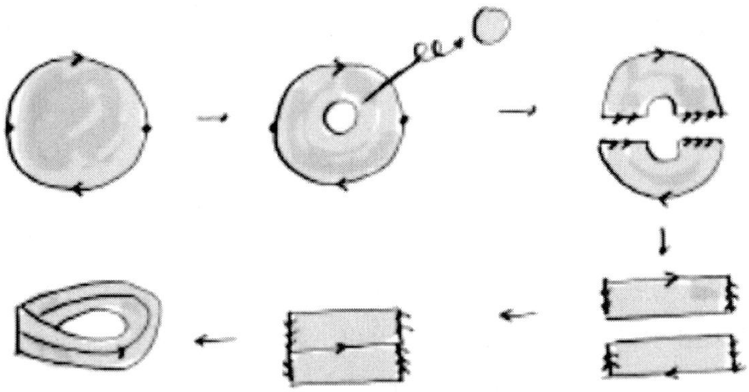

사영평면에서 작은 원판을 떼어내면 뫼비우스 띠가 얻어진다.

좌표평면 $\mathbb{R}^2$를 사영평면 $\mathbb{RP}^2$로 확장시키는 이유는 무엇인가? 첫번째 이유는 사영평면의 대칭군

$$\mathrm{PGL}_3(\mathbb{R}) = \mathrm{GL}_3(\mathbb{R})/\mathbb{R}^*$$

이 좌표평면의 대칭군 $\mathrm{E}_2 = \mathrm{O}_2(\mathbb{R}) \ltimes \mathbb{R}^2$보다 크다는 사실이다. 따라서 사영평면으로 확장하면 훨씬 많은 대상과 성질들이 대칭군에 의해 비교되어 이를 통해 다양한 기하학적 사실들을 쉽게 증명할 수 있다.

두번째 이유는 사영평면이 옹골 집합이라는 사실인데 그 이유는 연속이면서 전사인 함수 $S^2 \to \mathbb{RP}^2$가 존재하고 S^2가 옹골 집합이기 때문이다.

제 2 절 평면 상의 곡선

좌표평면

$$\mathbb{R}^2 = \{(x,y) : x,y\text{는 실수}\}$$

에서 d차 방정식 $f(x,y) = 0$을 만족하는 점들의 집합이 유한 집합이 아니면 d차 곡선이라고 부른다. 1차 곡선은 1차 방정식 $ax + by + c = 0$을 만족하는 점들의 집합이고 이것이 직선임은 누구나 알고 있다. 2차 곡선은 어떠한가? 이 장에서 우리는 항상 매끈한 곡선만 생각한다. 매끈하다는 것은 곡선의 각 점에서 접선이 유일하게 존재한다는 뜻이다. 예를 들어 3차 곡선

$$y^2 = x^2(x+1)$$

의 경우 원점에서 접선이 2개 있으므로 매끈하지 않다.

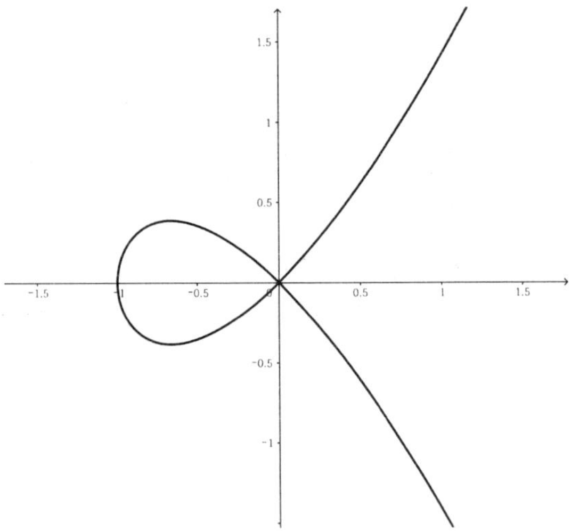

원점에서 접선을 2개 그을 수 있으므로 이 3차 곡선은 원점에서 매끈하지 않다.

직선, 타원, 포물선, 쌍곡선 등은 매끈하다. 식 $f(x,y) = 0$이 결정하는 곡선이 매끈할 필요충분조건은 곡선 상의 모든 점에서 f의 그래디언트 ∇f가 0이 아니라는 말과 같다. 0이 아닌 그래디언트가 접선을 유일하게 결정하기 때문이다.

2차식

$$ax^2 + bxy + cy^2 + px + qy + r = 0, \quad (a, b, c, p, q, r \text{ 은 실수})$$

이 정의하는 2차 곡선은 $b^2 - 4ac$가 양수이면 쌍곡선, 음수이면 타원, 0이면 포물선이 됨을 확인할 수 있는데 2차 곡선이 이들뿐임은 2200년 전 아폴로니우스도 알고 있던 사실이다.

3차 이상의 곡선들을 2차 곡선들처럼 분류할 수 있을까? 좋은 질문을 던져야 좋은 답을 얻는다. 분류를 요구할 때는 어떤 기준으로 분류할 것인지, 즉 어떤 대상들을 동등하다고 볼 것인지를 명확히 해야 한다. 기준이 너무 엄격하면 너무 많은 경우로 나눠져야 하므로 문제가 너무 어려워진다. 기준이 너무 느슨하면 분류는 간단해지지만 거친 분류로는 얻는 정보가 작다. 대부분의 수학자들이 선호하는 방법은 거친 분류를 하고 점차 세밀한 분류로 나아가는 것이다.

먼저 세밀한 분류를 생각해 보자. Euclid 운동을 통해서 하나를 다른 하나로 보낼 수 있으면 같은 곡선으로 보는, Euclid 군에 의한 분류를 각자 시도해보자. 3차 곡선만 해도 너무 복잡해지는 것을 금방 확인할 수 있을 것이다.

반대로 거친 분류를 생각해 보자. 거리 보존을 생각하지 않고 평면을 연속적으로 변형해서 한 곡선을 다른 곡선으로 바꿀 수 있다면 이들이 **위상적으로 동등**하다고 말한다. 즉 평면이 고무판이어서 원하는 부분을 마음껏 늘리고 줄일 수 있다고 할때 - 자르고 붙이는 것은 허용되지 않는다 - 한 곡선 C를 다른 곡선 C'으로 옮길 수 있으면 C와 C'이 위상적으로 동등하다는 말이다. 예를 들어

$$|x|^n + |y|^n = 1, \quad n > 0$$

은 모두 다르게 생겼지만 위상적으로는 동등하다. 또 평면 상의 모든 타원은 위상적으로 동등하다. Hilbert의 16번째 문제는 평면 곡선을 위상적으로 분류하자는 것이다.

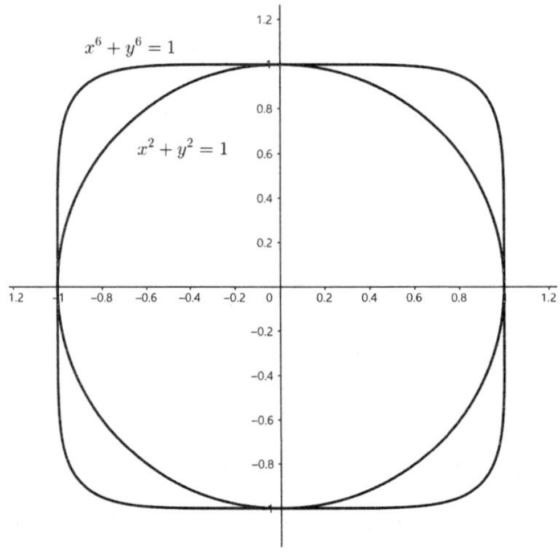

사영평면은 좌표평면을 더 복잡하게 만든 것처럼 보일 수 있지만 사실 곡선의 위상적 분류를 더 쉽게 만든다. 예를 들어 타원, 포물선, 쌍곡선이 무척 달라 보이지만 이들을 사영평면 $\mathbb{RP}^2$에 넣고 보면 모두 원과 위상적으로 동등하다. 식 $y^2 = 4ax$가 정의하는 포물선의 양 끝은 무한대 직선의 동일한 점 $[1, 0, 0]$으로 접근하고,

$$\frac{x^2}{a^2} - \frac{y^2}{b^2} = 1$$

이 정의하는 쌍곡선의 두 점근선은 무한대 직선의 두 점 $[\pm a, b, 0]$에 대응된다.

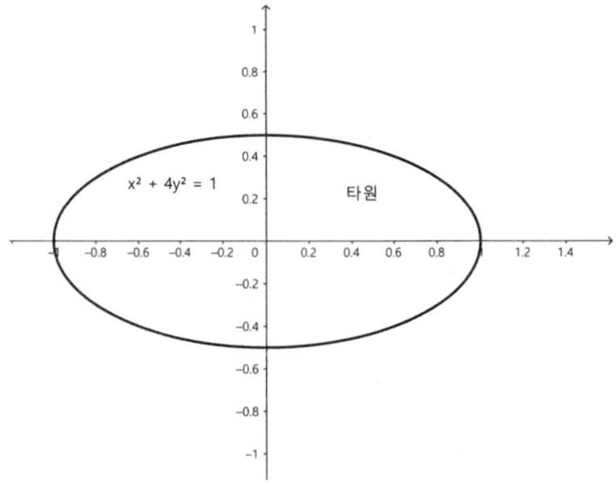

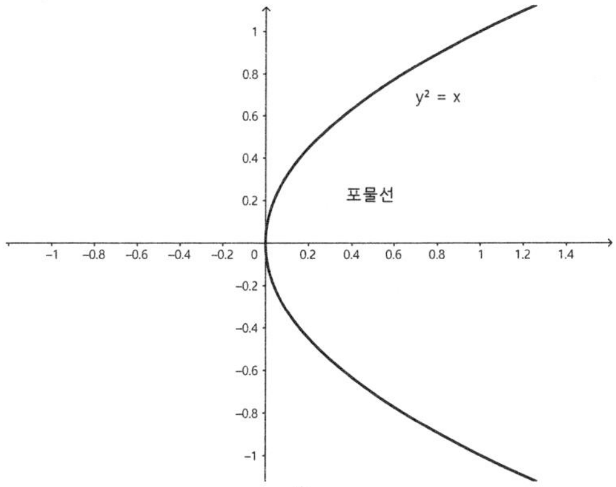

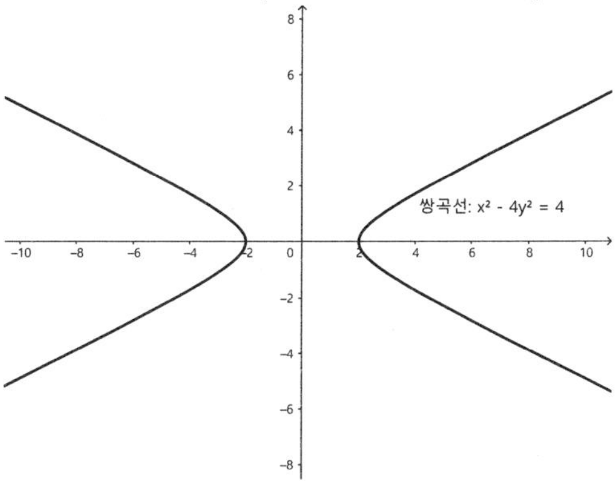

평면 상의 2차 곡선들

이 점들을 포함시키고 나면 사영평면에서 타원, 포물선, 쌍곡선 모두 닫힌 곡선, 즉 고리(oval, circuit, loop)의 모양임을 알 수 있다. 이것은 우연이 아니고 사영평면 상의 매끈한 곡선은 항상 유한 개의 고리들의 합집합으로 주어진다. 사영공간이 옹골 집합이고 옹골이고 연결된 매끈한 곡선은 고리뿐이기 때문이다. 바로 이 때문에 사영평면에서 모양을 생각하는 것이 유리하다.

좌표평면 $\mathbb{R}^2$에 포함되는 직선

$$L = (ax + by + c = 0)$$

의 양 끝을 따라가면 둘다 무한대 직선의 점 $[-b, a, 0]$으로 접근하고 이 점을 L에 추가하면 사영평면 $\mathbb{RP}^2$ 상의 고리 $\overline{L}$를 얻는다. 정리하면 사영평면 상에서 2차 이하의 곡선은 모두 1개의 고리와 위상적으로 동등함을 알 수 있다.

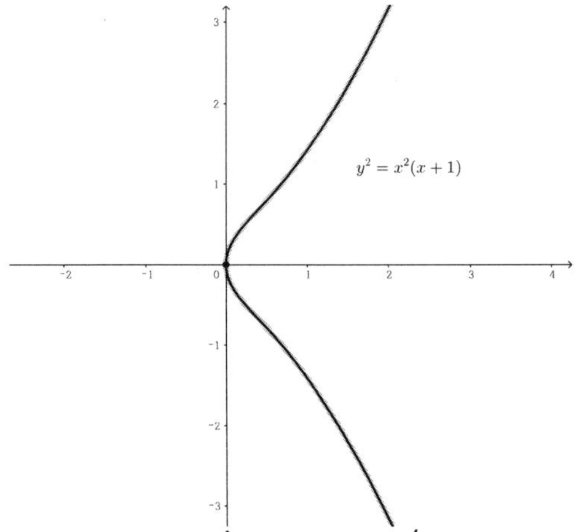

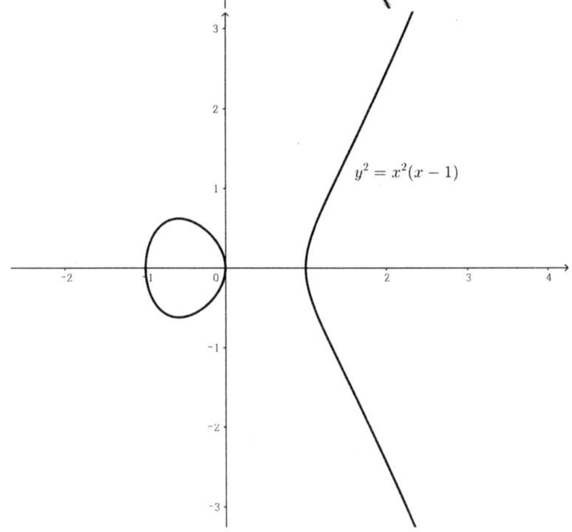

좌표평면 상의 매끈한 3차 곡선은 1개 또는 2개의 연결 성분을 갖는다.

3차 곡선은 어떠한가? 곡선

$$\cdot \quad y^2 = x(x^2 \pm 1)$$

의 개형을 그려보면, 무한대의 점을 추가하여, +이면 1개의 고리, −이면 서로 각각의 바깥에 놓인 2개의 고리 모양임을 알 수 있다.

3개 이상의 고리를 갖는 3차 곡선은 존재할 수 없는데 다음의 정리 때문이다.

Harnack의 정리 (1876). 사영평면 $\mathbb{RP}^2$ 상의 d차의 매끈한 평면 곡선 C는

$$\frac{(d-1)(d-2)}{2}+1$$

개 이하의 고리를 갖는다.

증명. 사영평면 $\mathbb{RP}^2 = S^2/\{\pm 1\}$에 포함된 고리는 2가지가 있는데, S^2의 대원 (great circle)의 이미지처럼 그 여집합이 연결된 집합인 경우와 북극 주변의 작은 원처럼 그 여집합이 2개의 연결 성분을 갖는 경우가 있다. 첫째 경우의 곡선은 그 여집합이 원판과 같으므로 그 여집합에 속하는 고리는 둘째 경우의 고리가 된다. 즉 첫째 경우의 고리들은 항상 서로 만나고 따라서 C는 최대 1개의 첫째 경우 고리만 가질 수 있다.

C가 고리들

$$C_1, \cdots, C_m, C_{m+1}, \quad m = \frac{(d-1)(d-2)}{2}+1$$

을 포함한다고 하자. $1 \le i \le m$에 대해 C_i는 모두 둘째 경우 고리라 해도 일반성을 잃지 않는다. 각각의 $1 \le i \le m$마다 한 점 $p_i \in C_i$를 고르자. 또 C_{m+1}에서 $d-3$개의 점 $q_1, q_2, \cdots, q_{d-3}$을 고르자. $1 \le i \le m$에 대해 $\mathbb{RP}^2 - C_i$는 내부와 외부, 2개의 연결 성분을 가지므로 C_i과 만나는 임의의 고리 D는 2개 이상의 점에서 만난다. 그런데 x, y에 관한 $d-2$차 이하의 다항식들이 이루는 벡터 공간의 차원이

$$\frac{d(d-1)}{2} > m+d-3$$

이므로 $p_1, \cdots, p_m, q_1, \cdots, q_{d-3}$를 모두 지나는 $d-2$차 곡선 D가 존재한다. $D \cap C_i$에는 2개 이상의 점이 존재하므로

$$\#(D \cap C) \ge 2m+d-3 > d(d-2)$$

이다. 이는 Bezout의 정리 (HP15 (1))에 의해 얻는 부등식

$$\#(D \cap C) \le d(d-2)$$

에 모순이다. □

$d = 3$이면 고리의 수가 2개 이하이고 위에서 살펴본 두 경우가 전부이다.[1]

4차 곡선의 차례이다. Harnack의 정리로부터 고리의 수는 최대 4개이다. 고리의 수가 1일때는 명백하다. 하지만 고리의 수가 2개일 때는 그림과 같은 2가지 가능성이 있다.

4차 곡선의 두 개의 고리는 서로의 외부에 놓여 있을 수 있고, 하나가 다른 하나의 내부에 놓여 있을 수도 있다. 두번째 경우에는 둥지를 이룬다고 말한다.

즉 각자의 외부에 놓인 두 고리의 경우와 한 고리가 다른 고리의 내부에 들어가는 경우이다. 후자의 경우 고리가 둥지를 이룬다(nested)고 한다. 4차 곡선이 둥지를 포함하면 고리의 수는 정확히 2개이다. 만약 3번째 고리가 있다면 이 고리의 한점과 둥지 안쪽 고리의 내부의 한점을 잇는 직선을 생각하면 주어진 4차 곡선과 5개 이상의 점에서 만나는데, 이는 1차 곡선과 4차 곡선은 최대 4개의 점에서만 만난다는 Bezout 정리에 모순이다. 따라서 고리가 3개 또는 4개일 경우 둥지를 포함할 수 없고 고리들의 모양은 아래 그림과 같다.

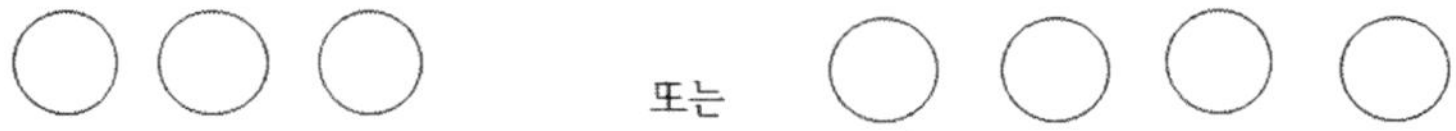

4차 곡선이 고리를 3개 이상 가지면 둥지를 이룰 수 없다.

종합하면 4차 곡선의 경우 고리의 모양은 총 5가지 가능성이 있고 이들 각각의 모양을 갖는 4차 곡선은 금방 찾을 수 있다. 예를 들어 고리 2개의 경우, 서로 만나지 않는 타원의 방정식 2개를 곱하면 된다. 고리 4개의 경우,

$$(x^2 + 2y^2 - 1)(2x^2 + y^2 - 1) + 1/100 = 0$$

[1] $d = 3$일때 한 고리가 다른 고리의 내부에 포함되는 둥지를 이루는 경우, 둘 중 하나는 내부와 외부를 구분할 수 없는 고리여야 한다. 만약 아니라면 각각의 고리에서 한 점씩 잡고 이들을 연결하는 직선을 생각하면, 둥지와 4개 이상의 점에서 만나야만 한다. Bezout 정리에 의해 3차 곡선과 직선은 3개 이하의 점에서만 만날 수 있으므로 이는 불가능하다. 따라서 둥지를 이룰 경우 둘 중 하나는 내부와 외부가 같고 따라서 둥지 내부에 있는 고리가 둥지 밖에 있는 것과 위상적으로 동등하다.

와 같이, 4개의 점에서 만나는 2개의 타원들의 방정식들을 곱하고 계수들을 살짝 바꿔 매끈하게 만들어주면 얻을 수 있다.

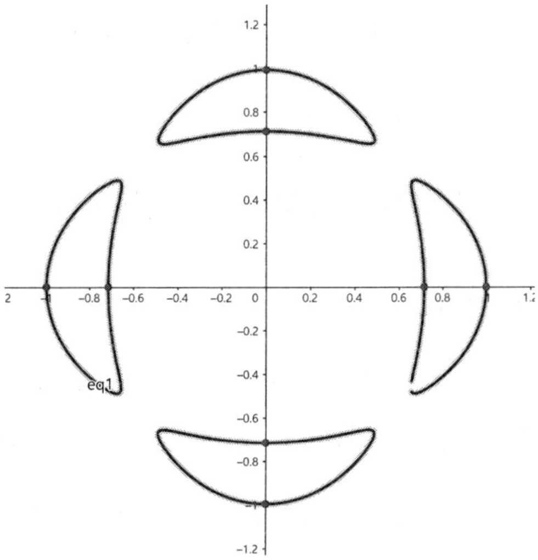

4개의 고리를 갖는 4차 곡선

Hilbert의 16번째 문제는 이런 식으로 곡선의 모양을 알아내라는 것이다.

제 3 절 Hilbert의 16번째 문제

사영평면 상의 d차 곡선들을 위상적으로 분류하는 것이 Hilbert의 16번째 문제이다. 일반적으로는 문제가 너무 어려우므로, Hilbert는 고리의 수가 최대인 경우, 즉

$$\frac{(d-1)(d-2)}{2}+1$$

개의 고리로 이루어진 d차 곡선을 위상적으로 분류하라고 묻는다.

Hilbert의 16번째 문제.

1. 사영평면 상의 d차 곡선의 모양을 위상적으로 분류하라. 특히 최다의 고리를 갖는 경우 고리들의 상대적 위치를 분류하라.
2. 곡면의 경우 Harnack의 정리처럼 최대 몇 개의 연결된 성분을 갖는지 알아내라.
3. 성분이 모두 다항식으로 주어진 벡터장이 있을 때 적분 곡선(integral curve) 중에서 고리가 되는 것의 최대 개수를 알아내라.

특별히 6차 곡선의 경우가 예로서 제시되었다. Hilbert는 6차 곡선의 경우 최다의 고리를 갖는 경우, 즉 11개의 고리를 갖는 경우, 가능한 모양이 그림의 둘 뿐이라고 확신했다.

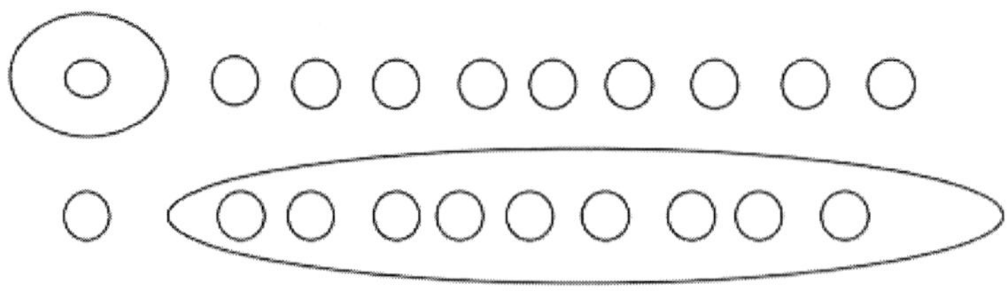

Hilbert는 11개의 연결 성분을 갖는 6차 곡선은 여기 있는 2가지 모양만 가능하다고 생각했다.

모스크바의 수학자 Gudkov는 1954년 박사학위 논문에서 Hilbert의 이 주장을 증명하였(다고 생각하였)으나 출판준비 과정에서 오류를 발견하였고, 무려

15년에 걸쳐 검토한 끝에 Hilbert의 주장이 사실이 아님을 발견하였다. 사실 하나의 모양이 더 가능하고 그 외에는 없음을 1969년에 증명하여 마침내 박사 학위를 받았다.

1969년 Gudkov가 새롭게 발견한 6차 곡선의 모양이다.

Gudkov의 결과는 1970년대 Arnold, Kharlamov, Rokhlin 등에 의해 확장되었는데 결정적 아이디어는 실수 근들의 집합을 복소수 근들의 집합과 비교하는 것이다. 실수 계수 다항식 $f(x,y)$는 실수 근들의 집합

$$X = \{(x,y) \in \mathbb{R}^2 \mid f(x,y) = 0\}$$

과 복소수 근들의 집합

$$X_{\mathbb{C}} = \{(z,w) \in \mathbb{C}^2 \mid f(z,w) = 0\}$$

을 정의하는데, X는 켤레 복소수를 취하는 함수

$$\tau : (z,w) \mapsto (\bar{z}, \bar{w})$$

가 항등함수로 작용하는 $X_{\mathbb{C}}$의 부분집합이다. 즉 X가 τ의 고정 점들의 집합인데 위상수학에는 이러한 고정 점들의 집합의 호몰로지 군을 $X_{\mathbb{C}}$의 호몰로지 군과 τ의 작용을 통해 분석하는 도구들이 개발되어 있다. 이들을 사용하여, 차수 $d = 2k$가 짝수이고 고리의 수가 최대인 경우, 자신을 내부에 포함하는 다른 고리들의 수가 짝수인 고리의 수 P와 홀수인 고리의 수 N사이에 식

$$P - N \equiv k^2 \mod 8$$

이 성립함이 Rokhlin에 의해 증명되었다. 특별히 $d = 6$인 경우에 적용하면 $P - N$을 8로 나눈 나머지가 1이고 $P + N = 11$이므로 가능한 (P, N)의 순서쌍은

$$(6,5), \quad (2,9), \quad (10,1)$$

의 3가지뿐임을 확인할 수 있다. 이를 통해 Gudkov가 찾은 3가지 모양만 가능함을 확인할 수 있다.

1970년대이래 꾸준히 이 방법들을 발전시켜 고리의 수가 최대인 7차와 8차 곡선의 모양은 완전히 분류가 끝났다. 또한 4차 이하의 곡면들도 완전히 분류되었다.

왜 실수 위에서 정의된 곡선 X를 복소수 위에서 정의된 리만 곡면 $X_{\mathbb{C}}$와 비교하는가? 그 이유는 $X_{\mathbb{C}}$는 위상적으로 차수 d에 의해 완전히 결정되고 그 모양은 구멍의 개수(종수, genus)가

$$g = \frac{(d-1)(d-2)}{2}$$

인 곡면인데 이 곡면에 대해서는 아주 많은 것을 우리가 알고 있기 때문이다.

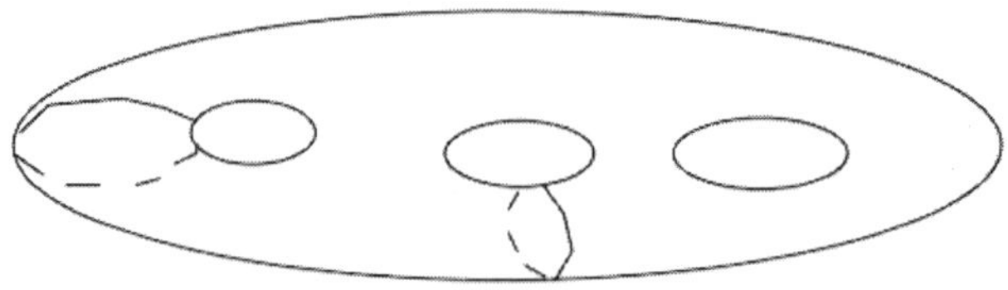

복소수 위에서 평면 상의 4차 곡선은 모두 구멍의 수(genus)가 3인 곡면이다.

복소수로 가면 실수일 때보다 모든 것들이 훨씬 질서 정연해지고 일관된 법칙을 찾기가 수월해진다. 실수 위에서의 기하학은 길들일 방법을 찾지 못한 야생동물과 같다.

참고문헌

A. Degtyarev and V. Kharlamov, *Topological properties of real algebraic varieties: du cote de chez Rokhlin*, arXiv:math/000413.

J. Harris, *Algebraic geometry, a first course*, Springer, 1992.

A. Hatcher, *Algebraic Topology*, Cambridge University Press.

Y. Ilyashenko, *Centennial history of Hilbert's 16th problem*, Bulletin of the American Mathematical Society, vol. 39 (2002), no. 3, 301-354.

G. Wilson, *Hilbert's sixteenth problem*, Topology, vol. 17 (1978), 53-73.

HP17. 양 유리함수와 제곱의 합

$$
\begin{aligned}
169 &= 13^2 \\
&= 5^2 + 12^2 \\
&= 3^2 + 4^2 + 12^2 \\
&= 4^2 + 5^2 + 8^2 + 8^2 \\
&= 3^2 + 4^2 + 4^2 + 8^2 + 8^2 \\
&= \cdots \\
&= 1^2 + \cdots + 1^2 + 2^2 + 2^2 + 3^2
\end{aligned}
$$

169는 $1 \le s \le 155$ 인 모든 s 에 대하여 s 개의 제곱의 합으로 나타낼 수 있다.

실함수의 제곱은 항상 0 이상의 값을 취한다. 또 그들의 합도 그러하다. 그렇다면 그 역은 성립하는가? 즉, 함수값이 항상 0 이상인 함수는 다른 실함수들의 제곱의 합으로 표시할 수 있는가? 만약 일반적으로는 역이 성립하지 않는다면 어떤 경우에 역이 성립하는가? 이러한 의문은 매우 자연스러운 것이라고 할 수 있다. Hilbert 의 17 번째 문제는 바로 이러한 의문에 관한 것이다. 이 장에서는 Hilbert 의 17 번째 문제와 그에 관련된 Pythagoras 수, 제곱수의 합, 그리고 Waring 문제 등을 다루고자 한다.

제 1 절 유리함수의 제곱의 합

Hilbert 의 17 번째 문제를 소개하기 위하여 필요한 몇 가지 기호와 용어를 정의하자. 먼저 n 개의 실변수 $x_1, x_2, \cdots, x_n$ 에 대한 실계수 다항함수들로 이루어진 다항식환을 $\mathbb{R}[x_1, x_2, \cdots, x_n]$ 으로 쓰자.[1]

정의 17.1. 서로 소인 $g(x_1, x_2, \cdots, x_n), h(x_1, x_2, \cdots, x_n) \in \mathbb{R}[x_1, x_2, \cdots, x_n]$ 에 대하여

$$f(x_1, x_2, \cdots, x_n) = \frac{g(x_1, x_2, \cdots, x_n)}{h(x_1, x_2, \cdots, x_n)}$$

꼴의 함수를 (실계수) **유리함수** (rational functions)라고 한다. 모든 실계수 유리함수들로 이루어진 집합을 $\mathbb{R}(x_1, x_2, \cdots, x_n)$ 으로 쓰는데 이 집합은 **유리함수체**라고 불리는 체가 된다.

정의 17.2. 실계수 유리함수 $f(x_1, x_2, \cdots, x_n) \in \mathbb{R}(x_1, x_2, \cdots, x_n)$ 이 임의의 $a_1, a_2, \cdots, a_n \in \mathbb{R}$ 에 대하여,

$$f(a_1, a_2, \cdots, a_n) \geq 0$$

일 때, f 를 **양 유리함수** (positive definite rational function)라고 한다.[2]

[1] HP7 의 1 절 참조.

[2] 서로 소인 $g, h \in \mathbb{R}[x_1, x_2, \cdots, x_n]$ 에 대하여 $f = g/h$ 로 쓸 때, $h(a_1, a_2, \cdots, a_n) \neq 0$, $\forall a_1, a_2, \cdots, a_n \in \mathbb{R}$ 이어야 한다. 보통은 임의의 $(a_1, a_2, \cdots, a_n) \neq (0, 0, \cdots, 0)$ 에 대하여 $f(a_1, a_2, \cdots, a_n) > 0$ 를 만족하여야 양 함수라고 하지만 여기서는 함수값이 항상 0 이상이면 양 함수라고 하기로 한다.

HP17. 임의의 양 유리함수 $f(x_1, x_2, \cdots, x_n) \in \mathbb{R}(x_1, x_2, \cdots, x_n)$ 은 몇 개의 유리함수의 제곱의 합으로 쓸 수 있는가? 즉, 임의로 주어진 양 유리함수 $f \in \mathbb{R}(x_1, x_2, \cdots, x_n)$에 대하여, $f_1, f_2, \cdots, f_r \in \mathbb{R}(x_1, x_2, \cdots, x_n)$가 존재하여

$$f = f_1^2 + f_2^2 + \cdots + f_r^2 \tag{1}$$

꼴로 쓸 수 있는가? 이 때, f를 (1)꼴로 쓰는데 필요한 유리함수의 개수 r은 f에 따라 다를 수 있다.

$f \in \mathbb{R}(x_1, x_2, \cdots, x_n)$를 (1)꼴로 나타낼 수 있을 때, $f = \boxed{r}$로 표시한다. 한 가지 유의할 점은 $f = \boxed{r}$이라고 쓸 때, r이 (1)을 만족시키는 가장 작은 자연수라는 뜻은 아니라는 점이다.

Hilbert의 17번째 문제와 관련하여, $f \in \mathbb{R}[x_1, x_2, \cdots, x_n]$이고, $n \geq 2$이면, 어떠한 r을 택하여도 (1)을 만족시키는 $f_1, f_2, \cdots, f_r$을 $\mathbb{R}[x_1, x_2, \cdots, x_n]$에서 찾을 수 없는 양 다항함수 f가 존재한다는 것을 Hilbert 자신이 19세기 후반에 증명하였다. 그리고 그러한 양 다항함수의 구체적인 예는 1966년 Motzkin에 의하여 처음으로 발견되었다. 2변수 6차 양 다항함수

$$m(x_1, x_2) = 1 + x_1^2 x_2^4 + x_1^4 x_2^2 - 3x_1^2 x_2^2 \in \mathbb{R}[x_1, x_2] \tag{2}$$

가 그러한 예로서 $m(x_1, x_2)$는 다른 다항함수들의 제곱의 합으로 표시할 수 없는 양 다항함수이다. Hilbert의 17번째 문제에서 그 대상을 유리함수로 한 것은 이러한 이유 때문이다.

HP17에서 $n = 1$이면 $f \in \mathbb{R}[x_1]$로서 모든 실수 a_1에 대하여

$$f(a_1) \geq 0$$

이므로, 이 경우

$$f = \boxed{2} \tag{3}$$

임을 어렵지 않게 증명할 수 있다. 한편, $n = 2$ 인 경우에는 이미 1893 년에 Hilbert 가 다음을 증명하였다.

$$f \in \mathbb{R}(x_1, x_2) : \text{양} \implies f : \text{유리함수들의 제곱의 합.}$$

Hilbert 의 결과는 1906년에 Landau 에 의하여 다음과 같이 발전되었다. 모든 $f \in \mathbb{R}(x_1, x_2)$ 에 대하여, f 가 양이면

$$f = \boxed{4}. \tag{4}$$

즉, 모든 2 변수 양 유리함수는 네 개의 유리함수의 제곱의 합으로 표현할 수 있다는 것이다. 그는 더 나아가, 모든 $f \in \mathbb{Q}(x_1)$ 에 대하여, f 가 양이면 $f = \boxed{8}$ 임도 증명하였다. 이 결과는 1971 년에 Pourchet 에 의하여 모든 $f \in \mathbb{Q}(x_1)$ 에 대하여, f 가 양이면

$$f = \boxed{5} \tag{5}$$

로 발전되었다.[3]

HP17 는 1926 년 Artin 이 완전히 해결하였다.

> **정리 17.3.** (Artin, 1926) n 을 임의로 자연수라고 하자. 임의로 주어진 양 유리함수 $f \in \mathbb{R}(x_1, x_2, \cdots, x_n)$ 에 대하여, $f_1, f_2, \cdots, f_r \in \mathbb{R}(x_1, x_2, \cdots, x_n)$ 이 존재하여
>
> $$f = f_1^2 + f_2^2 + \cdots + f_r^2$$
>
> 꼴로 쓸 수 있다.

Artin 의 결과는 HP17 을 해결하기에는 충분한 것이었지만, 주어진 f 에 대하여 $f = f_1^2 + f_2^2 + \cdots + f_r^2$ 를 만족시키는 $f_1, f_2, \cdots, f_r$ 를 찾는 방법은 제시하지는 못하였다. 그 방법은 1940 년대와 1950 년대에 걸쳐 Habicht 와 Kreisel 등이 제시하였다.

[3]Pourchet 는 계수가 일반적인 수체의 원소일 경우에도 같은 결과를 증명하였다. 수체에 대하여는 §17.2 참조.

Artin 은 $f \in \mathbb{Q}(x_1, x_2, \cdots, x_n)$ 에 대하여도 f 가 양이면

$$\exists\, f_1, f_2, \cdots, f_r \in \mathbb{Q}(x_1, x_2, \cdots, x_n) \;:\; f = f_1^2 + f_2^2 + \cdots + f_r^2$$

임을 증명하였다.[4]

한편, Pfister 는 Landau 의 결과를 모든 자연수 n 에 대하여 확장하였다. 즉,

> **정리 17.4.** (Pfister, 1967) n 을 임의로 자연수라고 하자. 모든 양 유리함수 $f \in \mathbb{R}(x_1, x_2, \cdots, x_n)$ 에 대하여,
>
> $$f = \boxed{2^n}$$
>
> 이다. 즉, f 를 2^n 개의 유리함수들의 제곱의 합으로 쓸 수 있다.

양 유리함수 $f \in \mathbb{Q}(x_1, x_2, \cdots, x_n)$ 에 대하여는 아직 위의 정리와 유사한 결과가 알려진 바 없다. 조금 더 자세히 이야기하면, 임의의 자연수 n 에 대하여 모든 양 유리함수 $f \in \mathbb{Q}(x_1, x_2, \cdots, x_n)$ 를 유리함수들의 제곱의 합으로 표시하기 위하여 필요한 제곱의 개수의 상한에 관하여는 아무것도 알려진 것이 없다는 것이다.

정의 17.5. R 을 환 또는 체라고 하자. S 를 R 의 원소 중에서 제곱의 합으로 표시되는 모든 원소들로 이루어진 R 의 부분집합이라고 하자. 모든 $s \in S$ 에 대하여 $s = \boxed{r}$ 일 때, 이러한 자연수 r 중에서 가장 작은 것을 R 의 **Pythagoras 수** 라고 하고 $\mathrm{Pnum}(R)$ 로 쓴다.

1964 년 Cassels 는 $\mathbb{R}(x_1, x_2, \cdots, x_n)$ 에서

$$1 + x_1^2 + x_2^2 + \cdots + x_n^2 \neq \boxed{n} \tag{6}$$

[4]Artin 은 계수가 일반적인 수체의 원소일 경우에도 같은 사실을 증명하였다.

임을 증명하였다. Pfister 와 Cassels 의 결과로부터, 임의의 자연수 n 에 대하여

$$n+1 \le \mathrm{Pnum}(\mathbb{R}(x_1, x_2, \cdots, x_n)) \le 2^n \tag{7}$$

임을 알 수 있다. 정확한 값이 알려진 경우는 다음과 같다.

$$\begin{aligned} &\mathrm{Pnum}(\mathbb{R}(x_1)) = 2, \\ &\mathrm{Pnum}(\mathbb{R}(x_1, x_2)) = 4, \\ &\mathrm{Pnum}(\mathbb{Q}(x_1)) = 5. \end{aligned} \tag{8}$$

$\mathrm{Pnum}(\mathbb{R}(x_1)) = 2$ 는 (7)로부터 당연하고, $\mathrm{Pnum}(\mathbb{R}(x_1, x_2))$ 는 (7)에 의하여 3 또는 4 인데, 앞에서 소개된 Motzkin 의 다항식 $m(x_1, x_2)$ 를 생각해보면[5] $\mathbb{R}(x_1, x_2)$ 에서

$$m(x_1, x_2) = 1 + x_1^2 x_2^4 + x_1^4 x_2^2 - 3x_1^2 x_2^2 \ne \boxed{3}$$

이므로 4가 된다. 끝으로 $\mathrm{Pnum}(\mathbb{Q}(x_1)) = 5$ 는 앞에서 언급한 Pourchet 의 결과가 최적이라는 뜻으로 $\mathbb{Q}(x_1)$ 에서

$$x_1^2 + 7 \ne \boxed{4}$$

이므로 자명하다.[6] $\mathbb{Q}(x_1, x_2, \cdots, x_n)$ 에 관한 다음의 예상은 아직 미해결 문제로 남아 있다.

Hsia-Johnson 예상. (1976) 임의의 자연수 n 에 대하여

$$\mathrm{Pnum}(\mathbb{Q}(x_1, x_2, \cdots, x_n)) \le 2^n + 3 \ (?)$$

---

[5] (2) 참조.

[6] 7 을 표시하는 데에만 4 개의 제곱이 소요된다는 사실을 Lagrange 의 네 제곱 정리로부터 쉽게 유도할 수 있다.

한편,

$$\begin{aligned} \mathrm{Pnum}(\mathbb{R}) &= 1, \\ \mathrm{Pnum}(\mathbb{Q}) &= 4 \end{aligned} \tag{9}$$

임을 주목하라. $\mathrm{Pnum}(\mathbb{R}) = 1$는 자명하고, $\mathrm{Pnum}(\mathbb{Q}) = 4$는 HP11에서 소개된 바 있는 Lagrange의 네 제곱 정리로부터 쉽게 유도된다.

이 절의 내용에 대한 보다 자세한 내용은 [Browder], [Knebusch-Scharlau], [Lam], [Milnor-Husemoller], [Pfister] 등을 참조하라.

제 2 절 정수의 제곱의 합

이 절에서는 정수의 제곱의 합에 대하여 자세히 다루고자 한다. 우선 Lagrange 의 네 제곱 정리가 다음과 같 동치임은 자명하다.

$$\text{Pnum}(\mathbb{Z}) = 4. \tag{10}$$

Lagrange 의 네 제곱 정리를 처음 접하면 모든 자연수를 세 개의 정수의 제곱의 합으로 표시할 수는 없는가 하는 의문이 자연스럽게 제기된다. 먼저 이러한 의문에 대한 답을 제공한 Gauss 의 결과를 증명 없이 소개하자.

정리 17.6. (Gauss) 자연수 n 을 세 개의 정수의 제곱의 합으로 나타낼 수 없기 위한 필요충분조건은

$$\exists a, b \text{ 음이 아닌 정수 } : n = 4^a(8b+7).$$

충분조건임은 (mod 8)로 따져보는 것으로 간단히 증명할 수 있다. 필요조건의 증명은 그러나 매우 복잡하고 많은 지면을 필요로 한다. 이제 정수의 개념을 확장하여 제곱의 합 문제를 생각해보자. 체 K 가 $\mathbb{Q}$ 를 포함하고 $\mathbb{C}$ 에 포함되어 있다고 하자. 또 K 를 $\mathbb{Q}$-벡터공간으로 간주할 때,

$$\dim_{\mathbb{Q}} K < \infty$$

라고 가정하자. 이러한 K 를 **수체** (number field)라고 한다.

체 이론에 의하면 수체 K 의 원소는 항상 대수수이다. 즉, $K \subset \overline{\mathbb{Q}}$ 이다.[7] 따라서 임의의 K 의 원소는 유리수계수를 가지는 다항식의 해이다. K 의 원소 중에서 특히 최고차 항의 계수가 1 인 정수계수 다항식의 해가 되는 것들을 대수적 정수라고 하는데, 이러한 K 에 있는 모든 대수적 정수들로 이루어진 집합은 환이 된다. 이러한 내용을 정리하면,

[7] HP7 참조.

정의 17.7. 수체 K 에 대하여

$$\mathcal{O}_K := \{\, \alpha \in K \mid \exists\, f(x) \in \mathbb{Z}[x]^\times \ : \ f \text{ 의 최고차 항의 계수는 } 1,\ f(\alpha) = 0 \,\}$$

을 K 의 **대수적 정수환** (ring of algebraic integers)이라고 하고 $\mathcal{O}_K$ 의 원소를 K 의 **대수적 정수** (algebraic integer)라고 한다.

대수적 정수는 정수의 개념을 확장한 것으로 볼 수 있다. 유리수체 $\mathbb{Q}$ 에 대한 정수환 $\mathbb{Z}$ 에 해당하는 것이 바로 수체 K 에 대한 K 의 대수적 정수환 $\mathcal{O}_K$ 이다. 물론 $\mathbb{Z} \subset \mathcal{O}_K$ 이다.

수체 K 가 이차체[8]일 경우를 생각하자. 즉, 무승수 d 에 대하여

$$K = \mathbb{Q}(\sqrt{d}) := \{\, a + b\sqrt{d} \mid a, b \in \mathbb{Q} \,\} \tag{11}$$

꼴의 수체를 생각하자.[9] 이 때, K 의 대수적 정수환 $\mathcal{O}_K$ 는 다음과 같다.

정리 17.8. 이차체 $K = \mathbb{Q}(\sqrt{d})$ 에 대하여

$$\omega_d := \begin{cases} \sqrt{d} & d \equiv 2, 3 \pmod 4 \text{ 일 때} \\ \dfrac{1+\sqrt{d}}{2} & d \equiv 1 \pmod 4 \text{ 일 때} \end{cases}$$

라고 하자. 단, d 는 무승수이다. 이 때,

$$\mathcal{O}_K = \mathbb{Z}[\omega_d] := \{\, a + b\omega_d \mid a, b \in \mathbb{Z} \,\}.$$

이제부터 d 를 1 보다 큰 무승수라고 하자. 이 때 $K = \mathbb{Q}(\sqrt{d}) \subset \mathbb{R}$ 을 **실 이차체**라고 한다.[10] 실 이차체 $K = \mathbb{Q}(\sqrt{d})$ 에 대하여, 대수적 정수환 $\mathcal{O}_K = \mathbb{Z}[\omega_d]$ 의 Pythagoras 수는 다음과 같다.

---

[8] 수체 K 가 이차체라는 것은 K 를 $\mathbb{Q}$-벡터공간으로 간주할 때, $\dim_{\mathbb{Q}} K = 2$ 라는 뜻이다.

[9] 이 때, K 는 $\{1, \sqrt{d}\}$ 를 기저로 가지는 2 차원 $\mathbb{Q}$-벡터공간이므로 이차체이다. 실은 모든 이차체는 이런 꼴의 수체이다.

[10] $d < 0$ 인 무승수에 대하여 $\mathbb{Q}(\sqrt{d}) \not\subset \mathbb{R}$ 을 복소 이차체라고 한다.

정리 17.9. 실 이차체 $K = \mathbb{Q}(\sqrt{d})$ 의 대수적 정수환 $\mathcal{O}_K = \mathbb{Z}[\omega_d]$ 에 대하여

$$\mathrm{Pnum}(\mathbb{Z}[\omega_d]) = \begin{cases} 3 & d = 2, 3, 5 \text{ 일 때} \\ 4 & d = 6, 7 \text{ 일 때} \\ 5 & d \geq 10 \text{ 일 때} \end{cases}$$

이다. 단, $d > 1$는 무승수이다.

$K = \mathbb{Q}(\sqrt{d})$ 의 원소 $a + b\sqrt{d}$ 에 대하여,

$$a + b\sqrt{d} > 0, \ a - b\sqrt{d} > 0$$

일 때, $a + b\sqrt{d}$를 **완전 양** (totally positive)이라고 한다. K 의 원소의 제곱은 물론 항상 완전 양이고, 제곱들의 합도 완전 양이다.

이제 실 이차체 K 의 대수적 정수환 $\mathcal{O}_K = \mathbb{Z}[\omega_d]$ 에 대하여, $\mathcal{O}_K$ 의 임의의 원소 $a + b\omega_d$ 가 완전 양이면 항상 대수적 정수들의 제곱의 합으로 쓸 수 있는가 하는 질문을 생각해 보자. 이 질문에 관한 다음의 경이로운 결과는 Siegel 이 증명하였다.

정리 17.10. (Siegel, 1941) $K = \mathbb{Q}(\sqrt{d})$를 실 이차체라고 하자. 임의의 완전 양인 대수적 정수가 항상 대수적 정수들의 제곱의 합이 되기 위한 필요충분조건은 $d = 5$ 이다.

실제로 Siegel 은 모든 실 수체[11]에 대하여 정리 17.10을 증명한 바 있다. 다음은 유명한 Maass 의 세 제곱 정리이다.

[11] 실 수체의 정의는 복잡하여 생략하기로 한다. 단, 어떤 수체가 $\mathbb{R}$ 의 부분체라고 해서 실 수체가 되는 것은 아니다.

정리 17.11. (Maass, 1945) 실 이차체 $K = \mathbb{Q}(\sqrt{5})$ 의 대수적 정수환 $\mathcal{O}_K = \mathbb{Z}[(1+\sqrt{d})/2]$ 에서 임의의 완전 양인 대수적 정수는 세 개의 대수적 정수들의 제곱의 합이다.

Maass 의 세 제곱 정리를 보편 격자의 관점에서 보면, $K = \mathbb{Q}(\sqrt{5})$ 일 때, $\langle 1,1,1\rangle$ 이 보편 $\mathcal{O}_K$-격자라는 의미이다.[12]

수체에 관한 기본적인 성질들은 [Cohen], [Lang] 등을 참조하라. 또 제곱의 합과 Pythagoras 수 등에 관하여는 [Grosswald], [Ribenboim], [Kim] 등을 참조하라.

[12]HP11 의 4 절 참조.

제 3 절 Waring 문제

이 절은 임의의 자연수 k에 대하여 정수의 k승의 합에 관한 Waring 문제를 소개하고자 한다. Lagrange 의 네 제곱 정리가 발표되자 Waring 은 다음과 같은 예상을 하였다.

> **Waring 의 예상.** 모든 자연수는 네 개의 정수의 2승들의 합이고, 아홉 개의 정수의 3승들의 합이고, 열 아홉 개의 정수의 4승들의 합이다··· (?)

Waring 의 이 예상은 후에 맞는 것으로 밝혀졌으며, 보다 일반적인 Waring 문제의 시작이 되었다. Waring 문제와 관련하여 Hilbert 는 다음의 정리를 증명하였다.

정리 17.12. (Hilbert, 1909) 임의의 자연수 k에 대하여, 어떤 자연수 g가 존재하여 모든 자연수를 g개의 정수의 k승의 합으로 표시할 수 있다.

> **Waring 의 문제.** 임의의 자연수 k에 대하여 g의 최소값 $g(k)$는?

Waring 의 문제에 관한 중요한 결과들을 연대별로 나열하면 다음과 같다.

- $g(1) = 1$ 임은 자명하다.
- Lagrange(1772) : $g(2) = 4$.
- Wieferich(1909) : $g(3) = 9$.
- Pillai(1940) : $g(6) = 73$.
- Chen(1964) : $g(5) = 37$.

- Balasubramanian-Dress-Deshouillers(1986) : $g(4) = 19$.

한편, $k \geq 7$ 인 경우에는 Dickson, Rubugunday, Niven 등의 10 여 년에 걸친 연구 결과에 의하여 다음과 같은 놀라운 공식이 탄생하였다. 거의 모든[13] $k \geq 7$ 에 대하여,

$$g(k) = \left\lfloor (3/2)^k \right\rfloor + 2^k - 2. \tag{12}$$

여기서, $\lfloor * \rfloor$ 는 $*$ 보다 크지 않은 가장 큰 정수를 나타낸다. (12)가 성립하는 경우를 정확하게 서술하면 다음과 같다. $k \geq 7$ 에 대하여, 3^k 를 2^k 로 나누는 Euclid 알고리즘

$$3^k = q_k 2^k + r_k, \quad 0 < r_k < 2^k$$

을 생각할 때,

$$q_k + r_k < 2^k \tag{13}$$

이면 (12)가 성립한다. $q_k + r_k \geq 2^k$ 인 경우에도 $g(k)$ 를 구하는 공식이 있지만 생략하기로 한다. Mahler(1957) 는 (13)을 만족하지 않는 $k \geq 7$ 는 유한 개뿐임을 증명하여 수학계를 놀라게 하였다. 그는 더 나아가 $k \geq 7$ 인 자연수는 모두 (13)을 만족시킬 것이라고 예상하였으나, 아직 미해결 상태이다.

한편, 주어진 자연수 k 에 대하여, 자연수 G 가 존재하여 유한 개를 제외한 모든 자연수를 G 개의 정수의 k 승의 합으로 표시할 수 있음은 정리 17.12 에 의하여 당연하다. 이 때 G 의 최소값을 $G(k)$ 로 쓰는데, $G(k)$ 의 정확한 값에 대하여는 알려진 것이 별로 없다. 알려진 결과는

$$G(1) = 1, \ G(2) = 4, \ G(4) = 16 \tag{14}$$

정도가 고작이다. 물론

$$G(k) \leq g(k)$$

임은 당연하다. $G(3)$ 에 관하여는

$$4 \leq G(3) \leq 7 \tag{15}$$

[13] '거의 모든'이란, 예외가 유한 개뿐이라는 뜻의 수학용어이다.

임이 알려져 있다. 하한은 Maillet(1895), 상한은 Linnik(1943) 이 구하였다. 그 외에도

$$\begin{aligned} 6 &\le G(5) \le 21, \\ 9 &\le G(6) \le 31, \\ 8 &\le G(7) \le 45, \cdots \end{aligned} \tag{16}$$

등이 알려져 있다. Waring 문제에 대한 자세한 역사와 연구 결과는 [Hua], [Ribenboim] 등을 참조하라.

연습문제

1. (1) 다항함수 $m(x_1, x_2) = 1 + x_1^2x_2^4 + x_1^4x_2^2 - 3x_1^2x_2^2 \in \mathbb{R}[x_1, x_2]$ 가 양 함수임을 증명하라.

   (2) f 가 다항함수들의 제곱의 합이 될 수 없음을 보이라.

   (3) $\mathbb{R}[x_1, x_2]$ 에서 $m(x_1, x_2) \neq \boxed{3}$ 임을 보이라.

2. $\mathbb{Q}(x_1)$ 에서 $x_1^2 + 7 \neq \boxed{4}$ 임을 보이라.

3. 모든 음 아닌 정수 a, b 에 대하여 $n = 4^a(8b+7)$ 꼴의 자연수들은 세 개의 정수의 제곱의 합으로 쓸 수 없음을 증명하라.

4. K 가 수체일 때, $\mathbb{Z} \subset \mathcal{O}_K$ 임을 보이라.

5. 자연수 k 에 대하여 $g(k) \geq \lfloor (3/2)^k \rfloor + 2^k - 2$ 임을 보이라.

참고문헌

F. E. Browder (ed.), *Mathematical developments arising from HILBERT PROBLEMS*, Proc. Symposia in PURE MATHEMATICS **XXVIII** - Part 1,2, Amer. Math. Soc., 1976. (2nd printing 1977.)

H. Cohen, *A Course in Computational Algebraic Number Theory*, Springer-Verlag, 1993.

E. Grosswald, *Representations of Integers as Sums of Squares*, Springer-Verlag, 1985.

L. K. Hua, *Introduction to Number Theory*, Springer-Verlag, 1982.

M.-H. Kim *et al.* **(ed.)**, *Integral Quadratic Forms and Lattices*, Contemporary Math. **249**, Amer. Math. Soc., 1999.

M. Knebusch and W. Scharlau, *Algebraic Theory of Quadratic Forms - Generic Forms and Pfister Forms*, DMV Seminar **1**, Birkhäuser, 1980.

T. Y. Lam, *The Algebraic Theory of Quadratic Forms*, W. A. Benjamin Inc., 1973.

S. Lang, *Algebraic Number Theory*, 2nd ed., Springer-Verlag, 1994.

J. Milnor and D. Husemoller, *Symm. Bilinear Forms*, Springer-Verlag, 1973.

A. Pfister, *Quadratic Forms with Applications to Algebraic Geometry and Topology*, London Math. Soc. Lecture Notes Ser. **217**, Cambridge Univ. Press, 1995.

P. Ribenboim, *The Book of Prime Number Records*, 2nd ed., Springer-Verlag, 1989.

HP18(a). 결정 분류 문제

Lewis Carroll의 *Through the Looking-Glass*에 나오는
John Tenniel의 그림

1912년에 독일의 물리학자 Max von Laue(1879–1960)는 결정이 X-선의 회절격자 역할을 한다는 것을 발견하였다. 이 실험에서 세 가지 사실이 동시에 보였다. X-선은 빛의 일종이고, 원자가 존재하며, 결정에서는 원자배열이 잘 정돈되어 있다는 것 [Senechal, p.24]. 실제로 감광판에서 관측되는 것은 "파동함수의 Fourier 변환"이다. Fourier 변환은 20세기들어 아날로그 신호를 디지털 신호로 변환하는 통신혁명을 이룩하는 데 큰 역할을 한다.

Hilbert 의 열여덟 번째 문제에는 세 가지 질문이 나온다. 그 첫 번째는 "n-차원 공간에서 **결정**(crystal)을 분류하면 유한 가지가 나타나는가?"라는 질문이다.

두번째 질문은 한 가지 영역을 모형으로 하여 그와 합동인 것들로 공간을 빈틈없이 가득 채울 수 있으면서 결정과 달리 주기성이 없을 수 있는가?라는 **타일링**에 관한 질문이다.

결정이란 동일한 모양이 주기적으로 나타나고 동시에 이산적으로 나타나는 것을 뜻한다. 평면에서의 결정은 **벽지**(wall paper)**무늬**라고 부르기로 한다.

J. Kepler(1571–1630)는 평면무늬와 결정에 대한 체계적인 연구를 하였다 [Kepler].

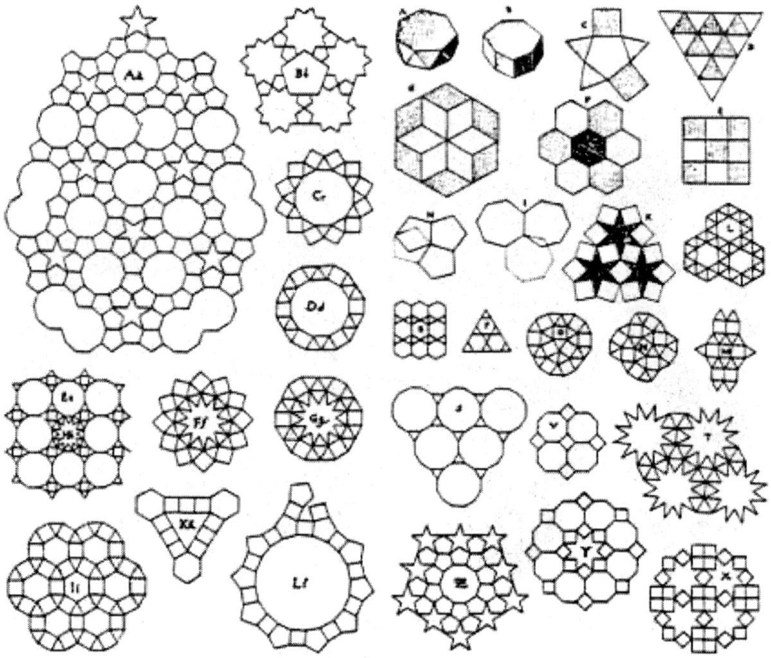

Kepler, *Harmonice Mundi*, 1619

제 1 절 평면이산군

평면의 무늬를 살펴보고 그것이 어떠한 대칭성을 가지는지 살펴보자.[1]

평면무늬 F 의 "대칭변환"이란 평면운동 중에서 F 의 상이 F 와 일치하는 변환을 뜻한다.[2] 이때 다음 사실을 바로 알 수 있다.

- 대칭변환과 대칭변환의 합성은 여전히 대칭변환이다.
- 항등변환도 대칭변환이다.
- 대칭변환의 역변환도 대칭변환이다.

앞으로 무늬 F 의 대칭변환 전체로 이루어진 집합을 F 의 **대칭군**(symmetry group) 이라 부르고 $\mathrm{Sym}(F)$ 로 나타내기로 한다. 이때 무늬의 각 점 p 에 대하여 F 의 부분집합

$$\mathrm{Orb}(p) := \{g(p) \mid g \in \mathrm{Sym}(F)\}$$

를 p 의 **궤도**(orbit)라고 부른다.

궤도들은 완전히 일치 하거나 또는 전혀 공통부분이 없다:

$$\mathrm{Orb}(p) \neq \mathrm{Orb}(q) \quad \Rightarrow \quad \mathrm{Orb}(p) \cap \mathrm{Orb}(q) = \varnothing.$$

보기를 들어 다음 정육각형의 대칭군 D_6 에서 열두 개의 검은 점(•)들이 한 궤도에 속하고, 여섯 개의 흰 점(○)들이 또 한 궤도에 속한다. 또 정육각형의 중심은 모든 대칭변환에 대하여 변화하지 않고, 따라서 이 중심점의 궤도는 자기 자신 한 점으로 이루어져 있다.

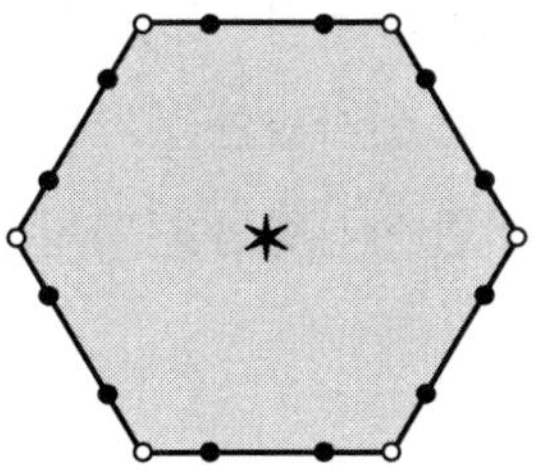

[1]여기서 **무늬**는 Euclid 공간의 부분집합을 뜻하기로 한다. 일반적으로 $\mathbb{E}^n$ 속의 무늬 F 가 색을 가지거나, 냄새, 온도 등 여러 특징을 가지고 있으면 이러한 추가 정보는 함수 $f : F \to \mathbb{R}^k$ 로 표현할 수 있다. 함수 f 는 그 그래프 $\mathrm{graph}(f) := \{(x, f(x)) \mid x \in F\} \subset F \times \mathbb{R}^k \subset \mathbb{E}^n \times \mathbb{R}^k \simeq \mathbb{E}^{n+k}$ 와 마찬가지이므로, 모든 무늬는 Euclid 공간의 부분집합으로 보아도 좋다.

[2]평면무늬를 다룰 때에는 직선에 포함되지 않는 무늬를 다루는 것이 좋다. 유클리드 운동에 대해서는 [HP5] 참고.

앞으로 회전각이 $2\pi/n$ 인 회전변환의 중심점을 n**겹 대칭점**(n-fold symmetric point)이라고 부른다. 따라서 정육각형의 중심(∗)은 "육겹 대칭점"이다. 물론 육겹이면 삼겹이기도 하지만 가장 높은 겹수로 부른다.[3]

1.0.1 연습문제

1. 다음 세 가지 **사방연속무늬**는 대칭군이 같음을 설명하라.

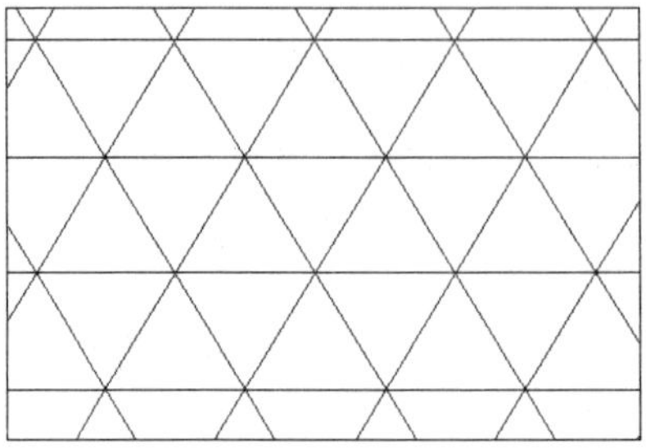

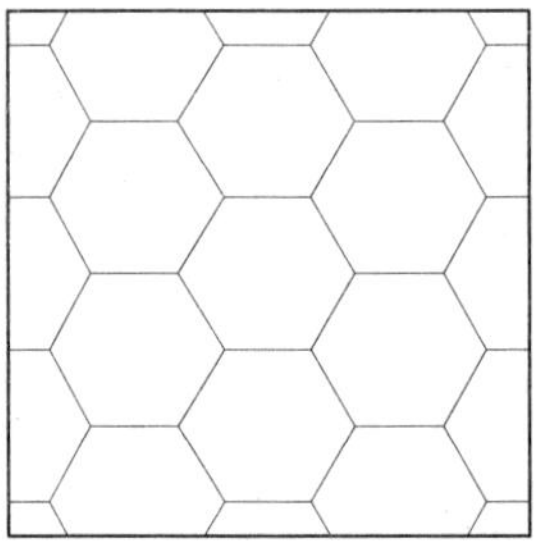

2. 다음을 보이라.

   (a) (자명하지 않은) 평행변환을 가지는 대칭군은 무한 군이다.

   (b) (자명하지 않은) 미끄럼 반사변환을 가지는 대칭군은 평행변환을 가진다.

   (c) (자명하지 않은) 미끄럼 반사변환을 가지는 대칭군은 무한 군이다.

어떤 대칭군의 모든 궤도가 이산집합이면 이 대칭군을 **이산군**(離散群, discrete group)이라고 부른다. 유한군은 당연히 이산군이다.

평면무늬에서 얻는 대칭군들 가운데 이산군은 다음 세 가지로 분류한다:

[3]사실 정육각형의 중심은 순환대칭군 C_6 의 중심일뿐 아니라 거울반사를 포함한 대칭군 D_6 의 중심이기 때문에, **육겹반사대칭점**이라 부르는 것이 적절하다.

(0) 평행이동을 가지고 있지 않는 군

(i) 대칭군에 속하는 모든 평행이동이 하나의 평행이동으로 생성되는 군

(ii) 대칭군에 속하는 모든 평행이동이 두 개의 독립적인 평행이동으로 생성되는 군

이 군들을 각각 **꽃무늬 군**(rosette group), **띠무늬군**(strip pattern, frieze pattern), **벽지군**(wallpaper group, network group, 평면결정군)으로 부른다. 이제 이 세 가지를 더 세분하여 보자.

1.1 꽃무늬군

평면무늬가 이산 대칭군을 가지고, 평행이동에 대한 대칭성을 가지지 않을 때 (즉 주기적인 무늬가 아닐 때), 이 무늬의 대칭군이 꽃무늬 군이다.

"모나리자"나 "최후의 만찬" 등으로 유명한 이탈리아의 레오나르도 다빈치(1452–1519)는 성당의 설계를 하면서 기도하는 곳과 꽃병을 둘 곳들을 연구하다 다음 정리를 발견하였다 [Weyl].

정리 1.1.1 (레오나르도 다빈치) *꽃무늬 군은 다음 가운데 하나이다:*

$$C_n, \qquad D_n \qquad (n = 1, 2, 3, \dots).$$

특히 유한 평면대칭군은 순환군이거나 이면군이다.

증명. 주어진 평면무늬의 대칭군을 G 라고 두자.[4]

G가 항등변환으로만 이루어져 있는 경우는 $G = C_1$ 이다.

이제부터는 $G \neq C_1$ 이라고 하자.

(i) 먼저 G가 일종변환으로만 이루어진 경우를 살펴보자. 이때에 G의 원소들은 (평행이동이 없으므로) 모두 회전변환들이다 [HP5]. 이 경우

[4] G가 유한군이라는 것을 가정하면 증명이 조금 쉬워진다. 예를 들어 유한군 G의 부동점을 구하려면 아무 점이나 하나 선택한 다음, 이 점의 궤도의 중심이 바로 부동점이다. 변화 속에서 변하지 않는 것을 구하려면 평균하면 된다.

G 의 (항등원이 아닌) 원소들의 회전중심점은 모두 같음

을 먼저 밝히기로 한다:

> 자명하지 않은 회전변환 $r_1, r_2 \in G - \{\mathrm{id}\}$ 의 회전중심점을 각각 O_1, O_2 라고 하자. 이때 $r_1 \circ r_2 \circ r_1^{-1} r_2^{-1}$ 는 회전각 가법정리[HP5]에서 항등변환이고, 따라서 $r_1 \circ r_2 = r_2 \circ r_1$ 이다. 그러므로
>
> $$r_1(r_2(O_1)) = r_2(r_1(O_1)) = r_2(O_1)$$
>
> 이고 따라서 $r_2(O_1) = O_1$ 이고, 따라서 $O_1 = O_2$ 이다.

이제 항등원이 아닌 G 의 원소 중에서 회전각이[5] 가장 작은 것을 r 이라 하고[6] 그 회전각을 θ 라고 두자. 그러면 θ 는 2π 의 약수라야 한다. 즉, θ 를 자연수 배하여 2π 를 얻는다.[7] 따라서 어떤 자연수 $n > 1$ 에 대하여 $\theta = 2\pi/n$ 이다. 이제 θ 가 최소각이라는 가정으로부터

$$G = \{\mathrm{id},\ r,\ \ldots,\ r^{n-1}\}$$

을 얻는다. 이 등식이 바로 G 가 순환군이라는 것을 말한다: $G = C_n$.

(ii) 이제 G 가 이종변환을 가지는 경우를 살펴보자.

만약 G 가 (자명하지 않은) 미끄럼반사변환을 가지고 있으면 이 변환을 두 번 실행하면 (자명하지 않은) 평행변환이 얻어진다. 따라서 G 에 들어 있는 이종변환은 모두 반사변환이다. 우선 반사변환 중에서 하나를 선택하여 m 이라고 하자. 또 G 의 원소 중에서 보향변환들을 모두 모은 것을 G^+ 라 하고, 반향변환들을 모두 모은 것을 G^- 라고 하면, G^+ 와 G^- 는 일대일 대응한다:

$$G^- = mG^+, \qquad G^+ = mG^-.$$

한편 (i)에서 살펴본 것처럼, 어떤 자연수 n 에 대하여 $G^+ = C_n$ 이다.

만약 $n = 1$ 이면, $G = \{\mathrm{id}, m\}$ 이고 이러한 군이 바로 이면군 D_1 이다.

이제 $n \geq 2$ 라고 하자. 그러면 $G^+ = C_n$ 는 **변환의 중심**을 가진다는 것을 이미 살펴보았다. 이 중심을 O 라고 하자. 그러면

반사변환 m 의 **반사선**[8] *l 은 회전중심 O 를 지난다.*

---

[5] 회전각 θ 는 $0 < \theta < 2\pi$ 로 이해한다.

[6] 이러한 원소의 존재성을 보장하는 것이 G 가 이산군이라는 조건이다.

[7] 이것도 G 가 이산군이기 때문에 알 수 있는 사실이다.

[8] 반사변환에 대하여 변하지 않는 점들의 집합, 즉 선대칭의 대칭축을 뜻한다.

왜냐하면, 만약 l 이 O 를 지나지 않으면 l 에 의한 O 의 반사점 O' 이 또 새로운 회전중심이 되어, 이것은 회전중심의 유일성에 어긋나기 때문이다.

이제 G^+ 의 한 **생성원**(generator)을 r 이라고 두자.[9] 그리고 l 의 점들 중에 O 가 아닌 점 O_* 를 하나 잡는다. 그러면 mrm 과 r^{-1} 는 두 점에 대하여 같은 작용을 한다:

$$mrm(O) = r^{-1}(O), \quad mrm(O_*) = r^{-1}(O_*).$$

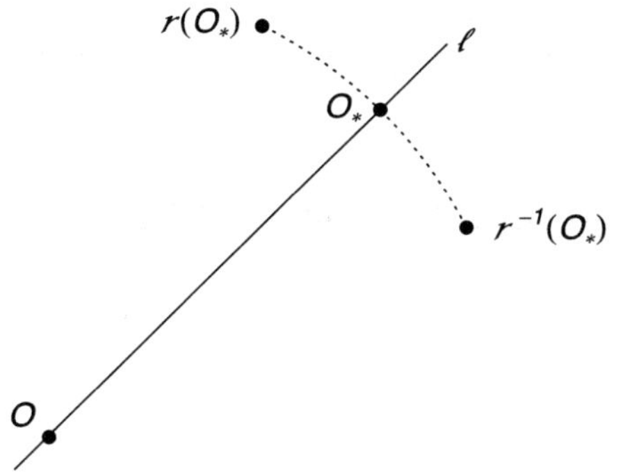

그런데 평면에서 보향변환은 두 점의 상에 의하여 오직 한 가지로 정해지므로

$$mrm = r^{-1}$$

를 얻는다. 이것이 의미하는 바가 바로 $G = D_n$ 이다. □

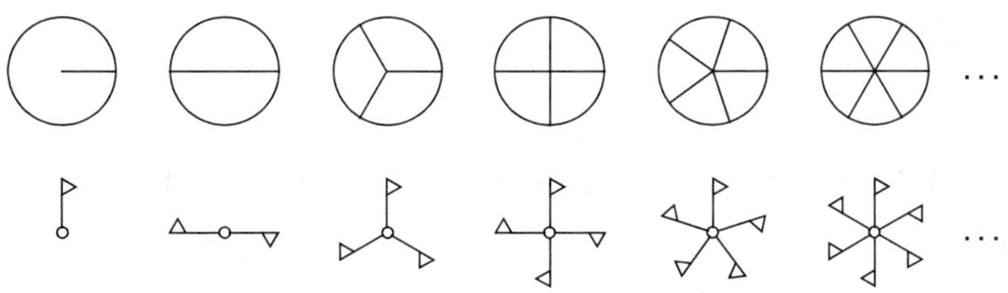

꽃무늬 군: 윗줄은 D_n, 아랫줄은 C_n 들이다.

[9]따라서 $G^+ = \{\text{id},\ r,\ r^2,\ \ldots,\ r^{n-1}\}$ 이다.

D_2

$n \geq 2$ 이면 이면군 D_n 은 비아벨군이므로, 순환군 C_{2n} 과는 다르다.

거울변환 하나로 생성된 제일이면군 D_1 과 $180°$ 회전이동으로 생성된 순환군 C_2 는 추상적인 관점에서는 같은 군이지만, 기하학적으로는 다른 군이다.[10]

MacBeath-Thurston-Conway 의 **Orbifold 기호**로는 대칭군 D_n 을

$$*n\bullet$$

으로 나타내고, C_n 은

$$n\bullet$$

으로 나타낸다.[11]

1.2 띠무늬군

평면에서 이산 변환군 중에 평행변환을 포함하고, 이때 평행변환들의 방향[12]이 모두 일치하는 군을 **띠무늬군**이라고 부른다. 띠무늬, 즉 대칭군이 띠무늬군인 무늬에서 평행변환들의 방향을 **띠방향**이라 한다.

1.2.1 연습문제

다음을 보이라.

1. 띠무늬에 (자명하지 않은) 회전대칭이 있으면 그 회전각은 $180°$ 이다.

[10] 평면 $\mathbb{E}^2$ 에서 두 꽃무늬군 G_1, G_2 가 "동등한 군"이라는 것은 어떤 운동 $f : \mathbb{E}^2 \to \mathbb{E}^2$ 에 대하여 $f \circ G_1 = G_2 \circ f$ 라는 뜻이다.

[11] 꽃무늬 군들은 부동점을 가지므로 그 기호에 점($\bullet$)이 들어 있다. 예외적인 C_1 은 $\bullet$ 으로 D_1 은 $*\bullet$ 으로도 나타낸다. [Conway, Burgiel, Goodman-Strauss], [Conway, Huson].

[12] 반대방향을 포함한

2. 띠무늬에 반사대칭이 있으면 그 반사선은 띠방향과 나란하거나 수직이다.

띠무늬는 옆 그림처럼 일곱 가지로 분류한다.[13] 이를 밝히기 위해서 다음과 같은 조사를 한다.

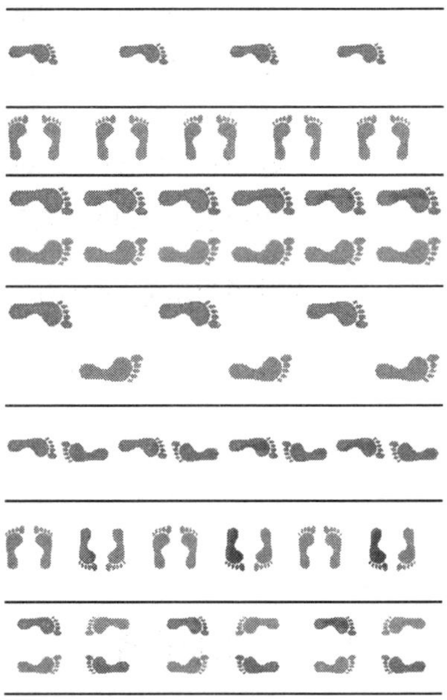

1. 회전변환 r가 있는지 조사한다. 이때 회전변환은 180° 회전변환, 즉 반바퀴 도는 변환이다.
2. 반사변환, 즉 거울대칭변환 m이 존재하는지 살펴본다. 이때 "거울"의 종류에는 **수직거울**(vertical mirror) m_v와 **수평거울**(horizontal mirror) m_h가 있다. 수직거울은 띠방향에 수직이고, 수평거울은 띠방향과 나란하다. 수직거울은 여러 개가 있을 수 있지만, 수평거울은 많아야 하나이다. 수직거울과 수평거울이 동시에 존재하면 반 바퀴 회전변환이 존재한다.
3. (자명하지 않은) 미끄럼 반사변환 g가 존재하는지 살펴본다. 이때 미끄러지는 벡터의 최소 크기는 기본 평행이동벡터의 크기의 반이다.

Orbifold 기호	r	m_h	m_v	g	보기	점군
$\infty\infty$	N	N	N	N	p p p p p p p p	C_1
$*\infty\infty$	N	N	Y	(N)	p q p q p q p q	D_1
$\infty*$	N	Y	(N)	(Y)	B B B B B B B B	D_1
$\infty\times$	N	N	N	Y	p b p b p b p b	D_1
22∞	Y	N	N	(N)	p d p d p d p d	C_2
$2*\infty$	Y	N	Y	(Y)	q p d b q p d b	D_2
$*22\infty$	Y	Y	(Y)	(Y)	8 8 8 8 8 8 8 8	D_2

[13]생물학자들이 동식물을 구별하고 분류하듯이 .... 여기에서 두 띠무늬군 $G_1, G_2 \subset \mathrm{E}_2$가 **동등하다**(equivalent)는 것은 어떤 **닮음변환** f에 대하여 $G_2 \circ f = f \circ G_1$이라는 뜻으로 사용하였다. 예를 들어 벡터 $\mathbf{v}$에 대하여 평행이동군 $G_1 := \{n\mathbf{v} : n \in \mathbb{Z}\}$와 $G_2 := \{2n\mathbf{v} : n \in \mathbb{Z}\}$는 동등하다.

Orbifold 기호에서 ∗는 거울변환이 있음을 말하고, ×는 (다른 변환에서 얻어지지 않는) 미끄럼변환이 있음을 나타낸다. 또 2는 180° 회전변환, 즉 2겹대칭이 한 가지 있음을 말하고, 22는 서로 다른 종류의 2겹(회전) 대칭이 있음을 나타내며, ∗22는 두 개의 거울이 수직으로 교차하는 2 겹거울대칭이 두 가지 있음을 뜻한다.[14]

위 표에서 Y는 변환이 있다는 것을 나타내고, N는 변환이 없다는 것을 뜻한다. 괄호( ) 속에 넣은 것은 다른 변환의 존재성에서 자동으로 얻어 진다는 뜻이다. 점군에 대해서는 [HP5] 참고.[15]

사방치기(hopscotch)를 좋아하는 이는 띠무늬를 잘 이해한다.

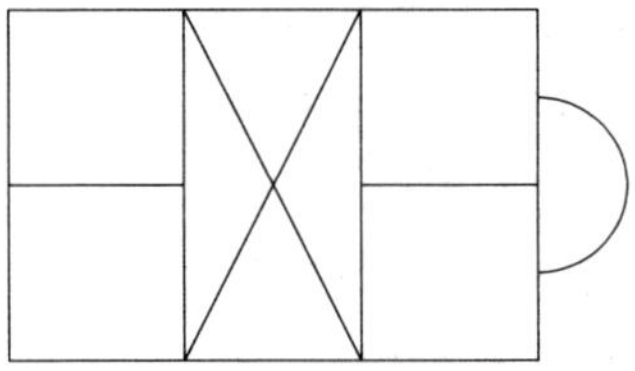

1.2.2 연습문제

1. 띠무늬에서 점 P가 회전중심이면, P를 반(半)만 평행이동한 점이 회전중심임을 보이라.
2. 띠무늬에서 m이 수직거울이면, m을 반(半)만 평행이동한 것이 수직거울임을 보이라.
3. 띠무늬가 180° 대칭을 가진다고 하자. 이 무늬의 대칭군에 (자명하지 않은) 미끄럼 반사변환이 있으면 수직거울이 있음을 보이라.

---

[14]생명게임(Game of Life)과 초현실수(surreal numbers) 등으로 유명한 John Horton Conway(1937–2020)는 위 띠무늬군들을 처음에는 hop(앙감질, 외발뛰기, 깨금뛰기), sidle(옆걸음치기), jump(두발뛰기), step(걷기), spinning hop(돌며 앙감질), spinning sidle(돌며 옆걸음치기), spinning jump(돌며 두발뛰기) 등으로 불렀으나, William Thurston(1946–2012, 1982년 Fields 상 수상자)의 강연을 듣고 orbifold 기호(signature)를 사용하기로 하였다.

국제결정학회에서 사용하는 기호는 r, r1m, r11m, r11g, r2, r2mg, r2mm이다. 이들은 순환군 C_n과 이면군 D_n을 각각 n과 nm으로 나타낸다. 그리고 띠무늬군의 평행이동을 r로, 벽지군의 평행이동들을 p로 나타낸다. 숫자 1은 회전변환이 없다는 뜻이고, 2는 180° 변환이 있다는 뜻이다 [Henle, p.247].

[15]일차변환 $f(X) = AX + \mathbf{v}$를 미분하면 $f_* = A$를 얻는다. 변환군 G의 원소들의 미분을 다 모은 것이 점군이다. 즉 사상 $G \hookrightarrow E_n \xrightarrow{*} \mathrm{O}\left(\vec{\mathbb{E}^n}\right) \simeq \mathrm{O}(n)$의 상을 뜻한다.

4. 띠무늬에 180° 회전변환과 수평거울이 있으면 수직거울이 있음을 보이라.

5. 다음 띠무늬의 대칭군의 이름을 말하라.

(i)

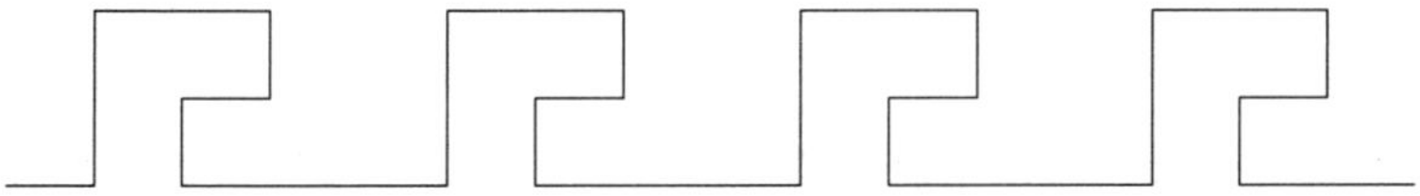

(ii)

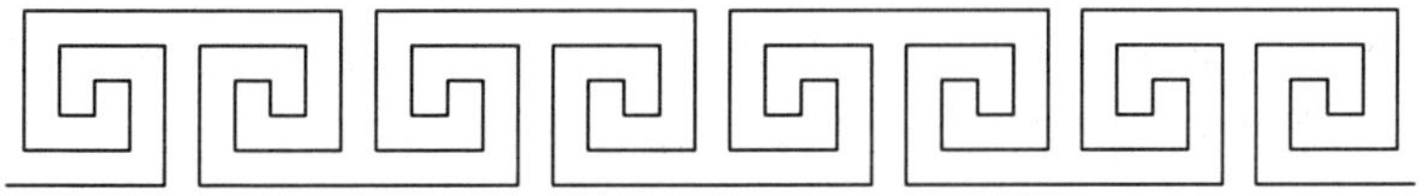

1.3 벽지군

스페인의 그라나다에 있는 **Alhambra**(붉은 궁전)는 13세기경에 Moore 족이 지은 궁전이다. 이슬람 교리는 생명이 있는 것을 조각하거나 그려서 우상을 섬기는 것을 금한다. 이러한 이유로 Alhambra 의 벽화는 많은 무늬들로 장식되어 있는 데, 네덜란드의 화가 M. C. Escher(1898–1972)는 이곳을 방문하고 크게 감명받았다고 한다 [Escher].

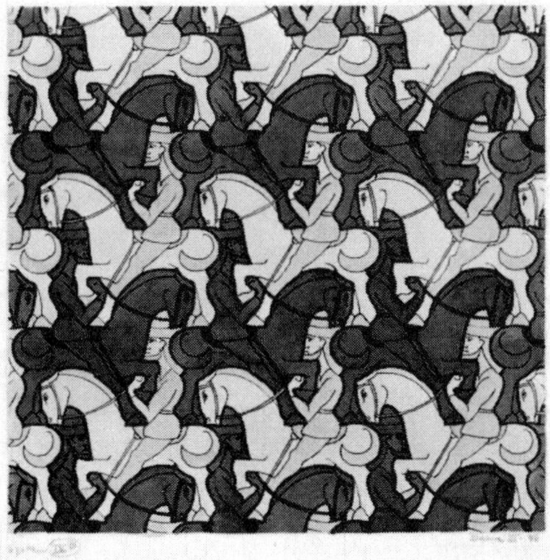

M. C. Escher, *Horseman* (1946)

1.3.1 연습문제

1. 평면 무늬가 육겹대칭점을 가지고 주기적이면 삼겹대칭점과 이겹대칭점이 있음을 보이라.

2. 평면 무늬가 사겹대칭점을 가지고 주기적이면 이겹대칭점이 있음을 보이라.

3. 평면 무늬가 삼겹대칭점을 가지고 주기적이면 또 다른 종류의 (즉 같은 궤도에 있지 않는) 삼겹대칭점이 있음을 보이라.

벽지군[16]은 열 일곱 가지로 분류하는데 이들이 Alhambra나 고대 이집트의 문양에서 모두 발견된다.[17] 벽지군의 분류는 러시아의 결정학자이자 기하학자인 E. S. Fedorov와 독일의 A. Schönflies가 1891년에 처음으로 발견하였지만 잘 알려지지 않았다. F. Klein (1897), G. Polya (1924) 등의 학자들도 이러한 분류를 얻었다.

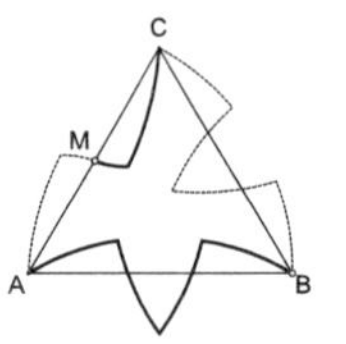

삼각형을 변형하여 얻은 타일링 모형

위 그림에서 왼쪽 사방연속무늬는 서로 다른 종류의 삼겹회전대칭점이 세 종류 있으므로 이 무늬의 대칭군의 이름은 (orbifold 기호로) 333이다.
또 오른쪽 사방연속무늬에는 세 가지 종류의 삼겹거울대칭점들이 있어 이 무늬의 대칭군의 이름은 $*333$이다.

[16] **평면결정군**(crystallographic group in plane)이라고도 불린다.
[17] 19세기에 대칭군의 개념이 확립되기도 전에 ....

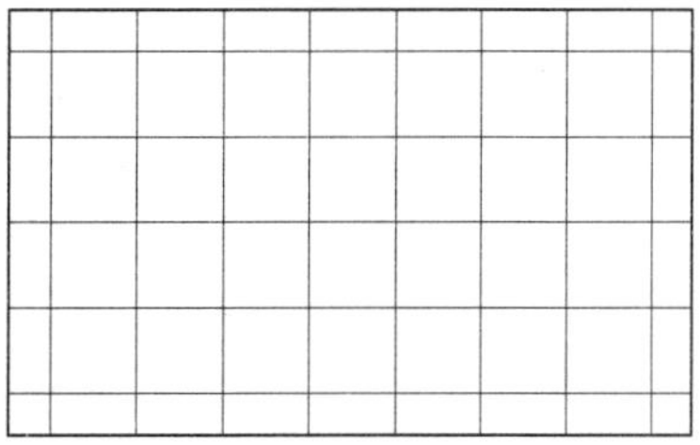

위 왼쪽의 사방연속무늬에는 두 가지 종류의 사겹회전대칭점들과 한 가지 종류의 이겹회전대칭점이 있어서 이 대칭군의 이름은 442 이다.
오른쪽 무늬에는 두 가지 종류의 사겹거울대칭점이 있고, 한 종류의 이겹거울대칭점이 있어서, 그 무늬의 대칭군 이름이 $*442$ 이다.

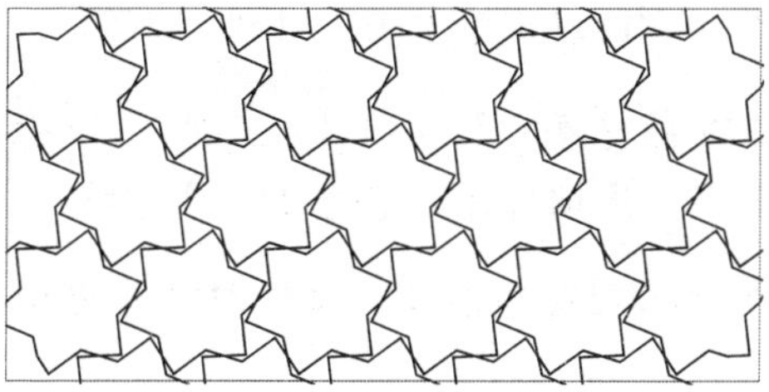

위 왼쪽 사방연속무늬에는 육겹회전대칭점, 삼겹회전대칭점, 이겹회전대칭점이 각각 한가지 종류가 있어서 이 대칭군의 이름은 632 이다.
오른쪽 무늬에는 육겹거울대칭점과, 삼겹거울대칭점, 그리고 이겹거울대칭점이 있어서, 이 무늬의 대칭군의 이름이 $*632$ 이다.

1.3.2 결정군 제한 정리

정리 1.3.3 *(자명하지 않은) 평행변환이 들어 있는 평면이산군에서 자명하지 않은 회전변환의 회전각은* $180°$, $120°$, $90°$ *또는* $60°$ *이다.*[18]

증명. 만약 이 무늬가 5 겹 대칭점을 가지고 있다고 하자. 이 점을 P_1 라고 하자. 무늬가 평행이동 대칭성을 가지므로 다른 5 겹 대칭점들이 존재한다. 이러한 5 겹 대칭점들 중에서 P_1 에 가장 가까이 있는 점을 하나 선택하여 이를 P_2 라고 부르자. 또 P_1, P_2 를 기준으로 $72°$ 회전시키는 변환을 각각 r_1, r_2 라 하자. 이제 P_1 을 기준으로 P_2 를 $72°$ 회전시킨 점을 P_2' 이라 하고, P_2 를 기준으로 P_1 을 $-72°$ 회전시킨 점을 P_1' 이라 하자.

[18] 즉, 자명하지 않은 평행변환을 가지는 평면이산군의 회전중심점은 2 겹, 3 겹, 4 겹, 또는 6 겹 대칭점이다. 그러므로 5 겹이나 7 겹 등의 대칭성을 가지는 점들은 존재하지 않는다.

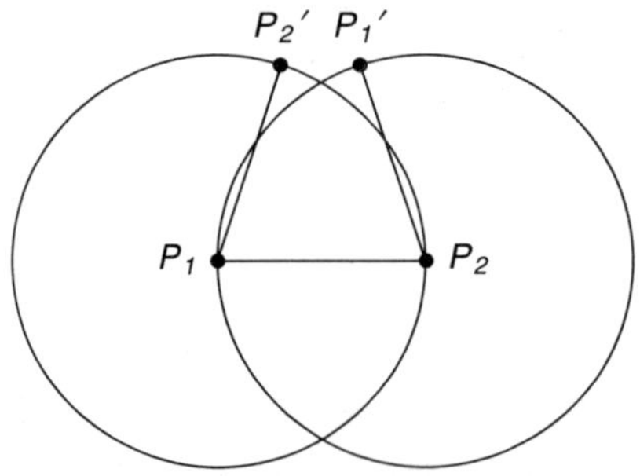

그러면

$$0 < \mathrm{dist}(P_1', P_2') = \mathrm{dist}({r_2}^{-1}(P_1), P_2') = \mathrm{dist}(P_1, r_2(P_2')) < \mathrm{dist}(P_1, P_2)$$

이므로 점 $r_2(P_2')$ 이 P_2 보다 P_1 에 가까운 5 겹 대칭점이다. 이러한 모순은 5 겹 대칭점의 존재를 가정한 데에서 나온 것이다. 따라서 5 겹 대칭점이 있어서는 안 된다.

마찬가지 방법으로 7겹 이상의 대칭성이 존재하지 않는다는 것을 보일 수 있다. □

결정군 제한 정리에서 다음을 얻는다.

따름정리 1.3.4 (Crystal Classes) *벽지군의 점군에는 다음 열 가지가 있다:*

$$C_1,\quad C_2,\quad C_3,\quad C_4,\quad C_6$$
$$D_1,\quad D_2,\quad D_3,\quad D_4,\quad D_6$$

1.3.5 격자

벽지무늬 F 의 대칭군에서 평행변환들로 이루어진 부분군을 $\mathcal{T}(F)$ 라 하자. 이 군은 일차독립인 두 가지 평행변환 τ_1, τ_2 로 생성된다:

$$\mathcal{T}(F) = \{n_1\tau_1 + n_2\tau_2 \mid n_1, n_2 \in \mathbb{Z}\}.$$

이때 무늬(또는 평면)의 한 점 P 의 궤도 $\{\tau(P) \mid \tau \in \mathcal{T}(F)\}$ 는 격자이다.[19]

[19]평면의 부분집합 L 이 **격자**(lattice)라는 것은 다음을 뜻한다: L 의 한 점 O 를 고정하면 일차독립인 벡터 $\mathbf{v}, \mathbf{w}$ 가 존재하여

$$L = O + \{n\mathbf{v} + m\mathbf{w} \mid n, m \in \mathbb{Z}\}$$

라는 뜻이다. 물론 L 의 한 점 O 를 고정하더라도 "생성벡터" $(\mathbf{v}, \mathbf{w})$ 가 유일하게 정해지지는 않는다. (예를 들면, $(\mathbf{v}, \mathbf{v} + \mathbf{w})$ 도 생성벡터이니까.) [HP18(c)] 참조.

평면의 격자는 두 개의 일차독립인 벡터에 의하여 정해지므로, 영이 아닌 벡터 중 가장 짧은 벡터를 기준으로 하면, 나머지 한 벡터는 다음 색칠한 영역의 한 점으로 표현된다.

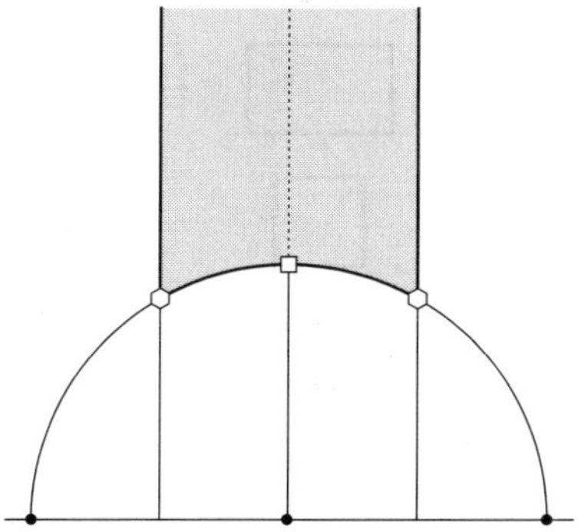

왼쪽 그림의 색칠된 영역의 각 점은 격자를 나타낸다. 정사각형 격자와 정육각형 격자가 표시되어 있고, 굵은 선 위의 점들은 마름모 격자를 나타내고, 점선 위의 점들은 직사각형 격자를 나타낸다.

나머지 일반 점들은 평행사변형 격자이다. 이 영역에서 선대칭 위치에 있는 한 쌍의 점은 거울상인 격자들이다.

평면의 격자에는 다음 "다섯 종류"가 있다.[20]

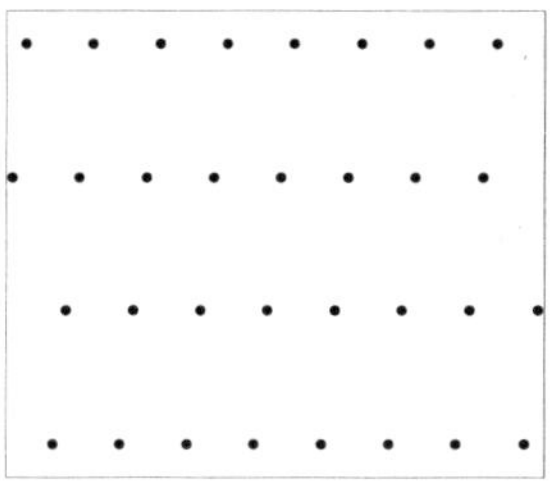

평행사변형 격자

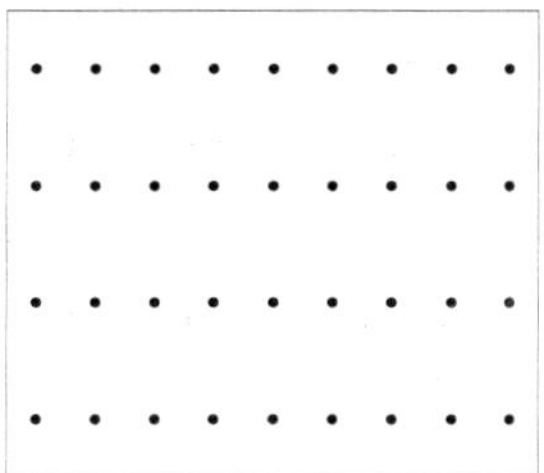

직사각형 격자

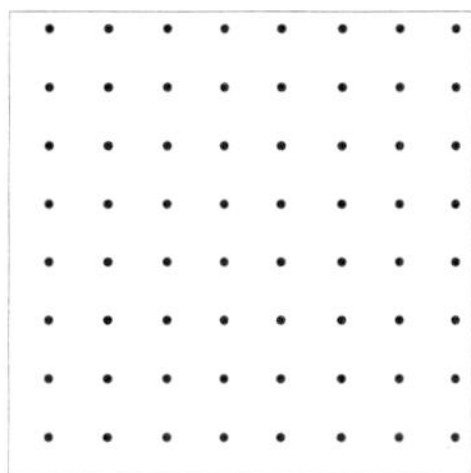

정사각형 격자

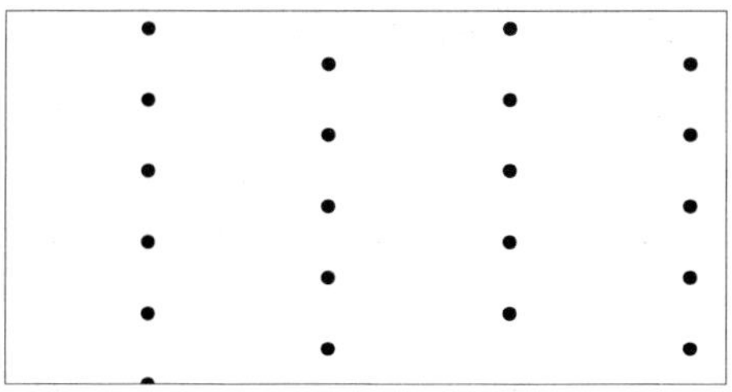

마름모꼴 격자

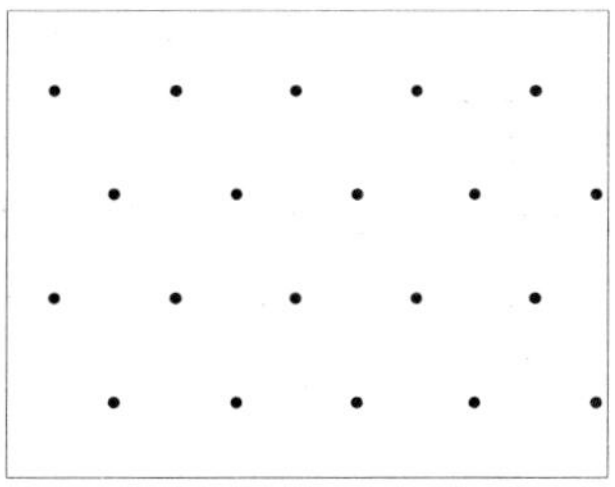

정육각형 격자

[20]두 격자 L_1, L_2 사이에 전단사사상 $f : L_1 \to L_2$가 존재하여 대칭군 사이의 전단사사상 $f_* : \mathrm{Sym}(L_1) \to \mathrm{Sym}(L_2)$를 유도하면 두 격자를 같은 것으로 보았다.

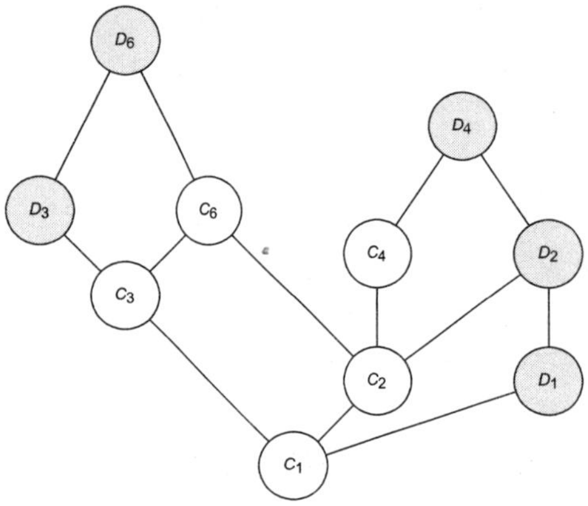

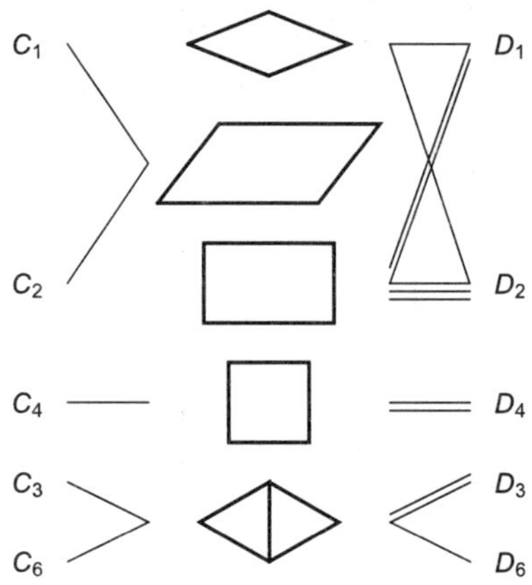

두 벽지군 $G_1, G_2 \subset \mathrm{E}_2$가 동등하다는 것은 아핀변환 $f : \mathbb{E}^2 \to \mathbb{E}^2$에 대하여 $G_1 \circ f = f \circ G_2$라는 뜻이다. 이제 벽지무늬는 격자무늬와 점군들이 어떻게 결합되는가에 따라 모두 17가지로 분류한다.[21]

mono	di	tri	tetra	hexa
O	2222	333	442	632
∗∗	∗2222	∗333	∗442	∗632
∗×	2∗22	3∗3	4∗2	
××	22∗			
	22×			

벽지군들의 `Orbitfold` 기호
위 기호에서 ∗가 있는 것들은 거울대칭인 문양들이다.

[21]벽지군을 나타내는 기호에는 여러 가지 다른 방법들이 있다 [Schattschneider], [Burn], [Conway et al.], [Henle]. **국제결정학회**(International Union of Crystallography)에서 1952년에 정한 **국제기호**(International Table for X-ray Crystallography)와 대비하여 Pólya의 기호로 분류하면 다음과 같다.

$p1$	$p2$	$p3$	$p4$	$p6$	C_1	C_2	C_3	C_4	C_6
pm	pmm	$p3m1$, $p31m$	$p4m$		D_1kk	D_2kkkk	D_3^*, D_3°	D_4^*	
cm	cmm		$p4g$	$p6m$	D_1kg	D_2kgkg		D_4°	D_6
pg	pmg				D_1gg	D_2kkgg			
	pgg					D_2gggg			

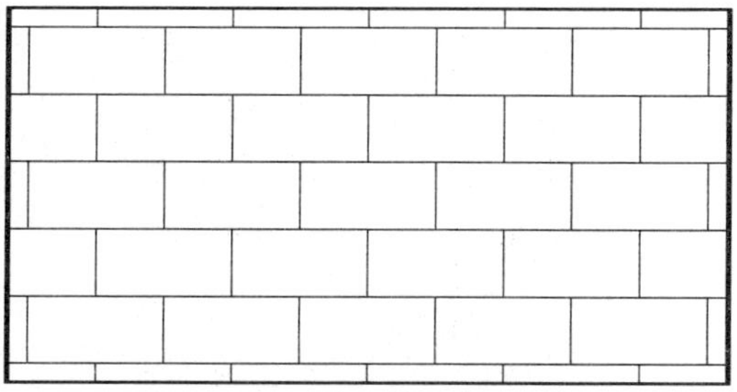

위 왼쪽 벽돌 무늬에는 이겹거울대칭점이 두 가지, 이겹회전대칭점이 한 가지 있으므로 대칭군의 이름은 2*22 이다.
위 오른쪽 무늬에는 평행이동 대칭만 있으므로 그 대칭군의 이름은 O 이다.[22]
만약 색을 무시한다면, 위 무늬에는 네 가지 180° 회전대칭이 있으므로, 그 대칭군의 이름은 2222 이다.

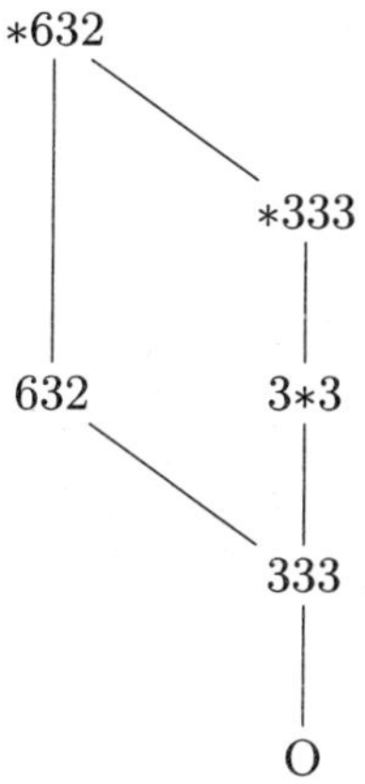

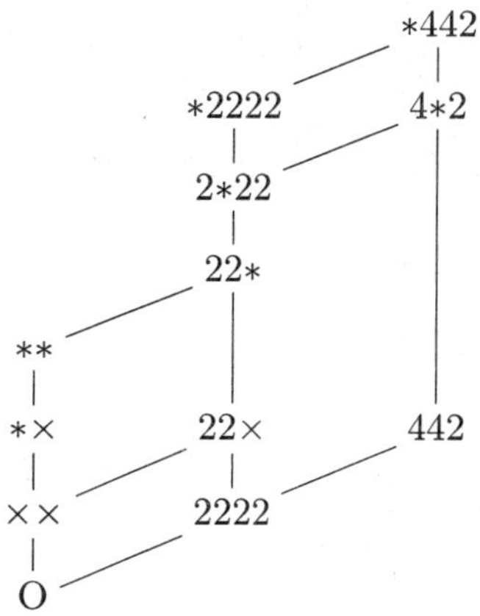

1.3.6 연습문제

1. 다음 무늬들의 대칭군을 각각 서술하라. 또 "미끄럼 축"을 모두 서술하라.

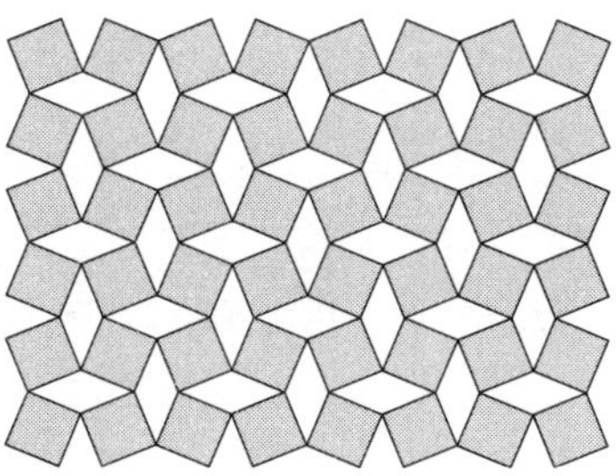

[22]이중 주기를 가지는 무늬는 **원환면**(torus)에 있는 무늬와 같은 것이다. O 는 원환면을 상징한다.

Escher, *Lions* (1937)

2. 지하철 역의 바닥무늬를 살펴보고, 대칭군을 설명하라.

제 2 절 공간운동군과 결정군

공간운동군 중에서 이산적이고 독립적인 세 가지 방향의 평행이동이 있는 것을 **결정군**(結晶群, crystallographic group)이라고 말한다.

결정군을 이해하기 위하여 몇 가지 기호를 먼저 도입한다 [Weyl].

2.1 점대칭

$\mathbb{R}^3$ 에서 일반 점 X 를 원점 O 에 대한 대칭점 $-X$ 로 보내는 변환을 $\mathcal{Z}$ 라 하자:

$$\mathcal{Z}(X) = -X.$$

원점대칭변환 $\mathcal{Z}$ 는 z-축으로 반 바퀴 회전한 다음, xy-평면에 대한 대칭변환을 한 회전반사변환이다. 이 점대칭변환은 일반적으로 원점을 지나는 직선 주위로 반 바퀴 돈 다음, 그 직선에 수직인 (원점을 지나는) 평면에 대한 반사변환을 한 것이다. 이 변환은 제곱하면 항등변환이 되고, O_3^- 의 원소이며, 임의의 선형사상 $f : \mathbb{R}^3 \to \mathbb{R}^3$ 과 교환가능하다: $f\mathcal{Z} = \mathcal{Z}f$.

선형변환 $\mathbb{R}^3 \to \mathbb{R}^3$ 중에서 역변환을 가지는 것들 전체로 이루어진 군을 GL_3 이라 하자. 이때 GL_3 의 **부분군**(subgroup) G 가 $\mathcal{Z}$ 를 포함하지 않는 경우를 생각한다. 그러면

$$\bar{G} := G \cup \mathcal{Z}G$$

는 여전히 군이고, $\mathcal{Z}$ 를 포함한다.[23] 이때 G 는 지표가 2 인 부분군이다.[24]

2.1.1

G 가 군 H $(\subset \mathrm{GL}_3)$ 의 지표 2 인 부분군이라 하자.

- $\mathcal{Z} \in H - G$ 이면 $H = \bar{G}$ 이다.
- $\mathcal{Z} \notin H$ 이면

$$H' := HG := G \cup \mathcal{Z}(H - G)$$

도 여전히 군이다.[25] 이때 군 H' 에도 $\mathcal{Z}$ 는 포함되지 않으며, $H = H'G$ 이다.

[23] 대수적으로는 $\bar{G}$ 는 군 $G \times \mathbb{Z}_2$ 와 동형이다. 두 군 X, Y 가 **동형**(isomorphic)이라는 것은 $f(x_1x_2) = f(x_1)f(x_2)$ 인 전단사함수 $f : X \to Y$ 가 존재한다는 뜻이다.

[24] 군 H 의 진부분군 G 가 **지표**(index) 2 라는 것은 $h \in H - G$ 에 대하여 $H = G \cup hG$ 라는 뜻이다. 예를 들면 $A_n \subset S_n$, $C_n \subset C_{2n}$ $C_n \subset D_n$, $D_n \subset D_{2n}$ 등이 모두 지표가 2이다.

[25] 대수적으로는 군 H' 과 H 는 동형임을 쉽게 보일 수 있다. 하지만 H 가 일종군(보향군)이면 H' 은 이종군이다.

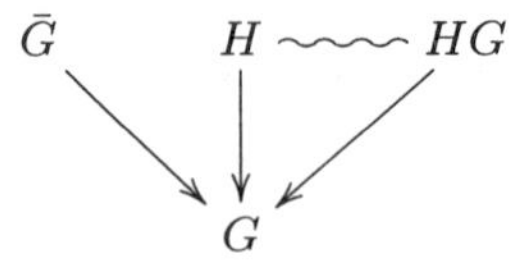

이 사실에서 다음 정리를 얻는다.

도움정리 2.1.2 *군 $H \subset \mathrm{GL}_3$ 가 이종변환을 포함할 때 H 에 속하는 일종변환 전체로 이루어진 군을 G 라 하자. 이때 $\mathcal{Z} \in H$ 이면 $H = \bar{G}$ 이고, $\mathcal{Z} \notin H$ 이면 $H' := HG$ 는 일종변환군이고, $H = H'G$ 이다.*

간단한 보기를 위하여 항등변환 id 만으로 이루어진 자명한 군을 C_1 이라 하자. 그리고 원점을 지나는 직선 l 에 대한 $180°$ 회전변환 r 와 항등변환으로 이루어진 군을 C_2 라 하자. 또 원점을 지나고 l 에 수직인 평면에 대한 대칭변환을 m 이라 하자. 그러면 $\mathcal{Z}r = m$ 이므로 $C_2C_1 = \{\mathrm{id}, m\}$ 이다.

이때 세 군

$$\bar{C}_1, \qquad C_2, \qquad C_2C_1$$

는 모두 원소가 두 개인 군으로 대수적으로는 동등하지만, 기하학적으로는 서로 다르다.[26]

유클리드 공간 $\mathbb{E}$ 에서 두 운동군 G_1, G_2 가 **기하학적으로 같다**는 것은

$$G_1 = fG_2f^{-1}$$

인 운동 $f : \mathbb{E} \to \mathbb{E}$ 가 존재한다는 뜻이다.[27]

2.2 정다면체

기원전 360년경에 쓰여진 플라톤의 저서 **Timaeus**(대화)에는 다섯 가지 **정다면체**가 소개된다: 정사면체, 정육면체, 정팔면체, 정십이면체, 정이십면체.[28]

---

[26] 구면을 이 군들로 나누면 위상적으로는 $\mathbb{S}^2/\bar{C}_1 = \mathbb{P}^2$, $\mathbb{S}^2/C_2 \approx \mathbb{S}^2$, $\mathbb{S}^2/C_2C_1 \approx \{z \in \mathbb{C} : |z| \le 1\}$ 이다.

[27] 만약 $G \subset \mathrm{GL}_3^+$ 이면 임의의 $f \in \mathrm{GL}_3$ 에 대하여 $fGf^{-1} \subset \mathrm{GL}_3^+$ 이다.

[28] 정다면체(regular polyhedron)를 **플라톤의 입체**(Platonic solid)라고도 부른다. 정다면체는 플라톤의 스승인 Theateus(BCE 419–369 ?)와 Pythagoras 학파가 발견하였다 [Martin, p. 199]. 플라톤은 당시에 만물의 근본이라고 생각하던 불, 흙, 공기, 물 등을 이들과 연관하여 설명하였다. 불은 가볍고 날카롭기 때문에 정사면체에 해당되고, 땅 또는 흙은 안정적이므로

정다면체란 모든 면이 합동인 정다각형이고, 동시에 모든 꼭짓점의 모습이 합동인 다면체를 뜻한다.

2.2.1 정육면체와 정팔면체

정육면체(cube)의 일종대칭군을 $\mathbf{O}$ 라고 쓰기로 한다.[29] 이 군의 원소의 개수는

$$|\mathbf{O}| = 3 \times 8 = 24$$

이다. 이 군에는 각 면에 수직인 4겹 회전축이 3개 있고, 꼭짓점을 지나는 3겹 대칭축이 네 개 있으며 모서리의 중심을 지나는 2겹 대칭축이 여섯 개 있다:

$$1 + (4-1) \times 3 + (3-1) \times 4 + (2-1) \times 6 = 24.$$

그러므로 orbifold 기호로는 $\mathbf{O}$ 를

$$\mathbf{432}$$

로 나타낸다.[30]

정육면체는 그 중심에 대하여 점대칭이므로, 이종변환을 모두 포함하는 대칭변환군은 $\bar{\mathbf{O}}$ 이다. 따라서

$$\left|\bar{\mathbf{O}}\right| = 2 \times |\mathbf{O}| = 48$$

이다. 당연히 orbifold 기호로는

$$*\mathbf{432}$$

이다. (정사면체의 각 면의 중심이 사겹반사대칭점이고, 각 꼭짓점은 삼겹반사대칭점이며, 각 모서리의 중점이 이겹반사대칭점이다.)

정육면체를 뜻하며, 물은 잘 흐르니 정이십면체에 해당되고, 공기와 물의 관계는 물과 땅의 관계와 같으므로 (?) 공기는 정팔면체에 해당되고, 마지막으로 제오원소이고 천상의 물질인 에테르는 정십이면체에 대응된다고 하였다. 이러한 미신은 중세의 Kepler 에게도 많은 영향을 끼쳐 행성의 운동을 설명하는 데에도 사용된다.

[29] 이 책의 첫 판에서는 Weyl 의 기호를 따라서 정육면체(der Würfel)의 일종대칭군을 $\mathbf{W}$ 라고 썼지만, 새 판에서는 Schöflies 와 Polya-Meyer 의 기호를 따르기로 하였다.

[30] 정육면체에는 네 개의 대각선이 있는데, 이들의 치환군 S_4 가 $\mathbf{O}$ 이다. $\mathbb{R}^n$ 의 **초입방체** $[-1,1]^n$ 에는 각 축에 수직인 초평면에 대한 반사대칭들이 있고, 또 각 대칭변환들은 n 개의 축들에 대한 치환을 유도하므로, 초입방체의 대칭군은 "부호가 있는 치환군"인 $\mathbb{Z}_2{}^n \rtimes S_n$ 이다.

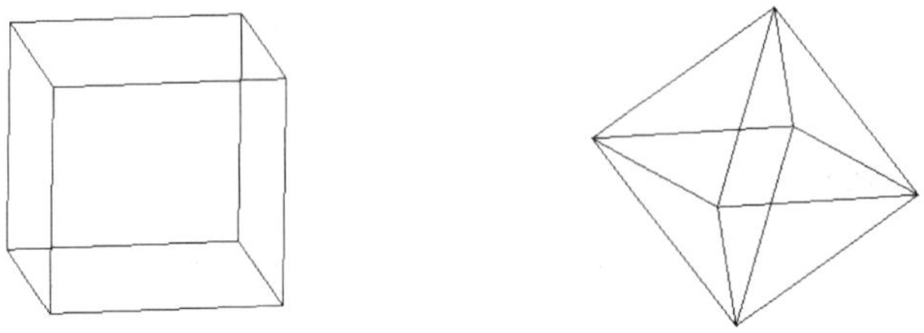

정육면체의 각 면의 중점들을 꼭짓점으로 하는 볼록다면체는 정팔면체(**O**ctahedron)이다. 또 정팔면체의 각 면의 중점들을 꼭짓점으로 하는 볼록다면체는 정육면체이다.

정팔면체의 대칭변환군은 정육면체의 대칭변환군과 마찬가지이다.

2.2.2 정사면체

정사면체(tetrahedron)의 일종대칭군을 **T** 로 나타내자 [HP5].

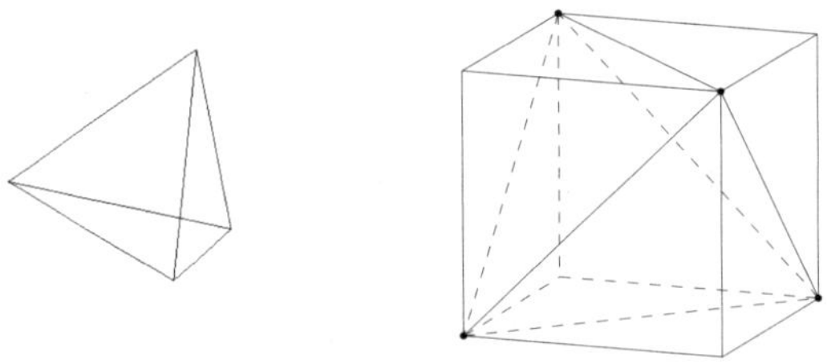

T 에는 3겹 회전축이 네 개 있고, 2겹 회전축이 세 개 있다. 따라서 모두

$$1 + (3 - 1) \times 4 + (2 - 1) \times 3 = 12$$

개의 회전변환으로 이루어져 있다. 그러므로 orbifold 기호는

$$\mathbf{332}$$

이다. (각 면의 중심이 삼겹회전대칭점이고, 각 꼭짓점도 삼겹회전대칭점이며, 각 모서리의 중점이 이겹회전대칭점이다.)

정사면체의 대칭군은 정육면체의 대칭군의 지표 2인 부분군이다: $\mathbf{T} \subset \mathbf{O}$.

정사면체에서 이종(변환을 모두 포함한) 대칭군 $\mathbf{T}^*$ 는

$$\mathbf{T}^* = \mathbf{OT} = *\mathbf{332}$$

이고, $|\mathbf{T}^*| = 2 \times |\mathbf{T}| = 24 = 4!$ 이다.

2.2.3 연습문제

정사면체의 꼭짓점들로 이루어진 집합의 치환군 S_4 와 **OT** 및 **O** 는 대수적으로는 동형이지만 기하학적으로는 동형이 아님을 보이라.[31]

메탄 분자 CH_4 는 네 개의 수소 원자 H 가 정사면체의 꼭짓점을 이루며 배열되어 있고, 그 중심에 탄소 원자 C 가 배열되어 있다.[32] 그러므로 메탄 분자의 대칭군의 원소의 개수는 24 이다. 대칭성이 높은 분자일수록 에너지 상태가 안정적이다.

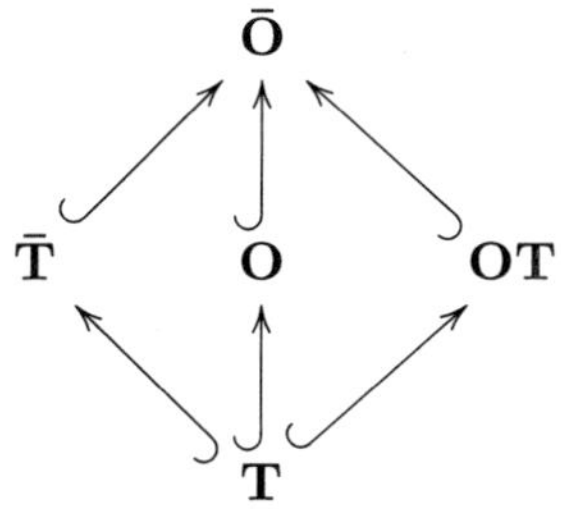

2.2.4 $\bar{\mathbf{T}}$

다음 그림의 입체는 그 중심에 대하여 점대칭이고, 대칭군이

$$\bar{\mathbf{T}} = \mathbf{3} * \mathbf{2}$$

이다.[33]

[31] 추상적인 군 G 와 그 군의 **표현**(representation) $G \to \mathrm{GL}_n$ 은 당연히 구분해야 한다.

[32] 1874 년에 발견된 사실. 메탄 분자의 모형을 아래와 같이 그리면 대칭군의 원소의 개수가 훨씬 줄어든다:

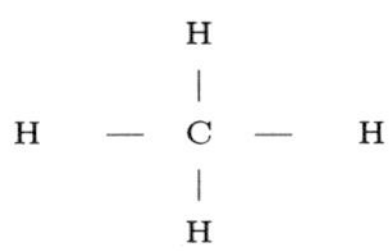

[33] 입체의 각 면의 중앙에 있는 선에 "홈"이 파여 있다고 봐도 좋다. 각 꼭짓점이 삼겹회전대칭점이고, 각 면의 중심은 이겹반사대칭점이다.

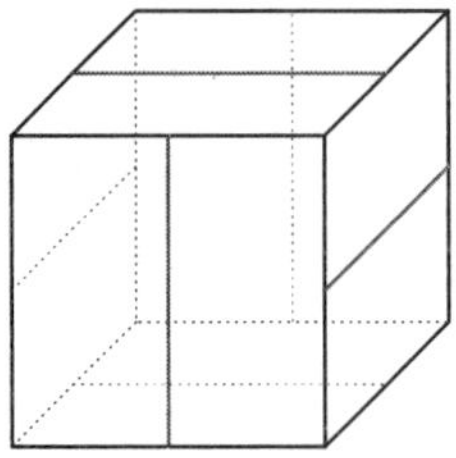

2.2.5 정십이면체와 정이십면체

정이십면체(icosahedron)의 각 면의 중점들을 꼭짓점으로 하는 볼록다면체는 정십이면체(dodecahedron)이다. 또 정십이면체의 각 면의 중점들을 꼭짓점으로 하는 볼록다면체는 정이십면체이다. 정십이면체의 대칭군은 정이십면체의 대칭군과 마찬가지이다.

정이십면체의 일종대칭군을 $\mathbf{I}$ 라고 쓰기로 한다. 이 군의 원소의 개수는

$$|\mathbf{I}| = 12 \times 5 = 60 = 2 \times 3 \times 4$$

이다. (이 군에는 각 면에 수직인 3겹 회전축이 열 개 있고, 꼭짓점을 지나는 5겹 대칭축이 여섯 개 있으며 모서리의 중심을 지나는 2겹대칭축이 열다섯 개 있다: $1 + (3-1) \times 10 + (5-1) \times 6 + (2-1) \times 15 = 60$.)

Orbifold 기호로는

$$\mathbf{I} = \mathbf{532}$$

이다. 정이십면체는 중심에 대하여 대칭이므로 이종변환을 모두 포함하는 대칭군은

$$\bar{\mathbf{I}} = *\mathbf{532}$$

이다. 따라서 $|\bar{\mathbf{I}}| = 2 \times |\mathbf{I}| = 120 = 5!$ 이다.

다음 그림은 정이십면체의 면들을 네 개씩 묶어서 모두 다섯 개 조로 나눈 모습을 보여준다. 이때 한 면에서 모서리를 건너가서 왼쪽 면으로 건너 간 다음, 다시 오른쪽 면으로 건너 가면 같은 조의 면이다.

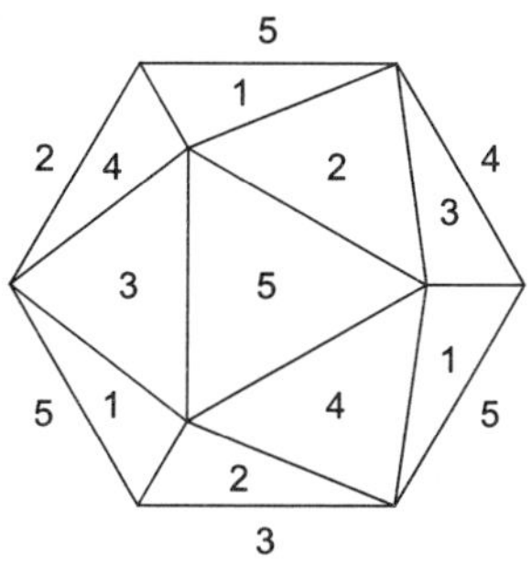

2.2.6 연습문제

$\mathbf{I} \simeq A_5$ 임을 보이라.

2.3 Lagrange 원리

정육면체의 대칭변환에서 꼭짓점 여덟 개가 한 궤도를 이루고 있고, 한 꼭짓점을 고정하는 일종대칭변환의 가지수는 세 가지이다. 따라서

$$8 \times 3 = 24 = |\mathbf{O}|$$

즉 정육면체의 일종대칭군 $\mathbf{O}$ 의 원소의 개수이다.

또 정육면체의 여섯 개의 면의 중점은 4겹 대칭점이고, 따라서 $6 \times 4 = |\mathbf{O}|$ 이다. 마찬가지로 정육면체의 열두 개의 모서리의 중점들은 모두 2겹 대칭점이고, 따라서 $12 \times 2 = |\mathbf{O}|$ 이다.

이러한 현상은 일반적인 것으로 **Lagrange 원리**라고 불린다.

2.3.1 군과 부분군

H 가 군 G 의 (비공) 부분집합일 때,

$$G = \bigcup_{g \in G} gH$$

임은 당연하다. 여기서 $gH = \{gh : h \in H\} \subset G$ 인데, H 와 일대일 대응한다.

이제 H 가 G 의 부분군이라 하자. 그러면,

$$g_1H \neq g_2H \quad \Rightarrow \quad g_1H \cap g_2H = \varnothing$$

임을 알 수 있다. 그러므로 G가 유한군이면, G의 원소의 개수는 당연히 H의 원소의 개수의 배수이다: $|G| = |H| + \cdots + |H|$.

앞으로

$$G/H := \{gH : g \in G\}$$

를 G를 부분군 H로 나눈 **몫**(quotient)이라 한다.[34] 이때 G가 유한군이면,

$$|G/H| = |G|/|H|$$

이다.

2.3.2 군의 작용

집합 F의 변환군 G에 대하여, 점 $p \in F$를 변화시키지 않는 변환들의 집합을 "p를 고정하는 군"(stabilizer, 또는 isotropy subgroup)이라 부르고 G_p로 나타낸다:

$$G_p := \{g \in G \mid g(p) = p\}.$$

이 **고정군**은 G의 부분군이다. 또 p의 궤도를 $G(p)$로 나타낸다:

$$G(p) := \{g(p) \mid g \in G\} \subset F.$$

그러면 사상

$$G/G_p \to G(p), \qquad gG_p \mapsto g(p) \tag{1}$$

는 잘 정의된 전사함수이다. 더 나아가 이 사상은 일대일이다.

> $\because$ 만약 $g_1(p) = g_2(p)$이면, $p = g_1^{-1}g_2(p)$이고, 따라서 $g_1^{-1}g_2 \in G_p$이고, $g_1G_p = g_2G_p$이다. 그러므로 위 사상이 단사이다. □

이로부터 다음 정리를 얻는다.

도움정리 2.3.3 (Lagrange 원리) *사상*

$$G/G_p \to G(p)$$

는 전단사함수이다. 특히 G가 유한군이면

$$|G| = |G(p)| \cdot |G_p|$$

이다.

---

[34]집합 X의 **분할**(partition)이란 서로 공통부분이 없는 집합 X_α들의 모임으로 $X = \bigcup_\alpha X_\alpha$인 것을 뜻한다. 그러므로 군 G의 부부군 H는 G의 분할, 즉 G/H를 정한다.

2.3.4 연습문제

정이십면체의 일종대칭군에서

이겹 대칭점 30개, 삼겹 대칭점 20개, 오겹 대칭점 12개

임을 보이라.

2.4 유한 공간운동군

삼차원 공간의 유한 대칭군의 분류는 Johann Hessel이 1830년에 처음 발견하였지만 August Bravais가 1848년에 처음 출판하였다 [Sibley, p. 203], [Burn]. 정다면체의 대칭군에 대하여는 [Klein]에도 나타난다.

2.4.1 각뿔

밑면이 정n각형이고 대칭축이 밑면의 중심을 수직으로 지나는 직선인 **정n각뿔**(regular pyramid)을 생각하자. 이러한 각뿔의 옆면은 모두 합동인 이등변삼각형으로 되어 있다.[35]

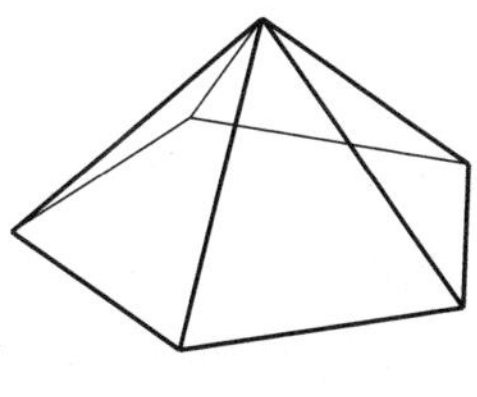

정n각뿔의 대칭변환 중에서 일종인 것들로 이루어진 대칭군, 즉 중심축을 지나는 회전변환들로 이루어진 군은 n-순환군이다. 이것을

$$C_n$$

으로 나타내기로 한다.

C_2는 180° 회전변환과 항등변환으로 이루어진 군이다.

C_1은 항등변환 하나만 있는 군이다.

[35]물론, 옆면이 모두 정삼각형일 수도 있지만 ....

Orbifold 기호로는 C_n 을

$$nn$$

으로 나타낸다.[36]

정n각뿔의 모든 대칭변환으로 이루어진 대칭군은

$$D_nC_n \qquad \text{또는} \qquad *nn$$

으로 나타낸다.

2.4.2 각기둥

밑면이 정n각형이고 대칭축이 밑면의 중심을 수직으로 지나는 직선인 **정n각기둥**(regular prism)을 생각하자. 이러한 각기둥의 옆면은 모두 합동인 직사각형으로 되어 있다.[37]

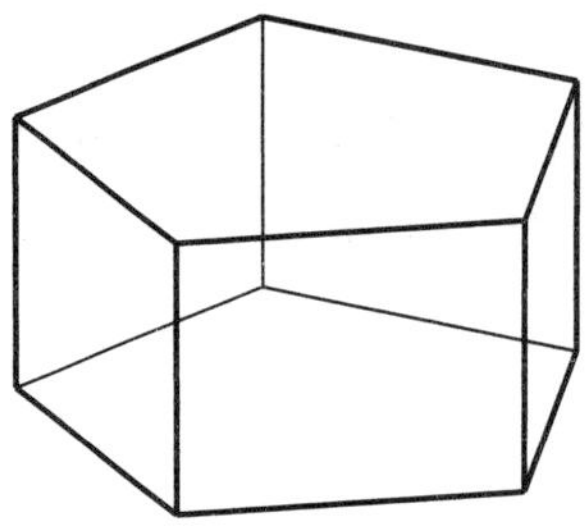

정n각기둥에서 밑면의 중심과 윗면의 중심을 지나는 중심축이 n겹 대칭축이고, 이 중심축에 수직이고 옆면 또는 옆모서리의 중심을 지나는 축들이 2겹 대칭축을 이룬다. 이때 중심축을 기준으로 $2\pi/n$ 바퀴 도는 변환을 r 이라 하고, 중심축에 수직인 축으로 반 바퀴 도는 변환을 s 라고 하면

$$srs = r^{-1}$$

이다. 앞으로 정n각기둥의 일종대칭변환군을

$$D_n$$

[36] 그 까닭은 C_n 을 구면의 대칭군 SO_3 의 부분군으로 이해하면 북극과 남극이 각각 n겹 대칭점이기 때문이다. 이 대칭군의 극한에 외발뛰기 띠대칭군($\infty\infty$)이 있다. 꽃무늬군에서도 평면대칭군인 C_n 이 나왔는데, 그것과 구분하여 공간대칭군을 C'_n 이라 쓸 수도 있지만, 그렇게 하지 않았다.

[37] 물론, 옆면이 모두 정사각형일 수도 있지만 ....

으로 나타내기로 한다.[38] 이 군의 원소의 개수는 $2n$ 이다: $|D_n| = 2n$.

D_2 는 직육면체의 일종대칭변환군으로 한 점을 지나고 서로 수직인 세 축 각각에 대한 $180°$ 회전들로 이루어져 있다. (그러므로 D_2 는 Klein 4-군의 표현이다.)

D_1 은 C_2 와 같다.

Orbifold 기호로 D_n 은

$$22n$$

이다.[39]

정n각기둥은 n 이 짝수이면 중심에 대한 점대칭($\mathcal{Z}$)이 있지만, 홀수일 때에는 그런 대칭이 없다. 정n각기둥에서 이종운동을 포함한 모든 대칭변환으로 이루어진 대칭군은

- n 이 짝수이면, $\bar{D}_n$
- n 이 홀수이면, $D_{2n}D_n$

이다. Orbifold 기호로는 이 둘 다

$$*22n$$

이다.

> **도움정리 2.4.3** *G 가 유클리드 공간 $\mathbb{E}$ 의 운동들로 이루어진 유한군이면 G 는 부동점을 가진다.*

증명. G 의 원소의 개수를 n 이라 하고, $G = \{g_1, \ldots, g_n\}$ 이라 하자. 그리고 한 점 $p \in \mathbb{E}$ 에 대하여

$$O := \frac{1}{n}\left(g_1(p) + \cdots + g_n(p)\right)$$

이라 하자. 즉 O 는 p 의 궤도의 중심점이다. 그러면 $g \in G$ 일 때

$$g(O) = \frac{1}{n}\left(gg_1(p) + \cdots + gg_n(p)\right) = O$$

이다.[40] □

---

[38] 평면의 꽃무늬 군에서도 D_n 이 등장하였는데, 이와 구분하여 공간대칭군에서는 D'_n 이라는 기호를 사용할 수도 있지만, 그렇게 하지 않았다. 평면의 반사변환은 공간의 회전변환으로 이해할 수 있다: $\mathrm{O}_n \hookrightarrow \mathrm{SO}_{n+1}$.

[39] 그 까닭은 D_n 을 구면의 대칭군으로 이해하면 적도를 따라 2겹대칭점이 두 종류 있고, 북극과 남극은 같은 궤도에 있는 n겹 대칭점이기 때문이다.

[40] 유클리드 운동은 아핀결합을 보존하므로 [HP5]. 사실 증명을 보면 G 가 강체운동들로 이루어질 필요없이 아핀변환들로 이루어진 군이면 된다.

2.4.4 연습문제

1. 위 정리에서 G가 자명하지 않으면, 즉 $G \neq \{\mathrm{id}\}$ 이면, 부동점은 오직 하나임을 밝히라.

2. 공간에서 부동점을 가지는 이산 대칭군은 유한 군임을 밝히라.

정리 2.4.5 *삼차원 유클리드 공간에서 유한 일종 운동군은, 즉 SO_3 의 이산 부분군은 다음 중 한 가지이다.*

$$C_n\ (n \geq 1), \qquad D_m\ (m \geq 2)$$

$$\mathbf{T}, \quad \mathbf{O}, \quad \mathbf{I}$$

증명. 구하고자 하는 군을 G라 하고 G의 원소의 개수를 N이라 하자. N이 1일 때에는 $G = C_1$ 이다.

이제부터는 $N \geq 2$ 라고 가정한다.

앞의 도움정리에서 G는 부동점을 가진다는 것을 안다. 이 부동점을 O라고 하자. 그러면 G는 O를 중심으로 하는 단위구면 $\mathbf{S}$에 작용한다.[41]

구면 $\mathbf{S}$의 각 점 p에 대하여 이 점을 고정시키는 G의 원소의 개수 k_p를 점 p의 **겹수**라고 부른다. 어떤 점의 겹수가 1 이라는 것은 항등변환만이 이 점을 고정시킨다는 것을 뜻한다.

또 $\mathbf{S}$의 점들 중에서 겹수가 2 이상인 점을 **극점**(pole)이라고 부르자. 따라서 극점이란 G의 (항등원이 아닌) 어떤 원소의 회전축에 속하는 점을 말한다. 또 극점의 겹수는 이 점을 고정시키는 (비자명) 회전변환 중에서 최소의 각을 가진 변환의 겹수이다.[42]

이제 $\mathbf{S}$의 임의의 점 p에 대하여 n_p를 p의 궤도의 원소개수라 하자. 그러면 Lagrange 원리에서 $N = n_p k_p$ 임을 안다.

한편 두 점이 같은 궤도에 있으면 이들은 같은 겹수를 가진다. 그러므로 G의 한 궤도 C에 대하여 <u>궤도의 원소개수</u> n_C 와 <u>궤도의 겹수</u> k_C 를 이야기할 수 있다. 따라서 G의 임의의 궤도 C에 대하여

$$N = n_C k_C$$

[41]즉, 구면의 점을 그 구면의 점으로 보낸다.

[42]유한 군에서는 회전변환의 각 θ가 $360°$ 의 약수이므로 이 변환의 겹수는 $360°/\theta$ 이다.

를 얻는다.

이제 집합

$$\{(g,p) \in G \times \mathbf{S} \mid g \neq \mathrm{id},\ g(p) = p\}$$

의 원소의 개수를 세어보자. G의 원소 중 항등변환이 아닌 것은 모두 $N-1$개이고, 또 이러한 원소 각각의 회전축과 $\mathbf{S}$가 두 점에서 만나므로, 위 집합의 원소의 개수는 $2(N-1)$임을 안다.

한편 $\mathbf{S}$의 각 극점 p에 대하여 $g(p) = p$인 $g \in G - \{\mathrm{id}\}$의 개수는 $k_p - 1$이고, 따라서

$$2(N-1) = \sum_{p \in \mathbf{S}} (k_p - 1)$$

을 얻는다. 이 식의 오른쪽에서 같은 궤도에 있는 점들끼리 묶으면

$$\boxed{2(N-1) = \sum_C n_C(k_C - 1) = \sum_C (N - n_C)}$$

를 얻는다. 이 식에서 겹수가 2 이상인 궤도의 개수가 2 또는 3임을 안다.[43]

(i) 우선 **극궤도**(즉, 겹수가 2 이상인 궤도)의 개수가 2인 경우를 살펴보자. 이 때에는 방정식

$$2(N-1) = (N - n_1) + (N - n_2)$$

를 얻고, 따라서

$$2 = n_1 + n_2$$

를 얻는다. 그러므로

$$n_1 = 1, \qquad n_2 = 1$$

---

[43]궤도 C에 속하는 원소의 개수를 n_C라고 두었다. 이때 C가 극점의 궤도이므로

$$1 \le n_C \le N/2$$

이다. 이제 $N - n_C \le N - 1$이므로 궤도의 개수가 적어도 2개라야 합이 $2(N-1)$이다. 만약 궤도의 개수가 4 이상이라면

$$2(N-1) = \sum_C (N - n_C) \ge 4 \cdot N/2 = 2N$$

이라는 모순이 생긴다. 그러므로 궤도의 개수는 3 이하라야 한다.

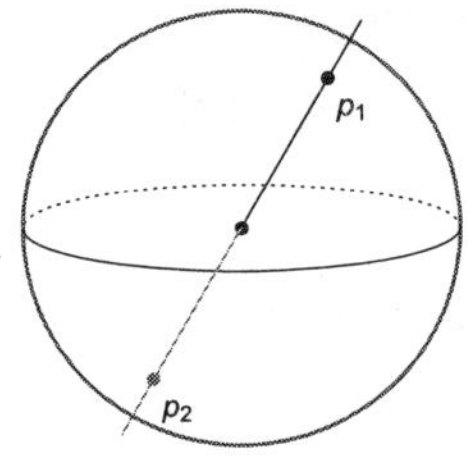

이다. 이 식의 의미를 살펴보면, 다음과 같다. 구면에 두 점 p_1, p_2 가 존재하고, 각 점이 스스로 궤도를 이룬다.
이 경우에 p_1 을 고정시키는 회전변환의 회전축이 $\mathbf{S}$ 와 p_1 및 p_1 의 **반극점**[44](antipodal point)에서 만나고 이 반극점이 바로 p_2 이다. 이제

$$k_1 = N, \qquad k_2 = N$$

이고, 따라서

$$G \simeq C_N$$

이다.

(ii) 이제 극궤도의 가지수가 3 인 경우를 살펴보자. 이 때에는 방정식

$$2(N-1) = (N-n_1) + (N-n_2) + (N-n_3)$$

을 얻는다. 이 식을 간단히 하면

$$n_1 + n_2 + n_3 = N + 2 \tag{2}$$

이다. 편의상

$$n_1 \le n_2 \le n_3$$

라고 가정하자. 만약 $n_3 \le N/3$ 이면 (2)가 성립할 수 없다. 그러므로

$$n_3 = N/2$$

라야 한다.[45] 따라서 식 (2)에서

$$n_1 + n_2 = \frac{N}{2} + 2 \qquad \left(1 \le n_1 \le n_2 \le \frac{N}{2}\right) \tag{3}$$

을 얻는다. 만약 $n_2 \le N/4$ 이면 $\frac{N}{2} + 2 = n_1 + n_2 \le \frac{N}{2}$ 이라는 모순이 생기므로

$$n_2 = N/2 \qquad \text{또는} \qquad n_2 = N/3$$

이라야 한다.

(ii-1) 우선 $n_2 = N/2$ 인 경우를 살펴보자. 이 때에는 식 (3)에서

$$n_1 = 2 \qquad (2 \le N/2)$$

[44]구면의 중심에 대하여 서로 반대쪽에 있는 점들을 서로 상대방의 반극점이라고 부른다.
[45]즉, $k_2 = 2$ 인 점이 존재한다. 다시 말하면 180° 회전변환이 존재한다는 말이다.

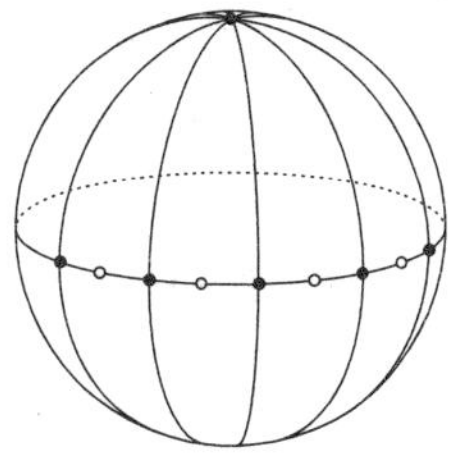

를 얻는다. 그러므로 G에는 서로 "합동"이 아닌 두 가지 180° 변환 r_2, r_3이 존재하고, 또 회전각이 $2\pi/(N/2)$인 회전변환 r_1이 존재한다. 편의상 r_2와 r_3의 회전축 사이의 각이 최소가 되도록 정하였다고 하자. 그러면 180° 변환인 r_2와 r_3의 합성은 r_2와 r_3의 회전축에 수직인 축에 대하여 회전하는 변환이고 이 변환이 r_1이다.[46] 이로부터

$$G \simeq D_{N/2}$$

을 얻는다.

(ii-2) 마지막으로 $n_2 = N/3$인 경우를 살펴보자. 이 때에는 식 (3)에서

$$n_1 = \frac{N}{6} + 2 \tag{4}$$

를 얻는다. 그러므로 $n_1 > N/6$, $n_1 \leq n_2 = N/3$에서 다음을 얻는다:

$$n_1 = \frac{N}{3}, \qquad n_1 = \frac{N}{4} \qquad \text{또는} \qquad n_1 = \frac{N}{5}.$$

(ii-2-a) $n_1 = N/3$인 경우는 (4)에서 $N = 12$를 얻고, 따라서

$$\begin{array}{lll} n_1 = 4, & n_2 = 4, & n_3 = 6 \\ k_1 = 3, & k_2 = 3, & k_3 = 2 \end{array}$$

이다. 이때 $G \simeq \mathbf{T} = \mathbf{333}$이다.

(ii-2-b) $n_1 = N/4$인 경우는 (4)에서 $N = 24$를 얻으며, 따라서

$$\begin{array}{lll} n_1 = 6, & n_2 = 8, & n_3 = 12 \\ k_1 = 4, & k_2 = 3, & k_3 = 2 \end{array}$$

이다. 이때 $G \simeq \mathbf{O} = \mathbf{423}$이다.

(ii-2-c) 마지막으로 $n_1 = N/5$인 경우는 (4)에서 $N = 60$을 얻는다. 그러면

$$\begin{array}{lll} n_1 = 12, & n_2 = 20, & n_3 = 30 \\ k_1 = 5, & k_2 = 3, & k_3 = 2 \end{array}$$

이고, 이때 $G \simeq \mathbf{I} = \mathbf{532}$이다. 이상으로 증명을 마친다. □

[46] 회전축의 방향을 바로 잡으면

이제 도움정리 2.1.2 덕분에 이종운동이 포함된 유한 공간운동군에는 다음 일곱 가지 족과 일곱 가지 산재군이 있음을 안다.

정리 2.4.6 *유한 공간대칭군, 즉* O_3 *의 이산부분군은 다음 종류뿐이다:*

$$C_n,\ \overline{C_n},\ C_{2n}C_n \qquad (n \geq 1)$$
$$D_m,\ \overline{D_m},\ D_mC_m,\ D_{2m}D_m \qquad (m \geq 2)$$
$$\mathbf{T},\quad \mathbf{O},\quad \mathbf{I},\quad \mathbf{OT},\quad \bar{\mathbf{O}},\quad \bar{\mathbf{I}},\quad \bar{\mathbf{T}}$$

일곱가지 족의 Orbifold 기호는 다음과 같다.[47]

$$\begin{aligned} nn &= C_n \\ {*nn} &= D_nC_n \\ n* &= \begin{cases} C_{2n}C_n & (n, \text{odd}) \\ \bar{C}_n & (n, \text{even}) \end{cases} \\ n\times &= \begin{cases} \bar{C}_n & (n, \text{odd}) \\ C_{2n}C_n & (n, \text{even}) \end{cases} \end{aligned} \qquad \begin{aligned} 22n &= D_n \\ {*22n} &= \begin{cases} \bar{D}_{2n}D_n & (n, \text{odd}) \\ \bar{D}_n & (n, \text{even}) \end{cases} \\ 2*n &= \begin{cases} \bar{D}_n & (n, \text{odd}) \\ D_{2n}D_n & (n, \text{even}) \end{cases} \end{aligned}$$

2.4.7 연습문제

정n각기둥에서 중심축 둘레로 밑면은 고정하고 윗면을 π/n 만큼 회전시킨 다음, 이 두 면을 포함하는 가장 작은 볼록집합을 정n**반각기둥**(anti-prism)이라 한다. 이 반각기둥의 옆면은 이등변 삼각형이다.

이때 정n반각기둥의 대칭군은 $2{*}n$ 임을 밝히라.

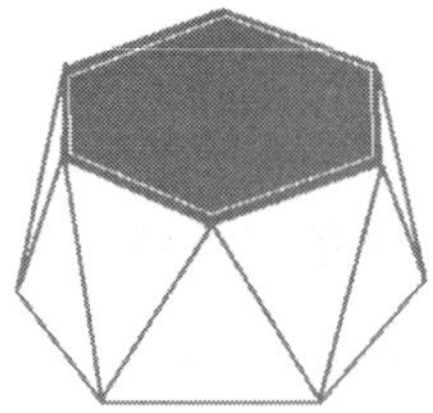

[47] 일곱 가지 족은 일곱 가지 띠무늬군을 말아서 얻는다.

2.5 공간 결정군

2.5.1 화학적 결정

메탄(CH_4)은 정사면체의 각 꼭짓점에 수소(H)가 놓여 있고, 정사면체의 중심에 탄소(C)가 놓여 있는 모습을 하고 있다. 다이아몬드는 탄소들이 "메탄처럼" 배열되어 있다. 이러한 배열은 흑연에서 탄소들이 배열되어 있는 것과 크게 다르다 [Sibley, p. 207].

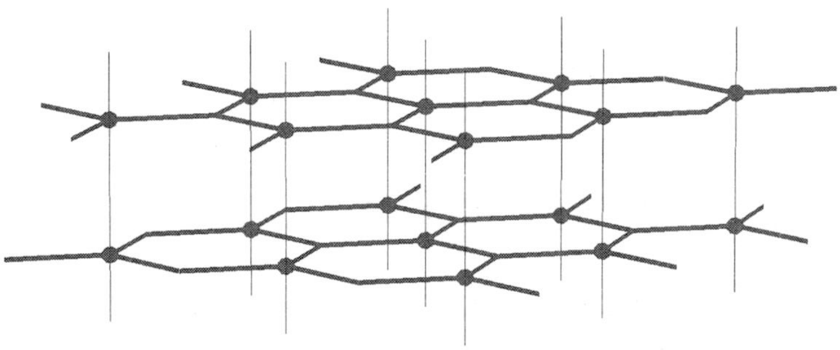

흑연의 원자 배열

소금(NaCl)의 결정은 나트륨(Na)과 염소(Cl)가 공간을 가득 채우는 정육면체들의 꼭짓점들에 서로 교대로 배열되어 있는 모습을 하고 있다.

2.5.2 결정군

Euclid 공간의 **결정군**(crystallographic group)이란 Euclid 공간의 운동들로 이루어진 이산군으로 유계인 **기본영역**을 가지는 것을 말한다.[48]

결정군 제한 정리 1.3.3 은 삼차원에서도 성립한다.

2.5.3 연습문제

두 개의 일차독립인 평행변환을 가지는 공간이산군의 회전중심축은 2 겹, 3 겹, 4 겹, 또는 6 겹대칭축임을 보이라.

[48]Euclid 공간 $\mathbb{E}$ 의 영역 D 가 운동군 G 의 **기본영역**(fundamental domain)이라는 것은 $\mathbb{E} = \bigcup_{g\in G} g(D)$ 이고, $g_1, g_2 \in G$, $g_1(D) \neq g_2(D) \quad \Rightarrow \quad \mathrm{vol}\,(g_1(D) \cap g_2(D)) = 0$ 이라는 뜻이다.

유클리드 운동 $f : \mathbb{E}^3 \to \mathbb{E}^3$ 은 한 점을 고정하는 직교운동과 평행이동의 합성이다 [HP5]. 이때 f 의 평행이동 성분을 추출하는 것은 (기준점이 없는한) 불가능하지만, 버리는 것은 가능하다. 운동 f 의 직교운동 성분

$$f_* : \vec{\mathbb{E}}^3 \to \vec{\mathbb{E}}^3, \qquad \mathbf{v} \mapsto f(p+\mathbf{v}) - f(p)$$

는 기준점 p 와 상관없이 일정하고, 따라서 f_* 는 f 의 미분이라 할 수 있다. 그러므로 사상

$$* : \mathrm{E}_3 \to \mathrm{O}\left(\vec{\mathbb{E}}^3\right)$$

이 생긴다.[49] 만약 G 가 유클리드 운동군이면, 위 사상의 상 G_* 를 G 의 점군(point group)이라 부른다.

결정군 제한 정리와 정리 (2.4.6)에서 결정군의 점군(crystal classes)에는 32 종류가 있음을 안다.[50]

결정의 주기, 즉 평행변환들로 이루어진 격자군에는 모두 14 종류가 있다.[51]

모든 결정군은 점군들이 격자군들에 어떻게 작용하는가를 조사하여 얻는다. 삼차원 공간의 결정군은 1890 년경에 러시아의 결정학자이자 기하학자인 E. S. Fedorov(1853–1919)와 독일의 A. Schoenflies(1853–1928)가 독자적으로 분류하였다. 이들의 분류에 의하면 모두 230가지가 있다. 이 중 거울대칭인 열 한 쌍의 군을 같은 것으로 보면 모두 219 가지이다.

결정이라는 개념과 결정군이라는 개념은 19세기 후반들어 정착 되었으며, 모두 그것을 믿어 왔다.

영국의 Roser Penrose(1931–)는 1974 년에 (기본 타일 수가 2인) 비주기적인 타일링을 발견하였지만, 여기에는 오겹대칭점들이 있어서 결정이라고 여겨지지 않았다.[52]

---

[49] 좌표계를 도입한다면 $f(X) = AX + \mathbf{v}$ 이고 $f_* = A \in \mathrm{O}_3$ 이다.

[50] 이들을 나열하면 다음과 같다.

$$\begin{array}{ll} C_n,\ \overline{C_n} & (n = 1,2,3,4,6) \\ D'_m,\ \overline{D'_m},\ D'_m C_m & (m = 2,3,4,6) \\ C_2C_1,\ C_4C_2,\ C_6C_3, & D'_4D'_2,\ D'_6D'_3 \\ \mathbf{T},\ \mathbf{O},\ \bar{\mathbf{T}},\ \bar{\mathbf{O}},\ \mathbf{OT} & \end{array}$$

거울반사대칭인 것을 추가하면 모두 33 종류이다.

[51] 이들을 **Bravais 격자**들이라 부른다 [Henle, p.277]. 이들의 대칭군은 일곱 가지이다: triclinic, monoclinic, orthorhombic, tetragonal, hexagonal, trigonal, cubic.

[52] 비주기적인(aperiodic) 타일링은 1964 년에 Hao Wang 의 문제를 연구하던 Robert Berger

공간의 타일링에 관한 문제는 HP18에 들어 있는 두 번째 문제이다.

긴 변과 짧은 변의 비가 황금비인 이등변 삼각형에는 두 가지 종류가 있는데, 모두 피타고라스 별꼴에서 볼 수 있다. Penrose 타일의 기본 조각은 (한 꼭짓각이 72° 인) 황금비 마름모를 두 조각 낸 연(kite)과 살(dart)로 이루어져 있다. 연과 살을 각각 반으로 나누면 황금비 삼각형들이 나타난다.

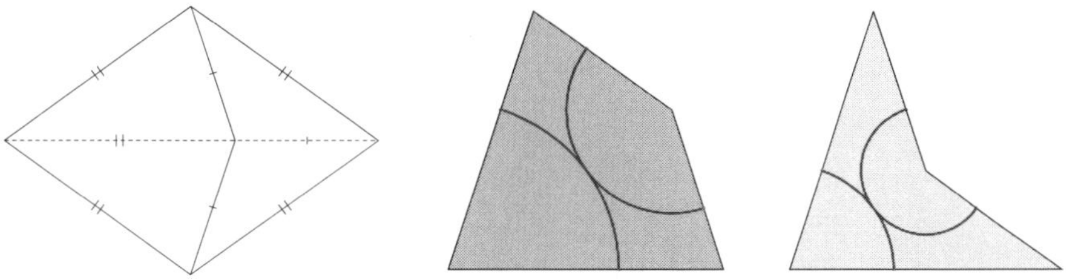

황금비 마름모 연 살

의 Harvard 대학교 박사학위논문에서 처음으로 발견되었다. 이때 사용된 **기본타일**의 개수는 2만개가 넘는다 [Gardner]. 후에 여러 학자들이 비주기적 타일링의 기본타일 수를 줄여 나갔다. 프랑스의 A. Connes는 "비가환 기하학"(Noncommutative Geometry)이론을 창시하고, Penrose 타일링이 "단순 C^* 대수"를 설명한다는 것을 보였다 [Connes], [Gardner], [Kappraff], [Radin].

1980년 대에 들어 화학자들은 알루미늄과 망간의 합금을 급냉시켜 얻은 금속에서 5겹대칭을 발견하였다. 또 탄소 60개를 오각형 12개와 육각형 20개로 이루어진 축구공 모양 다면체의[53] 꼭짓점에 배열하여 정이십면체 대칭이 나타나는 화합물질들을 조립하였다.

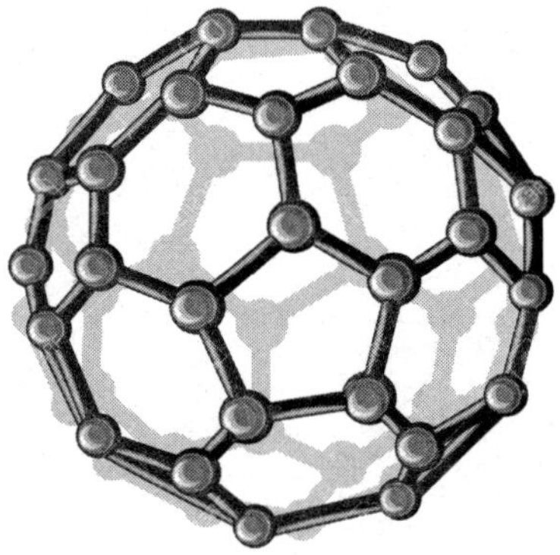

C_{60}

그 후 학계에서는 결정이라는 개념에 대하여 심각하게 다시 생각하게 되었고 새로운 구조를 준결정(quasi-crystal)이라 부른다 [Senechal].

[53]이 다면체는 정이십면체의 꼭짓점들을 깍아서 얻은 32면체로서 Geodesic Dome을 설계한 미국의 유명한 건축가 Buckminster Fuller(1895–1983)를 기리기 위하여 Bucky ball이라고도 부르지만, 아르키메데스 다면체 중의 하나이다.

제 3 절 Bieberbach 정리

Hilbert는 "일반 차원의 Euclid 공간에서 결정군의 가지수가 유한 개인가?"라는 질문을 하였고, 1911년에 L. Bieberbach(1886–1982)가 긍정적으로 답하였다. Bieberbach는 n-공간 결정 F의 대칭군 Sym(F)를 이해하려면 그 속에 든 평행이동군 L과 점군 Sym(F)/L을 이해하는 것이 중요함을 보였다. 그는 다음을 밝혔다:

(i) n차원 유클리드 공간에서 이산 운동군 G가 결정군이기 위한 필요충분조건은 G 속에 들어 있는 평행이동들로 이루어진 군 L이 n개의 일차독립인 평행이동으로 생성되는 것이다.

(ii) 두 결정군들이 대수적으로 동형일 필요충분 조건은 두 군들이 아핀동형인 것이다.

(iii) 결정군의 종류는 유한하다.

Bieberbach의 연구는 곡률이 0인 공간을 분류하는 데에도 큰 역할을 한다 [Charlap], [Weeks].

4차원 공간에서 결정군의 가지수는 4783임이 알려졌지만, 일반 차원이나 더 나아가 비유클리드 공간에서의 결정 구조 등은 여전히 연구되고 있다 [Berger], [Charlap], [Milnor].

참고문헌

M. Berger, *Geometry I, II*, Springer-Verlag, 1987.

———, *Geometry Revealed*, Springer, 2010.

R. P. Burn, *Groups, A path to geometry*, Cambridge, 1985.

L. S. Charlap, *Bieberbach Groups and Flat Manifolds*, Springer, 1986.

J. H. Conway, H. Burgiel, C. Goodman-Strauss, *The Symmetry of Things*, A K Peters, Ltd., 2008.

J. Conway, P. Doyle, J. Gilman, W. Thurston, *Geometry and the Imagination in Minneapolis*, http://www.geom.umn.edu/docs/education/institute91/ (1991, 1994).

J. H. Conway and D. Huson, *The Orbifold Notation for Two-Dimensional Groups*, Structural Chemistry, Vol. 13 (2002), 247–257.

H. S. M. Coxeter, *Introduction to Geometry*, John Wiley & Sons, Inc., 1961, 1969.

M. C. Escher, *The Complete Graphic Work*, Thames and Hudson, 1996.

D. W. Farmer, *Groups and Symmetry*, Amer. Math. Soc., 1996.

M. Gardner, *PENROSE TILES TO TRAPDOOR CIPHERS ... and the return of Dr. Matrix*, Math. Assoc. Amer., 1989, 1997.

D. Gay, *Geometry by discovery*, John Wiley & Sons, Inc., 1998.

L. C. Grove, C. T. Benson, *Finite Reflection Groups*, GTM 99, Springer, 1971, 1985.

B. Grünbaum, G. C. Shephard, *Tilings and Patterns*, W. H. Freeman and Company, New York, 1987.

M. Henle, *Modern Geometries*, Prentice Hall, 1997.

D. Hilbert, S. Cohn-Vossen, *Geometry and the Imagination*, Chelsea Publ. Co., 1952.

J. Kappraff, *Connections: The Geometric Bridge between Art and Science*, McGraw Hill, 1991.

J. Kepler, *Strena Seu de Nive Sexangula* (A New Year's Gift of Hexagonal Snow), 1611.

F. Klein, *Lectures on the Icosahedron.*

R. C. Lyndon, *Groups and Geometry*, Cambridge Univ. Press, 1985.

E. Mao, *To infinity and Beyond*, Birkhauser, 1987. (전대호 옮김, *무한, 그리고 그 너머*, 사이언스 북스, 1997.)

G. E. Martin, *Transformation Geometry*, Springer-Verlag, 1982.

J. Milnor, *Hilbert's Problem 18: On Crystalographic Groups, Fundamental Domains, and on Sphere Packing*, Mathematical Develpments arising from Hilbert Problems, Proc. Sypm. in Pure Math., Amer. Math. Soc. **28** (1978), 491–506.

V. Nikulin, I. R. Shafarevich, *Geometries and Groups*, Springer-Verlag, 1987.

C. Radin, *Miles of Tiles*, Amer. Math. Soc., 1999.

D. Schattschneider, *The plane symmetry groups: their recognition and notation*, Amer. Math. Monthly **85** (1978), 437–450.

M. Senechal, *Quasicrystals and geometry*, Cambridge Univ. Press, 1995.

M. Serra, *Discovering Geometry*, Key Curriculum, 1997.

T. Sibley, *The Geometric Viewpoint — A survey of Geometries*, Addison-Wesley, 1998.

J. Stillwell, *Exceptional Objects*, Amer. Math. Monthly **105** (1998), 850–857.

E. B. Vinberg (ed.), *Geometry II*, Encyclopaedia of Mathematical Sciences **29**, Springer-Verlag, 1993.

J. Weeks, *The Shape of Space: How to Visualize Surfaces and Three-Dimensional Manifolds*, Second Edition, Marcel Dekker, Inc., New York and Basel, 1985, 2002.

H. Weyl, *Symmetry*, Princeton Univ. Press, 1952, 1982.

HP18(c). 공 쌓기

공 쌓기(sphere packing) 문제란 n차원 Euclid 공간에 n차원 단위공을 얼마나 조밀하게 배열할 수 있는가 하는 문제이다. 물론 공들이 서로 접할 수는 있으나 겹칠 수는 없다. 이 문제는 영국의 Raleigh 경이 Kepler 에게 공 모양의 포탄을 어떻게 쌓는 것이 가장 효과적인가를 묻는 편지로부터 유래되었다고 한다.

공 쌓기는 Hilbert 의 18 번째 문제 중 일부이다. 이 장에서는 공 쌓기 및 공 쌓기와 관련된 접촉수(kissing number), 부호(coding) 등에 대하여 간략히 소개하고자 한다.

제 1 절 공 쌓기와 밀도

$\mathbb{R}^n$ 을 n 차원 Euclid 공간이라고 하자.[1] 즉,

$$\mathbb{R}^n := \{ (r_1, r_2, \cdots, r_n) \mid r_1, r_2, \cdots, r_n \in \mathbb{R} \}.$$

n 차원 표준 단위공 B^n 은 다음과 같이 정의한다.

$$B^n := \{ (r_1, r_2, \cdots, r_n) \in \mathbb{R}^n \mid r_1^2 + r_2^2 + \cdots + r_n^2 \leq 1 \}. \tag{1}$$

n 차원 Euclid 공간에서 어떤 공 쌓기를 했을 때, 그 공 쌓기의 밀도는 n 차원 공간에 쌓인 단위공들이 차지하는 부피의 비율을 나타낸다. 어떤 공 쌓기를 L 이라고 하고, 공 쌓기 L 의 밀도를 조금 더 정확히 정의해보자. 원점을 중심으로 하는 반지름 R 인 n 차원 공의 부피를 $V_n(R)$ 이라고 하고 그 안에 쌓인 단위공들이 차지하는 부피를 $L_n(R)$ 이라고 할 때, 공 쌓기 L 의 밀도는

$$\delta_n(L) := \lim_{R \to \infty} \frac{L_n(R)}{V_n(R)} \tag{2}$$

로 정의한다. [2] 또

$$\delta_n := \max\{ \delta_n(L) \mid L : \text{가능한 모든 } n \text{ 차원 공 쌓기} \} \tag{3}$$

라고 하자.

> **HP18(c).** n 차원 Euclid 공간 $\mathbb{R}^n$ 에 단위공 B^n 을 가장 효율적으로 (밀도가 높게) 배열하는 방법은? 그 밀도는? 단, B^n 들을 배열할 때, 접할 수는 있지만 겹칠 수는 없다.

$n = 1$ 인 경우 가장 밀도가 높은 공 쌓기는 수직선의 모든 짝수점을 중심으로 길이 2 짜리 선분을 배열하는 것으로서 수직선을 다 채울 수 있으므로 그 밀도는

$$\delta_1 = 1 \tag{4}$$

[1] HP7 의 (2) 참조.

[2] 단, 극한이 존재하지 않는 경우는 생각하지 않는다.

이다. $n = 2$ 인 경우를 생각하자. H 를 다음과 같이 정의된 2 차원 Euclid 공간 $\mathbb{R}^2$ 의 부분군이라고 하자.[3] $\mathbf{h}_1 = (2, 0)$, $\mathbf{h}_2 = (1, \sqrt{3}) \in \mathbb{R}^2$ 에 대하여,

$$H := \{\, \mathbf{h} \in \mathbb{R}^2 \mid \mathbf{h} = h_1\mathbf{h}_1 + h_2\mathbf{h}_2,\ h_1, h_2 \in \mathbb{Z}\,\}. \tag{5}$$

H 는 실은 **육각형 격자** (hexagonal lattice)라고 불리는 $\mathbb{Z}$-격자로서, $\{\, \mathbf{h}_1, \mathbf{h}_2 \,\}$ 가 H 의 $\mathbb{Z}$-기저가 된다.[4] 육각형 격자라는 이름은 원점으로부터의 길이가 2 인 여섯 개의 점이 정육각형을 이루기 때문에 붙여졌다. 이 H 의 각 점에 단위원판 B^2 의 중심이 오도록 배열하는 것이 가장 밀도가 높은 공 쌓기로 알려져 있다.

정리 18.1. (Thue, 1882) 2 차원 Euclid 공간 $\mathbb{R}^2$ 에서 육각형 격자 H 를 이용한 공 쌓기보다 밀도가 높은 공 쌓기는 없다. 즉, 격자 H 의 각 격자점에 단위원판 B^2 의 중심이 오도록 배열하는 것이 가장 밀도가 높은 공 쌓기로서 그 밀도는 다음과 같다.

$$\delta_2 = \frac{\pi}{2\sqrt{3}} \approx 0.9068\cdots.$$

증명. 가장 밀도가 높다는 사실의 증명은 생략하고, 밀도만 계산해 보자. 원점으로부터의 길이가 2 인 여섯 개의 점이 이루는 정육각형의 넓이를 a, 정육각형의 내부에서 원판들이 차지하는 부분의 넓이를 b 라고 하면, b/a 가 육각형 격자를 이용한 공 쌓기의 밀도임은 직관적으로 당연하다. 정육각형의 한 변의 길이는 2 이고, 정육각형의 내부에서 원판들이 차지하는 부분의 넓이는 정확하게 단위원판 세 개의 넓이에 해당하므로 구하고자 하는 밀도는

$$\frac{3\pi}{6\sqrt{3}} = \frac{\pi}{2\sqrt{3}} \approx 0.9068\cdots$$

이다. □

$n = 3$ 인 경우를 생각하자. $n = 3$ 인 경우가 바로 유명한 Kepler 의 예상이다. Kepler 의 예상을 소개하기 위하여 필요한 3 차원 Euclid 공간 $\mathbb{R}^3$ 의 부분군 F 를 정의하자. $\mathbf{f}_1 = (2, 0, 0)$, $\mathbf{f}_2 = (1, \sqrt{3}, 0)$, $\mathbf{f}_3 = (1, \sqrt{3}/3, 2\sqrt{6}/3) \in \mathbb{R}^3$ 에 대하여,

$$F := \{\, \mathbf{f} \in \mathbb{R}^3 \mid \mathbf{f} = f_1\mathbf{f}_1 + f_2\mathbf{f}_2 + f_3\mathbf{f}_3,\ f_1, f_2, f_3 \in \mathbb{Z}\,\}. \tag{6}$$

[3] 부분군에 대하여는 HP7 의 1 절 참조.
[4] HP11 또는 다음 절 참조.

라고 정의하자. F 는 실은 **변중 육면체 격자** (edge centered cubic lattice)[5]라고 불리는 $\mathbb{Z}$-격자로서 $\{\mathbf{f}_1, \mathbf{f}_2, \mathbf{f}_3\}$ 가 F 의 $\mathbb{Z}$-기저가 된다. 변중 육면체 격자라는 이름은 원점으로부터의 길이가 2 인 열 두 개의 점이 각각 한 변의 길이[6]가 $2\sqrt{2}$ 인 정육면체의 열 두 모서리(변)의 중심이 되기 때문에 붙여졌다.

Kepler 의 예상. (1609) 3 차원 Euclid 공간 $\mathbb{R}^3$ 에서 육면체 격자 F 를 이용한 공 쌓기보다 밀도가 높은 공 쌓기는 없다.

Kepler 의 예상은 무려 390 년 뒤인 1998 년 Hales 가 증명하였다.

정리 18.2. (Hales, 1998) 3 차원 Euclid 공간 $\mathbb{R}^3$ 에서 변중 육면체 격자 F 를 이용한 공 쌓기보다 밀도가 높은 공 쌓기는 없다. 즉, 변중 육면체 격자 F 의 각 격자점에 공 B^3 의 중심이 오도록 배열하는 것이 가장 밀도가 높은 공 쌓기로서 그 밀도는 다음과 같다.

$$\delta_3 = \frac{\pi}{3\sqrt{2}} \approx 0.7404\cdots.$$

증명. 가장 밀도가 높다는 사실의 증명을 여기서 다루기에는 부적절하므로 생략하고, 밀도만 계산해 보자. 원점으로부터의 길이가 2 인 열두 개의 점이 자신의 열두 모서리의 중점이 되는, 한 변이 $2\sqrt{2}$ 인 정육면체의 부피를 a, 이 정육면체의 내부에서 공들이 차지하는 부분의 부피를 b 라고 하면, b/a 가 육면체 격자를 이용한 공 쌓기의 밀도임이 직관적으로 당연하다. 정육면체의 한 변의 길이는 $2\sqrt{2}$ 이고, 정육면체의 내부에서 공들이 차지하는 부분의 부피는 정확하게 네 개의 단위공의 부피에 해당하므로 구하고자 하는 밀도는

$$\frac{4\cdot(4/3)\pi}{16\sqrt{2}} = \frac{\pi}{3\sqrt{2}} \approx 0.7404\cdots$$

이다. □

[5]면중 육면체 격자(face centered cubic lattice), 또는 영문 이니셜을 따서 FCC 격자라고 부르기도 한다.

[6]n 차원 Euclid 공간에서의 길이의 정의는 다음 절 참조.

여기서 잠깐, 정리 18.1, 18.2 의 증명이 매우 어려울 수밖에 없는 이유를 살펴보자. 일반적인 n 차원 Euclid 공간 $\mathbb{R}^n$ 에서의 공 쌓기는 두 종류가 있다. 그 하나는 앞에서 소개한 바와 같이 H, F 등과 같은 격자를 이용한 공 쌓기이다. 즉, 주어진 격자의 각 격자점에 단위공의 중심이 오도록 배열하는 방법이다. 이러한 공 쌓기는 그 규칙성 때문에 밀도를 구하는 것이 비교적 수월하다. 한편, 다른 하나는 아무런 규칙 없이 하는 공 쌓기이다. 이런 공 쌓기는 단위공을 배열하는 방법을 서술하는 것부터가 쉽지 않은 일이며, 대부분의 경우 밀도를 구하기가 매우 어렵다. 따라서 이러한 모든 가능한 공 쌓기 중에서 가장 밀도가 높은 것을 찾는 작업은 전혀 쉬운 일이 아니다. Hales 의 증명은 소위 비선형 최적화 이론을 이용하였으며 5 년여의 방대한 컴퓨터 계산을 거쳐서 이루어 낸, 수학사에 길이 남을 또 하나의 금자탑이라고 할 수 있다.

제 2 절 격자를 이용한 공 쌓기

일반적인 n 차원 Euclid 공간 $\mathbb{R}^n$ 의 성질을 알아보자. $\mathbf{a} = (a_1, a_2, \cdots, a_n)$, $\mathbf{b} = (b_1, b_2, \cdots, b_n) \in \mathbb{R}^n$ 에 대하여, $\mathbf{a}, \mathbf{b}$ 의 내적을

$$\langle \mathbf{a}, \mathbf{b} \rangle := a_1 b_1 + a_2 b_2 + \cdots + a_n b_n$$

으로 정의하자. 내적 $\langle *, * \rangle$ 는 물론 $\mathbb{R}^n$ 상의 양 대칭 이중 선형사상[7]이고 따라서 $\mathbb{R}^n$ 은 $\mathbb{R}$ 상의 이차형식 공간이다.

$$|\mathbf{a}| := \sqrt{\langle \mathbf{a}, \mathbf{a} \rangle} = \sqrt{a_1^2 + a_2^2 + \cdots + a_n^2}$$

를 $\mathbf{a}$ 의 **길이** (length)라고 하고, 길이의 제곱을 $\mathbf{a}$ 의 **크기** (norm)라고 하자.

이제 L 을 $\mathbb{R}$ 상의 이차형식 공간 $\mathbb{R}^n$ 의 $\mathbb{Z}$-격자라고 하자. 즉, L 은 $\mathbb{R}^n$ 의 부분군으로서

(L1) $\exists \{ \mathbf{v}_1, \mathbf{v}_2, \cdots, \mathbf{v}_n \} \subset L : L$ 의 $\mathbb{Z}$-기저.

(L2) $\langle \mathbf{a}, \mathbf{b} \rangle \in \mathbb{Z}, \ \forall \mathbf{a}, \mathbf{b} \in L$.

L 의 원소 $\mathbf{a} = (a_1, a_2, \cdots, a_n)$ 을 벡터라고 부르기도 하고, 격자점이라고 부르기도 한다.

정의 18.3. L 을 $\mathbb{R}$ 상의 이차형식 공간 $\mathbb{R}^n$ 의 $\mathbb{Z}$-격자라고 하자. 이 때, L 의 $\mathbf{0}$ 아닌 벡터 중에서 그 길이가 가장 짧은 것을 L 의 **최소벡터** (minimal vector)라고 하고 그 길이를 $\mu(L)$ 로 쓴다.

정의 18.4. L 을 이차형식 공간 $\mathbb{R}^n$ 의 $\mathbb{Z}$-격자라고 하고 $\{\mathbf{v}_1, \mathbf{v}_2, \cdots, \mathbf{v}_n\}$ 을 L 의 $\mathbb{Z}$-기저라고 할 때, $\mathbb{R}^n$ 의 부분집합

$$\mathcal{F}_L := \{ v_1 \mathbf{v}_1 + v_2 \mathbf{v}_2 + \cdots + v_n \mathbf{v}_n \mid 0 \le v_i < 1, \ \forall i = 1, 2, \cdots, n \} \tag{7}$$

을 기저 $\{ \mathbf{v}_1, \mathbf{v}_2, \cdots, \mathbf{v}_n \}$ 에 대한 L 의 **기본영역** (fundamental domain)이라고 한다.

L 의 $\mathbb{Z}$-기저를 다르게 잡으면 기본영역은 다르게 나타난다. 하지만 그 부피는 항상 일정하게 나타난다. 그 부피를 L 의 **부피**라고 정의하고 $\mathrm{vol}(L)$ 로 나타낸다.

[7] HP11 의 2 절 참조.

$\{\mathbf{v}_1, \mathbf{v}_2, \cdots, \mathbf{v}_n\}$을 L의 $\mathbb{Z}$-기저라고 하고, 각 $i = 1, 2, \cdots, n$에 대하여 $\mathbf{v}_i = (v_{i1}, v_{i2}, \cdots, v_{in})$라고 할 때, 행렬

$$A = \begin{pmatrix} v_{11} & v_{12} & \cdots & v_{1n} \\ v_{21} & v_{22} & \cdots & v_{2n} \\ \cdots & \cdots & \cdots & \cdots \\ v_{n1} & v_{n2} & \cdots & v_{nn} \end{pmatrix} \tag{8}$$

을 기저 $\{\mathbf{v}_1, \mathbf{v}_2, \cdots, \mathbf{v}_n\}$에 대한 L의 **생성행렬** (generating matrix)이라고 한다. L의 부피 $\mathrm{vol}(L)$은 이 L의 생성행렬 A의 행렬식의 절대값과 같다. 즉,

$$\mathrm{vol}(L) = |\det(A)|. \tag{9}$$

또한, 격자 L에 대응되는 $n \times n$ 대칭행렬

$$M = (\langle \mathbf{v}_i, \mathbf{v}_j \rangle) \tag{10}$$

을 기저 $\{\mathbf{v}_1, \mathbf{v}_2, \cdots, \mathbf{v}_n\}$ 에 대한 L의 **Gram 행렬** (Gram matrix)이라고 하는데

$$M = AA^t$$

이므로

$$\mathrm{disc}(L) = \det(M) = \det(A)^2 = \mathrm{vol}(L)^2 \tag{11}$$

이 성립함을 알 수 있다. [8]

한편, 격자 L을 이용한 공 쌓기를 할 때, 겹치지 않도록 하되 밀도가 가능한 한 높게 하려면, 반지름 $\mu(L)/2$인 공을 쌓으면 된다. 격자 L의 모든 벡터의 길이를 $2/\mu(L)$ 배하여 새로운 격자 L'을 만들면, 단위공을 쌓는 경우로 바꿀 수 있다. 중요한 것은 이처럼 주어진 격자에 있는 모든 벡터의 길이에 상수를 곱하여 새로운 격자를 만든 다음, 공의 반지름도 같은 상수를 곱하여 얻은 새로운 공으로 공 쌓기를 할 경우, 밀도에는 변함이 없다는 것이다.

L의 기본영역의 내부에서 공이 차지하는 부피는 정확히 한 개의 공의 부피에 해당된다. (단, 공의 반지름은 $\mu(L)/2$.) 따라서 격자 L을 이용한 공 쌓기의 밀도는

$$\delta_n(L) = \frac{\text{반지름 } \mu(L)/2 \text{ 인 } n \text{ 차원 공의 부피}}{\mathrm{vol}(L)} \tag{12}$$

[8] HP11 의 2 절을 참조하라. 임의의 $n \times n$ 행렬 A, B에 대하여 $\det(AB) = \det(A)\det(B)$, $\det(A^t) = \det(A)$이다.

이다.

다음은 반지름 r 인 n차원 공 $B^n(r)$ 의 부피 $V_n(r)$ 의 공식이다.

$$V_n(r) = \begin{cases} \dfrac{\pi^{n/2}}{(n/2)!}\, r^n & n\text{이 짝수일 때} \\ \\ \dfrac{2^n\pi^{(n-1)/2}((n-1)/2)!}{n!}\, r^n & n\text{이 홀수일 때.} \end{cases} \tag{13}$$

공식을 이용하여

$$\begin{aligned} &V_1(r) = 2r, \quad V_2(r) = \pi r^2, \quad V_3(r) = \frac{4\pi r^3}{3}, \\ &V_4(r) = \frac{\pi^2 r^4}{2}, \quad V_5(r) = \frac{8\pi^2 r^5}{15}, \quad \cdots\cdots \end{aligned}$$

등을 계산할 수 있다.

이제 차원 n이 낮은 경우 $(1 \le n \le 8)$, 가장 밀도가 높은 공 쌓기를 가능하게 해 주는 격자들을 소개하자. 여기서 가장 밀도가 높다는 것은 차원 n이 주어졌을 때, 격자를 이용한 공 쌓기 중에서 가장 밀도가 높다는 뜻이다. [9]

자연수 n에 대하여

$$\mathbb{Z}^n := \{\, \mathbf{z} = (z_1, z_2, \cdots, z_n) \mid z_1, z_2, \cdots, z_n \in \mathbb{Z} \,\} \tag{14}$$

을 n차원 **정수격자** (integer lattice)라고 한다. 이 격자의 $\mathbb{Z}$-기저는

$$\begin{aligned} \mathbf{e}_1 &= (1, 0, \cdots, 0), \\ \mathbf{e}_2 &= (0, 1, \cdots, 0), \\ &\vdots \\ \mathbf{e}_n &= (0, 0, \cdots, 1) \end{aligned}$$

로 이루어진 표준기저를 잡으면 된다. 표준기저에 대한 정수격자의 Gram 행렬은 단위행렬 I_n 이 되며, 이 때문에 n차원 정수격자를 I_n 으로 쓰기도 한다. 정수격자 I_n 의 부피와 최소벡터의 길이는 각각

$$\mathrm{vol}(I_n) = 1, \quad \mu(I_n) = 1$$

[9] 물론 $n = 1, 2, 3$ 인 경우는 격자를 이용하지 않는 공 쌓기의 밀도와 비교해도 가장 높은 격자를 이용한 공 쌓기가 존재한다. (정리 18.1, 18.2 참조.)

이므로 정수격자를 이용한 공 쌓기의 밀도는 (12)에 의하여

$$\delta_n(I_n) = V_n(1/2) \tag{15}$$

이다. 따라서 (13)을 이용하여 계산하면

$$\delta_1(I_1) = 1, \quad \delta_2(I_2) = \frac{\pi}{4}, \quad \delta_3(I_3) = \frac{\pi}{6},$$
$$\delta_4(I_4) = \frac{\pi^2}{32}, \quad \delta_5(I_5) = \frac{\pi^2}{60}, \quad \cdots\cdots$$

등을 얻는다. $n = 1$ 일 때, 정수격자를 이용한 공 쌓기가 가장 밀도 높은 공 쌓기이다.

정의 18.5. 임의의 자연수 n 에 대하여

$$A_n := \{ (x_0, x_1, \cdots, x_n) \in \mathbb{Z}^{n+1} \mid x_0 + x_1 + \cdots + x_n = 0 \}$$

를 n 차원 A**-형 격자** (A-type lattice)라고 한다.

이 격자의 $\mathbb{Z}$-기저로는

$$\begin{aligned}
\mathbf{a}_1 &= (-1,\ 1,\ 0,\ 0, \cdots,\ 0,\ 0\ ), \\
\mathbf{a}_2 &= (\ 0, -1,\ 1,\ 0, \cdots,\ 0,\ 0\ ), \\
\mathbf{a}_3 &= (\ 0,\ 0, -1,\ 1, \cdots,\ 0,\ 0\ ), \\
&\ \ \vdots \\
\mathbf{a}_n &= (\ 0,\ 0,\ 0,\ 0, \cdots, -1,\ 1\ )
\end{aligned}$$

로 이루어진 기저를 잡는다. 이 기저에 대한 A-형 격자의 Gram 행렬도 A_n 으로 표시하며,

$$A_n = \begin{pmatrix} 2 & -1 & 0 & \cdots & 0 & 0 \\ -1 & 2 & -1 & \cdots & 0 & 0 \\ 0 & -1 & 2 & \cdots & 0 & 0 \\ \cdots & \cdots & \cdots & \cdots & \cdots & \cdots \\ 0 & 0 & 0 & \cdots & 2 & -1 \\ 0 & 0 & 0 & \cdots & -1 & 2 \end{pmatrix}$$

이다. $\det(A_n) = n + 1$ 이므로 A_n 의 부피와 최소벡터의 길이는 각각

$$\mathrm{vol}(A_n) = \sqrt{n+1}, \quad \mu(A_n) = \sqrt{2}$$

이다. 따라서 n차원 A-형 격자를 이용한 공 쌓기의 밀도는 (12)에 의하여

$$\delta_n(A_n) = \frac{V_n(\sqrt{2}/2)}{\sqrt{n+1}} \tag{16}$$

이 되고, (13)을 이용하여 계산하면

$$\delta_1(A_1) = 1,\quad \delta_2(A_2) = \frac{\pi}{2\sqrt{3}},\quad \delta_3(A_3) = \frac{\pi}{3\sqrt{2}},$$
$$\delta_4(A_4) = \frac{\pi^2}{8\sqrt{5}},\quad \delta_5(A_5) = \frac{\pi^2}{15\sqrt{3}},\quad \cdots\cdots$$

등을 얻는다. $n = 1, 2, 3$일 때, A-형 격자를 이용한 공 쌓기가 가장 밀도 높은 공 쌓기이다.

$n = 1$일 때, A_1은 2차원 평면의 x-축상에 놓인 정수격자 I_1의 모든 벡터를 $\sqrt{2}$ 배한 다음 원점을 중심으로 시계반대방향으로 45° 회전시켜 얻을 수 있다. 따라서 공 쌓기를 할 경우 그 밀도가 같음은 당연하다. $n = 2$일 때, A_2는 3차원 공간의 xy-평면상에 놓인 육각형 격자 H의 모든 벡터를 $1/\sqrt{2}$배 한 다음 원점을 중심으로 적당히 회전시켜 얻을 수 있다. 마찬가지로, $n = 3$일 때, A_3는 4차원 공간의 xyz-공간상에 놓인 변중 육면체 격자 F의 모든 벡터를 $1/\sqrt{2}$배 한 다음 원점을 중심으로 적당히 회전시켜 얻을 수 있다.

정의 18.6. 임의의 자연수 $n \geq 3$에 대하여

$$D_n := \{\, (x_1, x_2, \cdots, x_n) \in \mathbb{Z}^n \mid x_1 + x_2 + \cdots + x_n \equiv 0 \pmod 2 \,\}$$

를 n차원 D**-형 격자** (D-type lattice)라고 한다.

이 격자의 $\mathbb{Z}$-기저로는

$$\begin{aligned}
\mathbf{d}_1 &= (-1, -1,\ 0, \cdots,\ 0,\ 0\,),\\
\mathbf{d}_2 &= (\ 1, -1,\ 0, \cdots,\ 0,\ 0\,),\\
\mathbf{d}_3 &= (\ 0,\ 1, -1, \cdots,\ 0,\ 0\,),\\
&\ \ \vdots\\
\mathbf{d}_n &= (\ 0,\ 0,\ 0, \cdots,\ 1, -1\,)
\end{aligned}$$

로 이루어진 기저를 잡는다. 이 기저에 대한 D-형 격자의 Gram 행렬도 D_n 으로 표시하며,

$$D_n = \begin{pmatrix} 2 & 0 & -1 & \cdots & 0 & 0 \\ 0 & 2 & -1 & \cdots & 0 & 0 \\ -1 & -1 & 2 & \cdots & 0 & 0 \\ \multicolumn{6}{c}{\dotfill} \\ 0 & 0 & 0 & \cdots & 2 & -1 \\ 0 & 0 & 0 & \cdots & -1 & 2 \end{pmatrix}$$

이다. $\det(D_n) = 4$ 이므로 D_n 의 부피와 최소벡터의 길이는 각각

$$\mathrm{vol}(D_n) = 2, \quad \mu(D_n) = \sqrt{2}$$

이다. 따라서 n 차원 D-형 격자를 이용한 공 쌓기의 밀도는 (12)에 의하여

$$\delta_n(D_n) = \frac{V_n(\sqrt{2}/2)}{2} \tag{17}$$

이 되고, (13)을 이용하여 계산하면

$$\delta_3(D_3) = \frac{\pi}{3\sqrt{2}}, \quad \delta_4(D_4) = \frac{\pi^2}{16}, \quad \delta_5(D_5) = \frac{\pi^2}{15\sqrt{2}}, \quad \cdots\cdots$$

등을 얻는다. $n = 3$ 일 때, D-형 격자를 이용한 공 쌓기가 가장 밀도 높은 공 쌓기이다. 실제로 D_3 는 A_3 와 동형임을 쉽게 확인할 수 있으며, 따라서 변중 육면체 격자 F 를 $1/\sqrt{2}$ 배한 것과도 동형이다.

정리 18.7. $n = 4, 5$ 일 때, D-형 격자를 이용한 공 쌓기가 격자를 이용한 공 쌓기 중에는 가장 밀도 높은 공 쌓기로서 그 밀도는 각각 다음과 같다.

$$\delta_4(D_4) = \frac{\pi^2}{16} \approx 0.6168\cdots, \quad \delta_5(D_5) = \frac{\pi^2}{15\sqrt{2}} \approx 0.4652\cdots.$$

$n \geq 4$ 에 대하여는 가장 밀도 높은 공 쌓기가 알려져 있지 않다. 즉, 4 이상의 자연수 n 에 대하여 δ_n 의 정확한 값을 구하는 문제는 아직 미해결 상태이다. 이제 $n = 6, 7, 8$ 에 대하여 E-형 격자를 소개하자.

정의 18.8. 8, 7, 6 차원 E**-형 격자**(E-type lattice) E_8, E_7, E_6 은 각각 다음과 같이 정의된 $\mathbb{Z}$-격자들이다.

$$\begin{aligned} E_8 &:= \{\, (x_1, x_2, \cdots, x_8) \in \mathbb{R}^8 \mid\ x_1 + x_2 + \cdots + x_8 \equiv 0 \ (\mathrm{mod}\ 2), \\ &\qquad\qquad \text{모든 } x_i \in \mathbb{Z} \text{ 또는 모든 } x_i \in \mathbb{Z} + (1/2) \,\}, \\ E_7 &:= \{\, (x_1, x_2, \cdots, x_8) \in E_8 \mid\ x_1 + x_2 + \cdots + x_8 = 0 \,\}, \\ E_6 &:= \{\, (x_1, x_2, \cdots, x_8) \in E_8 \mid\ x_1 + x_8 = x_2 + x_3 + \cdots + x_6 = 0 \,\}. \end{aligned}$$

E_8 의 $\mathbb{Z}$-기저로는

$$\begin{aligned} \mathbf{u}_1 &= (\ 2,\ 0,\ 0,\ 0,\ 0,\ 0,\ 0,\ 0\ ), \\ \mathbf{u}_2 &= (-1,\ 1,\ 0,\ 0,\ 0,\ 0,\ 0,\ 0\ ), \\ \mathbf{u}_3 &= (\ 0, -1,\ 1,\ 0,\ 0,\ 0,\ 0,\ 0\ ), \\ &\ \ \vdots \\ \mathbf{u}_7 &= (\ 0,\ 0,\ 0,\ 0,\ 0, -1,\ 1,\ 0\ ), \\ \mathbf{u}_8 &= \left(\tfrac{1}{2}, \tfrac{1}{2}, \tfrac{1}{2}, \tfrac{1}{2}, \tfrac{1}{2}, \tfrac{1}{2}, \tfrac{1}{2}, \tfrac{1}{2}\right) \end{aligned}$$

로 이루어진 기저를 잡는다. 이 기저에 대한 E_8 의 Gram 행렬도 E_8 로 표시하며,

$$E_8 = \begin{pmatrix} 4 & -2 & 0 & \cdots & 0 & 1 \\ -2 & 2 & -1 & \cdots & 0 & 0 \\ 0 & -1 & 2 & \cdots & 0 & 0 \\ \cdots & \cdots & \cdots & \cdots & \cdots & \cdots \\ 0 & 0 & 0 & \cdots & 2 & 0 \\ 1 & 0 & 0 & \cdots & 0 & 2 \end{pmatrix}$$

이다. $\det(E_8) = 1$ 이므로 E_8 의 부피와 최소벡터의 길이는 각각

$$\mathrm{vol}(E_8) = 1, \quad \mu(E_8) = \sqrt{2}$$

이다. 따라서 8 차원 E-형 격자를 이용한 공 쌓기의 밀도는 (12)에 의하여

$$\delta_8(E_8) = V_8(\sqrt{2}/2) \tag{18}$$

이 된다. E_7 과 E_6 의 $\mathbb{Z}$-기저 및 Gram 행렬들의 소개는 생략하고 밀도를 계산하기 위하여 필요한 부피와 최소벡터의 길이만 나열하면 다음과 같다.

$$\begin{aligned} \mathrm{vol}(E_7) &= \sqrt{2}, \quad \mu(E_7) = \sqrt{2}, \\ \mathrm{vol}(E_6) &= \sqrt{3}, \quad \mu(E_6) = \sqrt{2} \end{aligned}$$

따라서 (12)에 의하여

$$\delta_7(E_7) = \frac{V_7(\sqrt{2}/2)}{\sqrt{2}}, \quad \delta_6(E_6) = \frac{V_6(\sqrt{2}/2)}{\sqrt{6}}$$

을 얻는다. 이제 (13)을 이용하여 밀도를 계산하면 밀도를 얻을 수 있다.

정리 18.9. $n = 6, 7, 8$ 일 때, E-형 격자를 이용한 공 쌓기가 격자를 이용한 공 쌓기 중에는 가장 밀도 높은 공 쌓기로서 그 밀도는 다음과 같다.

$$\delta_6(E_6) = \frac{\pi^3}{48\sqrt{3}} \approx 0.3729\cdots, \quad \delta_7(E_7) = \frac{\pi^3}{105} \approx 0.2952\cdots,$$

그리고

$$\delta_8(E_8) = \frac{\pi^4}{384} \approx 0.2536\cdots.$$

$n \geq 9$ 인 경우에는 격자를 이용한 공 쌓기 중에서 가장 밀도 높은 공 쌓기가 어떤 것인지조차 알려져 있지 않다.

제 3 절 접촉수와 구면 부호

이 절에서는 공 쌓기와 관련이 있는 접촉수, 구면 부호 등에 대하여 간략히 소개하기로 한다.

정의 18.10. 임의의 자연수 n 에 대하여, n 차원 Euclid 공간 $\mathbb{R}^n$ 상에 단위공이 원점을 중심으로 하여 놓여 있다고 하자. 이 단위구와 접하도록 배열할 수 있는 단위공의 최대 개수를 n 차원 **접촉수** (kissing number)라고 하고, τ_n 으로 쓴다.

n 차원 접촉수에 관한 질문은 1694 년 Newton 과 Gregory 가 제기하였다. 공 쌓기 문제에서와 마찬가지로 접촉수 문제에서도 공의 반지름이 꼭 1 일 필요는 없다. L 을 $\mathbb{R}^n$ 상의 $\mathbb{Z}$-격자라고 하고 반지름이 $\mu(L)/2$ 인 공을 배열한다고 할 때, 원점을 중심으로 한 공이 접하는 공의 개수를 L 의 접촉수라고 하고 $\tau_n(L)$ 로 쓴다.

τ_n 의 정확한 값이 알려진 경우는 $n = 1, 2, 3, 8, 24$ 이다. 또한 $n = 4, 5, 6, 7$ 인 경우, 격자를 이용한 배열 중에서 접촉수가 가장 큰 격자와 그 접촉수가 알려져 있다.

정리 18.11. $n = 1, 2, 3, 8, 24$ 에 대하여 τ_n 은 다음과 같다.

$$\tau_n = \begin{cases} \tau_1(A_1) = 2 & n = 1 \text{ 일 때}, \\ \tau_2(A_2) = 6 & n = 2 \text{ 일 때}, \\ \tau_3(A_3) = 12 & n = 3 \text{ 일 때}, \\ \tau_8(E_8) = 240 & n = 8 \text{ 일 때}, \\ \tau_{24}(\Lambda_{24}) = 196560 & n = 24 \text{ 일 때}. \end{cases}$$

정리에서 Λ_{24} 는 Leech 격자라고 불리는 24 차원 격자로서 $\mathrm{disc}(\Lambda_{24}) = 1$ 이고, 모든 벡터의 크기는 짝수이며 최소벡터의 길이는 2 (즉, 크기 4)이다. 이러한 성질을 가지는 격자는 모두 Λ_{24} 와 동형이다. 따라서, 동형인 격자들을 본질적으로 같은 것으로 간주하면, 이러한 성질을 가지는 격자는 Leech 격자뿐이다.

정리 18.12. $n = 4, 5, 6, 7$ 에 대하여 격자의 접촉수 중에서 가장 큰 값과 그 값을 접촉수로 가지는 격자는 다음과 같다.

$$\begin{cases} \tau_4(D_4) = 24 & n = 4 \text{ 일 때}, \\ \tau_5(D_5) = 40 & n = 5 \text{ 일 때}, \\ \tau_6(E_6) = 72 & n = 6 \text{ 일 때}, \\ \tau_7(E_7) = 126 & n = 7 \text{ 일 때}. \end{cases}$$

정리와 관련

$$24 \le \tau_4 \le 25, \quad 40 \le \tau_5 \le 46,$$
$$72 \le \tau_6 \le 82, \quad 126 \le \tau_7 \le 140, \ \cdots$$

등이 알려져 있다.

Newton 과 Gregory 의 접촉수 문제와 관련된 구면 부호를 소개하자. 구면 부호란 단위구면 상에 있는 유한 개의 점의 집합이다. 즉, n 차원 구면

$$S^{n-1} := \{ (r_1, r_2, \cdots, r_n) \in \mathbb{R}^n \mid r_1^2 + r_2^2 + \cdots + r_n^2 = 1 \} \tag{19}$$

상의 점들로 이루어진 유한집합을 **구면 부호** (spherical code)라고 한다. X 를 n 차원 구면 부호라고 할 때,

$$\max\{ \phi \mid \cos(\phi) \ge \langle \mathbf{x}, \mathbf{y} \rangle, \ \forall \mathbf{x}, \mathbf{y} \in X, \ \mathbf{x} \ne \mathbf{y} \} \tag{20}$$

를 구면 부호 X 의 **최소각** 이라고 하고 $\phi(X)$ 로 쓴다. 구면 부호에 관련된 두 가지 중요한 문제를 소개하자.

(SC1) $\alpha(n,\phi)$ **-문제.** 주어진 자연수 n 과 각 ϕ 에 대하여, X 를 최소각이 ϕ 인 n 차원 구면 부호라고 하자. 이 때, X 의 원소의 개수 $|X|$ 가 취할 수 있는 최대값 $\alpha(n,\phi)$ 은?

(SC2) $\phi(n,m)$ **-문제.** 주어진 자연수 n, m 에 대하여, X 를 원소의 개수가 m 인 n 차원 구면 부호라고 하자. 이 때, X 의 최소각 $\phi(X)$ 가 취할 수 있는 최대값 $\phi(n,m)$ 은?

n 이 3 일 경우 $\phi(n,m)$ -문제는 Tamme 의 문제라고 알려진 유명한 문제이다. Tamme 는 식물학자로서 곡물의 기공의 분포를 연구하던 중 이러한 의문을 품게 되었다고 한다. 이 문제는 또한 지구상에 m 개의 지점을 정하되, 이 점들 사이의 거리를 가능한 한 크게 하려면 m 개의 지점을 어떻게 선정해야 하는가라는 문제와도 관련된 매우 실용성이 높은 문제이다. n 이 3 일 경우, 알려진 몇 가지 결과만을 소개하자.

$$\phi(3,2) = 180^\circ$$

임은 당연하다.

$$\phi(3,3) = 120°$$

도 어렵지 않게 증명할 수 있다. $m = 4$ 이면 구에 내접하는 정사면체의 꼭지점에 네 개의 점을 배열하면 되므로

$$\phi(3,4) = \pi - \arccos(1/3) \approx 109.5°$$

이고, $m = 6$ 이면 구에 내접하는 정팔면체의 꼭지점에 여섯 개의 점을 배열하면 되므로

$$\phi(3,6) = 90°$$

이다. $m = 8$ 이면 구에 내접하는 정육면체의 위, 아래 면을 $45°$ 비틀어서 얻은 입체의 꼭지점에 여덟 개의 점을 배열하면 되며, 그 때의 최소각은

$$\phi(3,8) \approx 74.9°$$

이다. $m = 12$ 이면 구에 내접하는 정이십면체의 꼭지점에 열두 개의 점을 배열하면 되므로

$$\phi(3,12) = \arctan(2) \approx 63.4°$$

이다. $m = 24$ 일 때,

$$\phi(3,24) \approx 43.7°$$

임도 알려져 있다. 그러나 $m \neq 2,3,4,6,8,12,24$ 인 m 에 대하여는 $\phi(3,m)$ 의 정확한 값이 아직 알려져 있지 않다. 예를 들어서, $m = 20$ 일 경우, 구에 내접하는 정십이면체의 꼭지점에 스무 개의 점을 배열하면 최소각 $\phi \approx 41.8°$ 인데, van der Waerden 은 스무 개의 점을 최소각 $\phi \approx 47.4°$ 되도록 배열하는 방법이 찾은 바 있다. 한편, 차원 n 이 4 이상인 경우에 대하여는 별로 알려진 것이 없다.

$\alpha(n,\phi)$ -문제에 대하여는 공 쌓기 및 접촉수와 관련하여 보다 체계적인 연구가 이루어지고 있다. 예를 들어 $\alpha(n, 60°)$ 는 접촉수 τ_n 과 같다는 것을 쉽게 관찰할 수 있다. 그러나 $\alpha(n,\phi)$ 의 정확한 값은 일반적으로 알려진 것이 없으며 $\alpha(n,\phi)$ 이 취할 수 있는 값의 상한과 하한에 대한 연구결과들이 발표되고 있는 정도이다. 상한과 하한의 차가 점점 좁혀지고는 있으나 정확한 값을 구하는 것은 아직 요원한 상태이다.

공 쌓기와 접촉수, 격자 등에 대한 자세한 내용은 [Browder], [Cassels], [Conway-Sloane], [Milnor-Husemoller], [Newman], [Rogers], [Watson] 등을 참조하라.

제 4 절 오류 정정 부호

통신에서의 수학 이론은 Shannon 의 유명한 1949 년 논문 *A Mathematical Theory of Communication* 로부터 시작되었다는 것이 정설이다. 정보를 송신하거나 저장하고, 그렇게 송신되거나 저장된 정보를 수신하거나 꺼내서 읽을 때는 크게 다음과 같은 세 가지 과정을 거친다. 즉, 송신하고자 하는 정보를 부호로 만들고(encoding), 이 부호를 송신하고(transmission), 수신된 부호로부터 정보를 복원하는(decoding) 것이다. 송신통로(channel)에 따라 여러 가지 다양한 부호체계가 등장하게 된다. Gauss 채널에 쓰이는 격자 부호(lattice code), 2-진 대칭 채널에 쓰이는 오류 정정 부호(error correcting code) 등이 대표적인 부호체계이다. 부호체계에서 중요한 것은 송신 과정에서 발생하는 소음(noise) 때문에 수신한 부호가 송신된 부호와 다를 수 있다는 것이다. Gauss 채널에서 쓰이는 격자 부호의 이러한 오류에 대한 해결능력은 그 격자를 이용한 공 쌓기의 밀도 및 접촉수 등과 밀접한 관련이 있다. 그러나 그 관련성을 다루기 위해서는 많은 지면이 필요하므로 이 절에서는 Gauss 채널에 쓰이는 격자 부호의 소개는 생략하고 그 대신 2-진 대칭 채널에 쓰이는 2-진 부호를 간략히 설명하기로 하자. 2-진 부호의 오류 정정 기능 때문에 2-진 부호를 통상 오류 정정 부호라고도 한다. 두 개의 원소 0과 1로 이루어진 체를

$$\mathbb{F}_2 = \mathbb{Z}/2\mathbb{Z} = \{0, 1\} \tag{21}$$

로 쓰자.

정의 18.13. 자연수 n 에 대하여 $\mathbb{F}_2^n$ 의 부분집합을 n 차원 **2-진 부호** (binary code)라고 하고, 부호의 원소를 **부호단어** (codeword)라고 한다.

보다 일반적으로 소수 q 에 대하여 q 개의 원소를 가진 체를 $\mathbb{F}_q = \mathbb{Z}/q\mathbb{Z}$ 라고 할 때, $\mathbb{F}_q^n$ 의 부분집합을 n 차원 **q-진 부호**라고 하는데, 여기서는 2-진 부호만 다루기로 하고, 2-진 부호를 그냥 부호라고 부르기로 하자. 최근에는 $\mathbb{F}_2$ 대신 네 개의 원소를 가진 체 $\mathbb{F}_4$ 를 이용한 부호도 많은 관심을 끌고 있다. [10]

정의 18.14. $C \subseteq \mathbb{F}_2^n$ 를 부호라고 하자. $u = (u_1, u_2, \cdots, u_n) \in \mathbb{F}_2^n$ 에 대하여 u_i 중 1의 개수를 u 의 **무게** (weight)라고 하고 $wt(u)$ 라고 쓴다. 임의의 $u, v \in \mathbb{F}_2^n$ 에 대하여

$$d(u, v) := wt(u - v)$$

[10] $\mathbb{F}_4$ 는 네 개의 원소를 가진 체로서 $\mathbb{Z}/4\mathbb{Z}$ 와는 다르다.

를 u, v 사이의 **거리** (distance)[11]라고 하며,

$$d(\mathcal{C}) := \min\{\, d(u,v) \mid u, v \in \mathcal{C},\ u \neq v \,\}$$

로 정의하고 이를 $\mathcal{C}$ 의 **최소거리** (minimal distance)라고 한다.

n 차원 부호 $\mathcal{C}$ 가 M 개의 부호단어를 가지고 있고, 그 최소거리가 d 일 때, $\mathcal{C}$ 를 (n, M, d) **-부호**라고 한다. 한편, (n, M, d)-부호 $\mathcal{C}$ 가 $\mathbb{F}_2^n$ 의 부분군일 때, $\mathcal{C}$ 를 **선형 부호** (linear code)라고 한다. 부호 $\mathcal{C} \subseteq \mathbb{F}_2^n$ 이 선형 부호이면 $\mathcal{C}$ 를 n 차원 $\mathbb{F}_2$-벡터공간 $\mathbb{F}_2^n$ 의 부분공간으로 간주할 수 있다. 이 부분공간의 차원이 k 일 때, $\mathcal{C}$ 를 $[n, k, d]$-부호 (혹은 $[n, k]$-부호)라고 한다. 이 때,

$$d = d(\mathcal{C}) = \min\{\, wt(u) \mid u \in \mathcal{C},\ u \neq 0 \,\} \tag{22}$$

임을 알 수 있다. $[n, k, d]$-부호의 부호단어의 개수는 2^k 개이므로 $[n, k, d]$ -부호는 $(n, 2^k, d)$-부호의 일종이다. [12]

주어진 (n, M, d)-부호 $\mathcal{C}$ 에 대하여, 부호단어 $u \in \mathcal{C}$ 가 송신 과정에서 소음이 발생하여 v 가 되었다고 하자. v 가 부호단어가 아니면 수신자는 송신 과정에서 오류가 발생하였음을 즉시 알 수 있다. 그리고 만약 $d(u, v) < d/2$ 이면, 즉, 오류가 발생한 좌표의 개수가 $d/2$ 보다 적으면, $\mathcal{C}$ 에 있는 부호단어 중에서 v 와의 거리가 가장 짧은 것이 바로 u 이고 이 u 를 찾는 것은 어려운 일이 아니므로 $\mathcal{C}$ 가 오류를 발견하고 정정하는 기능을 가지고 있다고 하는 것이다. 좋은 $(n.M, d)$-부호는 n 은 가능하면 작되 (경제성), M 은 커야(실용성) 한다. 또 d 가 클수록 오류 정정 기능도 향상된다. 좋은 부호를 찾는 일은 그리 간단한 일이 아니다. 예를 들어서, 주어진 n 과 d 에 대하여 가장 큰 $M = M(n, d)$ 을 찾는 문제는 매우 어려운 문제로서 아직 미해결 상태이다. $M(n, d)$ 의 값들을 몇 가지만 소개하면 다음과 같다.

$$M(8,4) = 16,\quad M(11,3) = M(12,4) = 144,\quad M(16,4) = 2048,$$
$$294912 \le M(24,4) \le 344636,\quad M(24,8) = 4096,\quad \cdots\cdots .$$

간단한 2-진 부호의 예를 들어보자. 부호 $\mathcal{H} \subset \mathbb{F}_2^7$ 를 다음의 부호단어로 이루어진

[11] $u - v = (u_1 - v_1, u_2 - v_2, \cdots, u_n - v_n)$ 로 정의되며, 각 i 에 대하여 $u_i - v_i$ 는 $\mathbb{F}_2 = \mathbb{Z}/2\mathbb{Z}$ 에서의 계산이므로 법 2 에 대한 계산이다. 즉, $0 \pm 0 = 0,\ 0 \pm 1 = 1 \pm 0 = 1,\ 1 \pm 1 = 0$ 이다.

[12] 일반적으로 k 차원 $\mathbb{F}_2$-벡터공간의 원소의 개수는 q^k 개이다.

기저를 가지는 $[7,4]$-부호라고 하자.

$$\begin{aligned} h_1 &= (1,0,0,0,1,1,0), \\ h_2 &= (0,1,0,0,1,0,1), \\ h_3 &= (0,0,1,0,1,1,1), \\ h_4 &= (0,0,0,1,0,1,1). \end{aligned}$$

$\mathcal{H}$를 Hamming $[7,4,3]$-부호라고 한다.[13] $\mathcal{H}$는 4차원 $\mathbb{F}_2$-벡터공간이므로 16개의 부호단어를 가지고 있다. 다음과 같은 16개의 문자를 생각하자.

$$\begin{aligned} S = \{\ &(0,0,0,0),\ \ (1,0,0,0),\ \ (0,1,0,0),\ \ (0,0,1,0), \\ &(0,0,0,1),\ \ (1,1,0,0),\ \ (1,0,1,0),\ \ (1,0,0,1), \\ &(0,1,1,0),\ \ (0,1,0,1),\ \ (0,0,1,1),\ \ (1,1,1,0), \\ &(1,1,0,1),\ \ (1,0,1,1),\ \ (1,1,1,0),\ \ (1,1,1,1)\ \}. \end{aligned}$$

S의 각 문자에 $\mathcal{H}$의 부호단어를 다음과 같은 방법으로 일대일로 대응시킨다.[14]

$$x = (x_1, x_2, x_3, x_4) \in S \ \mapsto\ u = x_1h_1 + x_2h_2 + x_3h_3 + x_4h_4 \in \mathcal{H}.$$

$u = (u_1, u_2, u_3, u_4, u_5, u_6, u_7)$이라고 하고

$$H = \begin{pmatrix} 1 & 0 & 0 & 0 & 1 & 1 & 0 \\ 0 & 1 & 0 & 0 & 1 & 0 & 1 \\ 0 & 0 & 1 & 0 & 1 & 1 & 1 \\ 0 & 0 & 0 & 1 & 0 & 1 & 1 \end{pmatrix}$$

라고 하면,

$$u = xH \tag{23}$$

이다. 물론 (23)은 u, x를 각각 $1 \times 7, 1 \times 4$ 행렬로 간주한 행렬곱이다. 특히

$$u_1 = x_1,\ u_2 = x_2,\ u_3 = x_3,\ u_4 = x_4 \tag{24}$$

임을 주목하자. (23)의 과정이 부호화 과정에 해당된다. 이제 (23)에 의하여 얻은 u를 송신하여 $v = (v_1, v_2, v_3, v_4, v_5, v_6, v_7)$을 수신하였다고 하자. 오류 없이 송수신 되었다면 $v = u \in \mathcal{H}$이고 따라서 v는 세 개의 방정식

$$v_1 + v_2 + v_3 + v_5 = 0,\quad v_1 + v_3 + v_4 + v_6 = 0,\quad v_2 + v_3 + v_4 + v_7 = 0 \tag{25}$$

[13] $d(\mathcal{H}) = 3$이다.

[14] 실제에서는 16개보다 훨씬 많은 문자가 필요하다. $S \times S$는 256개의 원소를 가지고 있으므로 $S \times S$를 사용하면 충분히 많은 문자를 확보할 수 있다.

을 동시에 만족시켜야 함을 수신자는 안다.[15] 또 수신된 v로부터 문자를 복원하는 것도 매우 간단하다. 왜냐하면 $y = (v_1, v_2, v_3, v_4)$라고 하면, (24)에 의하여 $y = x \in S$이기 때문이다.

송수신 과정에서 오류가 발생한 경우, $d(u,v) \geq 3$이면 $v \in \mathcal{H}$일 수가 있으므로 (25)의 방정식들을 점검하는 것으로는 오류의 발생 여부조차 확인할 수 없다. 물론 $v \notin \mathcal{H}$이면 당연히 오류가 발생한 것이다. 문제는 $v \in \mathcal{H}$라고 해서 오류가 발생하지 않았다는 보장을 할 수 없다는 것이다. 하지만 $1 \leq d(u,v) \leq 2$인 경우라면 $d(\mathcal{H}) = 3$이므로 $v \notin \mathcal{H}$이고 따라서 (25)의 방정식 중 적어도 하나는 만족시키지 못한다. 즉, 7개의 좌표 중에서 소음으로 인한 오류가 2개 이하의 좌표에서 발생한 경우에는 (25)의 세 방정식을 점검함으로써 오류의 발생 여부를 즉시 확인할 수 있게 된다. 송수신 과정에서 오류($0 \mapsto 1$ 또는 $1 \mapsto 0$)가 발생할 확률을 p라고 할 때, 오류가 2개 이하의 좌표에서 발생할 확률을 P라고 하면

$$P = \binom{7}{2}p^2(1-p)^5 + \binom{7}{1}p(1-p)^6 + \binom{7}{0}(1-p)^7 = (1-p)^5(15p^2+5p+1)$$

로서 p가 아주 작으면 3개 이상의 좌표에서 오류가 발생할 확률 $1-P$는 매우 낮아짐을 알 수 있다.

이제 (25)로부터 유도되는 다음의 행렬 방정식을 생각해보자.

$$\begin{pmatrix} 1 & 1 & 1 & 0 & 1 & 0 & 0 \\ 1 & 0 & 1 & 1 & 0 & 1 & 0 \\ 0 & 1 & 1 & 1 & 0 & 0 & 1 \end{pmatrix} \begin{pmatrix} v_1 \\ \vdots \\ v_7 \end{pmatrix} = \begin{pmatrix} 0 \\ 0 \\ 0 \end{pmatrix}. \tag{26}$$

왼쪽의 3×7행렬을 C로 쓰자.[16] 위에서 언급하였듯이, v가 이 방정식을 만족시키지 않는다면, 송수신 과정에서 오류가 발생하였음을 알 수 있다. v가 이 방정식을 만족시킨다면 3개 이상의 좌표에서 오류가 발생하였거나 그렇지 않으면 오류가 전혀 발생하지 않았거나 두 가지 중의 한 경우이다.

이제 3개 이상의 좌표에서 오류가 발생할 확률이 매우 낮은 (혹은 없는) 채널을 이용한다고 가정하자. 그러면 v가 이 방정식을 만족한다는 것은 오류가 전혀 발생하지 않았다는 의미이다. 이 때는

$$y = (v_1, v_2, v_3, v_4) = (u_1, u_2, u_3, u_4) = (x_1, x_2, x_3, x_4) = x \in S$$

[15](23)에 의하여 $v_5 = v_1 + v_2 + v_3$, $v_6 = v_1 + v_3 + v_4$, $v_7 = v_2 + v_3 + v_4$이므로 법 2에 대한 계산으로 (24)를 얻는다.

[16]행렬 C를 점검행렬(parity check matrix)이라고 한다.

로 문자 x를 복원할 수 있다. 한편 v가 방정식 (26)을 만족시키지 않는다면, 한 개 또는 두 개의 좌표에서 오류가 발생하였음을 알 수 있다. 한 개의 좌표에서 오류가 발생한 경우를 살펴보자. j번째 좌표 v_j가 잘못 수신되었다고 하자. 물론 $1 \le j \le 7$이다. 방정식 (26)의 좌변 Cv^t를 계산하면, 우변은 C의 j번째 열이 되는 것을 관찰할 수 있다.

$$v'_i = \begin{cases} v_i & i \neq j \text{ 일 때}, \\ v_i + 1 \pmod 2 & i = j \text{ 일 때} \end{cases}$$

라고 놓으면,

$$y' = (v'_1, v'_2, v'_3, v'_4) = (x_1, x_2, x_3, x_4) = x \in S$$

로 오류가 발생한 좌표를 자동으로 정정하면서 문자 x를 복원하게 된다. 두 개의 좌표에서 오류가 발생하면 (26)의 좌변 Cv^t를 계산한 결과가 C의 어떤 열도 아닌 0 아닌 열행렬이 나타난다. 그리고 그 역도 성립한다. 이 경우에는 수신된 v와의 거리가 2인 부호단어가 유일하게 결정되지 않는다. 따라서 송신된 문자를 정확하게 복원할 수 없다. 많은 문자들이 연속적으로 송신될 것이므로 문맥상 유추할 수 있는 경우도 있을 것이나, 그렇지 않은 경우에는 재송신을 의뢰하는 것이 좋을 것이다. 따라서, 3개 이상의 좌표에서 오류가 발생할 확률이 없는 채널을 이용한다는 가정 아래,

(a) Cv^t가 0 행렬이면 $x = (v_1, v_2, v_3, v_4)$,
(b) Cv^t가 C의 어떤 열이면 $x = (v'_1, v'_2, v'_3, v'_4)$,
(c) Cv^t가 0 행렬도 아니고 C의 어떤 열도 아니면 x의 복원은 불가

한 것으로 요약할 수 있다.

한 예로서, $x = (1,1,1,1) \in S$를 부호 $\mathcal{H}$를 사용하여 송신한다고 하자. (24)을 이용하여 부호화하면 $u = (1,1,1,1,1,1,1)$이다. 송신 과정에서 네 번째 좌표가 0으로 바뀌는 오류가 발생하여 $v = (1,1,1,0,1,1,1)$이 수신되었다고 하자. (26)의 좌변을 계산하면 C의 네 번째 열이 된다. 따라서 송신된 부호단어는 v의 네 번째 좌표 0을 1로 바꾸면 된다. 즉 $v' = (1,1,1,1,1,1,1) = u$. 따라서 앞의 네 좌표로 이루어진 문자 $x = (1,1,1,1)$이 복원된다.

끝으로 Golay 부호를 소개하자. Golay 부호 $\mathcal{G}$는 $[24, 12, 8]$-선형 부호이다. 따라서

$$\mathcal{G} \subset \mathbb{F}_2^{24}, \quad \dim_{\mathbb{F}_2} \mathcal{G} = 12, \quad d(\mathcal{G}) = 8 \tag{27}$$

이다. 24개 좌표로 이루어진 각 부호단어에 대하여, 송수신 과정에서 발생한 3개 이내의 오류를 자동으로 정정하는 탁월한 오류 정정 기능을 갖추고 있는 Golay 부호 $\mathcal{G}$는

다음의 12개 기저 벡터 $g_1, g_2, \cdots, g_{12}$에 의하여 생성되는 $\mathbb{F}_2^{24}$의 부분공간이다.

$$
\begin{aligned}
g_1 &= (1,1,0,0,0,0,0,0,0,0,0,0,0,1,1,0,1,1,1,0,0,0,1,0),\\
g_2 &= (1,0,1,0,0,0,0,0,0,0,0,0,0,0,1,1,0,1,1,1,0,0,0,1),\\
g_3 &= (1,0,0,1,0,0,0,0,0,0,0,0,0,1,0,1,1,0,1,1,1,0,0,0),\\
g_4 &= (1,0,0,0,1,0,0,0,0,0,0,0,0,0,1,0,1,1,0,1,1,1,0,0),\\
g_5 &= (1,0,0,0,0,1,0,0,0,0,0,0,0,0,0,1,0,1,1,0,1,1,1,0),\\
g_6 &= (1,0,0,0,0,0,1,0,0,0,0,0,0,0,0,0,1,0,1,1,0,1,1,1),\\
g_7 &= (1,0,0,0,0,0,0,1,0,0,0,0,0,1,0,0,0,1,0,1,1,0,1,1),\\
g_8 &= (1,0,0,0,0,0,0,0,1,0,0,0,0,1,1,0,0,0,1,0,1,1,0,1),\\
g_9 &= (1,0,0,0,0,0,0,0,0,1,0,0,0,1,1,1,0,0,0,1,0,1,1,0),\\
g_{10} &= (1,0,0,0,0,0,0,0,0,0,1,0,0,0,1,1,1,0,0,0,1,0,1,1),\\
g_{11} &= (1,0,0,0,0,0,0,0,0,0,0,1,0,1,0,1,1,1,0,0,0,1,0,1),\\
g_{12} &= (0,0,0,0,0,0,0,0,0,0,0,0,1,1,1,1,1,1,1,1,1,1,1,1).
\end{aligned}
$$

Golay 부호에 대하여 더욱 놀라운 사실은 이 부호가 24차원에서 가장 큰 접촉수를 제공해줄[17] 뿐만 아니라 24차원 공 쌓기와도 관련된 Leech 격자 Λ_{24}와 깊은 관련이 있다. [18] 이러한 관련성에 대한 자세한 내용은 생략하기로 한다.

다양한 오류 정정 부호에 관한 자세한 내용은 [Baylis], [Conway-Sloane], [MacWilliams] 등을 참조하라.

[17] 정리 18.11 참조

[18] Golay 부호를 이용하여 Leech 격자를 만들 수 있다.

연습문제

1. $\mathrm{vol}(A_n) = \sqrt{n+1},\ \mu(A_n) = \sqrt{2}$ 임을 보이라.

2. $\mathrm{vol}(D_n) = 2,\ \mu(D_n) = \sqrt{2}$ 임을 보이라.

3. $\mathrm{vol}(E_8) = 1,\ \mu(E_8) = \sqrt{2}$ 임을 보이라.

4. Hamming $[7, 4, 3]$-부호 $\mathcal{H}$ 에서 수신된 부호단어가 $(1, 1, 0, 0, 0, 1, 1)$ 일 때, 실제로 송신된 부호단어를 구하고 이를 문자로 복원하라. 단, 오류는 두 개 이내에서 발생한 것으로 가정한다.

5. Hamming $[7, 4, 3]$-부호 $\mathcal{H}$ 에서 수신된 부호단어가 $(1, 0, 0, 1, 1, 1, 1)$ 일 때, 실제로 송신된 부호단어를 구하고 이를 문자로 복원하라. 단, 오류는 두 개 이내에서 발생한 것으로 가정한다. 수신된 부호단어가 $(0, 0, 0, 1, 1, 1, 1)$ 인 경우는 어떤가?

참고문헌

J. Baylis, *Error-Correcting Codes - A Mathematical Introduction*, Chapman & Hall Math., 1998.

F. E. Browder (ed.), *Mathematical developments arising from HILBERT PROBLEMS*, Proc. Symposia in PURE MATHEMATICS **XXVIII** - Part 1,2, Amer. Math. Soc., 1976. (2nd printing 1977.)

J. W. S. Cassels, *Rational Quadratic Forms*, Academic Press, 1978.

J. Conway and N. Sloane, *Sphere Packings, Lattices and Groups*, Springer-Verlag, 1988.

T. Hales, *Cannonballs and Honeycombs*, Notices of Amer. Math. Soc. **47** no.4 (2000), 440-449.

F. J. MacWilliams, *The Theory of Error-Correcting Codes*, North Holland, 1978. (2nd printing.)

J. Milnor and D. Husemoller, *Symm. Bilinear Forms*, Springer-Verlag, 1973.

M. Newman, *Integral Matrices*, Academic Press, 1972.

C. A. Rogers, *Packing and Covering*, Cambridge Univ. Press, 1964.

G. L. Watson, *Integral Quadratic Forms*, Cambridge Univ. Press, 1970.

HP*. 나머지 문제들

이 장에서는 힐버트의 23문제 중 다루지 않은 나머지 문제들을 정리해보자. 아래는 힐버트의 논문

D. Hilbert, *Mathematical Problems*, Bulletin of the American Mathematical Society, vol. 8 (1902), pp. 437-479.

을 번역한 것이다.

HP6. 물리학의 공리화

기하학의 토대에 대한 탐구를 통해 다음의 문제를 제안하게 되었다.

> **힐버트의 6번째 문제**. 기하학에서와 같이, 수학이 중요한 역할을 하는 물리학 분야들을 공리를 통해 다루어 보라. 우선적으로 확률과 역학의 이론을 고려하라.

확률론의 공리들에 대해 그들의 논리적 탐구가 수리물리에서— 특히 기체의 역학에서 — 평균값의 방법을 엄밀하고 만족스럽게 개발하는 것을 수반하는 것이 바람직해 보인다. 마하, 헤르츠, 볼츠만과 볼크만 등의 성과와 같이 역학의 토대에 관한 물리학자들의 중요한 탐구가 주어진 바 있다. 따라서 역학의 토대에 관한 토론에 수학자들도 참여하는 것이 바람직해 보인다. 역학의 원리에 관한 볼츠만의 업적은 — 원자론적 입장에서 연속체의 운동 법칙을 이끌어내는 — 극한 과정을 수학적으로 개발하는 문제를 제시한다. 역으로 강체의 운동 법칙을 연속적으로 공간을 채우는 물질의 연속적으로 변화하는 — 매개변수에 의존하는 — 조건들의 아이디어에 의존하는 공리계로부터

극한과정으로 통해 이끌어 내는 시도도 해볼 수 있겠다. 왜냐면 서로 다른 공리계의 동등함 여부는 늘 이론적으로 매우 흥미롭기 때문이다.

기하학을 모델로 물리학을 공리적으로 다루려 한다면, 먼저 가능한 가장 많은 물리 현상을 포함하는 몇개의 공리들에서 출발하여 특수한 이론들에 도달하게 해주는 새로운 공리들을 추가해 나가야 할 것이다. 동시에 Lie의 분할 원리를 무한 변환군의 심오한 이론으로부터 아마도 유도할 수도 있을 것이다. 수학자들은 실재로부터 오는 이론 뿐만아니라 기하학에서와 같이 논리적으로 가능한 모든 이론을 모두 고려해야 할 것이다. 또한 공리계로부터 얻을 수 있는 모든 결론을 빠짐없이 살피는데 주의를 기울여야 할 것이다.

또한 수학자들은 모든 경우에 새로운 공리들이 기존의 공리들과 무모순인지 확인할 의무가 있다. 물리학자들은 이론을 전개할때, 자신의 실험 결과에 따라 새로운 가정을 추가할 수밖에 없는 경우가 종종 있는데, 이전 가정들과 새 가정들의 무모순성을 실험이나 새로운 직관에만 의존한다. 엄밀한 논리적 이론 개발에서 이런 태도는 용납될 수 없다. 모든 가정들의 무모순성의 증명은 또한 그러한 과정이 공리들의 정확한 설정으로 이끈다는 점에서도 중요하다.

HP9. 상호 법칙

힐버트의 9번째 문제. 임의의 수 체에 대해 상호 법칙(reciprocity law)을 ℓ승의 유수(residue)에 대해 증명하라. 여기서 ℓ은 홀수인 소수이거나 2의 지수승, 또는 홀수 소수의 지수승이다.

이 법칙과 증명은, (힐버트의) 1의 ℓ승근의 체 이론과 상대적 이차 체의 이론을 적절히 일반화하여 얻을 수 있을 것으로 보인다.

HP12. Kronecker 정리의 확장

모든 유리수체의 아벨 확장체는 단위근(1의 거듭제곱근)을 통한 확장에 포함된다는 것이 Kronecker의 정리이다. 정수 계수 방정식에 관한 이 근본적인 정리는 다음의 두 명제를 포함한다.

첫째, 유리수상에서 주어진 차수, 주어진 가환 갈로와군과 주어진 판별식을 갖는 방정식들의 존재와 그 개수에 관한 질문에 답한다.

둘째, 그러한 방정식들의 근들이 만드는 대수적 수들의 체는 집합

$$\{e^{i\pi z} \mid z \in \mathbb{Q}\}$$

이 생성하는 체와 일치한다.

첫번째 명제는 그들의 군과 분기에 의한 대수적 수들의 결정에 관한 질문과 관련된다. 따라서 이 질문은 주어진 리만 곡면에 대응되는 대수적 함수들을 결정하는 알려진 문제와 대응된다. 두번째 명제는 초월적 방법 - 즉 지수함수 $e^{i\pi z}$ - 을 통해 얻는 필요한 수들을 제공한다.

유리수체 다음으로 간단한 체는 허수 이차 수체(imaginary quadratic number field)이므로, 이 경우로 Kronecker의 정리를 확장하는 문제가 떠오른다. Kronecker 본인이 주장한 바에 따르면, 이차 수체상의 아벨 방정식들은 특이 모듈라이의 타원 함수들의 변환 방정식에 의해 주어지고 타원 함수는 이전의 지수함수의 역할을 맡는다. Kronecker 추측의 증명은 아직 제공되지 않았지만, H. Weber의 복소 곱셈 이론에 기반하여 내가 확립한 순수히 정수론적 정리들을 사용하면 큰 어려움 없이 얻을 수 있을 것으로 본다.

마지막으로 Kronecker 정리를 *유리수체나 허수 이차 수체 대신 임의의 대수적 체상의 문제*로 확장하는 것이 내게는 엄청나게 중요한 문제로 보인다. 나는 이 문제를 수론과 함수론에서 가장 심오하고 광역적인 문제들 중의 하나로 본다.

이 문제는 많은 관점에서 접근할 수 있다. 이 문제에 대한 수론적인 부분의 가장 중요한 열쇠는 임의의 수체내의 l승의 유수에 관한 상호 법칙이라고 본다.

이 문제의 함수론적 부분은 1변수 대수적 함수론과 대수적 수론 사이의 놀랄만한 유사성을 통해 방향을 잡을 수 있을 것이다. Hensel은 대수적 함수의 멱급수 전개를 대수적 수론에서도 유사하게 할 수 있음을 제안하고 연구했다. Lansberg는 Riemann-Roch 정리를 유사하게 다루었다. 리만 곡면의 결핍도(deficiency)와 수체의 유수의 그것 사이의 유사성은 명백하다. 간단한 경우로 결핍도 $p = 1$인 리만 곡면과 유수 $h = 2$인 수체를 생각하자. 리만 곡면상의 모든 점에서 유한인 적분의 존재 증명에는, $\sqrt{\alpha}$가 근본 체에 대해 상대적으로 분기되지 않은 이차 체를 표현하는, 수체의 정수 α의 존재 증명이 대응된다. 잘 알려졌다시피 대수적 함수론에서 경계값 방법이 리만 존재 정리의 증명에 사용된다. 수론에서는 이 수 α의 존재 증명이 매우 어렵다. 이 증명은 수체에서는 주어진 유수적 성질에 대응되는 소(prime) 아이디얼이 항상 존재한다는 정리로부터 결정적인 도움을 받아야만 가능하다. 따라서 이 사실은 경계값 문제에 대응되는 수론적 결과이다.

대수적 함수론에서 아벨 정리의 방정식은 잘 알려졌다시피 리만 곡면상의 점이 그 곡면에 속하는 대수적 함수의 영점이 될 필요충분 조건을 준다. 유수 $h=2$인 수체의 이론에서 아벨 정리에 정확히 대응되는 대상은 이차 상호 법칙의 방정식

$$\left(\frac{\alpha}{j}\right)=+1$$

인데 이는 아이디얼 j에 관한 수 α의 이차 유수가 양수일때 아이디얼 j는 수체의 주(principal) 아이디얼이 됨을 말해준다.

방금 묘사한 문제에서 수학의 세 근본 분야들 - 수론, 대수학과 함수론 - 이 서로 밀접히 만나고 있음이 보여질 것이다. 만약 *유리수체 경우 지수함수나 허수 이차 수체의 경우 타원 보형함수의 역할에 대응되는 함수들을 임의의 대수적 수체에 대해서 찾고 다루는데* 성공한다면 다변수 해석적 함수론도 눈에 띄게 풍부해질 것임을 확신한다.

HP19. 변분법에서 나온 미분방정식

해석적 함수 이론의 기초에서 가장 놀라운 사실은 해석적 해만을 갖는 편미분방정식들이 존재한다는 것이다. 가장 잘 알려진 예로는 퍼텐셜 방정식

$$\frac{\partial^2 f}{\partial x^2}+\frac{\partial^2 f}{\partial y^2}=0$$

과 Picard가 연구한 선형 미분방정식들 및

$$\frac{\partial^2 f}{\partial x^2}+\frac{\partial^2 f}{\partial y^2}=e^f,$$

최소 곡면의 미분방정식 등이 있다. 대부분은

$$\int\int F(p,q,z;x,y)\mathrm{d}x\mathrm{d}y=\text{최소},\quad p=\frac{\partial z}{\partial x},q=\frac{\partial z}{\partial y}$$

와 같은 변분법 문제로부터 얻는 라그랑지 미분방정식들인데 F는 부등식

$$\frac{\partial^2 F}{\partial p^2}\frac{\partial^2 F}{\partial q^2}-\left(\frac{\partial^2 F}{\partial p\partial q}\right)^2>0$$

을 만족하는 해석적 함수이다. 이러한 문제를 *정칙* 변분법 문제라고 부르자. 기하학과 물리학에서 기능하는 변분법 문제들은 거의 정칙이다. 자연스러운 질문은 정칙 변분법 문제들의 모든 해가 해석적 함수인가 하는 것이다.

힐버트의 19번째 문제. 정칙 변분법 문제의 라그랑지 미분방정식은 항상 해석적인 해만을 갖는가? 해석적이지 않고 단지 연속인 경계 조건을 갖는 Dirichlet 문제에 대해서도 그러한가?

상수인 음의 가우스 곡률을 가지면서 미분가능하지만 해석적이지 않은 함수에 의해 표현되는 곡면이 존재한다. 하지만 상수인 양의 가우스 곡률을 가지는 모든 곡면은 해석적 곡면일 수도 있을 것이다. 양의 상수 곡률을 갖는 곡면들은 다음과 같은 정칙 변분법 문제와 밀접한 관련이 있음이 알려져 있다: 공간에서 주어진 닫힌 곡선을 포함하는 곡면 중, 같은 닫힌 곡선을 포함하는 다른 고정된 곡면과 함께 둘러싸는 영역의 부피가 주어진 고정된 값일때, 면적이 최소인 것을 찾아라.

HP20. 경계 값 문제

앞의 문제와 밀접히 연관된 중요한 문제는 경계 값이 주어졌을때 편미분방정식의 해의 존재성에 관한 것이다. 이 문제는 퍼텐셜 미분방정식의 경우 H. A. Schwarz와 C. Neumann과 Poincare의 날카로운 방법들에 의해 풀렸다. 하지만 이 방법들은 경계를 따라 미분계수나 미분계수와 함수값의 관계가 주어진 확장된 상황으로 일반화되지 않는 것으로 보인다. 또한 최소 곡면 미분방정식, 양의 상수 가우스 곡률을 갖는 곡면이 주어진 곡선을 지나도록 하는 문제들로 확장되지도 않는 것으로 보인다.

힐버트의 20번째 문제. Dirichlet 원리 같은 일반적인 원리로부터 경계 값 문제의 해의 존재성을 일반적으로 증명하라.

이러한 일반적인 원리는 다음 문제에 접근하게 해줄 수도 있다: *경계 조건에 관한 적절한 가정하에, 필요하면 해의 개념을 확장하여, 모든 정칙 변분법 문제가 해를 갖는가?*

HP21. Riemann-Hilbert 대응

1변수 z에 대한 선형 미분방정식 이론에서 리만이 생각했을 법한 중요한 문제를 제시하고자 한다.

> **힐버트의 21번째 문제**. 주어진 특이점들과 monodromy 군을 갖는 Fuchs 선형 미분방정식이 존재함을 보여라.

이 문제는 다음 조건을 만족하는 1변수 복소함수를 n개 만들어내기를 요구하는데,

1. 주어진 특이점들 빼놓고 복소평면의 모든 점에서 정칙이고,
2. 특이점들 근방에서 이 함수들은 유한한 pole order를 가지며,
3. 특이점 주위를 한바퀴 돌때 함수들이 주어진 monodromy 표현을 갖게 하는 것이다.

이러한 미분방정식의 존재는 상수들을 세는 것으로 가능하다고 예상되었고, 특수한 경우만 증명되었을 뿐이다. 선형 미분방정식 이론은 이 문제가 완벽히 일반적인 방법으로 해결될때 더 완결된 모습으로 보일 것이다.

HP22. 균일화

Poincare가 처음 보였듯이, 2변수 대수적 관계는 1변수 보형형식에 의해 균일화할 수 있다. 즉 2변수 다항식 $f(x, y)$가 주어지면 1변수 보형형식들 $x = \varphi(z)$, $y = \psi(z)$가 존재하여 $f(\varphi(z), \psi(z)) = 0$이 성립한다. 이 근본적인 정리를 해석적인 함수 $f(x, y)$의 경우로 확장하는 문제를 생각해볼 수 있는데 Poincare의 방법과 완전히 다른 접근이 필요해 보인다. Poincare의 증명으로부터 해석적 함수를 균일화하는 문제로 나아가다 보면 부가적인 몇가지 조건들을 해가 되는 함수들이 만족하게 만들 수 있는가가 불분명하다. 즉 그러한 1변수 함수들의 변수가 정칙 영역을 움직일때 주어진 해석적 장의 모든 정칙 점들이 다 도달되고 대표되는지 알려져 있지 않다. 반대로 Poincare의 연구로부터 분지점들 외에도 다른 점들 - 일반적으로 무한히 많은 다른 해석적 장의 이산 특이점들 - 이 그 함수들의 극한 점들에 접근함으로써 도달된다.

> **힐버트의 22번째 문제**. Poincare의 균일화 정리를 해석적 함수의 경우로 확장하는데 나타는 어려움을 규명하고 해결하라.

이 문제와 관련하여 3개 이상의 변수들의 대수적 관계를 균일화하는 문제도 생각해 볼 수 있는데 많은 특수한 경우에 대해 알려져 있다. 2변수 대수적 함수에 관한 Picard의 최근 연구는 이 문제의 해결을 위한 선행연구로 간주되어야 한다.

HP23. 변분법

지금까지 명확하고 특수한 문제들만 언급했는데 그러한 문제들만이 가장 큰 영향력을 발휘한다고 믿기 때문이었다. 그럼에도 불구하고 일반적인 문제로 끝맺고자 하는데 그것은 이미 여러차례 언급된 수학의 분야이고, Weierstrass의 노력에도 불구하고 충분한 인정을 받지 못하고 있는 변분법에 대한 것이다. [이하 변분법에 대한 소개 내용이 나오는데, 현대적인 교과서가 많이 있으므로 생략하겠다.]

부록

제 1 절 복소평면

제곱해서 -1이 되는 수를 $\mathbf{i} = \sqrt{-1}$라고 두면 복소수는 두 실수 a, b에 대해 $a + b\mathbf{i}$ 의 꼴로 쓸 수 있는 수를 말한다. 따라서 실수들의 집합을 $\mathbb{R}$이라 둘 때, 복소수들의 집합 $\mathbb{C}$는 함수

$$(a, b) \mapsto a + b\mathbf{i}$$

에 의해 두 실수의 순서쌍들 (a, b)의 집합 $\mathbb{R}^2 = \{(a, b) \mid a, b \in \mathbb{R}\}$와 일대일대응된다. 한편 $\mathbb{R}^2$는 데카르트의 직교좌표계에 의해 좌표평면과 일대일대응된다. 따라서 복소수들의 집합은 좌표평면과 일대일대응된다.

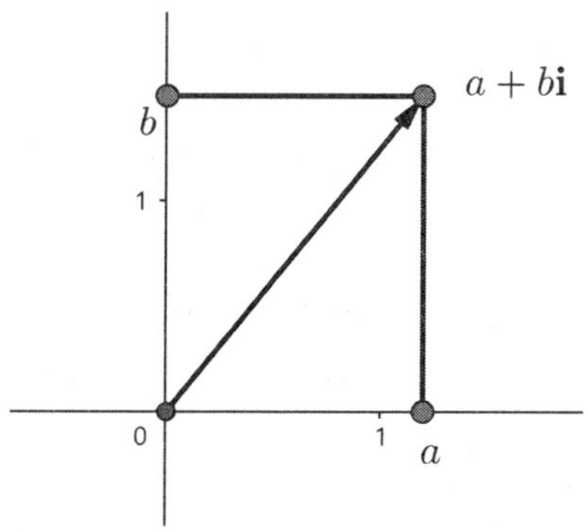

이처럼 좌표평면을 복소수들의 집합으로 볼 때 *복소평면*이라고 부른다.

삼각함수의 정의에 의해, 좌표평면의 임의의 한 점 (x, y)에서 원점까지의 거리를 $r = \sqrt{x^2 + y^2}$, x축 양의 방향으로부터 원점에서 (x, y)를 잇는 선분이 이루는 각도를 θ라 둘 때,

$$x = r\cos\theta, \quad y = r\sin\theta$$

가 성립한다. 따라서

$$x + y\mathbf{i} = r(\cos\theta + \mathbf{i}\sin\theta)$$

라고 쓸 수 있다. 이때 r을 복소수 $z = x + y\mathbf{i}$의 절대값이라고 부르고 $|z|$라고 쓴다. 한편 θ를 $z = x + y\mathbf{i}$의 각도라고 부르고 기호로 $\arg(z)$라고 쓴다.[1]

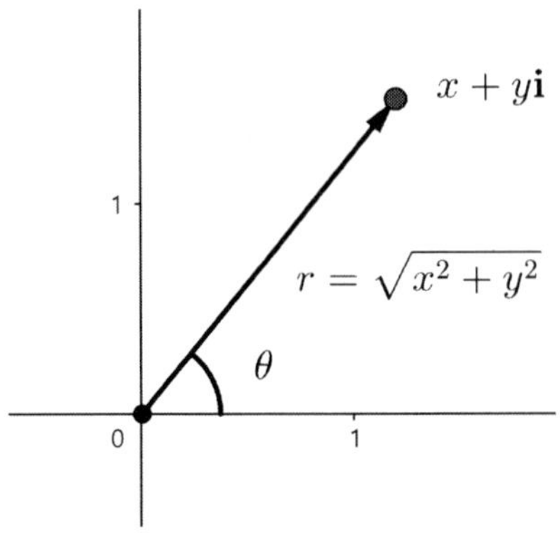

두 복소수 $z = x + y\mathbf{i}$, $z' = x' + y'\mathbf{i}$의 합과 곱은

$$z + z' = (x + x') + (y + y')\mathbf{i}, \quad zz' = (xx' - yy') + (xy' + x'y)\mathbf{i}$$

로 정의한다. 또 복소수 $z = x + y\mathbf{i}$에 대하여 $\bar{z} = x - y\mathbf{i}$를 z의 *켤레복소수*라 부르는데

$$|z|^2 = x^2 + y^2 = z\bar{z}$$

임을 알 수 있다. 따라서 $z \neq 0$이면 $z^{-1} = \bar{z}/|z|^2$이다.

이제 Euler의 공식

$$e^{\mathbf{i}\theta} = \cos\theta + \mathbf{i}\sin\theta$$

를 사용하면[2]

$$x + y\mathbf{i} = r(\cos\theta + \mathbf{i}\sin\theta) = re^{\mathbf{i}\theta}$$

---

[1]원점에서는 각도를 정의하지 않는다. 각도는 2π의 정수배 만큼 차이가 나도 같은 것으로 여긴다. 그러므로 θ는 $\mathbb{R}/2\pi\mathbb{Z}$의 원소로 볼 수 있다.

[2]지수함수와 sine, cosine함수의 테일러 전개

$$e^x = \sum_{n=0}^{\infty} \frac{x^n}{n!}, \quad \cos x = \sum_{k=0}^{\infty} \frac{(-1)^k x^{2k}}{(2k)!}, \quad \sin x = \sum_{k=0}^{\infty} \frac{(-1)^k x^{2k+1}}{(2k+1)!}$$

을 사용하여

$$e^{\mathbf{i}\theta} = \sum_{n=0}^{\infty} \frac{(\mathbf{i}\theta)^n}{n!} = \sum_{k=0}^{\infty} \frac{(-1)^k \theta^{2k}}{(2k)!} + \mathbf{i}\sum_{k=0}^{\infty} \frac{(-1)^k \theta^{2k+1}}{(2k+1)!} = \cos\theta + \mathbf{i}\sin\theta$$

와 같이 보일 수 있다.

임을 얻는다. 지수함수의 성질로부터 두 복소수 $z = re^{\mathbf{i}\theta}$, $z' = r'e^{\mathbf{i}\theta'}$에 대해 $zz' = rr'e^{\mathbf{i}(\theta+\theta')}$이므로

$$|zz'| = |z|\,|z'|, \quad \arg(zz') = \arg(z) + \arg(z')$$

이 성립함을 알 수 있다.

제 2 절 행렬

m, n은 자연수, F는 집합이라고 하자. F의 원소들을 성분으로 갖는 $m \times n$ 행렬이란 F의 원소를 (중복을 허락하여) mn개를 골라

$$A = \begin{pmatrix} a_{11} & a_{12} & a_{13} & \cdots & a_{1n} \\ a_{21} & a_{22} & a_{23} & \cdots & a_{2n} \\ \cdots & \cdots & \cdots & \cdots & \cdots \\ a_{m1} & a_{m2} & a_{m3} & \cdots & a_{mn} \end{pmatrix}$$

과 같이 직사각형 형태로 늘어 놓은 것을 말하는데[3] 가로줄들을 행, 세로줄들을 열이라고 부른다. 예를 들어

$$B = \begin{pmatrix} \text{버거킹} & \text{맥도날드} & \text{인앤아웃} & \text{쉐이크쉑} & \text{맘스터치} \\ \text{와퍼} & \text{빅맥} & \text{더블더블} & \text{슈룸버거} & \text{싸이버거} \end{pmatrix}$$

는 2×5 행렬이고 1행은 햄버거 체인점들을 성분으로 갖고 2행은 햄버거 메뉴들을 성분으로 갖는다. 각 열들은 체인점과 대표 메뉴의 순서쌍이다. 이 행렬의 1행 3열 성분은 인앤아웃이고 2행 4열 성분은 슈룸버거이다.

집합 F의 원소들을 성분으로 갖는 $m \times n$ 행렬들 모두의 집합을 $M^{m\times n}(F)$라고 쓰는데 문맥상 F가 뭔지 명확할때는 그저 $M^{m\times n}$이라고 쓰자. F가 실수 집합이면 실수 행렬, F가 복소수 집합이면 복소수 행렬이라고 부른다.

행렬 $A \in M^{m\times n}(F)$의 i행 j열 성분을 A_{ij}라고 쓰자. 집합 F에 연산이 주어지면 행렬들의 집합 $M^{m\times n}(F)$에도 연산이 주어진다. 이제부터는 F가 사칙연산이 주어진 체라고 하자.[4] 그러면 $M^{m\times n}(F)$도 덧셈을 갖는데

$$(A+B)_{ij} = A_{ij} + B_{ij}, \quad \forall A, B \in M^{m\times n}(F)$$

의 규칙에 의해 정의된다. 또한 행렬들의 곱셈은

$$(AB)_{ij} = \sum_{k=1}^{n} A_{ik}B_{kj}$$

에 의해 정의되며 함수

$$M^{m\times n} \times M^{n\times p} \longrightarrow M^{m\times p}, \quad (A, B) \mapsto AB$$

[3]더 일반적으로 3차원이나 4차원 입방체 형태로 원소들을 배열한 것을 텐서(tensor)라고 부른다. 딥러닝을 통한 인공지능 기술에서 이미지 인식을 시키려면 텐서를 사용한다. 3차원 텐서의 성분들은 a_{ijk}처럼 3개의 좌표 (i, j, k)에 대응된다.

[4]환과 체에 대해서는 HP7을 참조.

를 준다. 특히 $m = n$일때 $M^{n\times n}(F)$는 환이 된다. 일반적으로 환 $M^{n\times n}(F)$에서는 곱셈에 대한 교환법칙은 성립하지 않는다.

행렬 $A \in M^{m\times n}(F)$는 함수

$$\phi_A : F^n \longrightarrow F^m, \quad \phi_A(c_1, \cdots, c_n) = (\sum_{k=1}^{n} A_{1k}c_k, \cdots, \sum_{k=1}^{n} A_{mk}c_k)$$

를 정의하는데 이는 임의의 $v, w \in F^n$과 $a \in F$에 대해

$$\phi_A(v + w) = \phi_A(v) + \phi_A(w), \quad \phi_A(av) = a\phi_A(v)$$

를 만족함을 쉽게 확인할 수 있다. 이처럼 덧셈과 스칼라곱을 보존하는 벡터공간사이의 함수를 *선형사상*이라고 부른다.

왼쪽 위에서 오른쪽 아래로 내려오는 대각선을 따라서 1이 놓여 있고 다른 모든 성분은 0인 행렬, 즉

$$I_{ij} = \begin{cases} 1 & i = j \\ 0 & i \neq j \end{cases}$$

으로 정의되는 $n \times n$ 행렬 $I = I_n$을 *항등행렬*이라고 부른다. 행렬의 곱의 정의로부터 임의의 $A \in M^{n\times n}(F)$에 대해

$$AI = IA = A$$

임을 알 수 있고 따라서 환 $M^{n\times n}(F)$에서 I_n은 항등원이다. 만약 $A, B \in M^{n\times n}(F)$에 대해 $AB = I = BA$가 성립하면 A는 가역(invertible)이라고 말하고 B를 A의 역행렬(inverse)라고 부르며 $A^{-1} = B$라고 쓴다. 행렬의 곱에 대한 결합법칙을 쓰면

$$(AB)^{-1} = B^{-1}A^{-1}$$

이 성립함을 $ABB^{-1}A^{-1} = AIA^{-1} = AA^{-1} = I$를 통해 알 수 있다. 가역인 $n \times n$ 행렬들의 집합을 $\mathrm{GL}_n(F)$이라고 쓰는데, 이는 행렬의 곱에 대해 군이 됨을 각자 확인해보자.

$$\begin{pmatrix} 1 & 2 & 3 \\ 4 & 5 & 6 \end{pmatrix} \longrightarrow \begin{pmatrix} 1 & 4 \\ 2 & 5 \\ 3 & 6 \end{pmatrix}$$

처럼 1행을 1열로 삼고 2행을 2열로, i행을 i열로 삼아 $m \times n$ 행렬을 $n \times m$ 행렬로 바꿀 수 있는데 이런 변환을 *전치*(transpose)라고 부른다. 즉 행렬 A의 전치 행렬은

$$(A^t)_{ij} = A_{ji}, \quad 1 \leq i \leq n, \quad 1 \leq j \leq m$$

에 의해 정의되는 행렬 A^t이다. 곱셈과 전치는

$$(AB)^t = B^t A^t$$

로 어울리는데 이는 $(AB)^t_{ij} = (AB)_{ji} = \sum_k A_{jk}B_{ki} = \sum_k B^t_{ik}A^t_{kj} = (B^tA^t)_{ij}$로 확인할 수 있다.

$n \times n$ 행렬 A가 $A = A^t$를 만족하면 *대칭행렬*이라고 부르고 $A = -A^t$를 만족하면 *왜대칭행렬*이라고 부른다. 예를 들어 회전변환을 주는 행렬은

$$\begin{pmatrix} \cos\theta & -\sin\theta \\ \sin\theta & \cos\theta \end{pmatrix} = \begin{pmatrix} \cos\theta & 0 \\ 0 & \cos\theta \end{pmatrix} + \begin{pmatrix} 0 & -\sin\theta \\ \sin\theta & 0 \end{pmatrix}$$

로 대칭행렬과 왜대칭행렬의 합으로 쓸 수 있다. 대칭행렬에 관한 다음의 사실을 HP13에서 사용한 바 있다: $1 + 1 \neq 0$인 체 F에 대해,

$A \in M^{n\times n}$가 대칭행렬이면 S^tAS가 대각행렬이 되는 가역행렬 S가 존재한다.

증명은 n에 관한 귀납법을 통해 얻을 수 있다.

주어진 행렬 $A \in M^{n\times n}$이 가역인지 여부는 행렬식의 값을 계산하면 알 수 있는데 행렬식은 HP5에서 다룬 치환군 S_n과 교대군 A_n을 사용하여

$$\det A = \sum_{\sigma\in S_n} \operatorname{sgn}(\sigma)\, A_{1\sigma(1)}A_{2\sigma(2)}\cdots A_{n\sigma(n)}$$

으로 쓸 수 있다. 여기서

$$\operatorname{sgn}(\sigma) = \begin{cases} 1 & \sigma \in A_n \\ -1 & \sigma \notin A_n \end{cases}$$

이다. 행렬식의 값이 0이 아니면 가역이고 0이면 가역이 아니다. 예를 들어

$$\det \begin{pmatrix} \cos\theta & -\sin\theta \\ \sin\theta & \cos\theta \end{pmatrix} = \cos^2\theta + \sin^2\theta = 1 \neq 0$$

이므로 회전변환 행렬은 가역임을 확인할 수 있다. 또한 행렬식은

$$\det(AB) = \det(A)\,\det(B), \quad \forall A, B \in M^{n\times n}$$

을 만족한다.

행렬 $A \in M^{n\times n}$의 *자취*는 대각선 원소들의 합

$$\operatorname{tr}(A) = \sum_{i=1}^{n} A_{ii}$$

로 정의된다. 예를 들어

$$\operatorname{tr}\begin{pmatrix}\cos\theta & -\sin\theta \\ \sin\theta & \cos\theta\end{pmatrix} = \cos\theta + \cos\theta = 2\cos\theta$$

이고 $\operatorname{tr}(I_n) = n$이다.

$m \times n$ 행렬들의 집합 $M^{m\times n}(F)$는 F상의 벡터공간이 되는데 스칼라곱은 $a \in F$, $A \in M^{m\times n}(F)$에 대해

$$(aA)_{ij} = aA_{ij}, \quad 1 \le i \le m, 1 \le j \le n$$

으로 정의하면 된다. 벡터공간 V의 원소 v, w의 *일차결합*이란 스칼라 $a, b \in F$에 대해 $a \cdot v + b \cdot w$ 꼴로 쓰이는 벡터를 말한다.

찾아보기

현대수학입문

힐베르트 문제를 중심으로

지은이 김명환 · 김홍종 · 김영훈
펴낸이 조경희
펴낸곳 경문사
펴낸날 2000년 7월 15일 1판 1쇄
2021년 4월 1일 개정판 1쇄
2022년 2월 28일 개정판 2쇄
등 록 1979년 11월 9일 제1979–000023호
주 소 04057, 서울특별시 마포구 와우산로 174
전 화 (02)332–2004 팩스 (02)336–5193
이메일 kyungmoon@kyungmoon.com

값 26,000원

ISBN 979–11–6073–464–5